V.R.D.

**VOIRIE - RÉSEAUX DIVERS
TERRASSEMENTS - ESPACES VERTS**

Aide-mémoire du concepteur

V.R.D.

VOIRIE - RÉSEAUX DIVERS
TERRASSEMENTS - ESPACES VERTS

Aide-mémoire du concepteur

René BAYON
Ingénieur-projeteur

SIXIÈME ÉDITION

EYROLLES

ÉDITIONS EYROLLES
61, bd Saint-Germain
75240 Paris Cedex 05
www.editions-eyrolles.com

AVERTISSEMENT RELATIF
À LA SIXIÈME ÉDITION

Depuis la rédaction de la première édition, des changements relativement importants se sont produits dans la conception et l'exécution des travaux de V.R.D. En particulier la taille moyenne des opérations a encore diminué, l'analyse des conditions de travail et des matériaux est plus poussée, la prévision des coûts, conséquence de la loi sur l'Ingénierie, plus serrée, de nouvelles réglementations ont été publiées.

Cette loi est utilisée uniquement pour les travaux effectués pour le compte de l'État. Mais de plus en plus, les maîtres d'ouvrages privés établissent leurs contrats avec les maîtres d'œuvre en se référant à elle, ce qui leur apporte certaines garanties financières.

D'autre part, l'obligation d'un architecte, imposé par la loi sur l'Architecture, nécessite une collaboration étroite entre celui-ci et le bureau d'études, tant au stade de l'appel d'offres qu'à celui de l'exécution.

Enfin, la Loi du 4 janvier 1978 sur l'Assurance Construction soumet maintenant au contrôle technique les travaux de raccordement des bâtiments aux réseaux et à la voirie publique.

En conséquence, cette sixième édition s'efforce de tenir compte de cette modification du « climat » dans lequel les études doivent maintenant être entreprises.

À l'heure où nous mettons sous presse, il n'est pas possible de préjuger si des Règlements Communautaires Européens ne modifieront pas certaines données.

AVANT-PROPOS

L'aménagement des espaces extérieurs aux bâtiments a subi ces dernières années une importante évolution.

Les grands ensembles d'habitation ont été abandonnés au profit de groupements de pavillons ou de petits immeubles collectifs, éloignés des zones urbaines et relativement dispersés. La qualité des terrains utilisés, de plus en plus médiocre, nécessite des travaux importants pour leur adaptation et leur raccordement aux réseaux publics.

D'autre part le développement industriel du pays se traduit par la construction d'usines et d'entrepôts implantés assez loin du périmètre urbain, dans des terrains souvent inutilisables pour l'habitation et qu'il faut également mettre en état et relier aux réseaux publics.

Les opérations immobilières actuelles se caractérisent par leur petite taille : fréquemment 200 logements au plus, bâtiments industriels de l'ordre de 5 000 m². Aussi, dans la plupart des cas, le Maître d'Œuvre ne recourt-il pas à un bureau d'études spécialisé pour la mise au point des travaux de terrassement, de voirie et de réseaux divers. (V. R. D.)

Les infrastructures sont maintenant indissociables des superstructures. La construction d'un bâtiment quelque soit sa nature doit toujours s'accompagner d'ouvrages enterrés — les réseaux d'alimentation en fluides et d'évacuations des eaux usées — et d'ouvrages au niveau du sol (voirie). Le coût est peu important dans le cas d'habitat dense mais augmente fortement si celui-ci est dispersé.

L'objet de ce livre est de donner une vue d'ensemble des différents ouvrages à réaliser afin que le technicien responsable puisse en effectuer l'étude sans omission. Des tableaux lui permettront d'en établir la planification et il pourra mettre au point une solution économique chiffrée avec précision. Ceci est d'autant plus nécessaire, qu'à l'inverse du Bâtiment, il existe peu d'entreprises générales de terrassement, voirie et réseaux divers.

Enfin la législation prévoit maintenant, afin d'assurer l'hygiène et la sécurité du personnel, la mise en place d'une voirie sommaire et l'assainissement avant l'ouverture du chantier de construction.

La première partie de cet ouvrage précise, en suivant le cheminement naturel de l'étude, les connaissances nécessaires à la confection des dessins et à la rédaction du devis descriptif d'appel d'offres.

Le technicien doit, avant toutes choses, collecter le maximum de renseignements sur « l'affaire » et s'informer des *contraintes administra-*

tives et réglementaires. Cela nécessite un long travail matériel, indispensable car une négligence est lourde de conséquences.

Le terrain est ensuite mis en état par des travaux de *terrassements* accompagnés parfois de la réalisation de *murs de soutènement* permettant d'obtenir les plates-formes pour les chaussées et les bâtiments.

L'assainissement consiste à évacuer les eaux usées hors du terrain avec éventuellement leur *épuration* et leur *relevage*.

Les *circulations* comprennent la voirie, les parcs de stationnement pour véhicules et les chemins pour piétons.

L'alimentation en fluides divers, les réseaux, posent de nombreux problèmes : eau, électricité, gaz, chauffage urbain, téléphone, doivent être distribués afin que chacun puisse en jouir sans restriction.

Enfin les *espaces libres* entourant la construction sont plantés et la propriété *close* car ce sont là deux contraintes légales qu'il faut satisfaire.

Dans ce qui suit il n'est traité que des ouvrages « simples » selon la définition de l'Organisme Professionnel de qualification des Ingénieurs-Conseils.

D'autre part, cela ne concerne que les marchés privés. Pour les marchés publics la démarche est analogue, sous réserve que les phases de l'étude ainsi que les documents à fournir répondent à des règles précises définies par la loi sur l'Ingénierie et le Guide à l'usage des Maîtres d'Ouvrage et Maîtres d'Œuvre (Editions Journal Officiel).

Afin de rendre cet ouvrage immédiatement utilisable, la deuxième **partie** est rédigée sous forme de *devis descriptif* (1). Ce document, dernière phase du projet, constitue un élément essentiel du *marché* à passer avec l'entrepreneur. Son objet est de décrire les travaux et les ouvrages terminés ; il laisse au soumissionnaire le choix des moyens. Le travail du rédacteur est complexe car les plans sont souvent schématiques et il lui faut préciser sans ambiguïté tout ce qu'ils n'indiquent pas.

En suivant article par article, les éléments du descriptif-type, le lecteur pourra rédiger un texte adapté à son problème, dans le minimum de temps et sans risquer d'oublier un poste important. De leur côté le dessinateur, le métreur, l'ingénieur auront une vue d'ensemble sur les problèmes de terrassement et de V. R. D. et pourront mener leurs études en conséquence.

Extraits de plans d'exécution les nombreux croquis qui accompagnent le texte faciliteront la mise au point des plans.

____

(1) Spécifications Techniques détaillées (S. T. D.) dans les marchés publics d'Ingenierie.

TABLE DES MATIÈRES

Avertissement à la quatrième édition VII
Avant-propos IX

PREMIERE PARTIE

ETUDES DES TRAVAUX

Chapitre   I. — **Préparation du travail** 3
    1.1. Présentation 3
    1.2. Démarches administratives 33

Chapitre   II. — **Le mouvement des terres** 44
    2.1. Terrassements généraux 44
    2.2. Murs de soutènement - Talus 64
    2.3. Bassins 74

Chapitre III. — **L'évacuation des eaux** 78
    3.1. Assainissement 78
    3.2. Station de relevage 116
    3.3. Drainage 122
    3.4. Epuration des eaux 132

Chapitre   IV. — **Circulation** 149
    4.1. Voirie 149
    4.2. Allées et aires piétonnes 188

Chapitre   V. — **Distribution des fluides** 207
    5.1. Distribution d'eau 207
    5.2. Distribution électrique 234
    5.3. Eclairage extérieur 244
    5.4. Distribution de gaz 257
    5.5. Caniveau de chauffage 263
    5.6. Téléphone 276

Chapitre   VI. — **Finitions** 283
    6.1. Espaces verts 283
    6.2. Clôtures 302

DEUXIEME PARTIE

LES FICHES DESCRIPTIVES

CHAPITRE	VII	**Mode d'emploi**	317
—	VIII	**Terrassements généraux** (fiches A)	321
—	IX	**Mur de soutènement** (fiches B)	339
—	X	**Bassins** (fiches C)	346
—	XI	**Assainissement** (fiches D)	348
—	XII	**Relevage** (fiches E)	364
—	XIII	**Drainage** (fiches F)	369
—	XIV	**Epuration des eaux** (fiches G)	374
—	XV	**Voirie** (fiches H)	387
—	XVI	**Allées et aires piétonnes** (fiches I)	407
—	XVII	**Distribution électricité** (fiches J)	416
—	XVIII	**Eclairage extérieur** (fiches K)	422
—	XIX	**Distribution d'eau** (fiches L)	432
—	XX	**Distribution de gaz** (fiches M)	461
—	XXI	**Caniveau de chauffage** (fiches N)	466
—	XXII	**Téléphone** (fiches O)	472
—	XXIII	**Espaces verts** (fiches P)	476
—	XXIV	**Clôtures** (fiches Q)	491
ANNEXE			501

PREMIÈRE PARTIE

ÉTUDE DES TRAVAUX

CHAPITRE I

PRÉPARATION DU TRAVAIL

1.1. Présentation

Définition des V. R. D.

On désigne par le sigle V. R. D. l'ensemble des travaux qui ont pour objet de mettre le terrain en état de recevoir la construction et de raccorder les bâtiments aux réseaux de distribution collectifs de fluides et à la Voirie publique. Cela concerne essentiellement les amenées d'eau, de gaz, d'électricité, de chauffage, de téléphone, les évacuations d'eaux usées, les voiries de desserte, les espaces verts et la clôture du terrain.

Tous les réseaux sont enterrés, donc invisibles, et leur entretien doit être réduit au strict minimum. Aussi la conception des ouvrages est-elle basée sur des impératifs techniques et d'exploitation dans lesquels l'esthétique n'a aucune part.

En plus du travail de mise en place et de conception, il faut assurer une coordination technique entre les différents intervenants. Ces travaux constituent une étude globale qui peut être confiée à un seul Maître d'Œuvre selon la loi sur l'Ingénierie.

Le calcul joue un rôle réduit, au stade du projet s'entend. En effet pour chaque corps d'état le nombre de solutions possibles est faible, voire imposé.

Le technicien ne doit pas se contenter de réaliser les voiries et réseaux dessinés par le Maître d'Œuvre : il doit les concevoir avec lui et en accord avec les services publics. Il lui faut donc à chaque stade de l'étude définir l'objectif et vérifier les documents de base afin de mettre au point les éléments du dossier.

Il n'est traité ici que des ouvrages privés et ceci seulement du point de vue technique. Leur financement ainsi que les ouvrages publics ou destinés à le devenir sont en dehors de l'objet de cet ouvrage.

Théoriquement l'étude des V. R. D. doit être effectuée en même temps que celle du bâtiment afin que les appels d'offres soient lancés simultanément et les liaisons facilement établies. Le Maître d'Ouvrage dispose ainsi d'une estimation de l'ensemble des travaux, ce qui lui permet de procéder éventuellement à des arbitrages.

Cela évite l'appauvrissement des derniers aménagements, faute de crédit, ce qui se produit fréquemment lorsque les appels d'offres sont lancés en ordre dispersé.

Enfin, dans son étude, le projeteur ne devra pas négliger « la protection de l'environnement », notion à vrai dire assez vague, mais que les riverains du chantier ne manqueront pas d'invoquer, ce qui pourra causer de sérieuses perturbations dans la marche des travaux. On citera par exemple le bruit des compresseurs et du matériel roulant, les vibrations dues au compactage, l'abattage des arbres, etc.

L'attention du lecteur est attirée sur les DESSINS-TYPES ». Il est indispensable que le projeteur possède un catalogue de dessins d'ouvrages, classés et faciles à retrouver. Il est conseillé de recopier ceux de cet ouvrage à l'échelle du 1/10 ou du 1/20 sur des formats 21 × 29,7 cm pour en constituer des cahiers qu'il joindra au dossier d'appel d'offres. Bien entendu ces dessins seront par la suite modifiés compte tenu de l'expérience acquise et en fonction des conditions locales.

Travaux de V. R. D. pour groupes immobiliers

Les groupes d'habitations nécessitent des travaux de V. R. D. dont l'importance est essentiellement fonction de leur implantation. Pratiquement négligeables en ville ces ouvrages constituent dans les banlieues un élément d'agrément et peuvent parfois être importants. Dans le cas de groupes de pavillons, ils représentent un pourcentage non négligeable de la charge foncière.

D'une manière générale le bâtiment n'occupe qu'une partie du terrain, le reste étant consacré aux espaces verts, à la voirie et au rangement des véhicules.

Le Maître d'Œuvre, souvent aidé d'un paysagiste, met au point la partie visible du projet sous forme de plan-masse. Le technicien V. R. D. peut avoir à intervenir comme conseil. En effet le coût des travaux extérieurs peut varier du simple au double selon la conception du plan-masse et les hypothèses adoptées pour la voirie, l'assainissement et les mouvements de terre.

Dans ces groupes d'habitation les trottoirs sont fréquemment supprimés, les réseaux implantés dans les espaces verts ou sous les voies pour piétons convenablement renforcées pour supporter la circulation des véhicules d'exploitation.

La voirie doit intégrer les cheminements spéciaux pour les services de sécurité, souvent contraignants.

L'aménagement doit tenir compte de la présence d'enfants, souvent nombreux et turbulents, ainsi que de l'indiscipline et de la négligence des usagers.

Les groupes de pavillons

Dans le cas de groupe de pavillons les contraintes de réalisation des V. R. D. sont souvent plus importantes que dans le cas d'immeuble collectif isolé.

Le terrain lui-même impose à l'Architecte des contraintes naturelles (situation géographique), administratives (Mairie, urbaniste, architecte-consultant, Bâtiments de France, Environnement, etc.) et foncières. L'étude des réseaux et de la viabilité doit avancer en parallèle avec celle du plan-masse.

Travaux de V. R. D. pour bâtiments industriels et surface de vente

Les bâtiments pour l'industrie légère et ceux destinés aux surfaces de vente nécessitent également des travaux de V. R. D. pour lesquels les exigences sont souvent plus strictes que pour les groupes d'habitations. L'emprise au sol du bâtiment industriel est importante mais concentrée contrairement aux groupes d'habitations qui, à surface égale, sont dispersés sur la parcelle. De plus leurs exploitants disposent d'un service d'entretien efficace et l'amortissement est prévu sur une durée relativement courte.

D'autre part le terrain doit comporter de grandes surfaces horizontales pour les besoins de l'exploitation ; il doit être apte à supporter des charges concentrées importantes et mobiles (camions lourds, stocks divers, conteneurs, etc.).

Enfin des remaniements dans le sol sont fréquents pour les modifications de canalisations, les extensions ou les changements d'activité. Dans le cas des surfaces de vente les espaces verts sont pratiquement supprimés, les parcs à voitures prennent alors une importance primordiale (*no parking, no business*).

Les travaux de terrassement représentent souvent une part importante de la dépense car la surface livrée doit être sensiblement plane ; cela peut entraîner de forts mouvements de terre ou l'évacuation d'une grande quantité de déblais, sauf à modifier le plan-masse si cela est possible.

Les terrains n'étant pas toujours d'une qualité excellente, il faut parfois prévoir des travaux de consolidation ou d'amélioration.

Les problèmes rencontrés dans ce genre de bâtiments sont essentiellement les suivants :

— *réseaux d'évacuation des eaux usées et pluviales* : les longueurs sont importantes et les pentes possibles toujours faibles ce qui implique souvent des stations de relevage ; de plus presque toute la surface du terrain étant imperméabilisée de grandes quantités d'eaux pluviales sont à évacuer et l'exutoire doit en particulier être suffisant ;

— *réseau d'éclairage extérieur* : l'esthétique doit être abandonné au profit de l'efficacité ; il faut pouvoir travailler le soir, voire la nuit, sans mettre en danger la sécurité des usagers sur toute la surface où des véhicules peuvent évoluer, ce qui pratiquement nécessite un éclairage urbain ;

— *clôtures* : elles doivent être efficaces pour éviter les vols, faciliter le gardiennage, empêcher les intrusions malveillantes ;

— *la protection contre l'incendie* doit être poussée, qu'il s'agisse de bâtiments industriels ou d'établissements recevant du public : cela implique des réseaux sprinklers intérieurs, complétés par des bassins de réserve ou des ouvrages enterrés pour le logement du matériel. Ces ouvrages, encombrants et difficiles à placer à l'intérieur des bâtiments, sont souvent extérieurs ;

— *les surfaces intéressées par la voirie* sont importantes et supportent un trafic analogue à celui d'une route ; dans les usines le stationnement prolongé des semi-remorques et des camions ne doit pas entraîner de dégradation sous l'effet des charges concentrées et des fuites d'huile ; les aires de stockage posent également des problèmes.

Travaux de V. R. D. pour écoles

Beaucoup de bâtiments scolaires du premier et du second degré sont constitués par des bâtiments bas (Rez-de-chaussée, un ou deux niveaux), sans sous-sol. Dans ce cas les travaux de V. R. D. relèvent des deux précédentes catégories.

Hygiène et sécurité

Le décret du 19 août 1977 relatif au plan d'hygiène et de sécurité impose l'obligation au Maître d'Ouvrage de réaliser les V. R. D. préalablement à l'ouverture du chantier de bâtiment lorsque le montant de l'opération est supérieur à douze millions de francs. Cela comprend les voies d'accès, l'évacuation des eaux usées et pluviales, l'eau potable et l'électricité. Pratiquement, tous les Maîtres d'Ouvrages appliquent maintenant cette loi quelle que soit l'importance du chantier.

Définition de l'objectif

A partir des éléments remis par le Maître d'Ouvrage, le technicien doit constituer un dossier décrivant d'une manière aussi claire que possible les travaux à effectuer. Un appel d'offres sera ensuite lancé aux entrepreneurs spécialisés qui se chargeront de la réalisation. Une fois celle-ci terminée, le Maître d'Ouvrage doit pouvoir vérifier la bonne qualité des travaux.

Les éléments à étudier sont les suivants :
— mise à la cote des plates-formes sur l'emprise des bâtiments,
— voirie, aires de stationnement, de stockage, etc.,
— réseaux d'évacuation des eaux pluviales et des eaux usées,
— traitement des eaux usées,
— réseaux d'alimentation en eau, gaz, électricité, téléphone, chauffage, et raccordement sur réseaux publics,
— espaces verts et jeux d'enfants,
— éclairage public,
— clôture du terrain.

Chacun de ces éléments fait l'objet d'un chapitre dans ce qui suit, étant donné que la description des prestations est peu différente pour les divers types de bâtiments.

Il faut établir un dossier de plans et de pièces écrites pour chaque lot de travaux comportant tous les documents nécessaires à la passation des marchés et répondant aux dispositions administratives et techniques en vigueur. Cette condition implique que les services compétents ont approuvés préalablement les dossiers les concernant.

Le dossier est complété par une estimation de la dépense ventilée par corps d'état ainsi que par des renseignements pour le calendrier général des travaux.

Les études doivent être suffisamment approfondies pour éviter des surprises désagréables lors de l'exécution des travaux avec les dépassements de crédit et les retards qui en découlent.

Documents de base

Afin de permettre au technicien de procéder à l'étude des V.R.D., le Maître d'Ouvrage doit fournir les documents suivants : (Avant Projet Sommaire)

— le plan de situation, qui permet de localiser géographiquement le terrain,

— le plan-masse qui donne le contour extérieur des bâtiments et leur emplacement sur le terrain, les voies et parkings, les espaces verts.

Ces deux plans sont préparés par le Maître d'Œuvre, mais l'étude des travaux de terrassement et de V. R. D. peut amener à modifier le second.

— le plan de géomètre qui définit l'état actuel du terrain, son occupation, ses limites et les héberges sur les voisins ; il précise et complète le plan cadastral dont l'échelle est souvent trop petite,

— le rapport des sondages effectués,

— les plans des ouvrages existants en surface, ou enterrés mais connus,

— le permis de construire s'il a été délivré, ou un double du dossier déposé dans le cas contraire, avec éventuellement le Certificat d'Urbanisme qui précise les conditions administratives de la construction,

— une note indiquant les démarches administratives déjà effectuées soit par le Maître d'Œuvre, soit par le Maître d'Ouvrage,

— le calendrier des travaux qui fixe notamment leur date de démarrage, ce qui conditionne la durée de l'étude,

— l'estimation sommaire constituée par un chiffre global, aucune ventilation n'étant faite entre les corps d'état,

— le Devis descriptif sommaire décrivant l'ensemble des travaux et dont un exemple est donné ci-après,

— s'il y a lieu le Cahier des Charges de la Zone Industrielle dans laquelle sera installée l'usine ou celui du lotissement dans le cas de groupe pavillonnaire.

Les phases de l'étude

Dans le cas où l'étude doit être conduite selon les directives de la loi sur l'Ingénierie, les phases successives sont les suivantes (circulaire du 19 octobre 1976 - premier ministre) :

— A. P. S. (avant-projet sommaire) : ce sont les plans à petite échelle (1/500 ou 1/200) accompagnés d'une note succincte définissant

Travaux extérieurs - L'étude

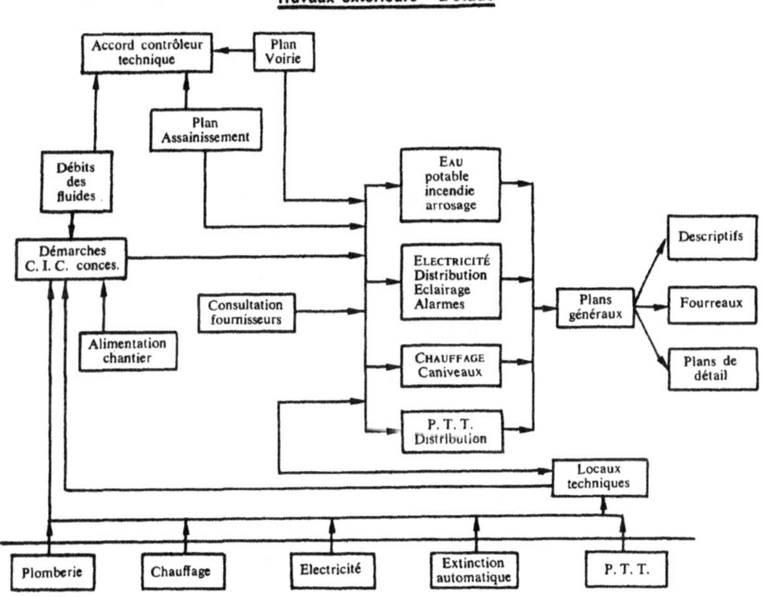

les principes : seuls sont figurés la voirie et les espaces verts.

— A. P. D. (avant-projet détaillé) ; les plans sont à plus grande échelle (1/200 ou 1/100) ; ils sont accompagnés d'un Devis Descriptif sommaire et d'une note sur les démarches administratives effectuées.

— D. C. E. (Dossier de consultation des entreprises) : c'est le dossier d'appel d'offres ; il comporte les plans du projet (Plans d'exécution des ouvrages ou P. E. O.) et les S. T. D. (Spécifications techniques détaillées ou devis descriptif).

Chaque phase est accompagnée d'une estimation et doit être approuvée par le Maître d'Ouvrage.

En général, le technicien intervient peu dans la phase A. P. S. ; son travail ne commence qu'à la phase A. P. D.

En conséquence, avant de commencer son étude le projeteur doit bien se faire préciser la nature de sa mission :

— marché privé : il faut préparer un avant-projet détaillé ;
— marché public : deux catégories de mission sont à envisager :
— mission m1 : ce sont des plans d'exécution,
— mission m2 : c'est un avant-projet détaillé.

A partir de cette base, le projeteur définira la nature de son travail : devis descriptif et plans ; il en déduira le temps à passer en fonction du crédit d'étude alloué par son employeur, ce crédit étant lui-même fonction des honoraires.

Tout ceci suppose bien entendu une comptabilité analytique bien tenue.

Devis descriptif sommaire

Les éléments à étudier sont définis dans le Descriptif sommaire joint à l'Avant-Projet Sommaire et dont un exemple est donné ci-après.

Terrassements généraux

Mouvements de terre nécessaires en remblais ou déblais pour obtenir les plates-formes brutes pour les bâtiments et les chaussées, avec modelage au droit des espaces verts ; talus de sécurité sur les mitoyens et talus de raccordement entre les diverses plates-formes.

Murs de soutènement divers. Clôture du chantier.

Evacuation des terres en excédent.

Voirie (pour groupe immobilier)

Chaussée épaisse type souple pour les circulations générales avec bordure-caniveau. Raccordement sur la voirie extérieure par bateau.

Chaussée légère type souple pour la voirie secondaire ; parc à voitures en chaussée gazonnée.

Chemins de piétons : dalles avec emmarchements.

Voirie (bâtiment industriel)

Chaussée épaisse type souple, renforcée, pour les circulations et les parcs avec bordures caniveau.

Aires bétonnées pour le stationnement.

Assainissement

Evacuation des eaux par réseau séparatif en tuyaux de grès pour les Eaux usées et ciment pour les Eaux pluviales.

Regards d'entrée d'eau à grille et regards de visite avec tampons fonte.

Evacuation des allées de piétons par siphon-panier.

Raccordement à l'égout public avec remise en état des chaussées et station de relevage.

Station d'épuration type à oxydation totale.

Drainages nécessaires.

Réseaux :

Electricité : alimentation des bâtiments par réseau enterré à partir du poste de transformation installé par E. D. F.

Eclairage public : éclairage des chaussées par candélabres décoratifs et des chemins piétons par bornes basses ; commande automatique.

P. T. T. : distribution aux bâtiments par fourreaux enterrés et boîtes de tirage.

Gaz : alimentation des bâtiments et de la chaufferie par canalisation enterrée.

Eau : alimentation du réseau d'eau potable et des bornes d'incendie à partir du compteur général ; réseau d'arrosage automatique.

Chauffage : caniveau pour la distribution du fluide chauffant et de l'eau chaude sanitaire aux bâtiments à partir de la chaufferie centrale.

Espaces verts :

Engazonnement des espaces laissés libres par la construction.

Plantation d'arbres de haute tige et massifs floraux.

Jeux d'enfants, bancs et bassin décoratif.

Clôture :

Clôture en lisse béton basse, avec portail d'entrée et porte métallique.

Divers (Usine)

Bassin pour réserve d'incendie avec revêtement plastique.

Estimation :

Le montant des travaux est estimé à ... F, hors taxe, valeur à telle date, honoraires et aléas compris.

Délai :

Le délai d'exécution des travaux est fixé à seize (16) mois pour l'ensemble des travaux.

Documents à fournir pour l'appel d'offres

Les éléments de base à fournir pour la constitution du dossier sont le DEVIS DESCRIPTIF, objet du présent ouvrage, et les PLANS généraux, constitués par des tracés schématiques complétés par des coupes de détail et des profils. De nombreux exemples sont donnés dans le courant de chaque chapitre.

Le fond des plans est constitué soit par le plan de géomètre, soit par le plan de masse, ce dernier étant souvent une réduction du précédent, matériellement trop encombrant.

Le premier plan à établir est le plan de terrassement : relativement indépendant du reste, il permet de vérifier que le plan-masse adopté n'entraîne pas des mouvements de terre excessifs.

Le tracé de la voirie est établi par le Maître d'Œuvre lors de la conception du plan-masse. Il suffit de le reprendre en le précisant et de vérifier que le tracé correspond aux exigences du projet et des Services de Sécurité.

Sur le plan de voirie figurent généralement les points lumineux et le réseau d'alimentation électrique. Pour éviter des confusions, les autres éléments sont indiqués sur des planches différentes.

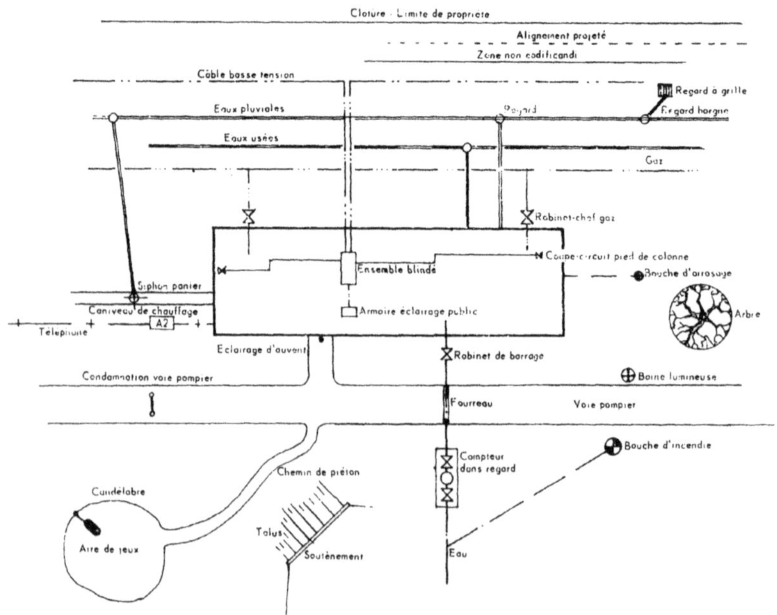

Fig. 1.1 — Les travaux extérieurs. Plan-type.

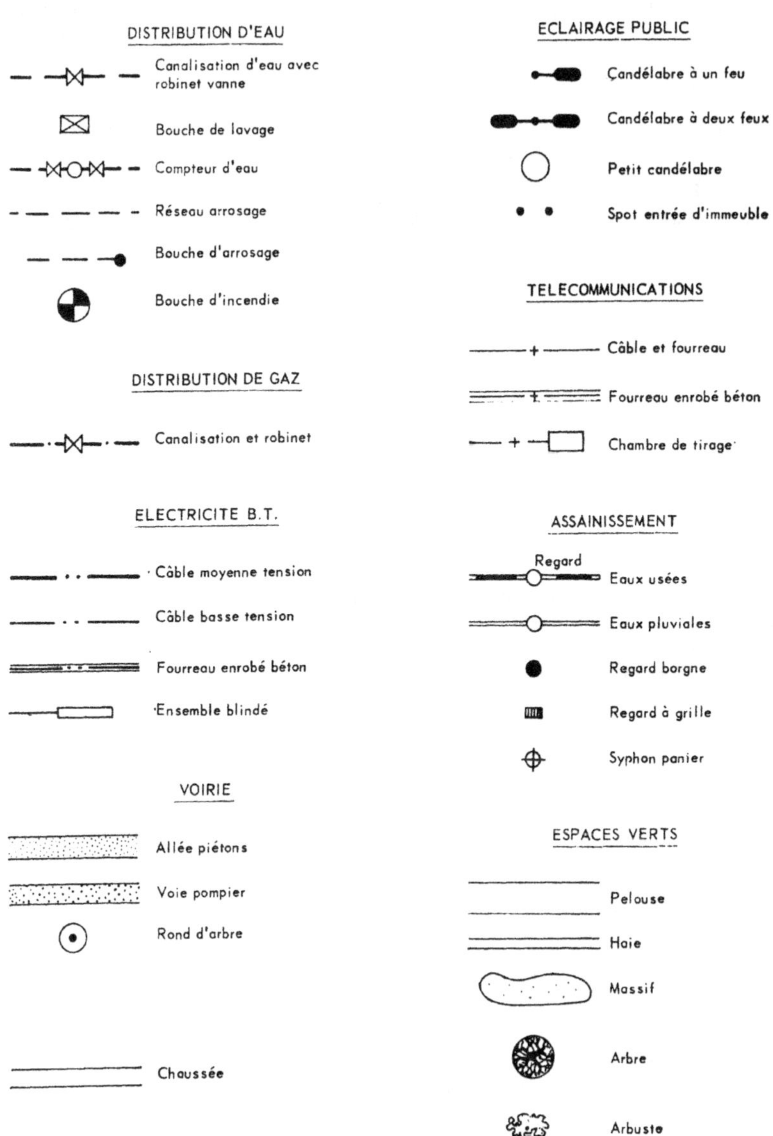

Fig. 1.2 — Représentation schématique.

Les réseaux de distribution de gaz et des P. T. T. sont établis sous la direction de ces Administrations ; ils font donc l'objet de planches particulières.

Sur un contre-calque du plan de voirie figure le réseau d'assainissement dont les sections doivent être déterminées par le projeteur ainsi que les réseaux de distribution d'eau.

La superposition des calques permet la vérification des cheminements ainsi que les possibilités de croisement des diverses canalisations.

Le plan des espaces verts est établi par un paysagiste lequel trace également les chemins de piétons et étudie avec le Maître d'Œuvre les entrées dans les bâtiments.

Le plan-type (fig. 1.1) donne une indication des divers éléments qui composent les travaux extérieurs propres à un bâtiment, dans le cas où il est situé dans une zone à espaces verts. Dans le cas de l'immeuble urbain, ce plan se simplifie car les réseaux existent et sont placés en général sous les voies. Il est suivi de la représentation schématique usuelle des réseaux.

Composition du dossier d'appel d'offres

Un dossier d'appel d'offres est généralement constitué par deux catégories de documents :

Les pièces écrites :

Ce sont : le modèle de soumission, le Cahier des Charges Particulières, le Cahier des Charges Techniques, le Devis descriptif du lot de travaux, le calendrier des travaux ou planning, le rapport des sondages.

Les trois premiers documents et le planning sont des documents communs à tout le projet, les autres sont propres au lot étudié.

Ces documents sont souvent volumineux, donc coûteux en reproduction. Il faut trouver une solution économique pour leur diffusion.

— Il n'existe pas de Documents Techniques Unifiés pour ces travaux mais seulement des Cahiers des Charges Administratifs ; ils sont valables uniquement pour les travaux de l'Etat ; ils peuvent cependant être utilisés pour les travaux privés, sous réserve que le rédacteur du Cahier des Charges ou du Devis Descriptif les mentionne expressément dans son texte.

Les plans :

Il est évident que le nombre de plans est fonction de l'importance de l'affaire. En principe le dossier comporte :

— un plan de situation,

— un plan de masse,

— un plan de l'état du terrain avant travaux (plan de géomètre).

Ces plans sont dressés par le Maître d'Œuvre.

Le Bureau d'études techniques établit les plans suivants :

— terrassement,

— voirie,

— réseaux divers enterrés (à partir du plan précédent),

— clôtures,

— éclairage public (indiqué fréquemment sur le plan de voirie),

— espaces verts, ce dernier plan étant souvent établi en accord avec un paysagiste,

— implantation et coupes des sondages.

Chaque plan général est accompagné de plans de détails qui peuvent d'ailleurs être établis sous forme de cahiers réutilisables pour d'autres affaires.

Les sections des canalisations doivent être justifiées par une note de calcul jointe au dossier.

Les pièces complémentaires :

Ce sont des documents sans valeur contractuelle mais utilisés pour le règlement des travaux imprévus ou l'établissement des situations mensuelles : le bordereau de prix et le détail estimatif.

Cas des marchés publics

Les documents à établir sont analogues mais leur présentation, en ce qui concerne les pièces écrites, doit être conforme à des modèles précis. Ce sont :

— l'acte d'engagement (il correspond à la soumission des marchés privés),

— le Cahier des Clauses Administratives Particulières (il correspond au Cahier des Charges),

— les Spécifications Techniques Détaillées (elles correspondent au Devis Descriptif),

— les plans d'exécution des ouvrages (P. E. O.) : ceux-ci définissent les dimensions et les composants mais ne précisent pas les procédés d'exécution qui sont laissés à l'initiative de l'entrepreneur.

D'autre part, le marché se réfère aux documents suivants, publiés sous forme de brochure par le Journal Officiel :

— le Cahier des Clauses Administratives Générales applicables aux marchés publics de travaux,

— le guide des maîtres d'ouvrages et des maîtres d'œuvre dans les marchés publics de travaux,

— les documents-types de dossier de consultation des entreprises en vue d'un marché public de travaux,

— les fascicules des clauses techniques générales,

— le Code des marchés publics,

— le Guide des V.R.D.

Corps d'état intéressés

Les V. R. D. sont réalisés par des entreprises spécialisées dont l'activité relève des Travaux Publics pour tout ce qui a trait aux terrassements et à la voirie et par des corps d'état divers pour la distribution des fluides.

Ce sont en principe les suivants car certaines entreprises développent leur polyvalence alors que d'autres se spécialisent dans une technique particulière :

— l'entrepreneur de terrassements, voirie et réseaux divers qui aménage le terrain brut, met en place les canalisations d'assainissement et effectue les gros travaux de terrassement, ceux-ci étant parfois disjoints lorsqu'il s'agit de marchés important ou présentant des caractéristiques particulières,

— l'entrepreneur d'espaces verts ou paysagiste qui réalise les pelouses, les plantations, les chemins de piétons,

— l'entrepreneur de clôtures qui installe la clôture et ses portes (avec éventuellement un serrurier travaillant en sous-traitant),

— l'entrepreneur de station d'épuration qui réalise le génie civil et la mise en place de cet équipement spécifique.

Par contre les travaux d'alimentation en fluides sont exécutés par les entrepreneurs du bâtiment si les quantités sont faibles ou par des entreprises spécialisées en canalisations publiques dans le cas contraire :

— alimentation électrique et éclairage public par l'électricien,

— alimentation en eau, arrosage, alimentation en gaz par le plombier,

— distribution de chauffage par le chauffagiste.

La distribution du téléphone est assurée par les P. T. T. dans des fourreaux réservés par l'entrepreneur de V. R. D. (ou par l'électricien).

Les tranchées sont souvent préparées par l'entrepreneur de terrassement.

Calendrier des études

Une étude de V. R. D. comporte généralement trois phases :
— étude préliminaire,
— avant-projet,
— études d'exécution.

Planning d'étude

PROJET D'EXECUTION   *Travaux extérieurs*

	Responsable	Avril			Mai				Juin	
		13	20	27	4	11	18	25	1	8
Plan-masse	Architecte	■								
Espaces verts	d°						■			
Clôtures	d°				■	■	■			
Réseaux extérieurs	B. E.	■	■	■						
Eclairage extérieur	d°			■						
Cuve à fuel	d°	■								
Arrosage	d°		■							
Voirie - Plans de détails	d°				■	■				
Plans de terrassement	d°					■	■			
Devis descriptif	Rédacteur				■	■	■	■		
Vérification								■		

Les limites en sont bien définies et en particulier les objectifs à atteindre. De même chacune des opérations relève plus particulièrement d'un exécutant ; aussi est-il possible d'établir un calendrier fixant des délais et précisant les responsabilités.

L'étude préliminaire est effectuée par le Maître d'Œuvre et a sa conclusion dans le dépôt du Permis de Construire. C'est un document sommaire ne faisant pas l'objet d'une étude approfondie.

L'avant-projet est du ressort du spécialiste, c'est-à-dire du Bureau d'études d'infrastructure. Il se termine par la mise au point du dossier

Etudes voirie, réseaux divers

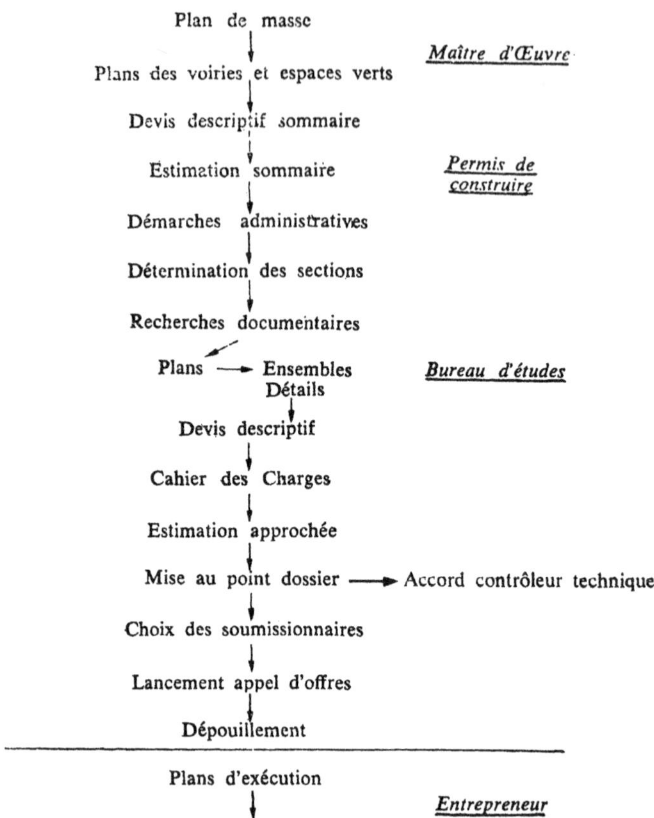

d'appel d'offres, document étudié dans le détail, composé de plans et de pièces écrites s'appuyant sur des enquêtes auprès des services publics et définissant sans ambiguïté les travaux à effectuer.

Cette phase peut également être assumée par le Maître d'Œuvre si celui-ci dispose des connaissances techniques suffisantes et des moyens matériels nécessaires.

Les études d'exécution relèvent de l'entrepreneur titulaire du (ou des) marchés. Si le dossier d'appel d'offres a été bien préparé, cette phase est réduite et parfois supprimée.

A la réception des travaux l'entrepreneur doit remettre au Maître d'Ouvrage un jeu de plans de récolement des travaux exécutés. (Incidence de la loi sur l'Assurance-Construction).

Liaisons

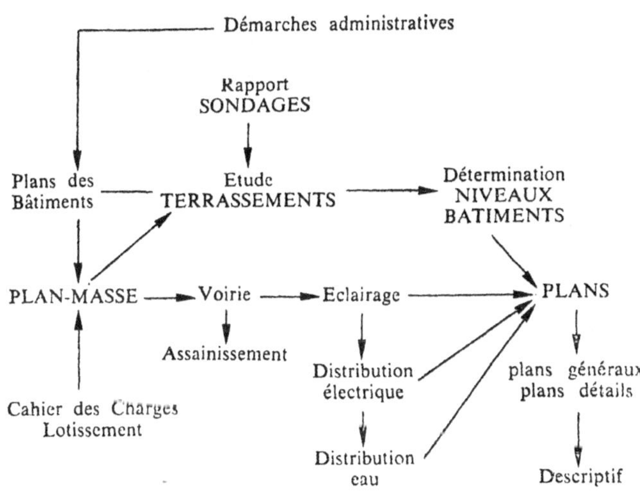

Estimation des travaux de V. R. D.

L'estimation du coût des V. R. D. peut s'effectuer de plusieurs manières selon le temps dont dispose le personnel et l'ampleur du jeu de plans et des pièces écrites.

Dans le cas où le métreur a en sa possession un jeu de plans complet, le Devis descriptif et le temps nécessaire, il s'agit d'un métré classique. La liste des fiches fournit un cadre de bordereau de prix.

Malheureusement ce cas est assez rare dans la phase précédant l'appel d'offres.

En effet il faut souvent estimer le montant des travaux sur des plans à petite échelle, peu détaillés et sans documents écrits. Il s'agit alors d'un avant-métré, problème difficile généralement résolu en utilisant des prix unitaires extraits d'affaires déjà traitées et qu'il suffit d'actualiser.

Trouver de tels ouvrages explicites et faciles à métrer, est délicat. Il est conseillé d'utiliser une unité simple (le mètre cube de terrassement, le mètre carré de chaussée, etc.) et de l'affecter d'un coefficient correcteur pour tenir compte des particularités de l'affaire étudiée.

Enfin, et cela est surtout valable pour les affaires importantes, il faut déterminer le diamètre des diverses canalisations d'assainissement et de distribution de fluides.

D'autre part on ne doit pas négliger le coût des frais de raccordement qui seront facturés par les Compagnies concessionnaires et qui sont généralement élevés.

Le technicien V. R. D.

L'étude des V. R. D. est généralement confiée à un Ingénieur-Conseil ou à un Bureau d'études spécialisé dans cette technique.

Lors de la passation du contrat d'étude entre le Maître d'Ouvrage et le technicien spécialisé, il est indispensable de préciser le plus exactement possible l'étendue des prestations.

Il est donné ci-après une liste des principales opérations à prévoir, étant entendu que chaque affaire est un cas d'espèce :

— les enquêtes préalables auprès des Services publics et des Compagnies concessionnaires : E. D. F., G. D. F., Egouts, compagnies des Eaux et du Chauffage Urbain, P. T. T., etc.,

— les conseils techniques lors des études préliminaires,

— la préparation, d'après les plans d'Architecte, du dossier d'appel d'offres, comprenant en général les vues en plan (situation, terrassements, voirie, réseaux, etc.), les profils en long des voies et canalisations, les profils en travers-type des chaussées, les plans-types des ouvrages d'assainissement, le calcul des sections des canalisations, etc. ; il est complété par une estimation du montant prévisionnel des travaux, un devis descriptif pour chaque lot et un calendrier des travaux (planning),

— la mise au point des plans de coordination sur lesquels sont reportés l'ensemble des réseaux, les sous-sols des bâtiments, les points d'entrée des réseaux dans le bâtiment ainsi que leur tracé jusqu'au point où ils sont pris en charge par le corps d'état intéressé (limites de prestations),

— l'intervention éventuelle sur le chantier pour contrôle, coordination et réception.

La participation au choix des entrepreneurs, la direction des travaux, la vérification des décomptes des entrepreneurs constituent des missions particulières en dehors de l'objet de l'ouvrage.

Dans son budget, le Maître d'Ouvrage devra tenir compte des honoraires de ce technicien pour une valeur de 3 à 6 % du montant toutes taxes des travaux.

Le Contrôleur technique

Les travaux de réseaux divers et de voirie de desserte privative du bâtiment relèvent du Contrôle Technique (article L.243-8 du Code des Assurances et 1792.2 du Code Civil) sauf la couche d'usure et les voies piétonnes.

Le contrôleur technique doit examiner le dossier d'étude afin de vérifier les hypothèses (composition de chaussée, débits des réseaux) avant que l'appel d'offres ne soit lancé.

Cela nécessite un certain délai.

D'autre part, il impose des essais pour la réception des travaux.

La Loi sur l'ingenierie [1]

Le décret du 28 février 1973 (n° 73.207), dit « loi sur l'ingenierie », s'est donné pour but de lutter contre la sous-estimation de travaux pour l'Etat ou les Collectivités publiques, laquelle était préjudiciable tant à la Puissance publique qu'aux entrepreneurs car les crédits supplémentaires n'étaient disponibles qu'au bout d'un long délai. Ce décret n'est pas applicable aux travaux privés mais les Maîtres d'Ouvrages ou Promoteurs, dont les problèmes financiers sont similaires, s'inspirent de ses arrêtés d'application pour fixer les honoraires des Maîtres d'Œuvre. Cela signifie que dans la pratique ceux-ci pourront être forfaitisés en fonction d'un coût estimé des travaux, avec possibilité de rabais en cas de dépassement de prévision.

Le Maître d'Œuvre doit procéder à des estimations plus précises qu'auparavant, donc approfondir ses projets. Connaissant à l'avance le montant de ses honoraires, il pourra fixer le temps à passer par son personnel pour l'étude, d'où la nécessité de planifier celle-ci. Ceci est un problème de gestion prévisionnelle qui doit être basée sur une analyse approfondie des affaires précédentes et ne peut s'improviser, sous peine de graves mécomptes.

Profil QUALITEL

Le profil QUALITEL a pour but de vérifier la qualité des projets de bâtiments d'habitation au moyen d'une cotation des divers éléments de la construction tant intérieurs qu'extérieurs. Ce profil est établi par l'organisme QUALITEL et, pour les V. R. D., sont cotés :
— l'aménagement des espaces libres extérieurs,
— les voies et aires de stationnement des véhicules,
— les allées pour piétons.
La cotation est basée sur la composition des ouvrages (rôle du technicien) et leurs surfaces respectives (rôle de l'Architecte).

____

(1) En révision à l'heure actuelle.

Les V. R. D. et l'informatique

Comme pour beaucoup d'autres activités l'informatique est utilisée pour la conception et la mise au point des V. R. D. Mais son emploi nécessite un certain volume d'études pour être rentable dans les conditions économiques actuelles.

Des programmes ont été mis au point pour le calcul des réseaux d'assainissement, la distribution d'eau, la cubature des terrassements, la conception des voiries, la description des ouvrages, etc.

Pour les petits projets, objet de notre ouvrage, l'intérêt de l'informatique est très limité. Par contre, pour les grandes surfaces, elle permet des économies substantielles de temps par élimination des travaux répétitifs et fastidieux.

Notons cependant que les levés de géomètre font maintenant appel à l'ordinateur, mais sur le plan national.

Le choix des matériaux

L'entrepreneur est libre du choix des matériaux à employer, sous réserve qu'ils soient conformes aux Normes.

Par contre, dans le cas où les réseaux de distribution de fluides doivent être incorporés ultérieurement dans les réseaux publics, le matériel est dans la plupart des cas imposé par les Services Concessionnaires. Cela se conçoit aisément car ces derniers doivent en assurer la gestion et l'uniformité des équipements est indispensable.

Dans ce cas, le projeteur s'informera auprès des services locaux des fournisseurs préférentiels et il étudiera son projet en conséquence.

Etude préliminaire du terrain

Avant de commencer l'étude des travaux de V. R. D., il est essentiel que le projeteur examine le terrain, d'abord sur place, ensuite sur plans.

Sur place, le projeteur étudie :

— l'état général du terrain : s'il est libre de toute construction ou, au contraire, occupé et quelle sera alors la nature des démolitions,

— la pente générale et la végétation,

— les rues ou chemins encore utilisés, les lignes aériennes de télécommunications ou d'électricité,

— l'existence de ruisseaux, de puits, de fossés,

— s'il y a des habitations isolées : les possibilités de fosse septique, de puisards, de champs d'épandage,

— les possibilités de raccordement aux routes existantes,

— le voisinage d'une manière générale.

Effectuer cette visite est une question de bon sens et ne pose pas de problème sauf dans le cas de terrain gardé ou encore occupé. Elle sera complétée par des photographies aussi nombreuses que possible.

Sur le plan du géomètre et sur ceux du cadastre, le projeteur contrôle ce qu'il a pu déceler sur le terrain et recherche en plus :

— le tracé des égouts et leur niveau,

— le nivellement exact,

— le bornage du terrain,

— les mitoyennetés et l'appartenance des clôtures, fossés, etc.,

— les réseaux enterrés d'eau et de gaz.

A partir de cette étude le projeteur recherchera une solution s'adaptant au terrain et dont résulteront le volume des terrassements généraux ainsi que le tracé de la voirie et des réseaux.

Il peut également entamer les premières démarches administratives tant auprès des services publics que des voisins pour vérifier s'il n'existe pas de servitude ignorée ou que le Maître d'Ouvrage aurait négligée (zones inondables, de catastrophes naturelles).

Reconnaissance des sols

Pour la préparation des travaux de V. R. D., les reconnaissances de sol sont obligatoires.

Lorsque des déblais importants sont prévus, des sondages deviennent indispensables pour déterminer la nature des terrains rencontrés, et décider du choix des matériels. En effet, les sols meubles ne sont pas excavés avec les mêmes engins que les sols compacts. La présence de l'eau à faible profondeur entraîne des mesures de protection.

Pour cette raison, il est conseillé de joindre au dossier d'appels d'offres de terrassement et de voirie, un extrait du rapport de sondage fourni par l'Ingénieur-Conseil spécialisé. En général les coupes du terrain suffisent.

Le rapport étant nécessaire pour la construction des bâtiments le coût en est négligeable (voir également le B. R. G. M.)

Les contraintes dues à l'existant

Un bâtiment s'édifie dans un contexte d'équipements publics existants auquel il doit se raccorder. Ceux-ci dépendent de nombreuses Administrations dont les principales sont :
— les Services Municipaux (distribution d'eau, égouts, pompiers, collecte des ordures),
— l'Ingénieur T. P. E. (Voirie) ou la D. D. E. (Direction Départementale de l'Equipement),
— la Direction Départementale de l'Agriculture (Espaces boisés),
— les Services Concessionnaires (E. D. F., G. D. F., P. T. T.).

Phases de travaux

Les travaux de V. R. D. s'exécutent généralement en deux phases :

— *avant la construction des bâtiments :*

On exécute l'ensemble des travaux de terrassement, les couches de fondation des chaussées principales et les réseaux d'assainissement généraux. Cela permet au personnel et au matériel de travailler dans de bonnes conditions : la boue est éliminée, des installations d'hygiène peuvent être mises en place et les ouvriers éventuellement logés sur le chantier. Pendant cette phase sont positionnés les fourreaux pour le passage ultérieur des canalisations. Durant son déroulement sont mises au point les études de gros-œuvre et notamment celle des fondations.

Les réseaux d'assainissement par gravité doivent être mis en place avant tous les autres par suite de la rigidité de leur tracé.

— *après la fin des travaux de gros-œuvre :*

Une fois les gros engins de chantiers disparus et les circulations lourdes terminées les chaussées sont remises en état et leurs accessoires mis en place, les canalisations diverses et leurs branchements raccordés, les candélabres montés et les surfaces libres modelées.

Par contre l'exécution des travaux d'espaces verts dépend des saisons : ils doivent être prévus en fin de chantier, après le départ des ouvriers et, pendant l'hiver pour les plantations d'arbres.

Les travaux de clôture s'effectuent également en fin de chantier lors que la terre végétale est en place et le nivellement terminé.

Bien entendu dans le cas de faible surface les travaux sont exécutés en une seule phase, généralement après les travaux de gros-œuvre. Cela implique que celui-ci doit souvent créer des pistes de chantier.

Liaisons avec les autres corps d'état

Les divers corps d'état des travaux de V. R. D. sont relativement indépendants les uns des autres mais subissent par contre des contraintes de la part de ceux qui exécutent les bâtiments.

Le problème est assez difficile car souvent les entrepreneurs du bâtiment ne sont pas encore désignés lorsque commencent les travaux de V. R. D. dont les exécutants doivent baser leurs études sur des hypothèses.

Les principales contraintes sont détaillées ci-après résumées sous forme de tableau.

Planning général

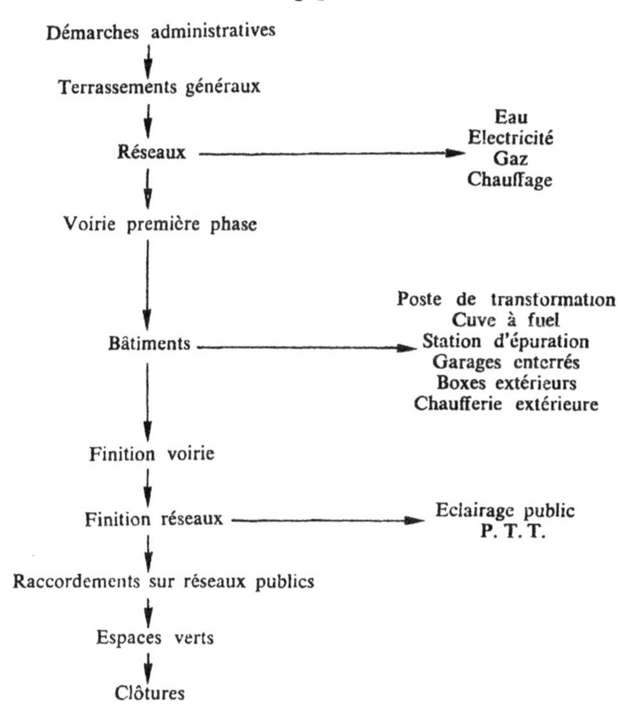

La coordination avec les compagnies concessionnaires délivrant les divers fluides est délicate car elles interviennent généralement en ordre dispersé, en fonction de leur propre planning. Pour garder la maîtrise du calendrier des travaux, le Maître d'Œuvre doit s'efforcer de limiter l'intervention de ces compagnies à la fourniture des fluides à l'entrée du terrain. D'autre part il doit les prévenir largement à temps de ses besoins.

Il doit y avoir une entente précise entre les entrepreneurs de V. R. D. et de gros-œuvre pour la réalisation des sorties de canalisations ; ceci doit être bien défini sur le Devis Descriptif et sur les plans.

Le planning joint donne sous une forme schématique l'échelonnement dans le temps de la construction complète.

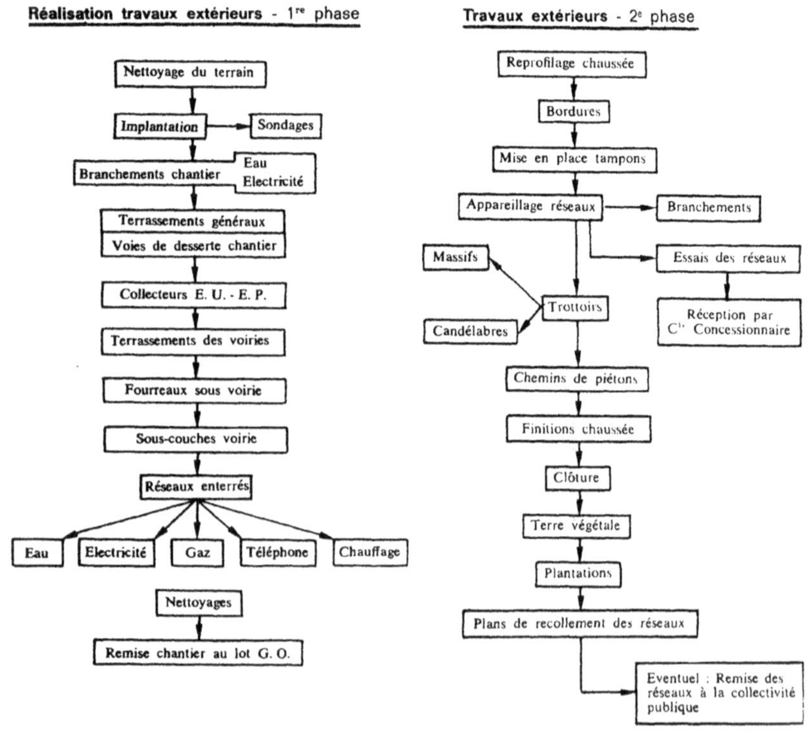

La sécurité

La réglementation impose un plan d'hygiène et de sécurité pour les chantiers importants. Bien que cela ne soit pas encore obligatoire pour les petits chantiers, le projeteur ne doit pas négliger ce problème. Il doit faire l'objet d'une mention sur le Cahier des Charges ou même sur le Devis Descriptif de chaque lot afin de ne pas laisser cette question à la seule initiative du conducteur de travaux. Voici les **principaux points** à vérifier :
— la signalisation et le balisage du chantier (contacts à prendre auprès des services de police locaux),
— la signalisation des pistes de chantier, des surfaces de stockage et des parcs à voitures,
— le repérage des lignes électriques existantes,
— l'emplacement des barrières de protection,
— la remise des consignes de sécurité au personnel sous forme d'affiches et de croquis clairs et simples,
— les systèmes assurant la sécurité des fouilles et des talus (mention des blindages sur les plans),
— l'indication des engins à utiliser et ceux interdits (sur les plans).

Implantation des réseaux enterrés

Après l'examen du terrain et du plan-masse, un des premiers travaux du projeteur consiste à mettre au point un tracé schématique de l'ensemble des réseaux de distribution des fluides et de l'assainissement. Ce tracé sert de guide pour l'étude individuelle de chaque réseau ainsi que pour les démarches administratives.

Le projet des réseaux est limité dans l'espace et techniquement :
— il est compris entre les points de livraisons ou de raccordement des réseaux publics et le nu extérieur des façades des bâtiments,
— pour certains réseaux, les calculs, définitions et tracés sont imposés par le service public qui en a la charge (E. D. F., G. D. F., Services d'incendie, Compagnie des Eaux, P. T. T., chauffage urbain, etc.).

Les réseaux possèdent en effet un certain nombre de caractéristiques communes :
— ils sont enterrés mais doivent souvent passer sous les voies de circulation,
— ils doivent être soigneusement séparés (voir tableaux ci-après),
— leur encombrement, à l'exception des canalisations d'assainissement, est relativement faible, mais leur mise en place nécessite des tranchées de section importante ; en général, eau, gaz, électricité, télé-

phone, sont placés sous trottoir et l'assainissement, encombrant, sous la chaussée,

— ils doivent être accessibles pour les réparations ou, tout au moins, entraîner dans ce cas peu de dégradations,

— les ouvrages de visite et de commande doivent être faciles à manœuvrer,

— ils doivent être éloignés des racines d'arbres qui pourraient les disloquer,

— les points d'entrée dans le bâtiment doivent être déterminés rapidement pour que le gros-œuvre prépare ses réservations dans les fondations,

— les points de liaisons avec les réseaux publics doivent également ment être précisés dans de courts délais.

Il faut accorder une attention particulière aux croisements et aux dérivations.

Aussi, dans la pratique, le projecteur s'efforce-t-il de grouper les canalisations et de les faire cheminer parallèlement à une voie carossable ; pour limiter les dégâts dus à des réparations, elles seront placées sous le trottoir ou en bordure. Un tableau donne les emplacements préférentiels.

Réseaux

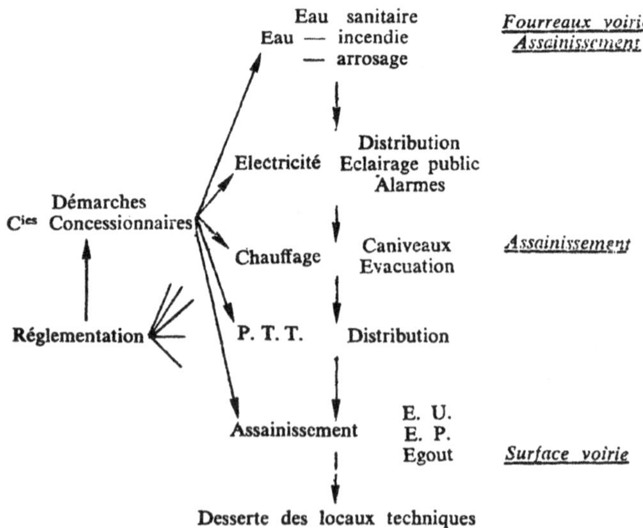

Emplacement des réseaux

	Profondeur (1)		Chaussée	Allée Trottoir	Espaces Collectifs	Espaces privatifs	Observation
Eaux pluviales	1,00		Possible	Oui	Oui	Possible	
Eaux usées	1,50		Possible	Oui	Oui	Possible	
Eau potable	0,80 1,20	Grillage BLEU	Déconseillé	Oui	Oui	Déconseillé	
Electricité	0,75	Grillage ROUGE	Déconseillé	Oui	Oui	Possible	
Gaz	0,80	JAUNE	Interdit	Oui	Oui	Possible	
Téléphone	0,75	Grillage VERT	Déconseillé	Oui	Oui	Interdit	
Chauffage	0,50		Possible	Oui	Oui	Possible	

(1) Hauteur au-dessus de la génératrice supérieure.

Espacements entre réseaux

	Eaux Pluviales Usées	Eau potable	Electricité	Gaz	Téléphone	Chauffage
Eaux Pluviales Usées			20 cm			20 cm
Eau potable	20 cm		60 cm H. T. 20 cm B. T.	50 cm	20 cm	20 cm
Electricité	20	20			50 parallèle 20 croisem^t	50
Gaz	20	50	50			
Téléphone	40	40	30	50		50

Observation : les distances sont données entre génératrices extérieures.

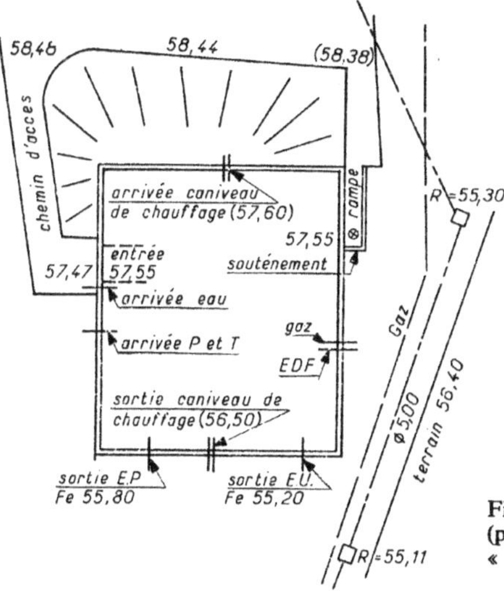

Fig. 1.3 a — Arrivées des réseaux (plan à donner au lot « gros œuvre »).

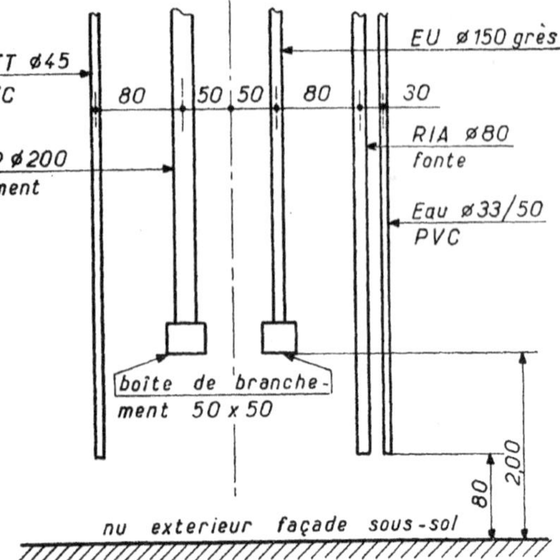

Fig. 1.3 b — Canalisations en attente. Bâtiment industriel.

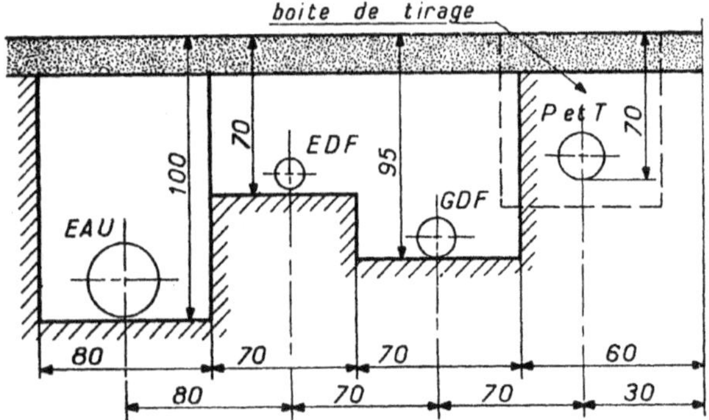

Fig. 1.3 c — Réseaux sous trottoir.

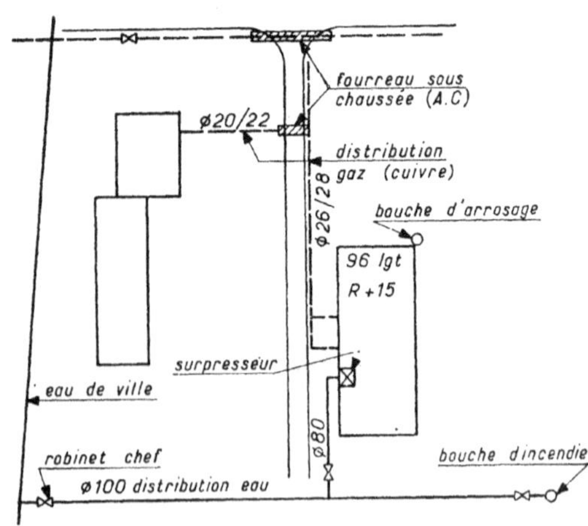

Fig. 1.4 — Canalisations eau-gaz.

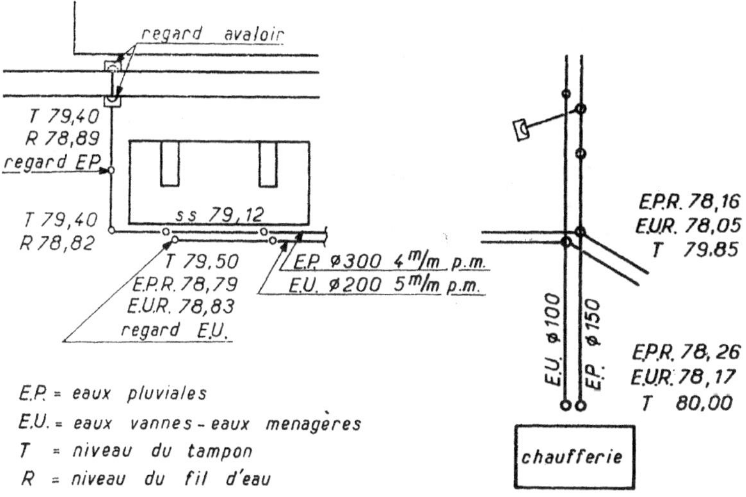

Fig. 1.5 — Réseau égouts extérieurs.

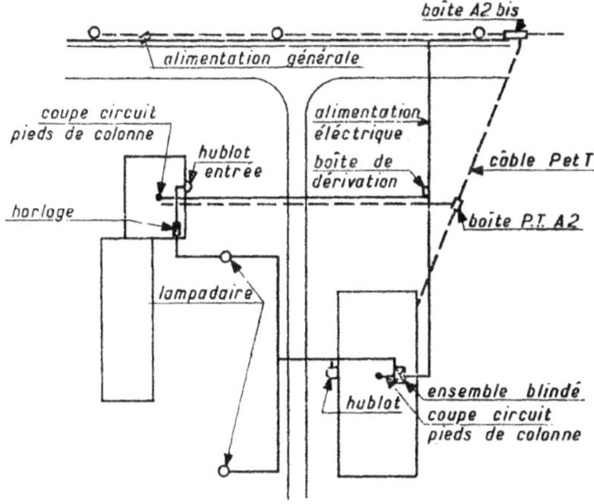

Fig. 1.6 a — Réseaux électricité-téléphone.

Exécution des réseaux

La mise en place des réseaux enterrés peut s'effectuer de deux manières :

— *par tranchée séparée*, solution simple mais onéreuse qui augmente l'emprise nécessaire et entraîne souvent des dégâts aux autres réseaux ou aux ouvrages existants.

— *par tranchée commune*, solution plus économique mais dans la pratique difficile à réaliser ; il faut une coordination efficace, ne pas être gêné par le financement et s'y prendre à temps pour motiver et prévenir tous les intervenants.

Une note technique du C. S. T. B. a précisé les distances à respecter entre génératrices extérieures des différentes canalisations. Mais le projeteur vérifiera que les niveaux sont suffisamment décalés pour permettre les branchements particuliers.

Autant que possible les réseaux seront placés de la manière suivante, sous réserve que réseaux et voiries suivent un parcours parallèle :

— réseau séparatif d'assainissement sous la chaussée,

— réseau des fluides sous un trottoir ou un accotement gazonné de 1,50 m de largeur au moins, ou un chemin de piétons.

Ce réseau, à l'exception du téléphone, peut également être placé dans les parcelles privatives mais sous réserve d'inclure une servitude dans le contrat de vente de la propriété. Cette solution est à éviter dans toute la mesure du possible.

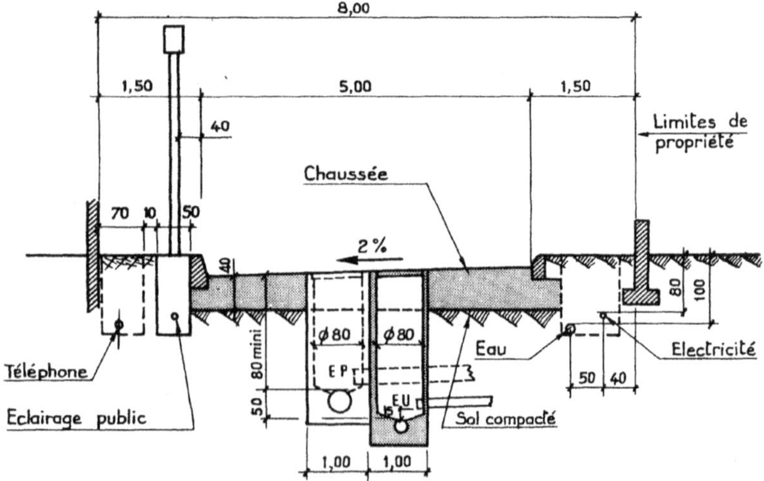

Fig. 1.6. b — Disposition des réseaux généraux.
(*Assainissement central*)

Par exception le réseau gaz ne doit jamais être placé sous une chaussée. Si le trottoir à une largeur au moins égale à 3 m (ou deux trottoirs de 1,50 m) tous les réseaux peuvent être placés sous les trottoirs.

De plus on évitera de placer des canalisations rigides (assainissement, eau, gaz) dans la fouille des fondations des bâtiments, parallèlement à celles-ci. Le remblaiement est souvent médiocre, ce qui peut entraîner des tassements puis des fuites dont les conséquences sont parfois dramatiques (affaissement de fondations par eau, explosion de gaz).

Contrôle

Lorsque l'Entreprise de V. R. D. est désignée, le projeteur du Bureau d'Etudes doit procéder à des vérifications. Sur les plans et sur le bordereau de prix remis par l'Entrepreneur, il doit :
— vérifier la note de calculs des réseaux d'assainissement,
— vérifier l'implantation générale et celle des chaussées,
— vérifier la composition et l'épaisseur des couches de chaussée.
— Sur le chantier, il doit :
— faire identifier le terrain naturel (granulométrie, limites d'Atterberg, Proctor modifié, facteur de portance),
— obtenir l'accord du Contrôleur Technique sur les fonds de forme,
— contrôler les remblais par les essais Proctor modifié.
Tout ceci se traduit par des rapports écrits qu'il doit provoquer et soigneusement archiver.

Plans de recollement

Le projeteur doit exiger de chaque entrepreneur un jeu de plans de recollement des travaux exécutés et ce, avant la réception des travaux. En effet, un dossier doit être fourni au Contrôleur technique pour la mise en place de l'assurance un mois après la réception.

1.2. Démarches administratives

Branchements sur les réseaux publics

Les réseaux d'alimentation en fluides divers et les évacuations d'eaux usées doivent être raccordés aux réseaux publics correspondants. Cela implique de longues démarches auprès des services concessionnaires ou des administrations exploitantes, accompagnées de dossiers et de notices de renseignements. Souvent l'intervention du Maître d'Ouvrage est nécessaire car il doit signer (et parfois remplir) un certain nombre de formulaires. Enfin elles entraînent le paiement de redevances dont une fraction doit être versée rapidement si l'on désire que les travaux soient inscrits au programme des services concernés.

Le projeteur doit donc entamer ces démarches dès le débuts de l'étude afin de connaître rapidement les contraintes concernant les niveaux des réseaux enterrés et leur tracé. En effet la connaissance du cheminement exact permet la mise en place de fourreaux dans la sous-couche des chaussées dont l'exécution suit généralement de près le démarrage du chantier.

D'une manière générale, le nombre et l'emplacement des branchements pour chaque réseau et pour chaque bâtiment sont définis par les services publics en fonction d'une réglementation assez rigide ; les principes en sont les suivants : le branchement et les organes de commande extérieurs doivent être implantés dans un espace accessible en tous temps au personnel et aux véhicules du service. La longueur du branchement entre le réseau général et la limite de propriété doit être la plus courte possible.

Le détail des différentes démarches à effectuer est donné dans ce qui suit. Il est conseillé d'établir une planification.

D'autre part il est rappelé que les administrations ne mettent en route la procédure que sur demande écrite et souvent même seulement après versement par le Maître d'Ouvrage d'un acompte important sur le montant prévisionnel des travaux. Tout ceci demande du *temps*.

Fréquemment le Maître d'Ouvrage lors de l'étude préliminaire et le Maître d'Œuvre pour l'établissement des plans de la demande de Permis de Construire ont déjà effectué des visites aux diverses administrations. Mais il s'agissait le plus souvent de demandes de renseignements présentées de façon généralement vague car l'état du projet ne permettait pas encore la formulation de questions précises.

D'autre part une période assez longue sépare l'étude préliminaire du projet d'exécution : de plus les modifications du projet de base sont souvent profondes. Aussi le projeteur ne doit-il pas accorder une confiance excessive aux résultats des premières démarches. Il est indispensable de les reprendre rapidement avec minutie. Un contact pris trop tardivement peut entraîner des retards sérieux.

Le projeteur doit donc adresser dès que possible à chacun des services intéressés un dossier dont la composition est généralement la suivante :

— plan de situation,

— plan de masse,

— esquisse du réseau intéressé,

— jeu des plans du Permis de Construire des bâtiments,

— notice de renseignements (débits, puissance demandée, etc.).

Ces démarches sont fréquemment communes avec celles nécessitées par l'alimentation du bâtiment lui-même. Il est donc nécessaire de bien préciser *qui* doit les effectuer : ceci est un problème de coordination d'études.

Démarches administratives .

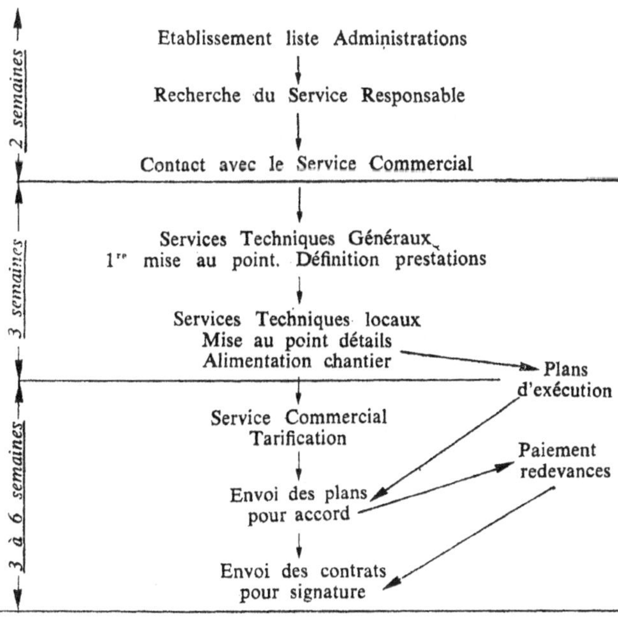

Le projeteur s'informera également du coût des prestations que ces Compagnies seraient amenées à fournir, ainsi que des délais de livraison ; ils sont souvent fort longs et doivent être connus pour être intégrés dans le calendrier des travaux.

Enfin il est souligné que les règles de construction de ces administrations ne sont pas uniformes sur tout le territoire français mais varient selon les subdivisions locales.

Démarches administratives

Branchement sur réseau E. D. F.

Le raccordement sur le réseau public d'Electricité de France peut s'effectuer de deux manières : en aérien ou en souterrain.

La desserte en aérien est pratiquement abandonnée sauf pour des bâtiments isolés et éloignés des lignes principales ; aussi l'alimentation s'effectue-t-elle essentiellement par câbles enterrés.

Les modalités de branchement sont nombreuses et dépendent de la puissance électrique nécessaire et du type de bâtiment :

— un seul immeuble est à brancher et la puissance demandée faible : E. D. F. effectue un branchement direct sur le câble public et l'amène jusqu'à une boîte de raccordement située le plus près possible de la façade, dans un local facilement accessible aux agents E. D. F. ;

— plusieurs immeubles sont à raccorder et la puissance nécessaire importante : il faut effectuer un branchement en moyenne tension et prévoir un (ou plusieurs) poste de transformation du type privé (poste d'abonné) ou public, la décision étant prise par E. D. F. ; dans le premier cas le Maître d'Ouvrage doit réaliser l'équipement complet dans le second cas, il fournit le génie civil que E. D. F. équipe ; financièrement les solutions sont équivalentes.

Le projeteur s'informera auprès du Service commercial de la Région, lequel après un premier examen du projet le mettra en contact avec le Service technique. Ils établiront en commun les principes de l'alimentation. La mise au point des détails d'exécution est généralement effectuée par l'échelon local. Celui-ci précise les dates d'intervention dont l'incidence sur le calendrier des travaux peut être sensible.

Il est souligné que tous les plans d'installation extérieure (branchement, poste de transformation, comptage) doivent être soumis à E. D. F. pour approbation. E. D. F. dispose d'un pouvoir discrétionnaire et une installation, qui ne serait pas réalisée selon ses désirs, ne serait pas alimentée.

La norme NF C 14.100 précise la composition de principe du dossier de demande de branchement.

Le projeteur vérifiera avec E. D. F. les possibilités d'alimentation électrique du chantier.

Branchement sur réseau G. D. F.

Le cheminement des démarches pour le branchement sur le réseau de Gaz de France est analogue à celui suivi pour E. D. F. ; les contraintes et l'organisation du service sont sensiblement les mêmes. E. D. F. et G. D. F. sont parfois même domiciliés dans le même immeuble, ce qui facilite les rencontres.

Le projeteur doit préciser à quel usage est destiné le gaz : domestique, chauffage, industriel. G. D. F. lui indiquera les réglementations à suivre et déterminera avec lui le cheminement des branchements pour chaque immeuble. Il précisera également la pression de livraison et la nature du gaz fourni.

L'étude du branchement terminée, les plans seront soumis à G. D. F. qui vérifiera le tracé et les diamètres proposés et pourra y apporter des modifications pour tenir compte de particularités locales ou de facilités d'entretien.

D'une manière générale, un dossier de demande de branchement à E. D. F. et G. D. F. doit comporter les documents suivants :

— une demande d'alimentation signée par le Maître d'Ouvrage,

— une note de calculs précisant les caractéristiques du réseau, puissance, section des canalisations, dispositifs de protection, estimation de la consommation, etc.,

— un jeu de plans précisant le tracé des canalisations et l'emplacement des appareils de coupure et le branchement.

Dans le cas où est envisagée la desserte par réservoir d'hydrocarbures liquéfiés, le projeteur prendra contact avec la compagnie pétrolière de son choix qui assurera l'installation de la citerne de stockage sous réserve d'un contrat de fourniture. Les conditions relèvent alors des services commerciaux de cette compagnie et de la conjoncture économique.

Cas particulier

Dans le cas de travaux exécutés à proximité des lignes de transport public de fluides (E. D. F., G. D. F., P. T. T.), l'entrepreneur doit se conformer aux textes réglementaires en vigueur (1).

D'autre part, le projeteur doit prendre contact avec la « Direction opérationnelle des Télécommunications » de la région, qui lui indiquera s'il n'y a pas des câbles enterrés dans la portion du domaine public sur laquelle l'entreprise est amenée à travailler : il faut éviter les coupures intempestives de câbles. En cas de négligence, les sanctions pénales sont lourdes.

---

(1) Déclaration en Mairie.

Branchement sur réseau d'eau de ville

La Compagnie des Eaux locale met en place une dérivation entre la conduite publique et le compteur général qui est installé le plus près possible de la limite de propriété.

Le projeteur doit préciser le débit envisagé ainsi que l'utilisation : eau potable, eau pour incendie. La Compagnie fixe alors le diamètre du compteur, ce qui entraîne le dimensionnement du local spécial. Certaines localités disposent d'eau industrielle mais c'est assez rare. Si un réseau pour l'incendie est prévu, cela entraîne l'installation de compteurs spéciaux (un pour les bouches et robinets d'incendie et un autre pour le réseau d'extinction automatique), mais cela dépend des réseaux en place.

La Compagnie des Eaux indique également la pression minimale et maximale ce qui permet de prévoir les appareils spéciaux, à placer à l'intérieur des bâtiments pour la détente ou la surpression.

Le projeteur doit également consulter, outre la Compagnie des Eaux, mais en accord avec elle :

— les services techniques de la ville (ou de la commune) qui contrôlent l'emploi qui sera fait de l'eau,

— le service des Ponts et Chaussées pour le cas de passage sous la voie publique (raccordement sur la canalisation publique),

— le service de la Protection Civile (pompiers) pour déterminer la composition du réseau et ses possibilités d'alimentation, le nombre des bouches d'incendie,

— les services d'exploitation des réseaux enterrés (G. D. F., E. D. F., P. T. T.) pour le cas où il y aurait des croisements de canalisations.

D'autre part le projeteur doit lire avec soin le Règlement sanitaire départemental et s'informer des arrêtés complémentaires que l'autorité locale aurait pu prendre.

Branchement sur les égouts

Le branchement sur les égouts publics n'est pas toujours un problème simple. Plusieurs cas se présentent :

— le réseau d'égouts n'existe pas, situation peu fréquente et évoquée pour mémoire car elle n'intéresse que les pavillons isolés et certaines usines : elle peut constituer un motif de rejet de la demande de Permis de Construire, sauf à prévoir des travaux onéreux ;

— le réseau d'égouts existe mais est insuffisant et doit être renforcé ce qui nécessite une prise de décision de la municipalité avec inscription au budget de la Commune, problème délicat et long à résoudre ;

— le réseau d'égouts existe et est suffisant. Le projeteur doit alors se renseigner sur son type (unitaire ou séparatif), les niveaux du fil d'eau et les modalités de raccordement, éléments essentiels qui fixeront le point de départ du réseau intérieur. Souvent le réseau est unitaire et n'admet que les eaux pluviales ce qui implique la mise en place d'une station d'épuration des eaux usées. Enfin il est rappelé que les eaux industrielles ne peuvent être rejetées sans précautions spéciales dans l'égout.

Les égouts étant toujours situés sous la voie publique, il faut, pour réaliser le raccordement, ouvrir la chaussée, ce qui nécessite une démarche auprès des Services de la Voirie ou des Ponts et Chaussées selon la catégorie de la voie.

Branchement sur réseau P. T. T.

Tous les immeubles neufs doivent être équipés pour recevoir des lignes téléphoniques intérieures mais il faut assurer la liaison entre le bâtiment et le réseau situé sous la voie publique.

L'administration (Bureau des lignes) demande l'installation de fourreaux et de boîtes de tirage. Les Services Travaux, assistés du Bureau d'Etudes indiquent le tracé au projeteur. Il est souligné que ceci est indépendant de l'attribution des lignes pour lesquelles c'est au Maître d'Ouvrage de se charger des démarches. Dès le dépôt du Permis de Construire, l'administration envoie à ce dernier un formulaire à remplir (Services commerciaux).

Eventuellement (usines et locaux commerciaux), il y a lieu de prendre contact avec les services de distribution du Telex.

Mentionnons également la télédistribution (distribution de la télévision par câbles) qui en est à ses débuts. Il s'agit là de cas d'espèces.

Il y a intérêt à ce que ces démarches soient effectuées par l'installateur du réseau téléphonique intérieur, plus au courant des formalités administratives. Mais il faut que celui-ci ait été désigné par le Maître d'Ouvrage, ce qui est rarement le cas dans la période des travaux de V. R. D.

Raccordement au chauffage urbain

Le raccordement sur un réseau de chauffage urbain est encore peu fréquent dans les ensembles immobiliers en dehors des villes ; il n'en est pas de même dans le centre des villes et dans les villes nouvelles.

Le concessionnaire alimente une sous-station d'échange, située dans le bâtiment, au moyen de canalisations d'eau chaude à haute pression ou de vapeur placées sous la chaussée dans un caniveau relié au bâtiment par une antenne avec une chambre de vanne à proximité de la façade.

Traversant une partie de la propriété privée le caniveau est un ouvrage encombrant en plan et en élévation (1,00 × 0,70 m à 50 cm de profondeur) ; il faut prévoir de plus la chambre de vanne extérieure (1,20 × 1,50 × 1,00) et l'évacuation des eaux de fuite et de vidange vers le réseau d'assainissement général.

Le caniveau d'alimentation est réalisé par un concessionnaire auquel le projeteur doit fournir les éléments nécessaires pour son étude : plan des voiries, nivellement projeté, détails des canalisations sur le parcours, etc. Enfin les travaux ne débutent généralement que lorsque le Maître d'Ouvrage a signé un contrat avec la Société de distribution : le projeteur doit s'assurer que cette formalité a bien été effectuée.

Raccordement à la voirie

Le raccordement à la voirie existante s'effectue au moyen d'un « bateau », abaissement du trottoir au droit de l'entrée, permettant l'accès des véhicules. Les services de la voirie locale indiquent au projeteur les niveaux à respecter et les conditions d'exécution (fréquemment c'est un concessionnaire qui a le monopole de ces ouvrages, ce qui implique une demande et la fourniture d'un dossier). Ils précisent également ment le tracé exact de l'alignement (confirmé par arrêté d'alignement) et le classement de la voie. Selon les cas c'est la Mairie ou les Services de l'Équipement qui fournissent les renseignements.

Dans le cas où une déviation routière est à créer (desserte d'un supermarché par exemple), les conditions du raccordement sont mises au point par le Maître d'Œuvre avant le dépôt du Permis de Construire.

Un cas particulier est à signaler : fréquemment, à l'angle de deux rues, les Services de la Voirie, imposent des sujétions spéciales pour améliorer la visibilité, clôture ajourée ou pan coupé par exemple.

Le plan d'alignement (limite entre le domaine public et le domaine privé) et le plan de nivellement (niveau des voies publiques) sont délivrés par le Maire ou par le Préfet selon la nature de la voie, communale ou départementale.

Il y a lieu de se renseigner auprès de la Mairie afin de connaître le système d'enlèvement des ordures ménagères et auprès des P. T. T. pour les boîtes aux lettres, en particulier dans le cas de groupement de pavillons. La Mairie peut demander une aire de manœuvre pour la benne et les P. T. T. un emplacement desservi par la voirie.

Services de sécurité

En général le projeteur n'a pas de contacts à prendre avec les Services de Sécurité. En effet ceux-ci ont déjà précisé au Maître d'Œuvre les contraintes qu'ils imposent et une réglementation précise existe (voie pompiers et bouches d'incendie).

Le projeteur doit donc suivre scrupuleusement les indications données. Il est prudent néanmoins de se les faire confirmer (se référer à l'arrêté du Permis de Construire).

Pour le cas d'étude préliminaire, il est rappelé les risques possibles :
- zones inondables,
- zones exposées aux avalanches,
- terrains propices aux glissements,
- terrains miniers,
- zones de carrière,
- risques sismiques,
- zones proches de forêts facilement inflammables,
- terrains proches de risques industriels, établissements classés, centrales nucléaires, barrages, aérodromes, installations militaires, etc.

Les ordures ménagères

La collecte des ordures ménagères est un service public. Les services Techniques de la Mairie indiquent au concepteur le type de récipient autorisé et la fréquence des collectes ; ils étudient avec lui le cheminement de la benne.

Divers

Dans le cas de construction de bâtiment industriel, il est parfois nécessaire de prévoir un embranchement ferroviaire ou d'effectuer une traversée de canalisation sous une voie ferrée existante. Les démarches dans ce cas sont longues et exigent des dossiers précis et en de nombreux exemplaires car souvent plusieurs administrations sont intéressées.

Si le bâtiment est mitoyen du domaine de la S. N. C. F., il faut s'assurer que celle-ci n'impose pas des contraintes de gabarit ou autres.

Si l'usine nécessite une prise d'eau profonde, une démarche doit être effectuée auprès de l'Agence de Bassin locale. Celle-ci imposera des conditions précises pour le niveau de la crépine et pour le débit ; elle fixera également le montant de la redevance et le périmètre de protection.

Il est rappelé que si des sondages ont été exécutés, une déclaration doit être faite au Service des Mines, formalité généralement remplie par l'entrepreneur qui les a effectués.

Enfin le projeteur doit lire avec attention l'arrêté de délivrance du Permis de Construire car il peut y être fait mention d'obligations nouvelles résultant de la mise en vigueur d'une réglementation qui n'existait pas lorsque l'étude a été entreprise.

— L'installation d'une station d'épuration doit faire l'objet d'une démarche auprès des Services de l'Hygiène (Mairie, Direction départementale de l'Action Sanitaire et Sociale), complétée par un dossier. Après examen de celui-ci, ce Service délivrera une autorisation d'installation. C'est généralement le fournisseur qui se charge des démarches mais les documents nécessaires doivent être signés par le Maître d'Ouvrage. Ce dossier comporte généralement un plan de situation, un plan de masse, une autorisation de rejet à l'égout, le contrat d'entretien, le projet technique du fournisseur et des imprimés administratifs.

— Service des Carrières : un contrôle s'impose dans le cas de certaines régions surtout si des carrières existantes ou supposées sont indiquées sur les cartes géologiques.

Zones industrielles

Dans le cas de zone industrielle, les démarches administratives demeurent les mêmes mais sont plus aisées. Le promoteur de la zone industrielle a passé des accords préalables avec les diverses administrations et peut donc indiquer au projeteur les responsables à toucher. Les premiers contacts sont ainsi amplement facilités et bien souvent les renseignements nécessaires sont déjà prêts. Les délais d'instruction sont réduits d'autant.

D'autre part les réseaux principaux sont en place, bien repérés et des antennes en attente au droit de chaque lot.

Il en est de même lors de travaux à effectuer dans des zones de rénovation ou dans les villes nouvelles.

Par contre une zone industrielle comporte un Cahier des Charges qui impose pour les travaux de V. R. D. des contraintes dont les variantes sont trop nombreuses pour être détaillées ici. L'attention du Projeteur est attirée sur ce point : il doit avant de commencer son étude lire avec soin ce Cahier pour en appliquer les prescriptions judicieusement et, si nécessaire, demander en temps utile des dérogations.

Incorporation dans le domaine public

La voirie et les réseaux à l'intérieur des propriétés sont du domaine strictement privatif. Mais dans certains cas une partie de ces éléments sont transférés au Domaine public dans un délai plus ou moins long.

Le projeteur doit demander au Maître d'Ouvrage si cette hypothèse est envisagée. Dans l'affirmative la conception de la voirie et des réseaux n'est plus libre et doit répondre à des règles précises qui lui seront indiquées par la Direction Départementale de l'Equipement.

Les voisins

Les voisins du terrain de l'opération sont en général peu touchés par les travaux de V. R. D., mais le projeteur doit les prévenir de l'exécution des travaux : il peut en effet exister des servitudes ignorées.

D'autre part, les raccordements entre les terrains voisins posent parfois des problèmes car ils ne sont pas au même niveau fini ; de plus, les clôtures existantes sont souvent dégradées.

Conseils pratiques

Pour chaque service à consulter le projeteur établira une fiche sur laquelle il notera au fur et à mesure les renseignements qu'il aura pu obtenir en en précisant la source. Cette fiche indiquera :

— la désignation exacte du Service,

— son adresse et son numéro de téléphone,

— le nom de la personne touchée et le poste (ou le grade),

— les réponses aux questions avec la date ainsi qu'un résumé des entretiens et des communications téléphoniques,

— les copies de lettres ainsi que les jeux de plans remis seront joints à chaque fiche.

De cette manière le projeteur aura sous la main tous les éléments nécessaires, classés chronologiquement, et pourra effectuer les relances s'il y a lieu.

Les plans nécessaires à la mise au point du projet sont peu nombreux et sont souvent des tracés schématiques. Les éléments constitutifs font l'objet de plans types ou sont des ouvrages préfabriqués ; aussi chaque lecteur peut facilement se constituer un catalogue. Seuls les ouvrages de Génie Civil demandent une étude particulière.

En revanche, un plan de coordination des réseaux est nécessaire pour permettre leur implantation par rapport à des repères fixes ; il doit comporter des cotes d'altitude afin de vérifier les possibilités de croisement. Quelques coupes générales sont indispensables pour vérifier les encombrements, les distances relatives et les interférences.

Le contrôle

Le Maître d'Œuvre (Architecte ou Bureau d'études) a effectué avant l'appel d'offres toutes les démarches administratives qui lui semblait nécessaires. Lors de l'exécution chaque entrepreneur doit vérifier de son côté la conformité aux règlements tant généraux que locaux en vertu de son devoir de conseil. Nous insistons sur ce point, juridiquement très important.

CHAPITRE II

LE MOUVEMENT DES TERRES

2.1. Les terrassements généraux

Les terrassements généraux ont pour but de créer les plates-formes sur lesquelles seront édifiés les bâtiments et de préparer les excavations de grandes dimensions nécessaires pour les sous-sols ; ils ne comprennent pas les terrassements propres aux bâtiments et à leurs fondations.

Ces travaux sont effectués à l'aide d'un matériel lourd et hautement spécialisé qui relève des Travaux Publics (bulldozers, scrapers, dumpers, pelles mécaniques, etc.).

La première opération consiste, sous réserve que les constructions existantes et gênantes aient été démolies, à nettoyer le terrain et à enlever la terre végétale en protégeant si nécessaire les arbres en place.

Pour la mise à niveau les situations suivantes se présentent généralement :

— *pour les bâtiments industriels et les centres commerciaux,* le terrain doit être rendu plan sur toute sa surface, des dénivellations restant possibles mais devant être étudiées pour ne causer aucune gêne dans l'exploitation,

— *pour les groupes d'habitation,* le terrain doit être seulement aplani au droit des bâtiments, des voiries et des aires de stationnement, avec éventuellement des approfondissements locaux,

— *le terrain doit être creusé profondément* pour loger des sous-sols ; ce cas, assez rare dans les bâtiments courants, est cité pour mémoire car il s'applique essentiellement aux immeubles du centre ville.

Le terrassier exécute également les tranchées pour les divers réseaux de canalisation de fluides mais en tant que sous-traitant des entreprises spécialisées en réseaux divers.

Enfin toutes les terres en excédent non récupérables pour des remblais ou des modelés doivent être évacuées au-dehors sans souiller les chaussées.

Planning des études terrassements

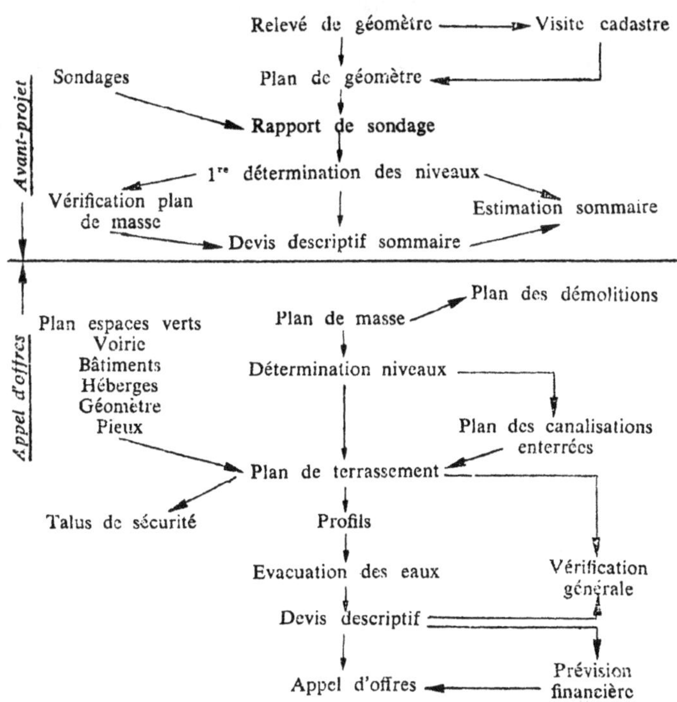

Terrassements généraux

Pour le bâtiment d'habitation et les écoles, les travaux de terrassement sont généralement réduits : ils consistent à établir des plate-formes au droit des bâtiments et des chaussées, compte tenu des sous-sols éventuels, mais en « collant » au terrain au plus près afin de réduire les mouvements de terre et, partant, le coût.

Mais les exceptions à cette règle ne sont pas rares :

— le bâtiment peut comporter un sous-sol sur tout ou partie de sa surface qui implique une fouille en pleine masse importante,

— le terrain, de grande surface, est en pente légère, peu appréciable à l'œil nu mais sur deux ou trois cents mètres la dénivellation peut

atteindre plusieurs mètres. Des décrochements de niveau étant à prohi-
ber dans une usine il faut pour obtenir une surface horizontale procéder
à des mouvements de terre en déblayant une zone et en remblayant
d'autres parties. Le niveau moyen doit être déterminé de façon à éviter
les apports de terre extérieure et les enlèvements aux décharges. Il faut
donc ajuster les volumes de déblais et de remblais en choisissant judicieusement le dessus du dallage fini ou niveau O. Parfois cela est impossible et il faut décaper sur une hauteur importante et envoyer les excédents aux décharges.

Ce problème, simple en apparence, est en réalité particulièrement
complexe et souvent mal apprécié ce qui peut grever lourdement le prix
du terrain si le sol est de mauvaise qualité, inutilisable ou difficile à compacter, sans oublier les retards dus aux intempéries.

Mais les entreprises disposent d'un matériel, généralement surpuis-
sant **auquel** il suffit d'apporter des changements mineurs pour qu'il soit
utilisable sur le terrain envisagé (changement de dents de godet par
exemple). Ces travaux, effectués par l'entrepreneur de terrassements
généraux qui livre la plate-forme brute, sont basés sur un jeu de plans
indiquant les niveaux finis à obtenir ainsi que les crêtes ou selon les cas
les pieds des talus de sécurité. Ces plans doivent être joints au dossier
d'appel d'offres des lots du gros-œuvre, des fondations spéciales et du
sol industriel (cas de l'usine).

Travaux préliminaires

Sur le terrain peuvent se trouver des bâtiments en élévation et en
sous-sol ainsi que des canalisations enterrées, inutiles ou gênants pour
la future construction, et qu'il faut démolir.

Les démolitions en élévation sont effectuées par un entrepreneur
spécialisé dès qu'elles sont de quelque importance. L'usage veut que le
bâtiment soit arasé au niveau du sol existant et les caves éventuelles
comblées avec les débris de la démolition.

L'entrepreneur de terrassement démolit les constructions légères. Il
abat également les arbres gênants et assure la conservation des autres. Il
participe souvent à des opérations complémentaires d'installation de
chantier telles que la définition des itinéraires des camions, le fléchage,
la signalisation routière de complément, les protections ou les déviations
pour les piétons, l'aménagement de portion de terrain pour le logement
du personnel, l'installation des baraques, les zones de dépôt, etc.

Etant souvent le premier entrepreneur (avec le démolisseur) à
intervenir sur le terrain, il est fréquemment chargé d'établir la clôture

du chantier qui sera constituée par un simple cordon sur piquets ou par une palissade réglementaire en planches. (Règlements locaux)

Dans la mesure du possible, l'emplacement des constructions démolies doit être indiquée sur le plan des terrassements car il subsiste généralement des fondations, des sous-sols, des fosses, etc.

Il arrive qu'un temps assez long s'écoule entre la démolition et le début des travaux ; de plus les propriétaires et promoteurs peuvent changer. Le projeteur, au cours de sa visite, « voit » alors un terrain dénué d'obstacles et ne peut deviner ceux qui sont parfois même ignorés du nouveau propriétaire. Il est dans ce cas conseillé de consulter les plans cadastraux qui, rarement récents, indiquent les constructions anciennes dont la trace a disparu.

Certaines entreprises de terrassement exécutent également des travaux d'amélioration du sol afin d'augmenter sa force portante. Ils ne seront pas décrits ici car ils sont essentiellement fonction de l'usage futur des bâtiments (voir tome III).

Par contre le terrassier exécute fréquemment une sous-couche en grave-ciment (ou similaire) sur la surface des bâtiments et des aires de manœuvre afin d'obtenir une plate-forme utilisable par les camions d'approvisionnement, les engins de levage ou de battage des pieux ainsi que par le personnel.

En principe, un arbre de plus de 10 cm de diamètre ne doit pas être abattu ; à défaut, le projeteur vérifiera que les autorisations nécessaires ont bien été délivrées.

Pour assurer une bonne protection des arbres et bosquets pendant la durée du chantier, il est conseillé de prévoir une clôture en châtaignier de 2 m de hauteur et à 1 m environ de l'arbre ou du bosquet.

D'autre part, la NF P 01003 - annexe A - met à la charge du lot V. R. D. :
— les branchements provisoires d'égouts,
— l'exécution des voies d'accès provisoires,
— l'entretien de ces voies.

Ce sont des sujétions de chantier à ne pas négliger lors de la mise au point du calendrier des travaux.

Dans les terrains graveleux ou sableux il est possible d'exploiter les matériaux en place pour les besoins du chantier. Le terrassier effectue alors la découverte puis après purge, remblaie le terrain en s'efforçant de reconstituer les caractéristiques antérieures ce qui pose en général de nombreux problèmes (niveau des fondations, tenue des dallages, etc.) que le projeteur doit étudier avec soin sans oublier l'intervention du Bureau de contrôle.

Il ne faut pas négliger le problème de l'eau. Les terrains constructibles sont généralement à l'abri des inondations courantes mais pas toujours des inondations séculaires. La nappe phréatique peut être proche du sol soit constamment, soit périodiquement ce qui implique, selon son niveau, des travaux préliminaires de drainage général ou une gêne lors des fondations ou de l'exécution des sous-sols.

Les travaux de drainage, de même que ceux de soutènement, seront réalisés avant les travaux de terrassement proprement dits, d'où une contrainte dans le calendrier des opérations.

Exécution des terrassements

Il ne sera pas donné d'indications sur l'exécution proprement dite des terrassements car le choix des moyens est d'une manière générale laissé à l'entrepreneur.

Par contre le rédacteur du Devis descriptif doit indiquer la nature présumée des terrains, sauf si un rapport de sondage indispensable pour les opérations de quelque importance est joint au dossier d'appel d'offres.

Dans le cas des terrassements mécaniques les terrains peuvent approximativement être classés de la manière suivante :

— sols meubles non compacts (gravier, sable, loess, limon, etc.),
— sols meubles compacts (argile épaisse, marne, craie, schiste, etc.),
— sols compacts (poudingue, grès poreux, calcaire, gypse, etc.),
— sols durs (calcaire dur, basalte, porphyre, gneiss, grès, etc.).

Chaque catégorie nécessitant un matériel particulier, les prix unitaires diffèrent de l'une à l'autre tant pour l'extraction que pour le transport hors du chantier ou la mise en remblai.

Le réemploi des déblais en remblais n'est pas toujours possible surtout si le terrain en place est médiocre ou se prête mal au compactage (point à faire vérifier lors des sondages préliminaires).

D'autre part la présence de l'eau entraîne des travaux préparatoires pour rendre le chantier accessible aux engins de terrassement, spécialement dans le cas des sols meubles.

Le rédacteur doit faire figurer également dans son texte la description des imprévus que l'examen des documents en sa possession ou son expérience lui permettent d'envisager : ils feront l'objet de « prix de bordereau » ce qui évitera les discussions ultérieures sur les prix unitaires car les métrés sur place n'offrent en général pas de difficulté. On citera par exemple les blocs erratiques, les canalisations abandonnées, les fondations d'anciens ouvrages, les venues d'eau, les changements imprévus de la nature du terrain, les éboulements consécutifs au gel ou aux pluies diluviennes, etc.

Enfin il doit vérifier que les plans comportent toutes les indications nécessaires pour que l'entrepreneur puisse effectuer un avant-métré précis.

Une fouille doit toujours être limitée par un talus dont la pente est fonction des conditions locales : nature du terrain, saison, présence d'eau, etc.

Dans le cas où la tenue du talus à l'eau de ruissellement est médiocre il faut le protéger par une feuille plastique. Si le talus est en bordure d'une voie de circulation publique ou privée ou si la fouille longe un bâtiment à conserver, la crête ne doit pas être située contre cet élément mais éloignée de 1 à 2 m afin de laisser un passage et de ne pas dégarnir les fondations. Si cela est impossible, il faut procéder à un blindage, la fouille étant alors taillée verticalement et exécutée par élément.

Dans certains cas, le blindage peut être constitué par un rideau de palplanches battues avec une fiche suffisante pour ne nécessiter ni buton, ni tirant d'ancrage. Il est nécessaire pour cela que le terrain soit suffisamment dur en partie basse.

En période de fortes pluies beaucoup de talus sont dans un état d'équilibre voisin de la rupture. Des fouilles entreprises à proximité à ce moment peuvent entraîner des éboulements dont les conséquences sont graves : désordres chez les riverains, terres qu'il faut évacuer, étaiements, etc.

Dans les formations rocheuses peu compactes (marnes et caillasses, roches fissurées) le terrassement s'effectue par « rippage » avec parfois une fragmentation préalable à l'explosif (le ripper est un bulldozer équipé de dents frontales).

Dans les roches compactes (calcaire grossier, marne et caillasse épaisse) il faut fragmenter à l'explosif puis dégager avec des engins puissants.

La cubature des terrassements est toujours un point de friction entre entrepreneur et Maître d'Œuvre (ou vérificateur). Aussi la précision est-elle de rigueur : plans délimitant avec exactitude le contour de la fouille, définition du mode de métré, etc. Il est conseillé en particulier de métrer les fouilles sur plans, au vide à l'aplomb des fondations, sans tenir compte des talus et surlargeurs nécessaires à l'exécution ; le prix unitaire établi par l'entrepreneur doit tenir compte des sujétions.

Enfin il est rappelé que la circulation des camions sur les zones détrempées entraîne l'envahissement des roues par la boue. Un nettoyage de celles-ci est obligatoire avant la sortie des camions sur la voie publique.

Le lecteur n'oubliera pas que si le volume des fouilles est important, cela implique une importante rotation de camions lourds qui peuvent pertuber la circulation publique. Une visite au Commissariat de police ou à la gendarmerie est indispensable avant le début des travaux.

Nettoyage — Décapage

Le sol naturel doit être débarrassé de toute la terre végétale, des détritus, des matières organiques, des arbres et arbustes qui pourraient s'y trouver. Le terrain est mis à nu jusqu'à la couche saine.

La couche de terre végétale a une épaisseur moyenne de 20 à 40 cm ; elle est retirée et gerbée en tas d'une hauteur maximale de 2 à 3 m, non tassée afin d'éviter une autocompression qui ruinerait la vie microbienne.

Les poches de terre de mauvaise qualité, les blocs erratiques, les souches sont enlevés et remplacés par un matériau de bonne tenue, généralement du sable à l'exclusion des terres de remblai. Les souches en particulier doivent être extraites entièrement pour éviter des rejets.

Il n'est pas rare que le terrain ait été utilisé abusivement soit par un voisin, soit par des inconnus pour y déposer du matériel, des matériaux ou des détritus. Accord verbal ou, à défaut, constat d'huissier, sont nécessaires dans le premier cas.

Les déchets inutilisables sont transportés aux décharges publiques mais la terre végétale est récupérée soit pour être stockée sur place en vue de sa réutilisation, soit pour être vendue.

Il est prudent de répandre du *débroussaillant total* pour éviter la repousse de certaines racines susceptibles de se développer après coup.

Dans le cas où une couche de protection n'est pas exécutée rapidement, la surface du sol est salie par les travaux et les intempéries. Aussi, avant l'exécution des travaux de bâtiment, faut-il procéder à un autre nettoyage moins important il est vrai et à un nivellement avec enlèvement des zones bourbeuses et comblement des ornières, ceci afin d'obtenir un sol sensiblement horizontal.

Fouilles en excavation

Lorsque le bâtiment comporte des sous-sols, il faut enlever un important volume de terre. Les procédés employés et le matériel sont différents selon la profondeur à atteindre mais le problème de l'évacuation des déblais est délicat car il implique la recherche d'une décharge d'accès facile. De plus les problèmes de sécurité du travail sont importants et font l'objet d'une réglementation précise.

Les petites fouilles sont réalisées au moyen d'une pelle mécanique travaillant sur le bord.

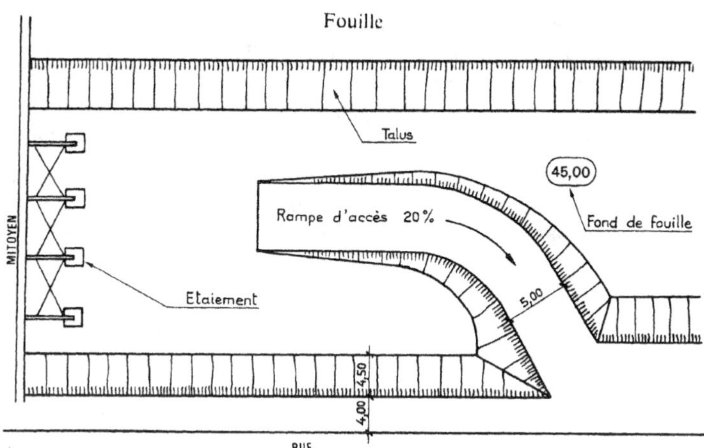

Si la fouille est de grande surface, il faut ménager une rampe d'accès pour les camions (15 % à 20 % de pente), supprimée ensuite par la pelle travaillant en rétro. Notons que la pelle classique tend à être remplacée par le « chargeur » dont la puissance est généralement supérieure.

Dans le cas de fouilles profondes et sans possibilités d'accès, les terres sont remontées à la grue. L'engin de terrassement est également sorti à la grue mais il arrive qu'il soit parfois plus économique de l'abandonner dans la fouille.

La fouille est bordée par un talus dont la pente est la plus raide possible ; une feuille plastique posée dessus empêchera l'eau de le dégrader et de causer des éboulements.

Le niveau de la nappe doit être à 1 m au moins sous le fond de fouille. Dans le cas contraire des précautions particulières sont à prendre.

Quant aux terrains instables ils doivent être blindés et posent de sérieux problèmes de sécurité.

Les moyens de transport utilisés pour l'évacuation des déblais seront choisis de manière que leur circulation sur le chantier ne provoque aucun dommage aux fouilles elles-mêmes.

Cas particuliers

L'entrepreneur de terrassement doit parfois effectuer des prestations complémentaires pour d'autres lots de travaux.

On citera en particulier :

— *les tranchées pour canalisations de distribution de fluides.* Les entrepreneurs de pose de canalisations d'eau, de gaz, d'électricité ou de téléphone ne sont pas toujours équipés pour effectuer le terrassement des tranchées qui leur sont nécessaires. Le lot Terrassement doit alors se charger de ce travail. Ce problème, techniquement simple, est d'une réalisation délicate car il entraîne généralement des interventions successives au moment où l'entrepreneur de terrassement a quitté les lieux.

— *la plate-forme pour le battage des pieux*. Les batteurs de pieux, quel que soit le système employé, demandent en effet un terrain sommairement préparé pour permettre l'évolution de leur matériel lourd. Il faut en conséquence :

— une plate-forme de niveau, sans obstacle (hauteur libre 7 à 9 m), assainie et maintenue hors d'eau pour permettre le déplacement des sonnettes et la circulation des véhicules d'approvisionnement :

— des pieds de talus à 50/70 cm de l'axe futur des pieux,

— des rampes d'accès pour le matériel (25 % maximum),

— une portance suffisante du sol.

En ce qui concerne ce dernier point, les sols de portance médiocre doivent être améliorés soit par l'exécution d'une couche de grave-ciment de 15 à 20 cm d'épaisseur, soit par la mise en place d'un tapis en textile synthétique non tissé recouvert de 20 à 30 cm de grave.

— *les masses rocheuses*. Les terrassements en terrain rocheux sont relativement rares. En revanche la rencontre de blocs n'est pas exceptionnelle. Leur enlèvement ne doit faire l'objet de supplément qu'à partir d'un certain volume unitaire fonction de l'importance du chantier (0,5 M³ au plus et 10 % au plus du total des fouilles).

— *le captage des nappes vagabondes*. Parfois, dans des remblais récents dont la surface est étanchée, se forment des nappes d'eau mal délimitées et au débit capricieux. La solution de ce problème est souvent ardue.

Les conditions atmosphériques

Les travaux de terrassement s'effectuant à l'air libre, ils sont soumis aux conditions atmosphériques qui y règnent, fonction bien souvent des saisons.

Beaucoup de terrains changent de consistance sous l'effet de la pluie ou du gel.

Les périodes favorables pour les travaux sont constituées par l'été et un temps sec et chaud, sans vent.

Les périodes acceptables sont le printemps et l'automne, sous réserve qu'ils ne soient pas trop pluvieux, ainsi qu'un été humide car les sols mouillés sèchent rapidement.

L'hiver est la mauvaise saison ; le chantier est souvent rendu impraticable par le froid, le gel et les longues périodes de pluie.

Les conditions atmosphériques ont une incidence importante sur le calendrier des travaux : ils constituent une cause essentielle de retard sur le chantier lorsque la date de démarrage a été mal choisie ou lorsque le planning a négligé de prévoir une période neutralisée à cet effet. Par contre, les retards ou ouvrages spéciaux nécessités par des pluies diluviennes, sortant de la normale, ne font pas partie des aléas que doit supporter l'entrepreneur : le Maître d'Ouvrage doit supporter une partie des frais supplémentaires. Cette éventualité doit être prévue au Cahier des Charges pour éviter des discussions généralement orageuses !

Les terrains en pente

Il est rare que les terrains de grande surface nécessaires à une usine ou un entrepôt soient parfaitement plans. Ils présentent souvent une pente générale. Le problème consiste à déterminer un niveau 0,00 qui entraîne le minimum de terrassements tout en permettant une mise en place facile des réseaux d'assainissement ; en effet ceux-ci sont longs et doivent se raccorder sur les exutoires existants sans nécessiter de relevage.

Plusieurs catégories de solution sont possibles :
— remblayer en matériaux d'apport toute la surface en dessous du point haut du terrain. L'épaisseur étant variable, cela peut entraîner à la longue des tassements différentiels.
— réaliser un mouvement de terre ; la partie haute est déblayée et les déblais sont utilisés pour remblayer la partie basse. Sur cette plateforme horizontale le niveau final est obtenu par une épaisse couche de matériaux de bonne qualité (35 cm de sable ou 25 cm de grave tout-venant).

Cela suppose bien entendu un sol ayant par lui-même une certaine portance qui peut d'ailleurs être améliorée par stabilisation aux liants.

La solution à adopter ne peut être déterminée qu'après une étude géotechnique du terrain (un point de sondage tous les 500 m² environ) et un chiffrage des différentes solutions qui doivent tenir compte des possibilités d'approvisionnement en matériaux et de la distance des décharges.

Les remblais

Un remblai est une couche de matériaux rapportés sur le terrain naturel d'une épaisseur suffisante pour obtenir le niveau définitif.

Un remblaiement est indispensable dans le cas suivants :

— la profondeur du décapage est supérieure à l'épaisseur du dallage futur et de sa fondation,

— le terrain doit être mis à l'abri des inondations,

— le dallage doit être placé au niveau de la plate-forme des camions ou des wagons,

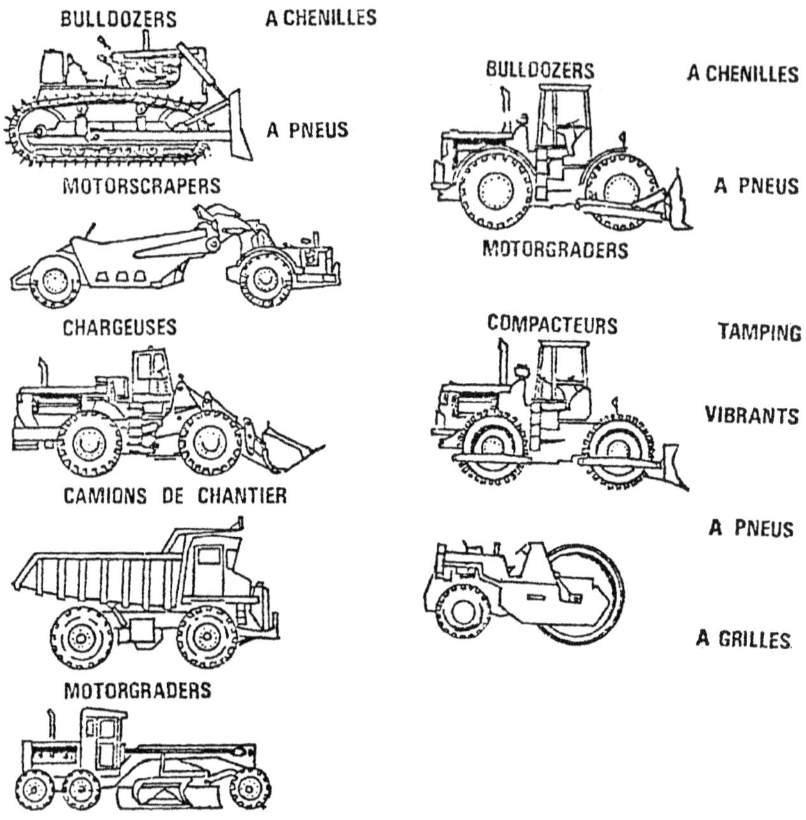

Fig. 2.1 — 1. Engins utilisés pour les déblais généraux.
2. Engins utilisés pour les remblais compactes.

— l'ensemble du terrain doit être mis de niveau et il faut combler les dénivellations naturelles,

— etc.

Pour sa réalisation on s'efforce d'utiliser les terres de bonne qualité trouvées sur place : terres extraites des fouilles, arasement des buttes, etc. A défaut il faut utiliser des matériaux provenant de l'extérieur : terres de déblais de carrière, sablon, grave tout-venant, laitier concassé, etc.

Le remblaiement doit être effectué avec soin surtout si l'épaisseur est importante. Réalisé sans précautions particulières un remblai tasse avec le temps sous son poids propre ; la diminution de hauteur peut atteindre 5 % dans le cas de matériaux sableux et plus de 10 % s'il contient de l'argile. De plus ces tassements sont irréguliers ce qui entraîne des désordres graves. Aussi pour éviter ces inconvénients, deux conditions sont-elles à remplir :

— choisir un bon matériau,

— le tasser avec soin, c'est-à-dire le compacter.

Le matériau :

Le choix du matériau dépend des conditions locales et des sujétions d'exécution du chantier. Le matériau « idéal » est constitué par du tout-venant sablo-graveleux, présentant une courbe granulométrique continue ; il doit être homogène, d'une faible teneur en eau, d'une portance uniforme et suffisante. Cela implique que l'intervention d'un laboratoire de sol est d'une part utile, que d'autre part, certains matériaux sont interdits comme la vase, les terres fluentes ou détrempées, les tourbes, l'argile humide, les matériaux gelés, etc. A défaut il faut reconstituer un bon matériau en procédant à des mélanges de terres provenant de découvertes différentes.

Dans le cas où le volume à remblayer est faible (poche purgée, fosse, canalisation) on utilise du sable tout-venant ou du sablon compacté ainsi que les terres extraites des fouilles mais auxquelles on ajoute du ciment à raison de 100 kg/m^3.

Le compactage :

Le compactage consiste à densifier artificiellement le sol naturel ou le remblai. Pour ce faire, il est tassé mécaniquement avec un apport d'eau qui facilite la mise en place des grains constituant le terrain. Le remblai est répandu par couches de 25 à 30 cm d'épaisseur, tassées par le passage d'un rouleau automoteur parcourant la surface du sol d'une manière régulière en agissant par compression sous l'effet de son poids et par vibration des roues. Le terrain est en même temps nivelé. L'efficacité du compactage se mesure par l'essai PROCTOR qui consiste en une manipulation relativement simple.

Le matériel, varié, est utilisé de la manière suivante :

— pour les terrains secs : les rouleaux lisses, les engins à pneus multiples, les cylindres lisses vibrants,

— pour les sols grenus fins : les compacteurs à pieds dameurs,

— pour les terrains humides et argileux : les rouleaux à pieds de mouton ou à pneus ; les rouleaux vibrants sont inutilisables,

— pour les petites surfaces : les dames à explosion ou les pilettes à air comprimé.

Pour plus de détails le lecteur se reportera aux classifications du SETRA qui indique les modes de compactage et l'appareil adapté.

Le compactage est fonction des conditions atmosphériques : la pluie détrempe la terre et augmente la teneur en eau ; les sols ne doivent pas être gelés. Aussi, lors de périodes pluvieuses, des précautions sont-elles à prendre pendant les arrêts prolongés.

Il est rappelé que les dallages en béton sont soumis à la garantie décennale depuis 1976 ; de ce fait les remblais doivent posséder une stabilité suffisante et être acceptés par le Bureau de contrôle.

Essais de remblais

Un remblai de bonne qualité doit être incompressible ; pour ce faire il faut que sa densité soit maximum compte tenu de sa composition et de sa teneur en eau.

Plusieurs méthodes sont utilisables et font l'objet de modes opératoires définis par le Laboratoire Central des Ponts et Chaussées :

— *l'essai PROCTOR :* la densité de l'échantillon est comparée à une densité idéale, et doit être au moins égale à 95 % de l'OPTIMUM PROCTOR MODIFIE ; l'essai s'effectue sur chaque couche compactée mais dont l'épaisseur ne peut dépasser 60 cm,

— *l'essai « à la plaque »* s'effectue par chargement à l'aide d'une plaque de 60 à 80 cm de côté ; on obtient le coefficient de WESTER-GAARD (un essai par 200 m²),

— *l'essai à la dynaplaque.* Une masse tombe sur une plaque d'appui reposant sur le sol par l'intermédiaire de ressorts. Cet essai s'applique essentiellement aux sols fins et granulaires. Il est rapide et économique.

— *les essais pressiométriques* remplacent l'essai PROCTOR dans le cas de sols comportant de gros éléments (supérieurs à 20 mm) en proportion importante (plus de 30 %),

— *l'essai C.B.R. (Californian Bearing Ratio)* ; il consiste à mesurer la résistance au poinçonnement d'un sol compacté ; il se pratique sur les sols de la classe A (sols fins) et certains sols de la classe B (sols sableux et granuleux avec gros éléments inférieurs à 20 mm).

Tous ces essais sont longs, onéreux et gênent souvent l'entreprise.

— *l'essai au nucléodensimètre,* appareil constitué par un émetteur radio-actif et un compteur Geiger, donne rapidement et sans destruction la densité moyenne et la teneur en eau.

Un remblai pour être considéré comme bon doit avoir une masse volumique de 2 000 kg/m³ environ, une teneur en eau voisine de 8 %, un indice PROCTOR MODIFIE de 95 % et un C. B. R. (Californian Bearing Ratio) de l'ordre de 20.

Dans tous les cas il faut prévoir un essai par 400/500 m² avec un minimum de trois essais.

Tous ces contrôles sont précis mais coûteux et longs à mettre en œuvre ; ils s'appliquent mal aux petits chantiers. Il est préférable qu'un personnel qualifié et expérimenté assure une surveillance continue.

Les épuisements

Une fouille doit être maintenue au sec afin de permettre le coulage du béton, indépendamment de la possibilité de travailler convenablement. Pour les venues d'eau faibles et normalement prévisibles (eau de pluie, fonte des neiges), des rigoles et un puisard de collecte avec pompe immergée sont suffisants. Cette prestation est incluse dans l'ensemble du forfait.

Dans le cas de venue d'eau imprévisible (source, montée de la nappe, etc.) il faut mettre rapidement en place des pompes d'épuisement.

Le rédacteur doit prévoir en conséquence des prix de bordereau pour cette dernière hyopthèse :

— un prix forfaitaire pour la mise en place du matériel,

— un prix horaire de fonctionnement compte tenu de la puissance de la pompe.

Protection des remblais de grande surface

Dans le cas de terrassements exécutés sur une grande surface, donc sur une période relativement longue, il faut pouvoir évacuer les eaux de ruissellement. En effet en cas de pluies abondantes et prolongées, l'eau pénètre dans le sol et le détrempe ; il perd alors toute cohésion, devient boueux et les engins de chantiers circulent difficilement.

Il est donc conseillé de dresser le terrain avec de légères pentes et de prévoir des fossés pour ramener les eaux vers un exutoire. Ce sera l'égout public si c'est possible mais il faut dans ce cas installer une fosse de décantation avant de rejeter pour retenir les fines particules qui colmateraient rapidement la canalisation, sinon on prévoit de grands puisards (1,50 × 1, 50 × 1 m profondeur) remplis de cassons de béton. Enfin les fossés gênent la circulation des engins et il faut les entretenir.

Cette période des terrassements est en général assez courte car l'entrepreneur doit exécuter le réseau d'assainissement et le relier à l'exutoire le plus rapidement possible. Une planification détaillée est donc nécessaire pour le bon enchaînement des opérations.

Le Maître d'Œuvre n'oubliera pas de consulter la plus proche station météorologique qui pourra lui procurer une prévision approchée du temps pour la période envisagée.

Une autre solution prévoit la mise en place d'une forme en matériaux résistants mais néanmoins facile à démolir pour permettre l'exécution ultérieure des fouilles. Après remise en état, cette forme constituera la fondation du dallage.

On utilise soit la grave-ciment en 20 cm d'épaisseur, soit la grave-bitume en 12 cm ; ces épaisseurs sont nécessaires pour permettre la circulation des engins d'approvisionnement lourds (camions, bennes automotrices). Ces graves traitées sont peu sensibles à l'eau et le nettoyage des boues s'exécute facilement. La mise en œuvre peut s'effectuer par presque tous les temps, sauf sous la pluie qui délave le mélange. Cela permet de respecter le planning.

Des formes analogues peuvent être exécutées à base de laitier de haut-fourneau.

La protection peut également être constituée par une feuille de plastique épais armé ou une nappe de non-tissé. Dans le premier cas la circulation des petits engins est possible ; dans le second cas, il faut recouvrir la nappe de 30 à 40 cm de grave tout-venant, simplement compactée.

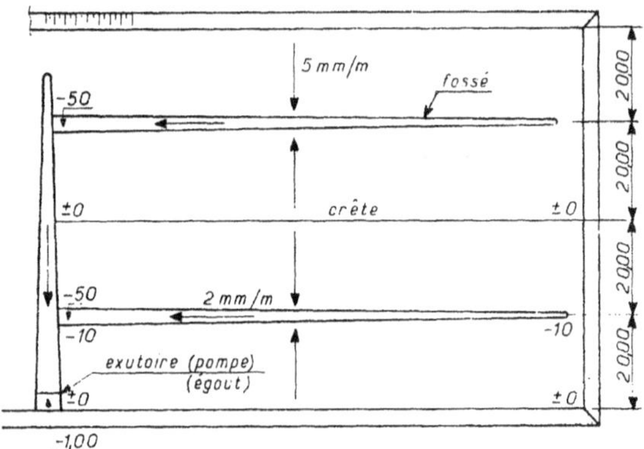

Fig. 2.2 — Assainissement de fouilles.

Dans le cas de terrain limoneux ou argileux détrempés, la surface sera stabilisée aux liants hydrauliques.

Dans tous ces cas l'eau de pluie stagne à la surface et est évacuée soit par évaporation naturelle, soit par balayage sommaire à l'engin.

Le nettoyage des chaussées publiques

Le Code de la Route interdit le dépôt de boues, salissures et objets glissants sur la chaussée. Or un camion sortant d'un terrain détrempé rejette une importante quantité de boue par l'intermédiaire de ses roues arrières surtout si elles sont jumelées.

Il faut donc nettoyer la chaussée au droit de la sortie des camions et sur une distance qui peut atteindre une centaine de mètres.

Tranchée commune

Chaque canalisation enterrée nécessite une fouille en tranchée souvent parallèle à une autre tranchée peu éloignée. Aussi le projeteur doit-il s'efforcer de grouper les canalisations dans une seule et même tranchée de dimension plus importante mais relativement moins coûteuse. Une note technique du C. S. T. B. précise les conditions d'exécution et de mise en place des divers réseaux. Bien entendu cette tranchée est réalisée autant que possible sous un trottoir. On distingue :

— dans l'axe et à fond de fouille la distribution d'eau à 1 m de profondeur,

— côté façade du bâtiment, à 50 cm de l'eau et à 80 cm de profondeur, les câbles d'électricité basse tension,

— côté opposé à l'électricité, à 50 cm de l'eau et à 70 cm de profondeur, la canalisation de gaz, qui peut ainsi passer au-dessus des câbles pour le branchement,

— sous fourreau, le téléphone à 50 cm du gaz ou à 30 cm de l'électricité.

Les croisements avec les canalisations E.U. et E.P. se feront en ménageant un espace de 20 cm.

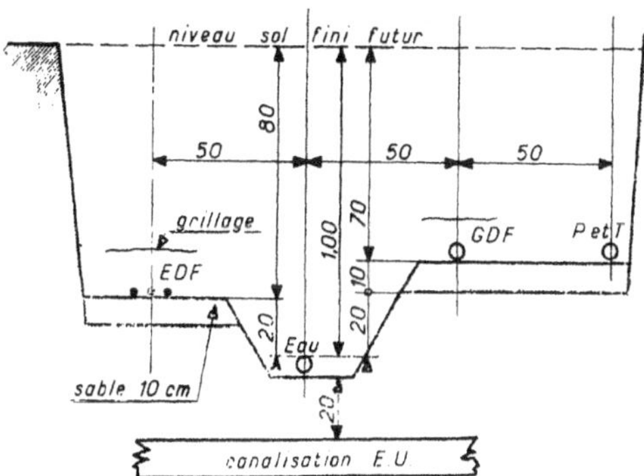

Fig. 2-3

Cas particuliers

Remblais hydrauliques :

Le remblai hydraulique consiste à refouler à l'intérieur d'une enceinte des matériaux dragués dans la mer ou dans le lit d'une rivière.

Le niveau du sol est ainsi remonté au-dessus des plus hautes eaux, et le terrain devient utilisable.

Le transport des matériaux s'effectue par un courant d'eau qui est évacué par un système d'écluse. C'est une opération délicate généralement menée avec des moyens puissants et soigneusement contrôlée pour que le terrain reconstitué ne soit pas trop hétérogène.

On obtient ainsi des surfaces peu coûteuses, gagnées sur des terres sans valeur (marais, bord de mer, lit de rivière, etc.) et généralement affectées à la création de zones industrielles.

Mais leur portance est faible et il peut en résulter des tassements différentiels. Elle doit donc être améliorée soit par un préchargement, soit par un compactage intensif ou tout autre procédé. Cela entraîne des sujétions pour les fondations et les dallages des bâtiments futurs, généralement compensées par le bas prix du terrain.

Remblais sur décharge :

Les décharges d'ordures ménagères sont compactées au fur et à mesure de l'apport des matériaux. Recouvertes de terre végétale elles peuvent être utilisées comme espace vert uniquement.

Remblais sur sols compressibles :

Les remblais sur sols compressibles entraînent des tassements importants, fonction de la hauteur du remblai et de la nature du soussol. Leur mise en œuvre demande l'intervention de spécialistes et des essais de laboratoires poussés.

Zones inondables :

Le remblai doit être réalisé en matériaux insensibles aux remontées capillaires tels la grave tout-venant, les débris de carrière, etc.

Remblais armés :

L'apparition des feutres synthétiques a permis de nouvelles mises en œuvre pour les remblais.

Dans des terrains marécageux ou de faible portance une nappe de feutre est placée sur le sol et recouverte par un remblai graveleux sur 40/50 cm. Les camions de livraison de matériaux peuvent circuler sans s'embourber.

Une autre solution a également été employée : le remblai est constitué par des couches successives de terres compactées, de 40 à 50 cm d'épaisseur, prises en sandwich entre deux nappes de feutre synthétique.

Le feutre synthétique est constitué de fibres artificielles enchevêtrées. Il constitue un matelas perméable à l'eau mais qui empêche le passage des fines particules de terre (argile, limon).

Sujétions dues à la pluie :

Les pluies torrentielles ne sont pas exceptionnelles, surtout en automne. Elles causent de sérieux dégâts aux travaux de terrassement en cours.

La surface supérieure du sol est alors détrempée et transformée en bourbier dans lequel hommes et machines s'enlisent ; les remblais compactés se gorgent d'eau et leur portance diminue fortement.

Lors du retour du beau temps il faut laisser sécher l'eau superficielle puis décaper les zones souillées et recompacter les remblais.

Cet incident fait partie des aléas que doit supporter l'entrepreneur, sous réserve qu'il ait eu connaissance de la nature du terrain (rapport de sondage). Mais le Maître d'Ouvrage doit cependant en supporter également une partie si ces pluies sont réellement exceptionnelles.

Il est donc conseillé, dans le cas de temps douteux, de se mettre en rapport avec la plus proche station météorologique qui diffuse des renseignements valables pour les prochaines 24 h soit verbalement, soit par messages préenregistrés.

Plans de terrassements

Les plans de terrassements sont exécutés à partir du plan de géomètre et des plans de bâtiments. Ils indiquent le contour des fouilles et sont complétés par des profils, à intervalles réguliers et dans les deux sens, qui précisent le nivellement futur. Le contour déborde le bâtiment (1 m en moyenne).

Le rédacteur du Devis descriptif doit vérifier que sont indiqués sur les plans :

— les niveaux de fond de fouille forfaitaire,

— la délimitation des fouilles soit par les pieds de talus, soit par la crête selon les cas (important pour la reprise par le gros-œuvre),

— le lieu du dépôt des terres extraites des fouilles, si elles doivent être stockées sur le chantier,

— les palissades ou clôtures éventuelles,

— les possibilités d'évacuation des eaux,

— les obstacles divers connus ou prévisibles (fondations existantes, bâtiments démolis, etc.),

— les axes principaux de la construction, repérés par rapport à des points fixes bien définis,

— les points de niveau du Nivellement Général de la France.

Sur le plan de terrassement le projeteur peut également indiquer la coupe des terrains, extraite du dossier des sondages. Cela évite de joindre aux documents de l'appel d'offres le rapport de sondage, toujours volumineux et dont nombre d'éléments sont sans intérêt pour l'entrepreneur de terrassement.

Un point important dans la mise au point du plan de terrassement est la détermination des cotes de niveau : fond de fouilles en déblai, dessus de remblais. Il faut éviter les mouvements de terre importants et surtout l'envoi de déblais aux décharges.

La solution la plus économique consiste à « coller » au terrain existant dans toute la mesure du possible. Si de grandes surfaces hori-

Liaisons

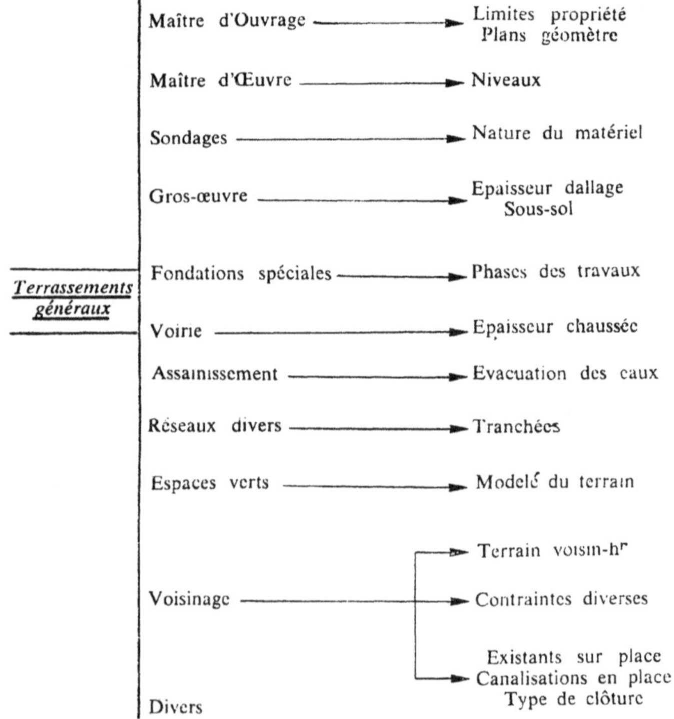

zontales sont nécessaires, il faut procéder à une étude préalable d'égalisation des remblais et déblais, sous réserve que les terres s'y prêtent.

Le dessus des plate-formes doit correspondre à la sous-face de la forme sur laquelle repose le dallage. Mais compte tenu des différents revêtements de sol, ce niveau peut ne pas être constant sur toute la surface du bâtiment ; aussi le projeteur se reportera-t-il au devis descriptif du gros-œuvre pour avoir la composition des dallages et revêtements de sol.

Pratiquement, pour le dessin, le projeteur tracera son plan par grandes plates-formes séparées par des talus.

Plan des canalisations existantes

Les constructions neuves ne sont pas toujours édifiées sur un terrain vierge. Celui-ci a pu avoir une autre utilisation ou bien un équipement a été prévu (zone industrielle ou de rénovation).

Les éléments visibles en surface (tampons par exemple) figurent sur le plan de géomètre mais les éléments enterrés sont inconnus. Si cela est possible il faut dresser le plan des canalisations enterrées avant le début des travaux de terrassement.

Deux cas principaux se présentent :

— l'occupant précédent possède des plans détaillés des réseaux enterrés, ce qui est assez rare ; il y a lieu alors de vérifier néanmoins par des visites sur place et éventuellement par des sondages l'exactitude des données,

— il n'existe aucun plan mais sur place des éléments visibles indiquent des présomptions.

D'autre part, dans les zones périphériques des villes, des égouts anciens traversent des terrains privés ou longent des chemins déclassés. Des démarches doivent être entreprises auprès des Services publics pour qu'ils effectuent des recherches dans leurs archives afin de déterminer le tracé probable et vérifier si la canalisation n'est pas encore en service.

Une fois toutes les recherches terminées, un plan de récolement doit être monté et joint au dossier d'appel d'offres.

La présence de canalisations en fonctionnement entraîne souvent des retards dans les travaux car il faut les détourner.

Plans de recolement

Les réseaux et la voirie doivent faire l'objet de plans de recolement précis après leur exécution. Il y a intérêt à les faire exécuter par un géomètre indépendant des entreprises ayant réalisé les travaux.

Sur ces plans seront figurés :

— les réseaux avec leur identification, les ouvrages enterrés, les branchements, les niveaux, les pentes,

— les bâtiments avec le niveau du rez-de-chaussée et le nombre d'étages,

— les voies de circulation et les parcs à voitures avec leurs axes de référence, les voies pompiers.

— les ouvrages enterrés.

L'ensemble sera à l'échelle de 1/200 (facile à manier mais lisible) et toutes les cotes de niveau seront rapportées au système N. G. F. en altitude et à des points géodésiques précis en plan.

2.2. *Murs de soutènement. Talus*

Chaque fois qu'il est nécessaire de créer une dénivellation brusque dans le sol naturel, il faut maintenir les terres par un mur de soutènement empêchant celles-ci de s'ébouler.

Le calcul de la stabilité de ces murs a fait l'objet de nombreuses études et cela depuis des siècles (Vauban) car c'est un élément important des Travaux Publics. Le lecteur voudra bien se reporter aux ouvrages de Coulomb, Rankine, Levy, Boussinesq, Resal, Caquot, Reimbert, etc. Notons que cet ouvrage fait à l'heure actuelle l'objet de programmes sur ordinateur.

Le principe est le suivant : la terre et la surcharge qu'elle supporte exercent une poussée oblique sur le mur ; le poids de celui-ci produit une force verticale ; ces deux forces se composent et donnent une résultante oblique qui doit tomber dans le tiers central du massif afin qu'il soit stable et soumis à aucune traction.

On utilise principalement deux types de murs de soutènement :

a) les murs massifs en maçonnerie ou en béton lorsque la hauteur est peu importante, le sol de fondation de bonne qualité et que l'encombrement n'est pas une gêne.

b) les murs en béton armé dans les autres cas : murs-chaise ou en T renversé ; les solutions avec contreforts sont peu employées car onéreuses. D'autres systèmes de murs de soutènement sont également utilisés mais essentiellement dans les Travaux Publics (terre armée, caissons métalliques, etc.).

Dans le premier cas le poids propre du mur équilibre la poussée des terres ; dans le second, c'est le poids des terres chargeant la semelle arrière qui assure la stabilité du mur.

Le mur de soutènement est un ouvrage qui ne pardonne pas les erreurs de conception ou d'exécution. Le projeteur doit vérifier la stabilité en tenant compte des hypothèses les plus défavorables : densité des terres de remblais, nature du sol de fondation, surcharge sur le remblai, poussée d'eau éventuelle, etc.

Un mur de soutènement ne doit pas se renverser sous l'action de la poussée des terres et des surcharges éventuelles mais il est aussi indispensable qu'il ne puisse pas glisser sur sa base sous l'action de la composante horizontale de cette poussée. Il faut donc s'assurer également que le sous-sol est bon afin qu'il n'y ait pas à redouter une rupture par glissement d'ensemble. Enfin il faut accorder une attention particulière à l'action de l'eau : eaux agressives, eau d'infiltration ou remblais transformés en boue. Dans les régions accidentées, soumises à des pluies abondantes, à des gels et dégels fréquents, un ancrage par pieux ou par fondations profondes est nécessaire afin d'éviter des désordres. Si nécessaire, une bêche en partie avant protège la fondation du gel.

Un mur de soutènement doit être complété par un drainage efficace de la face arrière afin de neutraliser la poussée des eaux d'infiltration qui pourrait, au-delà d'une certaine limite, en provoquer le renversement. Le drainage est constitué par une couche de matériaux drainants, ou un tapis filtrant, et un collecteur en partie basse, avec des barbacanes pour exutoire. Les terres argileuses doivent être éliminées : l'argile remaniée, exposée à l'air et à l'eau, est en effet susceptible de gonfler, ce qui entraîne des efforts de poussée considérables auxquels le mur ne peut résister. Le compactage doit être conduit prudemment pour éviter des poussées accidentelles dangereuses.

Dans les régions soumises aux séismes, la stabilité du mur de soutènement doit être vérifiée en fonction des efforts indiqués dans les Règles parasismiques (Règles P. S. 1969).

Enfin l'implantation d'un mur de soutènement en limite de propriété peut entraîner d'importantes sujétions, en particulier en ce qui concerne la semelle, laquelle ne peut déborder chez le voisin si le mur appartient à un seul propriétaire. Il s'agit là d'un problème juridique délicat et qui ne doit pas être négligé.

Un mur de soutènement de grande longueur doit être coupé par des joints : sans épaisseur, tous les 6/8 m au plus, larges de 1 à 2 cm tous les 20/30 m et obturés sur la face arrière par des profils en aluminium ou un empilement de briques.

Les murs de soutènement, d'une hauteur maximale de 5 m, ne retenant que des terres (ni route, ni voie ferrée) et constituant l'accessoire d'un bâtiment sont classés du point de vue Assurances dans la catégorie « Bâtiment ».

Calcul du mur de soutènement

Le calcul d'un mur de soutènement nécessite la détermination et la connaissance des éléments suivants :

— poussée du matériau de remblai, fonction de sa densité, son angle du talus naturel, sa compacité, sa surface,

— poussée hydrostatique éventuelle,

— surcharges sur le remblai,

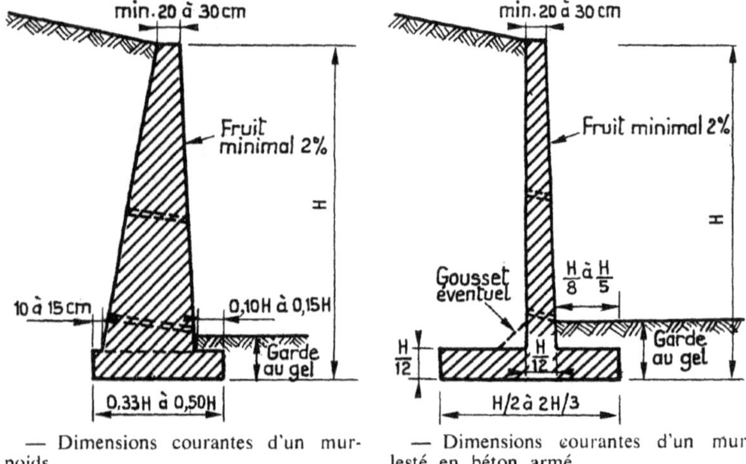

— Dimensions courantes d'un mur-poids.

— Dimensions courantes d'un mur lesté en béton armé.

Fig. 2.4 — Dimensionnement pour avant-projet.

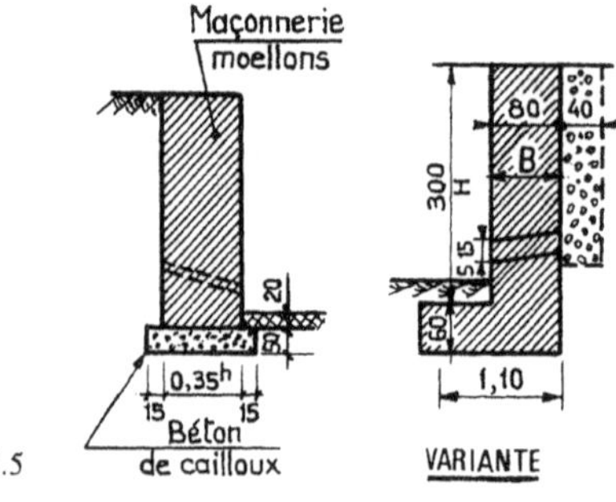

Fig. 2.5

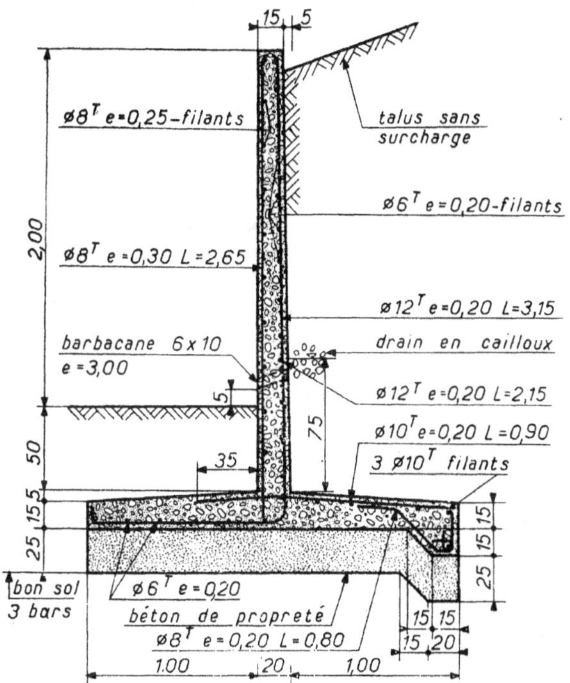

Fig. 2.6 — Mur de soutènement.

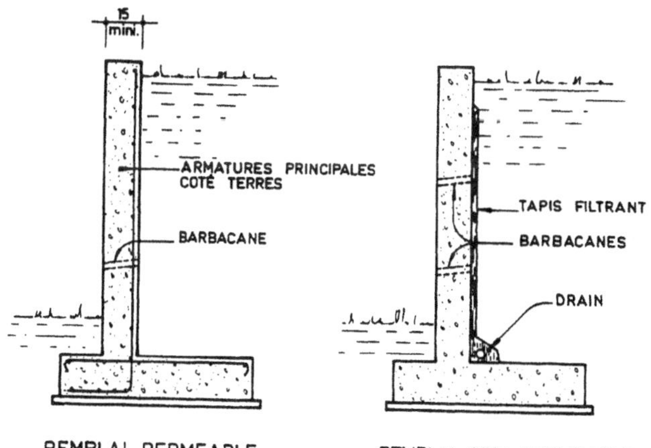

Fig. 2.6 b) — Mur et remblais.

— surcharges lors de l'exécution du remblaiement,

— nature du sol de fondation et son taux de travail.

La stabilité du mur de soutènement est vérifiée dans deux hypothèses :

— sous une poussée majorée de 50 %, la résultante des efforts (poids propre, poussée des terres et surcharge) doit rester dans l'emprise de la base du mur,

— sous la poussée normale, la contrainte du sol sous l'arête la plus chargée ne doit pas dépasser le taux de travail de celui-ci.

Dans la pratique, il faut que cette résultante soit située au plus :

— à la limite du tiers central dans le cas de sol rocheux,

— à l'intérieur du tiers central dans le cas de sol peu compressible et peu poinçonnable (sables et graviers),

— dans l'axe (excentricité nulle) dans le cas de terrain très compressible.

Une bêche empêchera le glissement de la semelle sur le sol.

La figure 2.4 donne le dimensionnement à respecter pour les murs courants, sans surcharge sur le talus et bien drainés, pour une hauteur ne dépassant pas 5 m.

Dans le cas de terrain argileux on exécute derrière le mur un tapis filtrant de 30 cm d'épaisseur en matériau pulvérulent ; ce tapis empêche l'accumulation d'eau et la conduit aux barbacanes.

Lorsque le mur a une hauteur importante, il ne faut pas négliger la poussée supplémentaire temporaire due aux engins de compactage. Dans le cas où il est ancré par des tirants (paroi berlinoise, palplanches), il faut également déterminer les niveaux d'ancrages et les phases d'exécution.

S'il est haut (plus de 5 n), mince et léger, il faut prévoir des aciers verticaux en partie avant du voile pour éviter un renversement dû au vent pendant les travaux ; il est également conseillé de prévoir aussi un quadrillage léger sur la face extérieure afin de prévenir une fissuration due aux efforts secondaires (chocs thermiques, inégalités de poussée des terres, etc.).

Une médiocre force portante du terrain superficiel peut entraîner des tassements et des déversements du mur. Pour y remédier, plusieurs solutions sont possibles, en particulier :

— prévoir une fondation sur pieux ce qui est relativement complexe car il faut alors reprendre la poussée horizontale par des pieux inclinés ou renforcés ; ce système est peu conseillé,

— exécuter sous la semelle un sol reconstitué en grave tout-venant, soigneusement compactée sur une épaisseur de 1 m à 1,50 m et débordant largement sur la partie avant (50 cm à 1 m) ; les tassements sont alors généralement importants et doivent être prévus.

Murs en pierres sèches

Dans les jardins et pour de faibles hauteurs (2 m au plus) un mur de soutènement peut être réalisé en pierres sèches, ce qui lui assure un aspect pittoresque. Il est constitué par de grosses pierres rangées à la main par lits sensiblement horizontaux et calées à l'aide de pierrailles et d'argile.

L'épaisseur en est égale à la moitié de la hauteur, sous réserve qu'il n'y ait aucune surcharge sur le remblai. Des barbacanes doivent être ménagées pour assurer un drainage efficace de l'eau de ruissellement. La fondation sera constituée par des pierres liées au mortier jeté à la pelle.

Murs préfabriqués

Les murs de soutènement de faible hauteur se prêtent bien à la préfabrication ; ils sont alors constitués par des éléments de forme simple, de longueur parfois importante, relativement légers et dont la mise en place ne présente pas de difficulté.

Ils sont essentiellement utilisés dans les Travaux Publics et pour certains usages industriels.

En forme de T renversé leur hauteur est limitée à 2,50 m environ et leur semelle repose directement sur le sol. Pour éviter le soulèvement sous l'effet du gel, le terrain naturel est remplacé sur 1 m environ par une couche de grave propre, surmontée d'une couche de sable de dressement. La mise en place s'effectue à la grue mobile.

Les murs-caissons

Les murs-caissons sont des soutènements constitués d'éléments empilés les uns sur les autres sans liant d'aucune sorte. Souples et d'une mise en œuvre rapide, ils sont utilisés sur les terrains de mauvaise qualité, instables ou imprégnés d'eau. D'une manière générale, leur esthétique est « pittoresque » mais ils sont encombrants en plan. On distingue :

— *les gabions :* ce sont des parallélépipèdes en treillis métalliques remplis de grosses pierres, de $1 \times 1 \times 1$ m ; on admet que l'épaisseur à la base doit être égale à la hauteur, puis on démaigrit par longueur d'un demi-gabion. Ils sont posés sur le sol simplement dressé.

— *les murs PELLER :* ils sont constitués par un empilement de poutrelles droites en béton armé constituant des caissons carrés à claire-voie ; l'ensemble repose sur une semelle en béton de 10 à 15 cm d'épaisseur et est rempli de terre et de tout-venant.

— *les caissons ARMCO :* ce sont des caisses rectangulaires en tôle galvanisée ondulée, raidis aux angles ; ils sont posés sur le terrain décapé et dressé, puis remplis en matériau graveleux.

Pour les faibles hauteurs on utilise des éléments préfabriqués en béton en forme de H empilés à sec et remplis de terre ou de béton ; un mur-poids est ainsi réalisé, le parement pouvant être lisse ou agrémenté. Pour assurer la stabilité, le premier lit est scellé dans une semelle en béton de 15 à 20 cm d'épaisseur.

La terre armée

La terre armée est un procédé de construction de mur de soutènement inventé par M. Henri Vidal. Le principe en est le suivant :

— des armatures métalliques horizontales solidarisent les éléments d'un massif en terre ; les forces de frottement développées assurent la cohérence de l'ensemble qui est maintenu en façade par un parement mince et souple.

Le système est économique et il s'adapte sans difficulté aux plus mauvais sols de fondations ; il est insensible aux vibrations et aux séismes.

L'exécution n'en présente pas de difficultés particulières : pratiquement toutes les terres valables pour un remblai routier conviennent. Les armatures doivent être insensibles à la corrosion et sont constituées par des feuillards en acier galvanisé, acier inoxydable ou alliage d'aluminium. La peau de façade est constituée par des éléments métalliques en tôle profilée galvanisée ou en écailles de béton donnant un aspect décoratif.

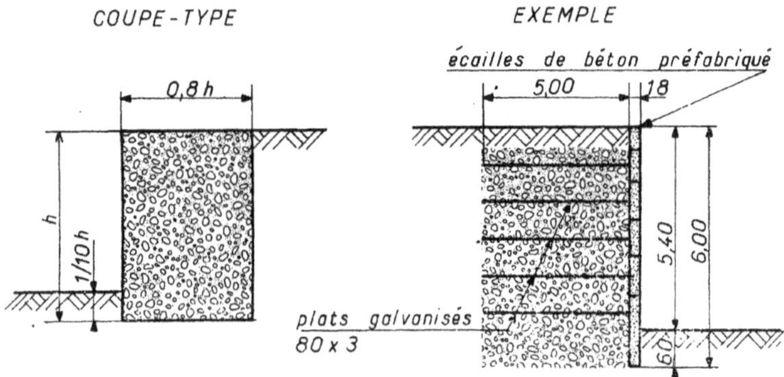

Fig. 2.7 — Soutènement en terre armée.

La mise en place de la terre s'effectue par couches successives qui sont ensuite compactées ; le prix en serait de 15 à 30 % moins cher que les ouvrages similaires en béton armé classique. L'épaisseur des couches est de l'ordre de 35 cm.

Le système est breveté et contrôlé par la société « La Terre armée ». Il est essentiellement utilisé dans les travaux publics mais doit pouvoir s'appliquer aux murs de faibles dimensions utilisés dans le bâtiment.

Ces ouvrages sont souples et supportent sans dommage des tassements différentiels importants.

En utilisant des granulats légers (argile expansée) pour les remblais, la charge sur le sol est réduite ce qui diminue les tassements dans le cas de terrains ne pouvant supporter que de faibles charges.

On peut également employer des cendres volantes humides pour réaliser des remblais en particulier sur des sols compressibles, car le matériau est léger. L'épandage s'effectue par couches de 40 à 50 cm, compactées à l'avancement.

Il faut par contre séparer ce remblai des couches supérieures par un film plastique ou par stabilisation et le protéger contre l'accumulation d'eau.

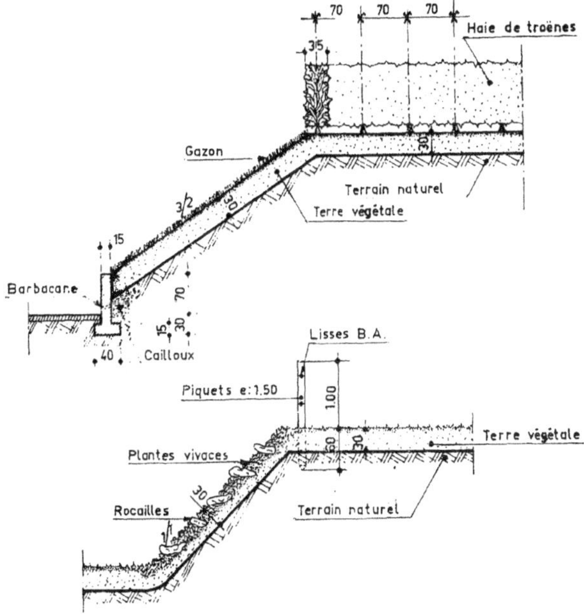

Fig. 2.8 — Talutage et murets de soutènement.

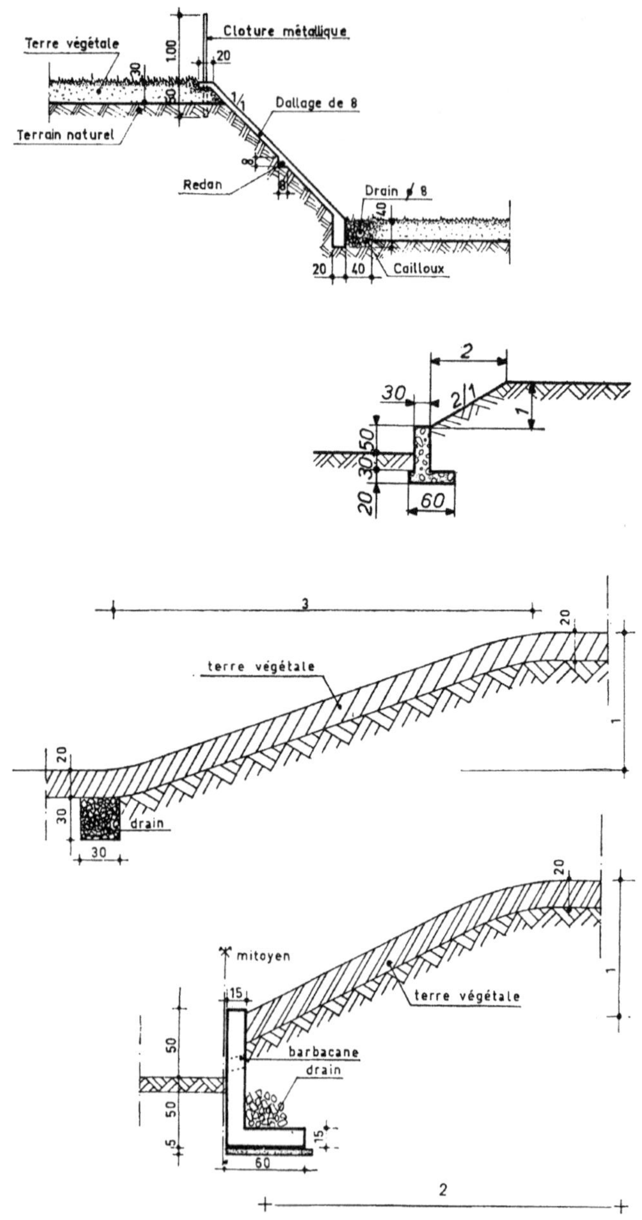
Terre végétale
Cloture métallique
1.00
20
30
Terrain naturel
1/1
Dallage de 8
Redan
8
Drain ⌀ 8
40
20   40   Cailloux
2
30   2/1
30 50
1
20   60
3
20
terre végétale
1
20
30   drain
30
20
mitoyen
15
50
terre végétale
50   barbacane
drain
5   15
60
2

Les talus

Un mur de soutènement peut être remplacé par un talus : le terrain naturel est dressé selon une pente suffisante pour éviter tout éboulement. Ce système nécessite de la place et n'est pas à l'abri d'incidents.

Un talus est réglé généralement avec une pente de 2 en longueur pour 1 en hauteur mais la pente de 3 pour 1, plus encombrante, est meilleure. Engazonnée et plantée, la pente du talus peut être ramenée à 1 pour 1. Des rochers soigneusement calés peuvent aider à la réduire encore. En partie basse le talus doit être buté par une murette ou comporter un élément pour recueillir les eaux de ruissellement : cunette maçonnée, drain enterré, fossé, etc.

Pour protéger les talus contre l'érosion due à la pluie, ils seront plantés de gazon ou d'arbustes robustes et denses.

La terre végétale mise en place est facile à raviner et les semences sont lessivées. Pour remédier à cela, le sol est recouvert par des paillages mais surtout par des filets de jute de 500/800 gr/m² maintenus par des piquets. L'ensemble possède un fort pouvoir d'absorption de l'eau, ce qui favorise la pousse puis s'élimine naturellement.

Des talus raides peuvent être consolidés par des dalles en béton armé ancrées dans le massif arrière par des tirants.

Talus

Nature du terrain	Valeur de l'angle de talus naturel	
	Terrain sec	Terrain immergé
Rocher dur	30° (90°)	80°
Rocher tendre	55° (70°)	50°
Débris, rochers, cailloux	45° 1/1	40°
Terre végétale	(30°) 45° (60°) 1/1	30°
Terre forte (sable-argile)	45° 1/1	30°
Argile, marne, cailloux	40°	20°
Gravier sec	35°	30°
Sable fin	30°	20°
Gravier mouillé	25°	40°

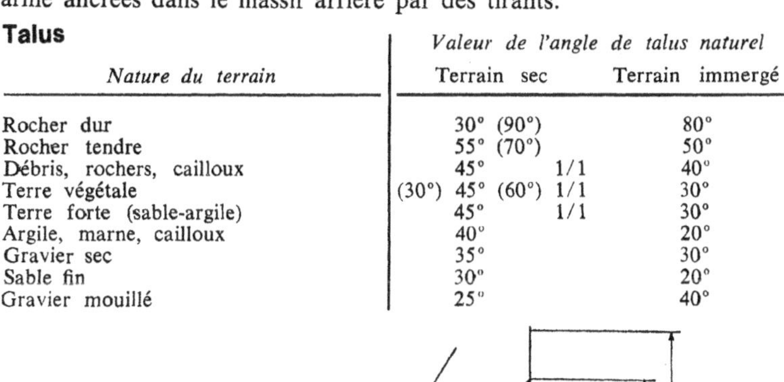
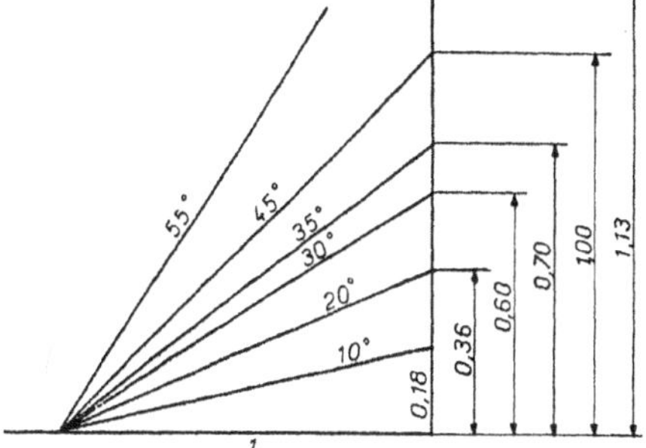

Fig. 2.9

Pente à adopter

Dans les limons : 2 de hauteur pour 3 de longueur,
Dans les limons argileux : 1 de hauteur pour 2 de longueur,
Dans les argiles : 1 de hauteur pour 3 de longueur,
Dans les très bons terrains : 1 de hauteur pour 1 de longueur,
Dans les terrains rocheux : 7/8 de hauteur pour 1 de longueur.

2.3. Les bassins

Un plan d'eau, agrément pour une résidence, constitue pour une usine une réserve d'eau précieuse en cas d'incendie. Dans le premier cas il doit, pour des raisons de sécurité, être peu profond et recevoir une bordure, dans le second un talus ou un garde-corps léger assurent une protection suffisante.

Il est indiqué ci-après les principaux modes de réalisation :

a) Le bassin en maçonnerie, comprenant un mur de soutènement périphérique et un radier, est recouvert par un enduit ciment étanche éventuellement peint. Une margelle en dalles de pierre donne un aspect décoratif complété fréquemment par un petit jet d'eau. Sauf cas particulier une étanchéité en produits noirs n'est pas utile pour un bassin en pleine terre.

b) Le bassin est constitué par une fouille dont les parois ont été revêtues d'une couche d'argile pilonnée de 15 à 20 cm ; l'étanchéité est médiocre et il s'agit plus d'une mare que d'un bassin.

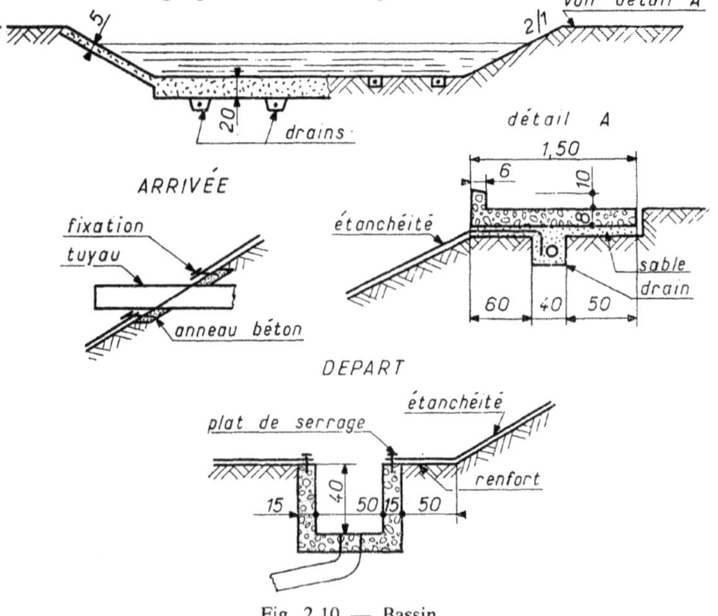

Fig. 2.10 — Bassin.

c) Le bassin en terre revêtue d'une étanchéité ; le fond de fouille et le talus sont couverts par une feuille étanche en plastique ou en élastomère de synthèse bloquée en tête par divers procédés (talus, ancrage, etc.), solution économique mais nécessitant des talus encombrants ; le matériau employé doit posséder un certain nombre de qualités dont nous énumérons les principales :

— souplesse pour suivre les mouvements du sol sur lequel il est posé,

— résistance au vieillissement,

— imperméabilité à l'eau,

— résistance aux variations de température et aux rayons solaires,

— imputrescibilité et insensibilité aux bactéries, micro-organismes, etc.,

— solidité pour ne pas être perforé par les racines ou les rongeurs,

— aspect esthétique,

— résistance mécanique et au poinçonnement,

— résistance chimique aux effets du sol, de l'eau, des produits organiques naturels, des matériaux divers,

— résistance chimique aux produits stockés.

Un bassin est utilisé également dans le cas où l'exutoire des eaux pluviales est d'un débit insuffisant ou à un niveau supérieur à celui de l'arrivée du collecteur. Il sert alors de réservoir pour stocker les eaux pluviales qui sont ensuite relevées par des pompes d'un débit compatible avec les possibilités d'évacuation de l'exutoire. Son volume doit être au moins égal à celui de la pluie décennale relevé à l'Observatoire météorologique local pendant la pointe maximale et pendant la journée.

Drainage de bassin

Un drainage doit être prévu sous le bassin pour contrôler les fuites éventuelles et, le cas échéant, éliminer les sous-pressions dues à la montée de la nappe phréatique.

Suivant l'importance du bassin et des venues d'eau probables, les drains peuvent être constitués par :

— un drainage élémentaire en tuyaux plastiques $\varnothing$ 100 mm placés tous les 3 à 4 m sous le bassin dans une tranchée,

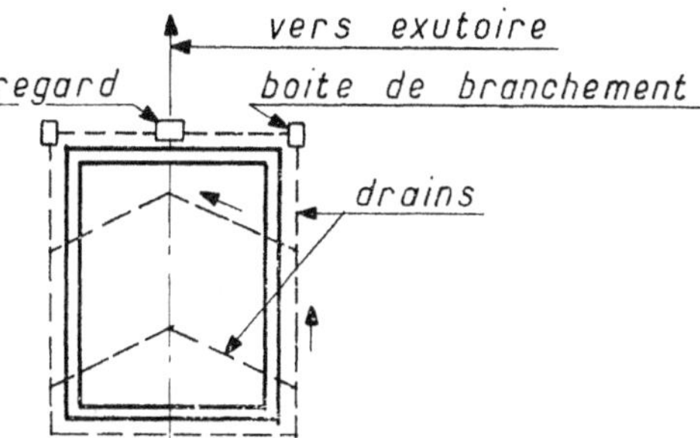

Fig. 2.11

— un drainage complet comprenant une couche drainante en gros granulats en dessous de laquelle sont placés des drains comme ci-dessus.

Dans les deux cas ces drains sont reliés à un regard accessible qui permet de contrôler le débit, puis à un exutoire.

De plus un drainage en crête, à la périphérie, est utile pour arrêter les eaux de ruissellement, surtout si le terrain est en pente.

Ce drainage, indispensable pour les bassins revêtus de feuilles plastiques, est conseillé pour les bassins maçonnés afin de recueillir également les eaux de fuites éventuelles. Dans les deux cas, il empêche le soulèvement sous la pression de l'eau accumulée dans le terrain lors des vidanges.

Préparation pour bassin

La fouille est exécutée jusqu'aux cotes nécessaires avec des talus latéraux dont la pente est fonction du revêtement utilisé. Dans le cas d'emploi de feuilles souples, celle-ci doit être de 3 à 2 de longueur pour 1 de hauteur, 2 pour 1 étant la limite. Cette pente donne des talus stables et permet la marche sans difficulté pour la pose des feuilles plastiques.

Le sol est dressé soigneusement et tous les obstacles saillants retirés (grosses pierres, souches, etc.). Une couche de sable donne une surface plane au fond ; les talus sont compactés avec soin et la surface lissée pour éviter que la pluie ne trace des rigoles.

Les feuilles plastiques sont déroulées sur le sol puis assemblées par soudure à chaud ou similaire. La mise en eau doit suivre rapidement pour que la feuille ne soit pas soulevée et déplacée par le vent.

Dans le cas de bassin maçonnné, il s'agit d'une fouille classique pour un ouvrage enterré en béton armé.

Dans les deux cas la présence d'une nappe phréatique proche constitue une gêne importante : il faut alors lester le bassin pour éviter son soulèvement. De plus le drainage nécessaire entraîne une évacuation d'eau par relevage. Le bassin en feuille souple est alors déconseillé et il faut recourir au bassin en maçonnerie, plus onéreux mais plus stable.

Bassins d'agrément

Les bassins d'agrément sont des réservoirs d'eau de faible profondeur enterrés sur un sol dressé et compacté, de manière que l'eau soit au niveau du terrain environnant.

Les travaux de terrassement préparatoires sont simples : le fond de fouille est dressé sensiblement horizontalement ; les parois vu leur faible hauteur (inférieure au mètre) sont taillées verticalement.

On exécute ensuite sur toute la surface un béton de propreté de 5 cm sous lequel sera placée dans le cas de terrain argileux une couche de sable de 10 cm ou un plastique armé épais.

Sous le béton de propreté on enterre la canalisation d'évacuation qui est enrobée dans un béton maigre.

Le bassin est exécuté en béton armé courant et l'étanchéité réalisée par une chape au mortier hydrofuge (voir D. T. U., n° 14). Pour limiter la fissuration du béton, les armatures seront de petit diamètre et faiblement espacées ; le métal déployé à petites mailles constitue une bonne solution. Les parois comporteront en tête un chaînage ou une margelle pour les raidir. Radier et jouées seront reliés par des goussets ou de larges arrondis et comporteront des armatures d'encastrement. L'épaisseur sera au moins de 12 cm.

Le radier comportera des pentes de 1 cm/m vers l'évacuation.

Un drain périphérique sera mis en place avec regard de visite pour détecter les fuites éventuelles.

Le bassin sera équipé d'un trop-plein et d'une alimentation par le plombier. Il faut en effet un courant d'eau continue pour éviter les eaux stagnantes et le gel.

On peut assimiler les piscines aux bassins d'agrément mais elles constituent un ouvrage bien particulier au sujet duquel le lecteur se reportera au Cahier des Charges Applicable à la Construction des Piscines (Chambre Syndicale des Industries de la Piscine).

Plans d'eau naturels

Dans le cas où le plan d'eau a un but uniquement décoratif, il est possible d'utiliser un vallonnement naturel ou artificiel ; l'étanchéité est obtenue par une couche de glaise sauf si le terrain naturel est par lui-même imperméable.

Le bassin sera alimenté en eau soit par une source naturelle, soit par une canalisation ; il sera terminé par un exutoire de manière à éviter l'eau stagnante.

Pour permettre la pousse des plantes aquatiques (nénuphars, nymphéas) le fond sera garni d'une couche de 30 cm de terreau ou de vase argileuse.

CHAPITRE III

L'ÉVACUATION DES EAUX

3.1. Assainissement

Définition

L'assainissement est l'ensemble des techniques qui permettent l'évacuation par voie hydraulique des eaux usées d'une communauté. Ces eaux sont collectées à l'intérieur de la propriété par un réseau de canalisations enterrées puis évacuées gravitairement vers un égout public qui en assure le rejet dans un exutoire étudié de manière à ne pas nuire à l'hygiène publique.

On distingue les différentes catégories d'eaux usées suivantes :
— les *eaux de pluies* provenant des précipitations naturelles recueillies par les toitures et les chaussées et qui se caractérisent par des débits importants mais intermittents (orages),

— les *eaux-vannes ou eaux noires,* issues des W.-C.,

— les *eaux ménagères ou eaux grises* provenant des cuisines, des salles de bains et des buanderies.

Les débits dans ces deux derniers cas sont faibles et réguliers.

— les *eaux industrielles,* utilisées dans un processus industriel et dont les débits, très variables mais constants pour chaque cas, peuvent être déterminés avec précision.

Toutes ces eaux véhiculent des matières organiques ou minérales en suspension ou dissoutes dont la teneur caractérise la pollution de l'eau laquelle, négligeable pour les eaux pluviales, est importante pour les autres catégories ce qui nécessite un traitement préalable avant leur rejet dans le milieu naturel.

Le raccordement à l'égout public des réseaux d'eaux usées est obligatoire sauf impossibilité matérielle dûment constatée.

Cela implique avec les réseaux des autres propriétés une coordination dont l'Administration locale est responsable. Des contraintes particulières en sont la conséquence et elles sont indiquées dans le Permis de Construire : niveau de raccordement, points de rejet, pentes minimales, etc., peuvent ainsi être imposés.

Les systèmes d'assainissement

Un réseau d'assainissement a pour but d'évacuer les eaux usées et les eaux pluviales des bâtiments vers l'égout public. Celui-ci peut être établi selon l'un des systèmes suivants :

— *égout unitaire* : il collecte toutes les eaux quelle que soit leur provenance ; c'est le « tout-à-l'égout ». Ce système n'est utilisé que dans les grandes villes. Il aboutit à une station d'épuration qui rejette les effluents dans le milieu naturel, une rivière généralement,

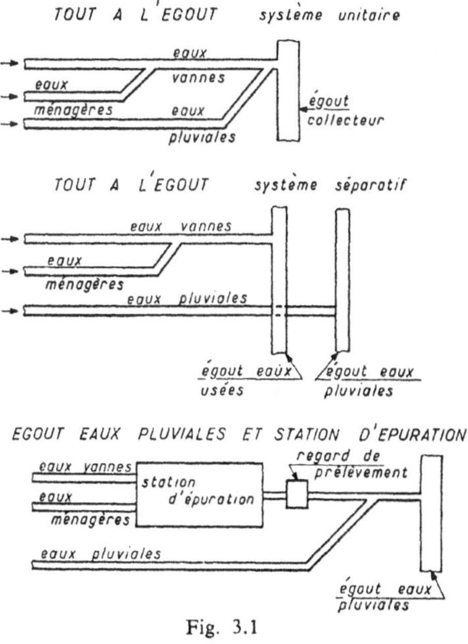

Fig. 3.1

— *égout séparatif* : il est composé de deux canalisations distinctes ; l'une collecte les eaux pluviales, l'autre les eaux usées. Il a l'avantage de ne pas surcharger les stations d'épurations en cas de précipitations abondantes,

— *égout unique* : il collecte uniquement les eaux pluviales ; il peut recevoir les eaux usées après qu'elles aient transité dans une station d'épuration, les eaux ménagères après dégraissage et les eaux industrielles après neutralisation,

— *égout pseudo-séparatif* : c'est un système intermédiaire entre l'égout unitaire et l'égout séparatif ; il est cité pour mémoire car peu employé,

— *égout inexistant* : ce cas est rare et concerne essentiellement les habitations isolées ou certaines usines dans la nature.

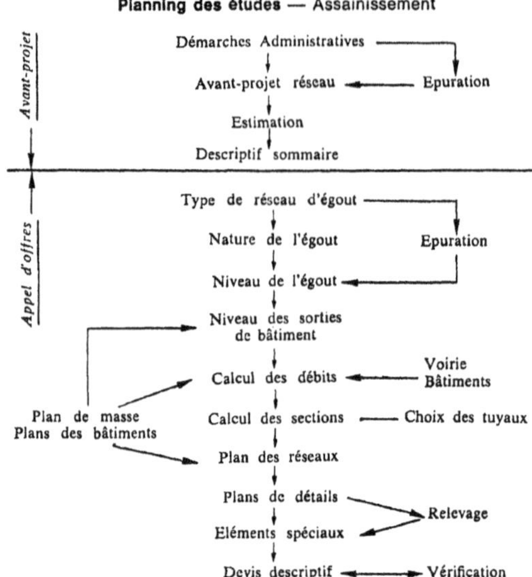

La pollution des eaux de ruissellement

Il a été longtemps considéré que les eaux pluviales qui ruisselaient sur le sol pouvaient être rejetées sans inconvénient dans les cours d'eau car elles n'apportaient qu'une pollution négligeable.

Des études poussées ont révélées que cette théorie était fausse et que les eaux de ruissellement contenaient une forte charge polluante constituées :

— en zone agricole par des engrais, des insecticides, des sables et des limons,

— en zone urbaine par les huiles de moteurs (fuites diverses des véhicules) les produits d'usure des pneus, les produits chimiques en suspension dans l'air rabattus par la pluie, les fondants utilisés l'hiver, les déchets jetés à terre par l'homme ou déposés par les animaux domestiques, les produits d'usure des revêtements bitumineux, etc.

Les premiers flots d'orage sont en général fortement pollués et sont plus nocifs que des eaux traitées dans une station d'épuration.

La découverte de ce problème est toute récente et les mesures à prendre sont encore empiriques : création de bassin de retenue où se déposent les matières, mise en place d'ouvrages de décantation sur le parcours (dégrillage, dessablage, déshuilage).

D'autre part on a également constaté que les erreurs de branchement sont fréquentes et souvent des eaux usées sont raccordées sur le réseau d'eaux pluviales et ce n'est pas toujours involontaire !

Conditions de mise en œuvre

Les réseaux d'évacuation des eaux sont constitués par des canalisations enterrées en matériaux imputrescibles et résistants. Leur longueur est plus ou moins importante selon les dimensions du terrain. L'ensemble doit être étanche pour ne pas polluer l'environnement.

Une canalisation se compose des éléments suivants :

— des collecteurs en tuyaux circulaires par bouts droits de 1 à 3 m posés dans une tranchée,

— des embranchements entre les immeubles, les avaloirs divers et le collecteur principal,

— des regards pour la visite et le curage, placés aux intersections, aux coudes et à intervalles réguliers dans les sections droites,

— des avaloirs, éléments recueillant les eaux de surface,

— des accessoires de décantation ayant pour but d'arrêter tout ce qui pourrait obstruer les canalisations en aval ou présenter un danger,

— des siphons de chasse placés en tête des canalisations à pente trop faible pour que l'écoulement s'effectue d'une façon satisfaisante,

— le raccordement à l'égout public dont les modalités sont fonction de la réglementation locale.

Les réseaux sont à écoulement libre et ne peuvent être mis en pression : celle-ci est limitée par les débordements des avaloirs et des regards. Par contre il arrive qu'un égout public ne soit plus capable d'absorber un orage exceptionnel.

Liaisons

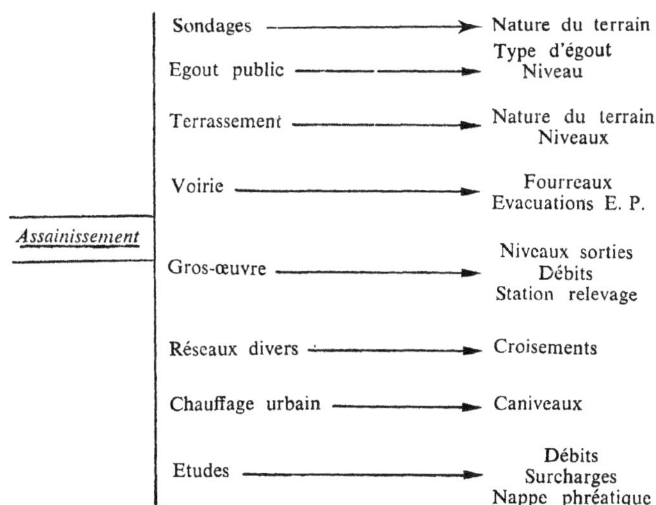

Pour empêcher les remontées d'odeurs, le réseau sera ventilé (bouches à grille).

Les collecteurs

Les collecteurs sont constitués par des tuyaux enterrés alignés, allant de regard en regard, avec un diamètre et une pente constante entre ceux-ci et suffisamment en pente pour éviter toute stagnation des liquides chargés.

Il y a généralement deux réseaux : un pour les eaux pluviales des bâtiments et des chaussées, l'autre pour les eaux usées des bâtiments, le premier ayant un diamètre nettement supérieur à celui du second.

Les tuyaux des réseaux enterrés sont soumis à de nombreuses contraintes dont les principales sont :
— le poids propre du remblai,
— le poids du liquide contenu, les charges abrasives transportées.
— les charges fixes et mobiles sur le remblai,
— l'agressivité du liquide contenu ou des terres de remblai,
— les tassements différentiels du terrain,
— l'action des racines d'arbres et des rongeurs,
— les variations de niveau de la nappe phréatique,
— les chocs lors de la mise en œuvre,
— les tassements et vibrations dus au trafic, etc.

Aussi la fabrication et le mode de pose des canalisations enterrées ont-ils fait l'objet de nombreuses études théoriques et pratiques. Le calcul est facilité du fait que la population d'un groupe immobilier ou d'une usine est peu susceptible de varier et atteint rapidement son maximum.

Le tracé est rectiligne entre les ouvrages de visite (les regards) ; les changements de direction se font également à partir des regards. L'emploi des coudes et culottes est interdit car ils s'obstruent facilement et le nettoyage en est pratiquement impossible.

La canalisation doit être enterrée sous une couverture de terre d'au moins 80 cm au départ, portée à 1 m dans le cas de diamètres supérieurs à 400 mm. Le fascicule n° 70 précise le mode de détermination du tuyau en fonction de la profondeur et de la largeur de la tranchée. Il ne faut pas en effet que le tuyau soit déformé par la surcharge de terre ou le passage des charges.

Les canalisations d'eaux usées et pluviales sont souvent posées en parallèle dans la même tranchée mais elles sont décalées en niveau de 30 à 40 cm afin de permettre le passage des branchements particuliers. On s'efforcera de les placer à plus de 3 m des arbres en place.

L'espacement entre axes est de 1 m environ.

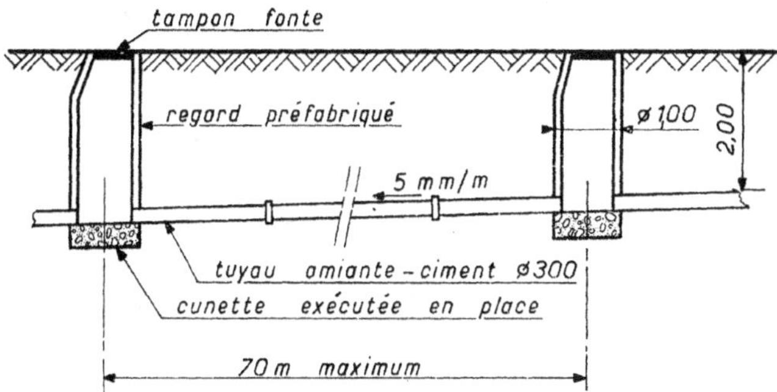

Fig. 3.2 — Canalisation extérieure.

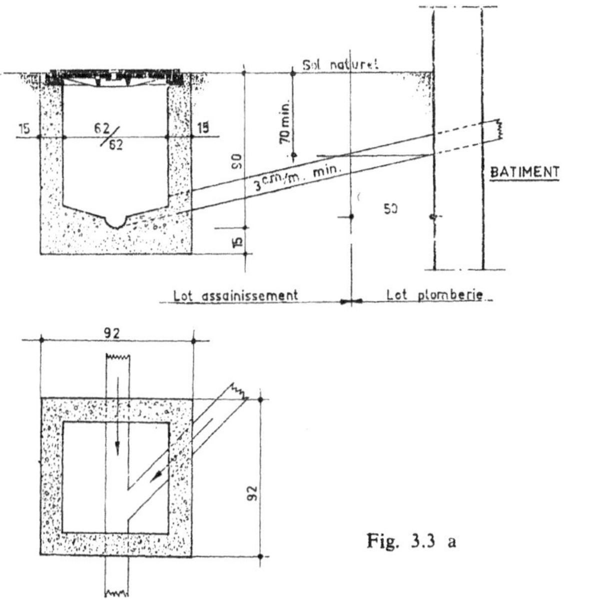

Il est conseillé de placer le réseau Eaux Pluviales au-dessus du réseau Eaux-vannes dans le cas où ils sont voisins. En effet la disposition inverse peut entraîner une pollution des EP en cas de fuite des EU.

Les tuyaux utilisés sont en amiante-ciment pour les E. U. et les E. P., en béton non armé jusqu'à 400 mm, en béton armé au-dessus pour les E. P., en grès pour les E. U., en plastique pour les E. U. et les E. P. mais les frontières ne sont pas formelles.

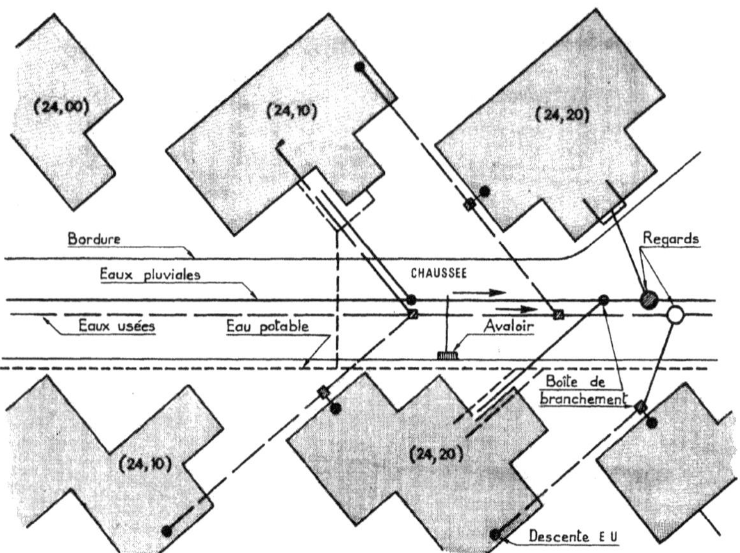

Fig. 3.3 b — Réseaux Pavillons.

Les ovoïdes

Lorsque les débits sont importants et entraînent de gros diamètres, la canalisation est remplacée par un ovoïde.

L'égout ovoïde est constitué par des éléments préfabriqués normalisés (NF P 16.401) ayant un profil en œuf avec une base aplatie, de 1 m de longueur et munis de joints à emboîtement. Les dimensions permettent la visite et les regards sont alors supprimés à l'exception de ceux nécessaires à l'accès.

Les canalisations adjacentes sont piquées directement dans l'ovoïde sous réserve de déboucher à 20 cm au moins au-dessus du fil d'eau pour éviter les refoulements.

Les éléments ovoïdes préfabriqués sont sensibles aux efforts latéraux ce qui implique une pose soignée, un sol bien dressé et un remblai méthodiquement compacté.

Par contre, dans beaucoup de villes, l'ovoïde exécuté sur place constitue le branchement d'égout réglementaire entre la limite de propriété et le collecteur public généralement placé dans l'axe de la chaussée. Le rédacteur du descriptif se reportera aux règlements locaux pour la description.

Souvent également, ce branchement est agrandi pour être utilisé comme chambre pour compteurs d'eau.

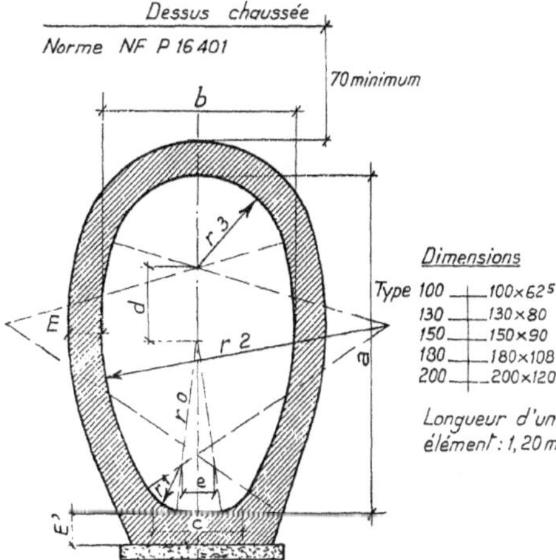

Fig. 3.4

Les regards

Les regards sont des ouvrages maçonnés constitués par un puits vertical surmonté d'un couvercle mobile. Leur conception doit leur permettre de résister tout en demeurant étanches à la poussée des terres et à celles engendrées par le passage des charges roulantes.

Ils sont généralement réalisés en béton, armé ou non, mais sont de plus en plus remplacés par des ouvrages préfabriqués normalisés.

Un regard de visite se compose des éléments suivants :

— une cunette épousant la forme de la partie inférieure de la canalisation traversante, avec deux plages latérales inclinées,

— une cheminée verticale circulaire (diamètre 1 m ou 80 cm) ou carrée (côté de 1 m) terminée par une hotte pour recevoir la dalle de couverture,

— une trappe d'accès constituée par un tampon en fonte ou en acier dont le type est fonction des surcharges (trottoir, chaussée), avec orifice pour la ventilation et la manipulation,

— des échelons de descente, avec une crosse mobile en tête dès que la profondeur dépasse 1 m,

— éventuellement dans le fond, un couvre-cunette pour empêcher la chute d'objets divers dans le fil d'eau.

La cunette est coulée en place mais la cheminée est le plus souvent constituée d'éléments de béton préfabriqués empilés.

Les regards de jonction sont identiques aux regards de visite sous réserve du tracé de la cunette. Lorsque le raccordement comporte une différence de niveau importante (plus de 30 cm), la liaison entre les deux canalisations s'effectue par un élément de tuyau vertical diposé de façon à permettre le tringlage.

Le tuyau doit pénétrer dans les regards en béton avec interposition d'anneaux élastomère qui permettent de légers mouvements.

Dimensionnement des regards

Les dimensions minimales des regards sont les suivantes :

– profondeur inférieure à 1,50 m ; diamètre 80 cm.

– profondeur supérieure à 1,50 : diamètre 1,00 m avec échelons d'accès.

L'épaisseur des parois est de 8 cm en béton préfabriqué en usine, 12 cm en béton coulé sur place avec un enduit étanche de 2 cm.

Dans le cas où la chute est supérieure à 80 cm, il faut prévoir une canalisation verticale ou un dispositif de protection de la cunette (plaque de fonte, pavage dur).

Lorsque deux canalisations (eaux usées et eaux pluviales) sont parallèles, les regards de visite sont voisins afin de profiter de la même fouille ; ils sont décalés en plan pour permettre les branchements.

Leur espacement est de 50 à 70 m pour les réseaux d'eaux pluviales et de 35 m au plus pour les réseaux d'eaux usées.

Un regard est placé à chaque branchement et aux changements de direction : cela facilite l'entretien.

Un matériel de curage et de visite a été mis au point récemment : torpille hydraulique pour le premier, caméra de télévision pour le second. Cela permet d'espacer les regards (70 m au maximum) en les alternant avec des regards de curage, regards non visitables, de 40 à 50 cm de diamètre.

Ces regards sont constitués par un élément de tuyau reposant sur une cunette et couronné par une dalle en béton avec un tampon fonte. Ces éléments sont généralement préfabriqués.

Les entrées d'eau

Les ouvrages destinés à récolter l'eau sont des regards munis d'un dispositif d'entrée à la partie supérieure et d'un système empêchant les gros objets d'y pénétrer et d'obstruer la canalisation.

On distingue :

— *les regards avaloirs :* les regards avaloirs sont de deux types principaux :

— le regard courant couvert par une grille métallique placée dans le fil d'eau du caniveau ; la visite s'effectue par enlèvement de cette grille.

— le regard équipé avec une entrée d'eau verticale en acier ou en pierre de hauteur adaptée à la bordure de la chaussée. La visite s'effectue par un tampon placé dans le trottoir.

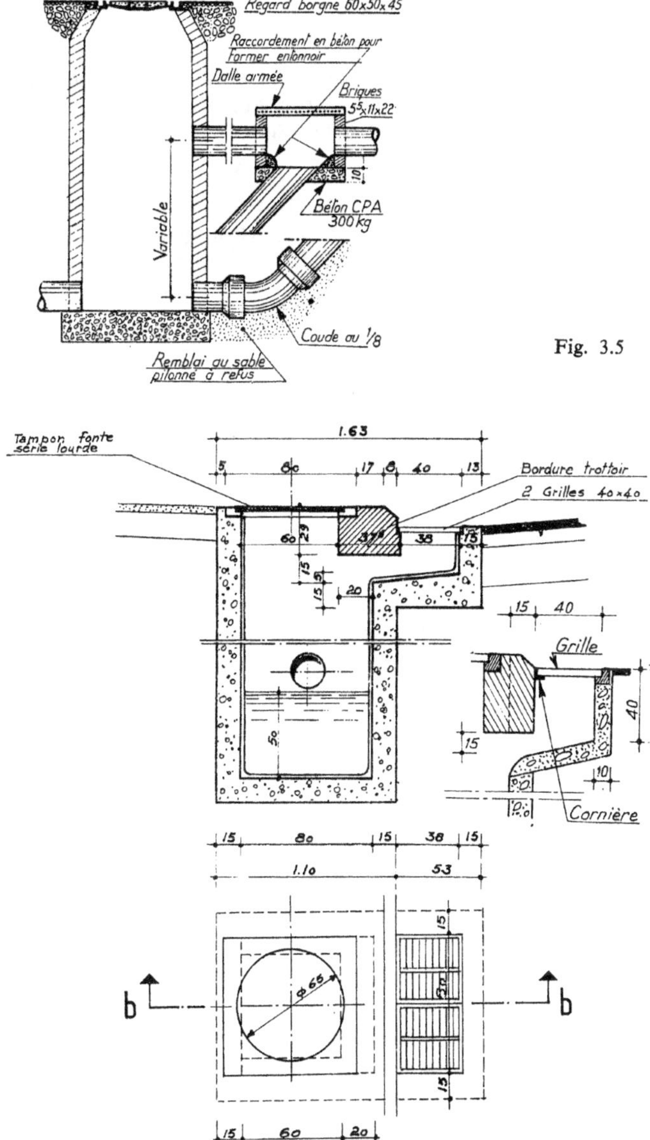

Fig. 3.6 — Avaloir pour eau pluviale sur chaussée.

Le diamètre du regard (ou le côté du carré) varie de 60 à 80 cm ; la profondeur minimale est de 1,35 m dont 30 cm de dessablage.

On notera que les barreaux de grille doivent être placés perpendiculairement à la chaussée pour ne pas être dangereux pour les bicyclettes. Un avaloir écoule le débit de 250 m² de chaussée environ. Un tampon en permet la visite.

— *les regards à grille* : ce sont des regards de petites dimensions couverts par une grille en fonte ; ils comportent également une décantation. Ils évacuent les eaux de ruissellement des parcs à voitures, des allées de piétons, des pelouses ; ils sont alignés dans le fil d'eau.

Une grille de 40 × 40 cm évacue environ le débit de 400 m² d'allée ou de parking ou de 2 000 m² de pelouse. L'écartement des barreaux est gênant pour les piétons.

— *les siphons de sol* : ce sont des siphons-paniers dont la grille est d'un diamètre important : noyés dans un massif en béton et ne faisant pas saillie sur le sol ils sont peu gênants pour les piétons mais ne

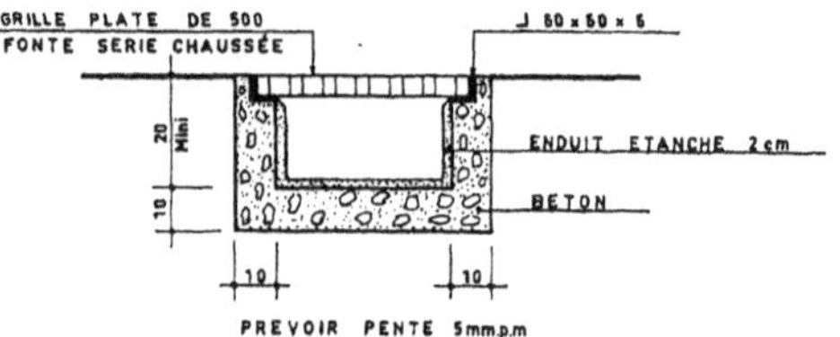

Fig. 3.7 — Caniveau à grille.

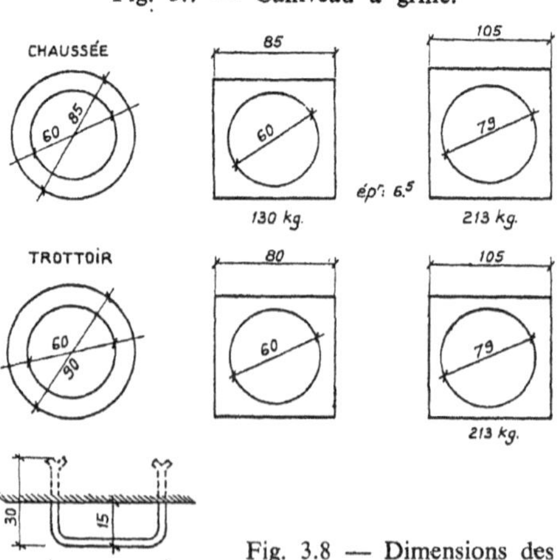

Fig. 3.8 — Dimensions des regards
(fascicule 70 P et C).

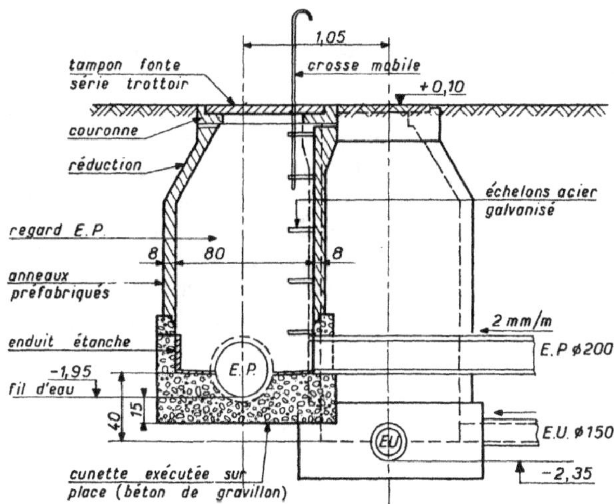

Fig. 3.9 — Collecteurs.

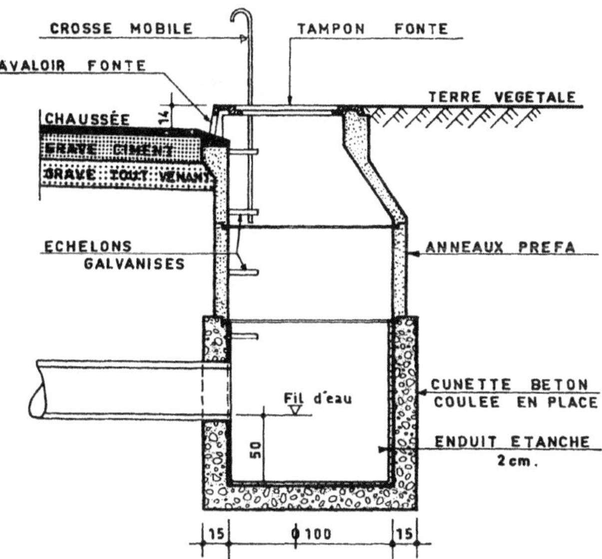

Fig. 3.10 — Regard-avaloir.

peuvent supporter le passage des véhicules ; leur débit relativement
faible les fait réserver aux petites surfaces faciles à entretenir car ils
se bouchent facilement.

— *les caniveaux à grille* : ce sont des ouvrages allongés en forme
d'U qui constituent un barrage contre les venues d'eau importantes. Ils
sont couverts par des éléments de grille en fonte ou en acier, dimensionnés en fonction de la charge traversante (piétons ou véhicules). Ces
grilles reposent sur un cadre en cornières car l'appui sur une feuillure en
béton, souvent mal réalisée, est déconseillé.

Tous ces ouvrages (regards, tampons, grilles, avaloirs) font l'objet
d'une fabrication industrielle et normalisée. Le lecteur se reportera aux
catalogues des fournisseurs pour leur dimensionnement.

Divers

Les boîtes de branchement, regards de petites dimensions sans
débouché en surface, sont placées au raccordement d'une canalisation
secondaire à une canalisation principale ; la jonction est bien assurée.

Il est conseillé de placer une boîte au départ des antennes du
réseau d'assainissement extérieur, près du bâtiment : il sera plus facile
de raccorder la canalisation intérieure.

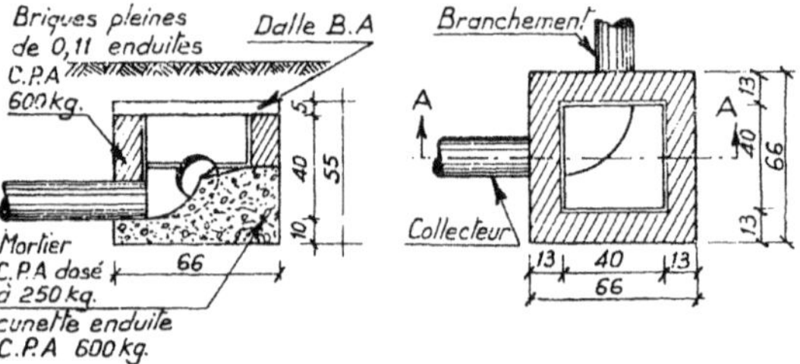

Fig. 3.11 — Boîte de branchement.

Fréquemment on place, au départ du branchement, soit un siphon
disconnecteur, soit un tabouret de branchement, en fonction des règlements municipaux. Sur les eaux pluviales, cet appareil empêche les remontées d'odeur d'égout (descentes de terrasses accessibles par exemple) ;
sur les eaux usées, ils arrêtent les gros déchets qui pourraient provenir
des égouts.

Ces ouvrages comportent des tampons afin de permettre le nettoyage.

Dans le cas où il est probable que le réseau extérieur puisse se
mettre en pression à la suite de pluies d'orage, on place au départ du
branchement un clapet anti-retour qui empêche l'inondation du sous-sol ;
il sera choisi de taille suffisante pour résister à la sous-pression possible
(différence entre le fil d'eau de l'égout et le niveau de la voie publique).

Séparateur d'orage

Le séparateur d'orage est un regard équipé d'un dispositif permettant d'évacuer les arrivées d'eaux pluviales excédentaires lors d'un orage. Il n'est utilisé que dans le cas d'un réseau unitaire se déversant dans une station d'épuration. Le risque de pollution du milieu extérieur est assez limité. Le rejet à l'extérieur s'effectue par surverse ou par décantation.

Refoulement des eaux usées

Les eaux usées sont refoulées par pompage dans le cas des agglomérations à relief accidenté ou pour éliminer les surprofondeurs dans les terrains plats.

Les conduites se caractérisent par une faible hauteur de refoulement et des débits importants ; elles subissent des coups de bélier dus aux démarrages et aux arrêts fréquents des pompes. En plus des conditions courantes, ces canalisations doivent résister à la pression intérieure.

On utilise alors des tuyaux en fonte, en acier protégé ou en amiante-ciment spécial.

Les galeries techniques

Une galerie technique est constituée par un tube enterré en béton armé d'une longueur importante et d'une section permettant la circulation d'une personne. A l'intérieur sont placés les canalisations de distribution des fluides et les réseaux d'évacuation.

Elles ne sont pas utilisées dans les ensembles immobiliers mais seulement dans les villes nouvelles et pour la rénovation de certains quartiers. Ce sont donc des ouvrages à caractère « public » ; aussi sont-ils ici simplement cités.

Eléments de décantation

Il faut éviter de rejeter à l'égout (ou dans les stations d'épuration) des éléments gênants ou dangereux. Ils seront arrêtés par des chambres spéciales qui devront être périodiquement nettoyées. On citera en particulier :

— les boîtes à sable, regards de grandes dimensions utilisés lorsque les eaux pluviales collectées sur les chaussées sont fortement chargées en sable, ce qui finirait par obstruer les canalisations,

— les fosses à graisse, situées à la sortie des canalisations d'eaux usées des cuisines collectives et des bâtiments pour industries alimentaires ; de même conception que les fosses à hydrocarbures ci-après, elles sont généralement exécutées par le gros-œuvre ou par le plombier.

La fosse à graisse retient les graisses animales et végétales en provenance des cuisines pendant un temps suffisant pour qu'elles se décantent. Sa capacité en litres, fonction du débit Q en litres/secondes de la canalisation et du temps T de rétention qui a été fixé à 180 secondes, est donnée par la formule $C = Q \times T$.

Le séparateur à graisse comporte deux cloisons intermédiaires limitant une surface où s'accumulent les graisses ; il est précédé d'un débourbeur qui retient les gros déchets. Ces deux appareils sont séparés ou groupés selon le débit (ou le fournisseur).

Cette fosse est généralement placée à l'extérieur, dans un endroit facilement accessible aux véhicules afin d'éviter les manutentions désagréables. Elle est d'autre part souvent combinée avec un séparateur à fécule, fosse de conception analogue, qui décante les mousses dues aux épluchures de pommes de terre, lesquelles sont abattues par un jet d'eau.

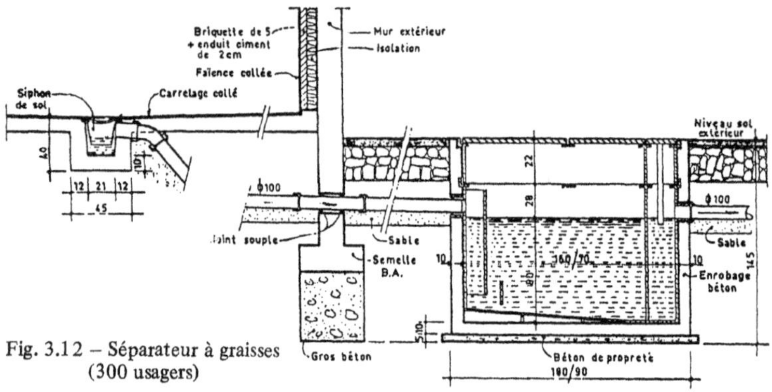

Fig. 3.12 – Séparateur à graisses
(300 usagers)

— les regards siphonnés qui empêchent les remontées d'odeurs et l'entrée de liquides enflammés (stockage de produits pétroliers par exemple),

— les disconnecteurs, regards comportant une cloison intermédiaire et qui arrêtent au passage les objets trop volumineux.

Séparateurs d'hydrocarbure

Les Services de sécurité exigent que les canalisations d'évacuation des eaux pluviales des parcs à voitures extérieurs comportent, avant rejet à l'égout, un dispositif destiné à arrêter les essences et huiles déversées accidentellement.

Pour ce faire on utilise une fosse de décantation assez profonde (1,70 m environ) avec parois intermédiaires. Etant remplie d'eau, elle est naturellement sensible au gel ; l'espace d'air (50 cm minimum) assure

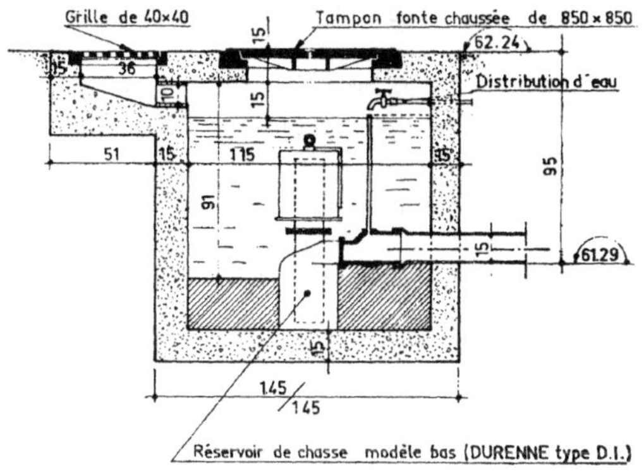

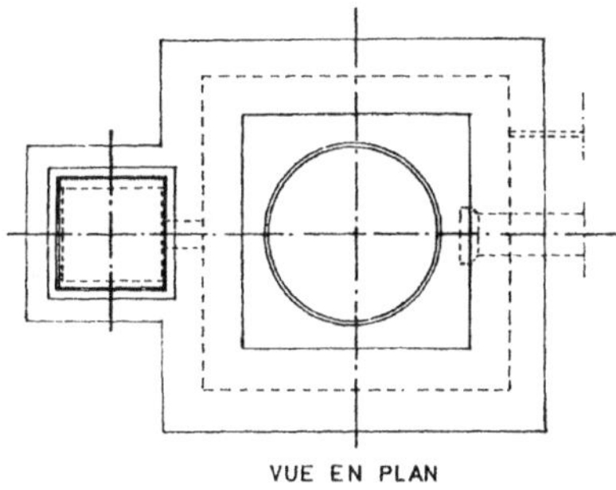

Fig. 3.13 b — Siphon de chasse — coupe type.

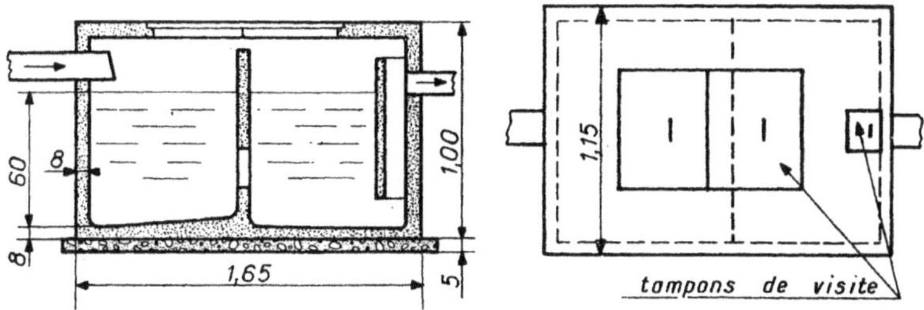

Fig. 3.14 — Bac de décantation.

la protection. Si elle est située au droit d'une circulation sa couverture doit résister au passage des véhicules et est constituée de trappes en acier.

Les contenances minimales sont de :

— 0,5 m³ pour un parc de moins de 1 000 m² (40 voitures environ),

— 1 m³ de 1 000 à 5 000 m² (200 voitures ou 100 camions),

— 1 m³ par 3 000 m² supplémentaires, avec une capacité maximale de 10 m³.

Ce dispositif est obligatoire dans les parcs couverts, lesquels sont généralement incorporés dans le bâtiment et également dans les parcs comportant une distribution d'essence (cas des cours d'usines où le matériel roulant se ravitaille).

Les séparateurs d'hydrocarbures dans les parkings extérieurs posent un problème : en effet, toutes les eaux pluviales du parking doivent transiter au travers de cet appareil ; les débits étant importants, les appareils sont de grandes dimensions et fort onéreux. Aussi, dans la pratique et sous réserve de l'accord de la D. D. E., un système de by-pass fonctionnant en cas d'orage peut être utilisé.

Chasses d'eau

Lorsque la pente de la canalisation d'eaux usées est insuffisante, on pallie ce défaut par des chasses. Un volume d'eau important, brusquement et périodiquement envoyé dans la canalisation, entraîne tous les éléments qui s'y sont déposés et font obstacle au bon écoulement.

Le volume d'eau est obtenu par un siphon de chasse, placé dans un regard formant réservoir. Le fonctionnement en est simple et automatique : le regard se remplit d'eau en comprimant de l'air sous une cloche ; à un certain niveau cet air se détend en chassant l'eau du réservoir.

Un siphon de chasse se place soit en tête de canalisation, soit mais plus rarement en cours de trajet. Il doit être implanté dans un endroit ventilé et comporter une alimentation en eau avec un robinet de barrage.

Une chasse ne doit pas concerner plus de 100 m de canalisation ; le volume d'eau doit être égal au 1/6 du volume de la canalisation à curer et elle doit fonctionner au moins deux fois par jour.

L'expérience prouve que son fonctionnement est malheureusement souvent défectueux et qu'il demande une surveillance. Aussi s'efforce-t-on d'éviter son emploi, une solution consistant à **rejeter en tête du** réseau les eaux pluviales d'un bâtiment voisin.

Raccordement à l'égout

Les canalisations d'eaux pluviales et d'eaux usées doivent obligatoirement être raccordées à un égout public sauf cas particulier. Ce sont les Services locaux des Egouts qui indiquent le mode de raccordement, celui-ci étant susceptible de varier selon les localités et la capacité des réseaux. D'autre part ce raccordement est parfois confié à un service concessionnaire qui en a l'exclusivité. Cela doit alors être mentionné dans le Devis descriptif afin que l'entrepreneur fasse les démarches nécessaires et inclue les frais dans son prix.

Il est rappelé qu'un raccordement à l'égout ne peut être effectué sans déposer une demande d'autorisation de déversement au service intéressé (service des Egouts, Mairie, agence locale de l'exploitant selon les cas) tant pour le branchement de chantier que pour le branchement définitif.

Les canalisation d'eaux usées et pluviales sont raccordées sur un égout public de diverses manières : pour les pavillons, ce raccordement s'effectue directement par piquage sur le collecteur. Le branchement arrive perpendiculairement au collecteur et la jonction s'effectue par l'intermédiaire d'une culotte en attente ou par un raccord de piquage, éventuellement par une boîte de branchement non visitable.

Pour les bâtiments collectifs et industriels, le raccordement s'effectue sur un regard visitable placé sur le collecteur. En limite de propriété est placée une boîte de branchement visitable, ce qui permet le nettoyage éventuel du branchement.

Si l'égout est sous la chaussée, cas général, il faut ouvrir celle-ci, ce qui oblige à une demande d'autorisation auprès de la Voirie.

Pour mémoire est mentionné le branchement d'égout ovoïde maçonné. En effet il n'est utilisé que dans le périmètre des grandes villes.

Les petits débits E. P. s'évacuent dans des puisards, sous réserve qu'ils soient à plus de 10 m du bâtiment.

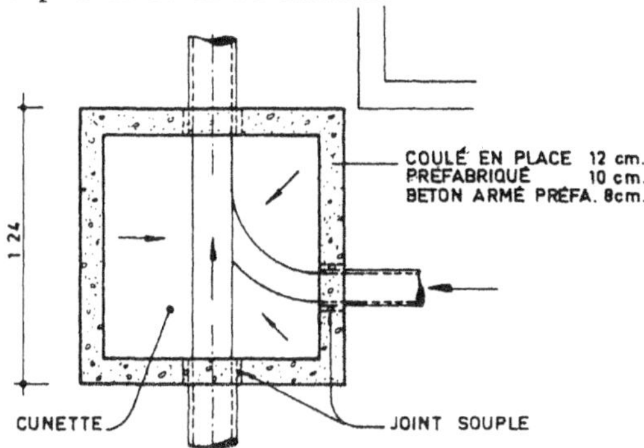

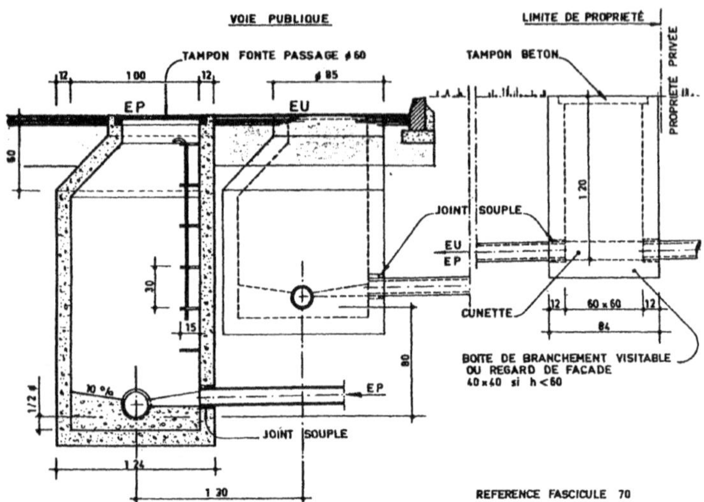

Fig. 3.15 a) — Raccordement à l'égout - Bâtiment collectif.

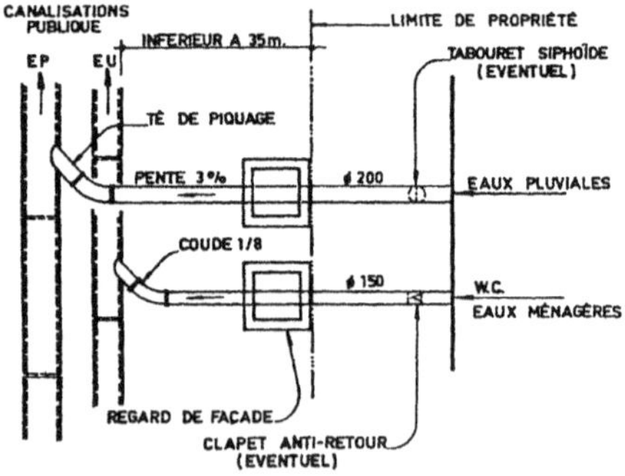

Fig. 3.15 b) — Raccordement à l'égout - Pavillon.

Détermination des débits

Le réseau d'assainissement doit évacuer les eaux pluviales recueillies par les surfaces imperméables, toitures de bâtiments et voirie, ainsi que les eaux qui ne sont pas absorbées par les espaces verts.

Pour le calcul des réseaux EP deux cas se présentent. La surface est supérieure à 2 hectares : Le lecteur se reportera à l'instruction technique du 22 juin 1977 qui fixe également le diamètre minima des canalisations (300 mm). Si la surface est inférieure à 2 hectare on applique la formule «rationnelle» : $Qp = C \times im\,(tc.T) \times A \times 1/0,36$ dans laquelle :

Qp est le débit de pointe en litres/seconde,

C est le coefficient de ruissellement, (0,9 à 0,2)

im (tc.T) l'intensité moyenne maximale pour une durée et une période de retour donnée, indiquée dans le tableau, fonction de la pluviométrie,

A la surface en hectare du bassin versant.

On utilise les diamètres suivants :

Q inférieur à 25 l/sec = ϕ 200 mm

Q compris entre 25 à 35 l/sec = ϕ 250

Q compris entre 35/50 l/sec = ϕ 300 mm.

La pente minimale est de 5 mm/m ce qui donne une vitesse minimale de 0,8 m.

Mais dans le cas de petites surfaces, inférieures à l'hectare, on pourra prendre un débit moyen de 2,5 litres/m²/minute pour toutes les surfaces étanches. Ce débit tient compte de l'effet de capacité du réseau, du fait que l'eau met un certain temps pour atteindre les points de collecte et de la pointe décennale.

Pour les eaux usées le débit de pointe dans l'habitation est donné par la formule :

Q = 0,019 N avec Q en litres/s N nombre de logements desservis.

Le débit moyen journalier est pris égal à 150 litres/usager.

Détermination des sections

Le calcul des sections des canalisations est complexe ; il est basé sur la formule de Chezy qui donne la vitesse d'écoulement : $V = C\sqrt{RI}$ avec V = vitesse moyenne d'écoulement en mètre/seconde, R = rayon moyen de l'ouvrage en mètre (quotient de la section transversale par le périmètre), C = coefficient de paroi ou de rugosité, I = pente du collecteur en mètre/mètre. Pour le calcul de C, on utilise la formule de Bazin : $C = \dfrac{87}{1 + \dfrac{\gamma}{\sqrt{R}}}$, γ étant le coefficient d'écoulement, fonction de la nature des parois et des eaux transportées. Le débit Q en m³/s est égal au produit SV (S = section en m²).

Ces formules ont donné lieu à des abaques (Instructions Ministérielles).

Le débit peut être augmenté de 5 % dans le cas d'un réseau bien entretenu et de 5 % en plus dans le cas de tuyaux très lisses.

Les canalisations d'eaux pluviales et les réseaux unitaires sont calculés avec le débit à pleine section. En effet pour ces derniers le débit des eaux usées est négligeable devant celui des eaux pluviales.

Débit des tuyaux coulant à pleine section en litres-seconde

Pente/m	100	150	200	250	300	350	400	450	500	550	600	650
1 mm/m	Vitesse d'autocurage	insuffisante	11	20	32	48	69	94	124	160	202	250
2	2,4 l/s	7 l/s	15	28	45	68	97	132	175	226	285	355
3	2,9	9	19	34	55	83	119.	162	215	277	350	433
4	3,4	10	22	39	64	96	137	187	248	320	403	499
5	3,8	11	25	44	71	107	153	210	278	358	451	558
6	4,1	12	27	48	78	118	168	230	304	392	494	612
7	4,5	13	29	52	84	127	181	248	329	424	534	661
8	4,8	14	30	55	90	136	194	265	351	452	570	706
9	5,1	15	32	59	95	144	206	281	373	480	611	750
10 mm/m	5,4	16	34	62	101	152	218	296	393	506	638	790
20	7,6	22	48	87	142	214	306	418	554	714	900	1 114
30	9,3	27	59	106	173	261	373	510	675	871	1 097	1 359
40	10,7	32	68	123	201	304	433	593	786	1 012	1 276	1 580
50	12	35	76	138	225	340	485	664	879	1 134	1 424	1 769
60	13,1	39	84	152	246	372	531	726	962	1 240	1 563	1 935
70	14,2	42	90	164	266	402	574	785	1 040	1 341	1 691	2 094
80	15,1	45	96	175	284	430	613	839	1 111	1 432	1 806	2 236
90	16,1	48	102	185	302	455	650	889	1 178	1 518	1 914	2 370

Les canalisations d'eaux usées sont calculées à section demi-pleine, avec une vitesse minimale d'autocurage de 0,3 m/s. Pour les réseaux unitaires la vitesse d'autocurage est de 0,6 m/s au moins et de 5 m/s au plus.

La pente minimale est de 2 mm par mètre avec un optimum de 4 à 5 mm/m pour les collecteurs de grande longueur ; la pente maximale doit être telle que la vitesse ne dépasse pas 4 m/s à pleine section.

Pour les faibles longueurs les pentes minimales sont de 1 cm/m pour les eaux pluviales et 2 cm/m pour les eaux usées. Pour les branchements d'égouts la pente est réglementairement de 3 cm/m.

Pratiquement il ne faut pas descendre en dessous des sections suivantes afin de faciliter l'entretien :

Eaux pluviales :

— collecteurs principaux : 300 mm de diamètre intérieur,

— raccordements sur immeubles collectifs : 200 mm,

— raccordements sur pavillon : 150 mm.

Eaux usées :

— collecteurs principaux : 200 mm,

— branchements d'immeuble ou de pavillon : 150 mm.

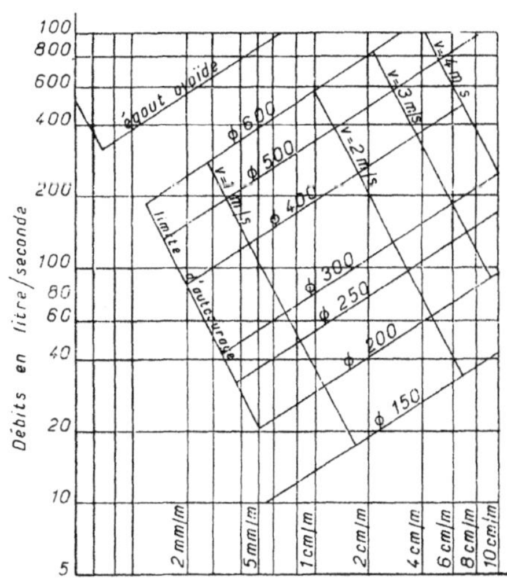

Fig. 3.16 — Débits des tuyaux.

Pose des canalisations

Les canalisations peuvent être placées :

— dans le terrain naturel, solution la plus courante,

— dans des galeries accessibles,

— dans le remblai des fouilles,

— dans un remblai créé pour surhausser le terrain (on est pratiquement ramené au cas du terrain naturel).

Mais le sol peut comporter des obstacles (galeries) ou présenter des difficultés diverses qu'il faut résoudre sans que la canalisation se désorganise ou risque de fuir.

Le tracé doit :

— au départ avoir une cote de fil d'eau en dessous du niveau d'arrivée des chutes du plombier :

       — 70 cm au moins sous le sol du rez-de-chaussée (sans cave),

       — 50 cm sous le sol du sous-sol, s'il y a des eaux à évacuer.

— avoir une pente suffisante pour permettre l'autocurage mais aussi faible que possible afin de réduire l'importance des fouilles,

— prévoir des entrées d'eau avec dessablage,

— éviter l'entrée de gros éléments : toutes les entrées doivent être équipées de grilles ou de paniers,

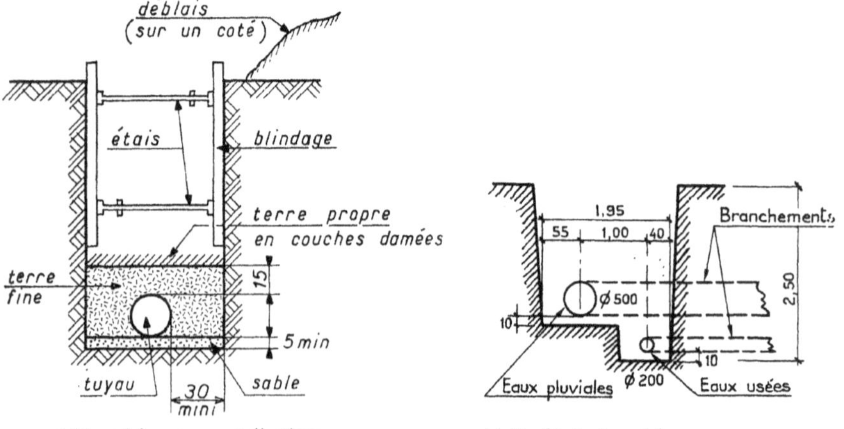

a) Tranchée pour canalisations.   b) Profil de tranchée.

Fig. 3.17

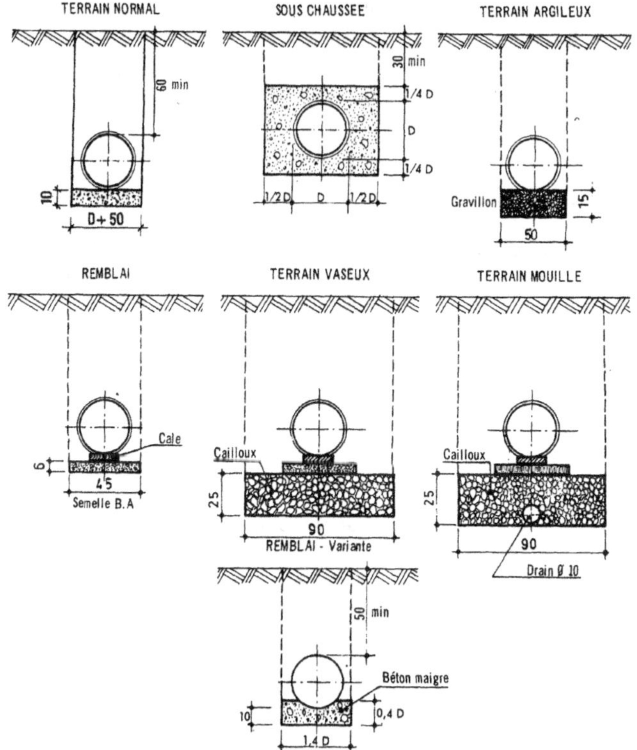

Fig. 3.18 — **Pose des canalisations.**

— être adapté au relief du terrain pour éviter des tranchées profondes,

— être le plus rectiligne possible et ne changer de direction qu'au droit des regards de branchement afin de réduire le nombre des regards nécessaires à l'emplacement des coudes,

— ne pas emprunter l'emprise d'un bâtiment futur,

— éviter les arbres,

— cheminer de préférence sous les trottoirs, les espaces verts, les parcs à voitures plutôt que sous les chaussées de desserte importante,

— avoir une hauteur de couverture minimale.

En ce qui concerne les accessoires, tampons et grilles, la norme NF P 98.322 a fixé les dimensions :

— cadres et tampons carrés de 30, 40 et 50 cm de côté,

— cadres carrés et tampons ronds de 60, 70 et 80 cm,
— grilles à cadre carré de 20, 25, 30, 40 et 50 cm,
— grilles rectangulaires de 50 × 20 cm, 25 et 30 cm de largeur.

Pose dans le terrain naturel

La pose de la canalisation s'effectue dans une tranchée exécutée manuellement ou à l'aide d'une pelle mécanique équipée éventuellement d'un godet spécial. Il est rappelé que la sécurité des travailleurs en fond de fouille doit être assurée avec un soin particulier (décret 6548 du 8 janvier 1965).

La largeur de la tranchée, fonction de sa profondeur et du diamètre de la canalisation, doit être suffisante pour permettre la mise en place de la canalisation compte tenu du blindage nécessaire : le minimum est de 60 cm sans blindage.

Sa profondeur est fonction de la pente, des surcharges possibles et de la composition du remblai. La couverture minimale a été indiquée précédemment.

Les tuyaux sont posés soit sur un lit de sable ou de grave de 10 cm disposé sur toute la largeur de la tranchée, soit sur le terrain naturel si celui-ci présente des caractéristiques analogues. Ce lit de pose est dressé, le fond de fouille ayant été soigneusement débarrassé des cailloux ou autres éléments durs.

Si le réseau est placé en pied de coteau ou à proximité d'un cours d'eau, il coupe le passage de la nappe. Pour éviter de transformer la canalisation en drain, elle est posée sur un lit de gravillon 5/15 de 10 à 20 cm d'épaisseur qui permet la circulation de l'eau. En effet, un lit de sable serait entraîné par le courant avec, pour conséquence, un affaissement de la canalisation.

Dans les terrains argileux ou dans ceux à grosse granulométrie, on placera un feutre anti-contaminant en fond de fouille pour éviter la dégradation du lit de sable.

Dès que la profondeur dépasse 1,30 m les parois de la tranchée doivent être blindées afin d'assurer la sécurité des travailleurs. Le blindage est constitué par des étrésillons dans le cas de terrain dur non bordé par une voie de circulation ; il doit, dans les autres cas, être renforcé, comporter des lisses de répartition et parfois être jointif si le terrain est fluent.

Pose dans remblai frais

Il est déconseillé de poser une canalisation dans le remblai d'une fouille : celui-ci se tasse, ce qui entraîne des désordres dans les joints, puis des fuites qui à leur tour aggravent le phénomène.

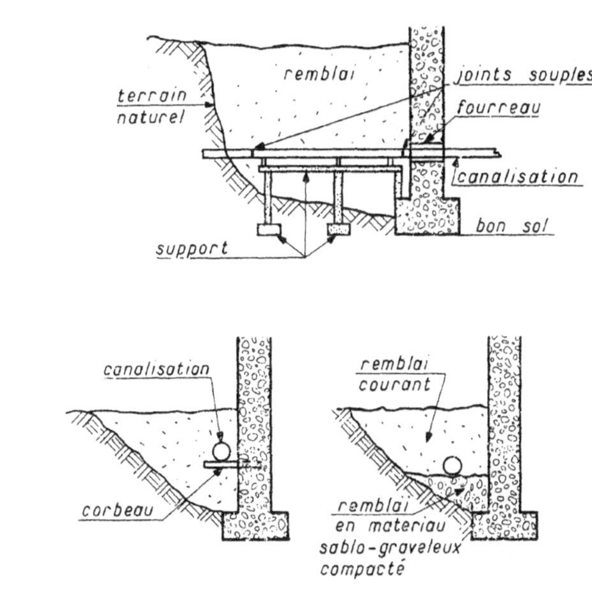

Fig. 3.19

Si c'est cependant nécessaire, la canalisation sera alors posée sur des dés fondés sur le terrain naturel ; pour éviter qu'elle fléchisse par suite du tassement du remblai, elle sera placée sous fourreau ou protégée par des coquilles s'appuyant sur les dés et capables de résister aux charges. A la jonction du remblai et du terrain naturel un joint souple et étanche sera mis en place sur la canalisation afin qu'elle puisse se déformer sans dommage lors du tassement naturel.

Une autre solution consiste à placer la canalisation sur des corbeaux ancrés dans le mur de façade ou sur une dallette encastrée dans celui-ci. Il est possible également de remblayer jusqu'au niveau de la canalisation en matériau sablo-graveleux soigneusement compactés ou en terre de déblai nettoyée et additionnée de 100 kg de chaux au mètre cube. Dans le cas de remblais extérieurs dont le compactage est sujet à caution la canalisation sera posée sur une semelle en béton maigre.

Pose par fonçage

La pose par fonçage est utilisée dans le cas, relativement peu fréquent, où il faut faire passer une canalisation sous une route ou une voie ferrée en service. Cette méthode évite de couper la circulation pour l'exécution d'une tranchée classique. Elle doit être mise en œuvre par des entreprises spécialisées, est coûteuse mais présente des avantages indiscutables.

Le principe consiste à pousser un tuyau dans le remblai à l'aide d'un puissant vérin placé dans une fosse. S'agissant de procédés brevetés, les modalités sont légèrement différentes selon les entreprises. La canalisation est ensuite placée à l'intérieur du tuyau. A l'arrivée et au départ, des regards permettent le contrôle.

On utilise des tuyaux en amiante-ciment ou en béton armé de préférence à ceux en acier qui risquent de se corroder.

La longueur possible est théoriquement importante mais les difficultés pratiques imposent des limites. De plus l'alignement n'est pas rigoureux. Enfin tous les terrains ne sont pas susceptibles d'être traversés de cette manière.

La mise en place de l'appareil nécessite une fosse de départ de dimensions importantes où il faut loger le système de poussage et les éléments de tuyaux.

Enfin il est rappelé que le passage sous la voie publique ou sous les voies de la S. N. C. F. ne peut se faire qu'après délivrance d'une autorisation préfectorale. Les démarches sont longues et nécessitent des dossiers détaillés.

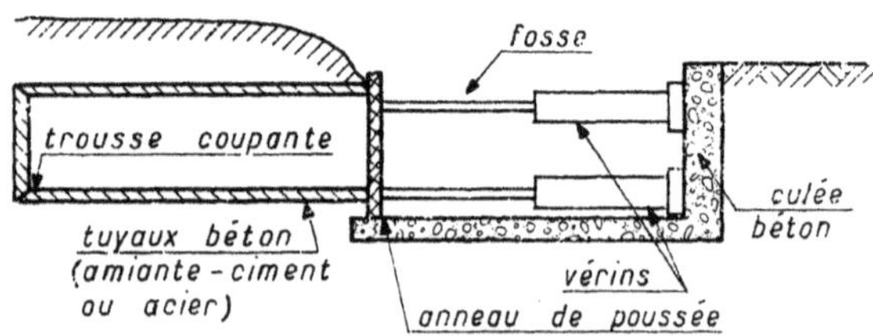

Fig. 3.20 — Principe du forage, par poussée.

Cas particuliers de pose

La pose d'une canalisation ne s'effectue pas toujours en terrain vierge et nous citerons quelques difficultés rencontrées dans le parcours et des solutions possibles.

Traversée d'une galerie

La canalisation est placée dans un fourreau de diamètre supérieur et le vide rempli avec un matériau mou afin qu'elle puisse jouer en cas de mouvement de terrain.

Terrain argileux ou en pente

Sur les terrains en pente l'eau ruisselle ; dans les terrains argileux, elle s'accumule. Dans les deux cas, il faut drainer la canalisation. Celle-ci est alors placée sur un massif en gravillons avec un drain à la partie inférieure, débouchant dans les regards.

Terrains mouvants, marécageux, tourbeux ou hétérogènes

La canalisation repose sur une dallette en béton avec interposition de sable.

Eventuellement le terrain sous-jacent peut être amélioré par le battage de petits pieux (picots en béton ou petits pieux en bois). Dans les terrains vaseux la couche de sable est remplacée par une couche de gravillon.

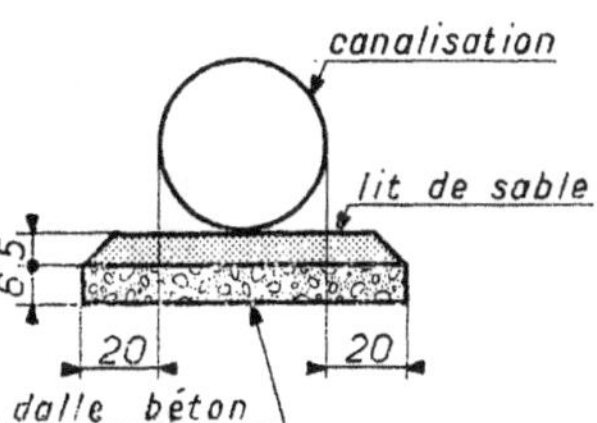

Fig. 3.21

Sol rocheux

La tranchée est approfondie de 15 à 20 cm et le fond de fouille est rétabli en terre fine damée ou en sable.

Terrain infecté

Le fond et les parois de la tranchée sont saupoudrés de chaux vive à raison de 0,5 kg par mètre carré. Les déblais remis en remblai sont additionnés de chaux vive à raison de 1 kg/m^3.

Couverture insuffisante

Si la hauteur de couverture est insuffisante, la canalisation est enrobée dans un massif de béton de gravillon dont les dimensions sont sensiblement le double de celles du tuyau (20 cm minimum d'enrobage).

Canalisation dans l'eau

La canalisation est posée sur un massif en gravillon muni d'un drain à la partie inférieure relié aux regards du réseau ; ce drain est continu ou simplement amorcé sur 1 m de long au droit de chaque regard. Dans le cas de terrain instable le dispositif précédent est renforcé : il comporte une couche de sable tout-venant de 20 cm d'épaisseur sur laquelle on exécute une dalle en béton armé de 10 cm d'épaisseur, 60 cm de largeur au moins et munie de joints secs tous les 5 m environ.

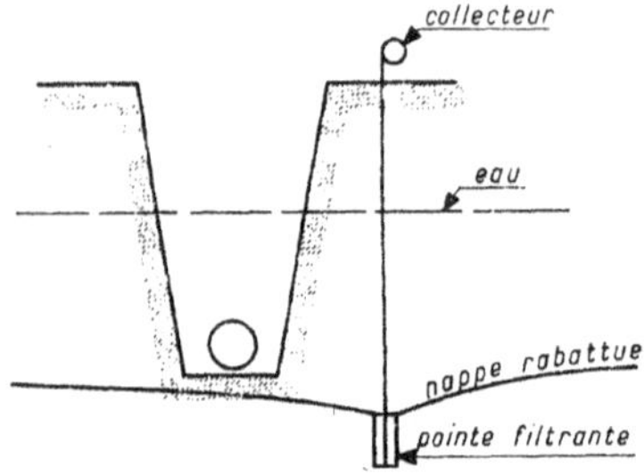

Fig. 3.22 — Exécution de canalisation dans l'eau.

Les joints de la canalisation seront particulièrement soignés afin d'éviter les fuites ansi que les entrées d'eau extérieures. Dans le premier cas la nappe pourrait être contaminée, dans le second la canalisation fonctionnerait comme un drain pour la nappe, ce qui entraînerait une augmentation imprévisible et dangereuse du débit.

Les essais (1)

Avant de remblayer la tranchée, il est indispensable de soumettre le réseau à un essai d'étanchéité, il concerne essentiellement les joints mais permet de vérifier également si un élément n'est pas fêlé.

L'essai consiste à mettre en pression un tronçon de canalisation sans avoir de fuites aux joints. On opère entre deux regards consécutifs de la manière suivante :

— l'extrémité aval est bouchée par un tampon étanche,

— le regard amont est rempli d'eau sur une hauteur de 70 cm au plus.

En principe les essais sont effectués sur la totalité des réseaux de faible importance, sur le 1/10 de la longueur pour les autres. Cela nécessite la fourniture d'une importante quantité d'eau et la possibilité de l'évacuer après essai.

____

(1) Voir également les essais définis par le document technique COPREC n° 1, dans le cas de contrôle technique type A.

L'alignement est également vérifié (contrepentes) et cela est facilité par l'emploi d'appareils à rayons laser.

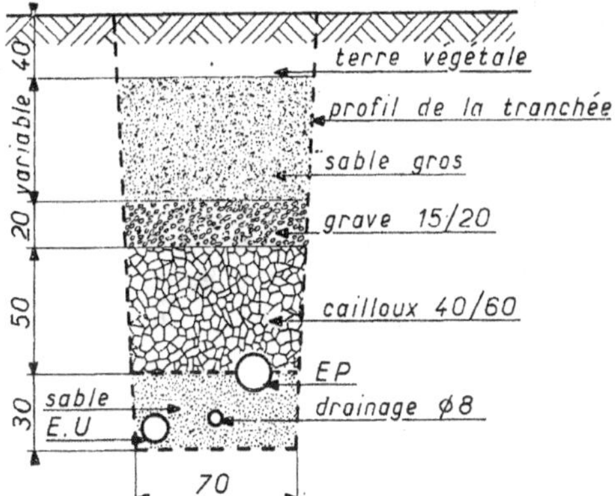

Fig. 3.23 — Drainage de canalisations.

Remblai des tranchées

Le remblai des tranchées doit être effectué avec soin afin d'augmenter la résistance de la canalisation aux efforts extérieurs.

Les recouvrements minimaux au-dessus de la génératrice supérieure sont les suivants :

      — collecteurs amiante-ciment jusqu'à ⌀ 150 mm : 60 cm,
      —   »   »   de 200 à 400 mm : 80 cm,
      —   »   »   supérieurs à 400 mm : 1 m.
      — collecteurs en P. V. C. : minimum 80 cm,
                                   maximum 3 m.

Si le remblai utilisé est du sable, pur ou graveleux, les couches successives seront abondamment arrosées avant compactage. Dans le cas où le remblai est effectué avec des terres argileuses l'arrosage est interdit et le compactage doit être effectué couche par couche.

Après la pose, le réglage et la confection des joints la canalisation est essayée puis recouverte jusqu'à 15 cm au-dessus de la génératrice supérieure de sable ou de terre fine, pilonnés à la main. Le remblai final est exécuté avec les terres du déblai, purgées et remises en place par couches de 30 cm compactées.

Le remblai des tranchées de canalisations sous chaussée doit s'effectuer en sablon et non en terres de déblais ; mais il est conseillé de le réaliser en granulats de diamètre étudié pour ne pas poinçonner le tuyau : cela évite l'entraînement du sablon en cas de fuites.

La couverture est constituée par les matériaux du déblai débarrassés des gros éléments, débris, végétaux et animaux, sans vase ni éléments tourbeux. Il est conseillé également d'éliminer les argiles et limons difficiles à compacter. Eventuellement, si la nature des terres s'y prête, le remblai peut être mis en place hydrauliquement.

Spécifications

Dans son devis descriptif, le Maître d'Œuvre précise généralement les conditions de pose et l'usage des conduites ; l'entrepreneur doit donc calculer les diamètres et déterminer la série des tuyaux à employer. (Nature des matériaux, classes de résistance.)

La fabrication des tuyaux pour l'assainissement constitue un processus industriel qui est, à l'heure actuelle, du ressort de sociétés de très grande envergure. C'est là une garantie de bonne qualité de fourniture car une part importante de la production est destinée aux travaux pour l'Etat, lequel exerce un contrôle sévère.

La série des tuyaux est déterminée en suivant la méthode de calcul simplifiée donnée dans l'annexe 4 aux commentaires du fascicule n° 70 (C. C. T. G. - Travaux Publics) intitulé « note sur le choix des tuyaux ». Le lecteur se reportera à ce fascicule pour les essais de résistance, lesquels sont en principe effectués par le fabricant et qu'il est inutile de prévoir dans un Cahier des Charges.

Le choix du matériau à utiliser relève de l'usage et du prix ; ce dernier est fonction de la longueur utile et du mode de jointoiement.

Pratiquement, le rédacteur du descriptif doit choisir le tuyau en fonction des éléments suivants :
— la norme NF, le diamètre, la vitesse minimale de l'effluent, la pente, le système de pose, la hauteur de remblai et la surcharge sur celui-ci (ces trois éléments déterminent la série), la nature du terrain et la présence de la nappe.

L'entrepreneur doit soumettre au Maître d'OEuvre et au Contrôle Technique pour approbation les hypothèses de calcul, le coefficient de sécurité et la série des tuyaux. Il est rappelé que, selon la jurisprudence, le fournisseur est responsable des vices cachés des tuyaux livrés.

Dans ce qui suit il n'est traité que des tuyaux courants pour l'assainissement des propriétés privées. Dans l'assainissement public, pour lequel des diamètres importants et des spécifications particulières sont nécessaires, on utilise ces tuyaux et également des séries spéciales telles que les tuyaux en béton avec âme en tôle, les buses métalliques, les collecteurs exécutés en place, etc.

D'autre part le tuyau doit conserver toutes ses qualités dans le temps car les réparations d'ouvrages enterrés sont difficiles et onéreuses.

Enfin le prix de revient doit être le plus bas possible.

Les qualités du tuyau

Résistance mécanique :

Les tuyaux enterrés sont soumis à des efforts d'écrasement dus à la charge du remblai et aux surcharges fixes ou mobiles sur celui-ci. Ce problème a donné lieu à de nombreuses études théoriques et pratiques (Boussinesq, Marston, etc.).

La tenue mécanique d'une canalisation est fonction des éléments suivants :

— le mode de pose sur le fond de fouille, ainsi que la résistance de ce dernier,

— la hauteur de recouvrement par le remblai,

— la résistance propre des éléments, les tuyaux de diverses natures faisant l'objet d'un classement ; des éléments fragiles ou trop longs risquent de se casser sous l'influence de légers mouvements du terrain,

— la nature des terres employées pour le remblai et leur mise en œuvre,

— la nature de l'effluent transporté ; les eaux usées sont plus agressives que les eaux pluviales, tant chimiquement que mécaniquement ; le tuyau ne doit pas être détruit par les matières abrasives contenues dans les liquides, par les chocs thermiques dus à des liquides chauds, par des attaques biologiques.

Précisons que les calculs de mécanique des sols n'ont pratiquement pas de signification si la hauteur du remblai au-dessus de la génératrice supérieure du tuyau est inférieure à 1,5 fois le diamètre de celui-ci.

La résistance des tuyaux à l'écrasement est caractérisée par la valeur à la rupture de la charge d'essai entre génératrices opposées, charge que l'on suppose fictivement répartie sur la surface diamétrale intérieure du tuyau. Cette valeur exprimée en kgf par mètre carré, représente la « classe » du tuyau.

Elle peut être directement comparée à la pression exercée par le remblai et les surcharges réelles que le collecteur aura à supporter. Le classement permet de faire choix d'un tuyau en fonction des charges et surcharges qu'il peut être amené à supporter, compte tenu des conditions de pose.

Dans le cas des bâtiments industriels, il est conseillé de prendre la classe supérieure en raison du recouvrement qui est toujours faible.

Notons également que les tuyaux métalliques en fonte ou en acier, bien que très résistants, sont peu employés pour l'évacuation des eaux usées.

Résistance chimique :

La résistance de la canalisation aux produits chimiques est primordiale car elle conditionne sa durée ; le tuyau doit être insensible à la fois aux produits transportés mais également au terrain dans lequel il est placé. La deuxième condition est satisfaite par les matériaux utilisés ; pour la première il est parfois nécessaire de revêtir la paroi intérieure d'un enduit spécial.

Les eaux d'égout sont généralement alcalines et ont un pH (potentiel en hydrogène) voisin ou supérieur à 7. La décomposition des matières organiques produit de l'hydrogène sulfuré qui se transforme en acide sulfurique.

Les eaux industrielles présentent fréquemment une acidité marquée avant leur dilution dans les autres effluents. Les règlements sanitaires imposent aux industriels de ramener la valeur du pH entre 5,5 et 8,5 avant le rejet de l'effluent dans le réseau public.

La résistance à la corrosion est en fonction inverse de la porosité superficielle du tuyau.

Les variations du pH entraînent des perturbations dans le processus d'épuration biologique.

Les eaux de pluie sont généralement pures au bout d'un certain temps ; par contre en début de chute elles sont fortement polluées, surtout dans les zones urbaines.

Les matériaux constituant les joints doivent eux aussi résister aux agents chimiques et pouvoir supporter sans dommage le contact permanent des eaux acides ou basiques. Ils ne doivent pas permettre le développement des micro-organismes.

La canalisation doit être insensible à l'action des courants vagabonds, fréquents au voisinage des lignes de transport d'énergie électrique et des voies ferrées électrifiées ainsi que dans les ateliers où sont utilisés des moteurs électriques nombreux et puissants. Toutes ces conditions font que les tuyaux métalliques doivent être employés avec précaution en pareil cas.

Etanchéité :

Une canalisation d'évacuation (*tuyau et joint*) doit être étanche. Il ne faut pas en effet que les eaux véhiculées se perdent dans le terrain environnant ou que les eaux extérieures pénètrent dans la canalisation.

Ecoulement :

Les parois des tuyaux doivent être aussi lisses que possible pour permettre l'écoulement facile de l'effluent. Cela se caractérise par un coefficient hydraulique. D'autre part des parois lisses évitent les incrustations et les dépôts.

Le nombre des joints doit être minimum et ils ne doivent pas présenter de ressaut ou de balèvres susceptibles de ralentir le flot.

Il faut donc utiliser des éléments aussi longs que possible et suffisamment rigides pour permettre un nivellement précis.

Souplesse :

Le terrain d'assise n'est pas toujours d'une rigidité absolue : il peut se tasser ; aussi les joints doivent-ils être susceptibles de supporter de légères déformations tout en conservant leur étanchéité.

Le tuyau en matériau rigide doit être fragmenté en éléments courts pour s'adapter sans difficulté ; si les éléments sont au contraire de grande longueur ils doivent présenter une certaine souplesse et les joints permettre de légères déviations angulaires, sans perte de résistance à la pression intérieure et de rigidité.

Les tuyaux en matériaux plastiques sont souples et s'adaptent facilement aux mouvements du terrain.

Résistance à l'abrasion :

Les eaux usées véhiculent des matières solides qui usent le tuyau par frottement, surtout si l'écoulement est rapide. Aussi faut-il vérifier que la vitesse n'est pas trop importante.

Tuyaux de ciment

Les tuyaux en ciment sont fabriqués par centrifugation d'un mortier dont les éléments sont soigneusement dosés.

L'imperméabilité est relative, la résistance à la compression élevée mais celle à la traction faible, surtout dans le cas des tuyaux non armés. Aussi ces derniers sont-ils de petit diamètre.

Les tuyaux en béton armé comportent des armatures (spires et génératrices soudées ensemble) protégées par un recouvrement de 10 à 15 mm.

Les tuyaux en ciment sont attaqués par les eaux pures, par les acides dilués dans les eaux ménagères ou résiduelles et par les eaux industrielles (acides gras, jus sucrés, sels divers, etc.). Lorsque les eaux transportées ou la nature du terrain présentent des caractères d'agressivité marquée, le ciment portland est remplacé par un autre ciment offrant une meilleure résistance.

Les canalisations en tuyaux de ciment étaient anciennement exécutés avec des joints en mortier, qui rendaient l'ensemble rigide. Les mouvements dus aux tassements différentiels des remblais et au passage des charges roulantes entraînaient des ouvertures au droit des joints ou une fissuration des éléments. Aussi le joint en mortier a-t-il été remplacé par des anneaux de caoutchouc dont la souplesse permet de légers mouvements.

Pour que le tuyau ne soit pas dégradé il faut en principe que le pH de l'eau et celui du terrain soient supérieurs à 6 ; d'autre part ce dernier ne doit contenir que de faibles quantités de sulfate et de magnésie.

Plusieurs types de tuyaux sont fabriqués :

— le tuyau à collet, le plus courant pour les éléments non armés,

— le tuyau à emboîtement à mi-épaisseur,

— le tuyau à bouts francs,

— les éléments ovoïdes. (NF P 16.401), armés ou non armés.

Les longueurs varient de 1 à 2 m, les diamètres de 80 mm à 2 m ; les pièces de raccordement sont peu courantes.

Les tuyaux sont caractérisés par leur diamètre nominal intérieur exprimé en millimètre. Le fascicule n° 70 du C. C. T. G. précise les tolérances de dimensions et de résistance. Ils sont fabriqués industriellement et le béton utilisé présente des caractéristiques élevées. Des essais de laboratoire effectués de manière continue en usine permettent de garantir la constance des performances.

Les tuyaux de ciment sont classés en fonction des critères suivants :
— l'utilisation :

    — assainissement (lettre E) : ils sont étanches,

    — divers (lettre D) : leur étanchéité n'est pas garantie,

— la résistance à l'écrasement :

    — type   30, béton non armé et non étanche,

    — »   60, béton non armé et armé,

    — »   90   »   »

    — » 135   »   »

Ce nombre correspond à la charge d'essai à la rupture, exprimée en kilo newtons par mètre linéaire du tuyau de référence de 1 m de diamètre intérieur (kN/m^2).

— leur nature :

— tuyau en béton armé (lettre A),

— tuyau en béton non armé (lettre B).

Les tuyaux en béton non armé sont déconseillés pour les diamètres supérieurs à 600 mm. La conformité au classement est indiquée sur le tuyau par une marque normalisée.

Tuyaux de grès

Le grès utilisé pour la confection des tuyaux est obtenu à partir d'argile additionnée de sable et de chamotte, le mélange étant cuit vers 1 300°. Une addition de sel en fin de cuisson produit un vernis intérieur lisse et pratiquement inattaquable. Les tuyaux sont terminés par un collet qui permet la confection du joint.

La production comporte toute une gamme de pièces de raccordement, ce qui facilite l'exécution de canalisations fermées.

Une longue expérience a montré que leur durée de vie est pratiquement illimitée sous réserve d'une bonne mise en œuvre. Ils sont définis par les normes NF P 16.321, 421 et 422 ; la longueur utile des éléments est de 0,25 - 0,50 - 0,75 et 1 m ; on commence à produire des tuyaux de 2 m.

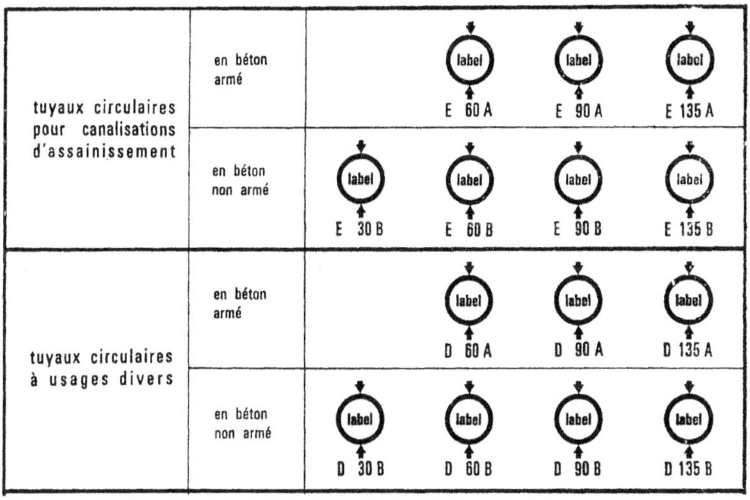

tuyaux circulaires pour canalisations d'assainissement	en béton armé		E 60 A	E 90 A	E 135 A
	en béton non armé	E 30 B	E 60 B	E 90 B	E 135 B
tuyaux circulaires à usages divers	en béton armé		D 60 A	D 90 A	D 135 A
	en béton non armé	D 30 B	D 60 B	D 90 B	D 135 B

Fig. 3.24

Ce matériau offre une bonne résistance à l'abrasion et accepte sans difculté toutes les eaux usées domestiques et industrielles. L'étanchéité est totale ; les résistances à la compression et à la traction sont élevées. Il est insensible aux acides sauf l'acide fluorhydrique. C'est un excellent isolant des courants électriques. Très lisse il ne retient pas les matières. Il est également insensible à l'action de l'eau chaude même chargée de détergents ou de produits agressifs. Sa résistance à l'écrasement est importante.

Par contre les éléments en grès sont fragiles et leur manutention doit se faire avec soin ; ils sont lourds et les longueurs utiles faibles d'où la nécessité de nombreux joints qui diminuent le rendement d'écoulement. Sous les coups de bélier le tuyau de grès risque la cassure. La mise sur palette a réduit d'une manière importante la casse lors du transport.

C'est par excellence le tuyau à utiliser dans les terrains agressifs ou parcourus par des courants vagabonds ainsi que pour les effluents industriels, sous réserve d'un choix judicieux du joint.

Tuyaux en amiante-ciment

Les tuyaux en amiante-ciment sont fabriqués à partir d'un mélange de ciment et d'amiante en fibre ; ils sont livrés par éléments de grande longueur (jusqu'à 5 m).

Les dimensions en sont normalisées et ils sont considérés comme des matériaux traditionnels (Norme NF P 16.304) ; ils sont admis à la marque NF et doivent provenir d'une usine agréée.

La surface intérieure est lisse, régulière et revêtue à la fabrication d'un vernis antiacide. Ils sont généralement terminés par un manchon qui facilite l'emboîtement ; des modèles sont livrés avec bouts lisses, l'assemblage s'effectuant alors par manchon rapporté.

L'amiante-ciment est ininflammable ; il résiste à la plupart des produits chimiques courants, aux agents atmosphériques, aux bactéries et moisissures.

La résistance à l'abrasion est environ la moitié de celle des tuyaux de grès ou de béton ; de plus le matériau est relativement poreux.

Les tuyaux sont classés en fonction de leur résistance à l'écrasement exprimée en kg par m^2 de surface diamétrale. On distingue :
— la classe 9 000 (diamètre 100 à 300 mm),
— la classe 6 000 (diamètre 350 à 800 mm).

Ils comportent une gamme complète de pièces de raccords permettant l'exécution de canalisations fermées.

La grande longueur des éléments et leur faible poids facilitent la mise en œuvre mais ils sont relativement fragiles à la manipulation.

Tuyaux en plastique

Le tuyau appelé vulgairement « plastique » est constitué par des matières plastiques de synthèse dont la formulation est adaptée à l'usage. Ils sont définis par les normes NF T 54.002, 54.003 et 54.020 (chlorure de polyvinyle non plastifié ou polyéthylène dense). Ils sont classés en trois séries (I, II et III), fonction des tolérances d'épaisseur.

Ces tuyaux sont légers ; leur surface intérieure est lisse et particulièrement résistante à l'abrasion ; ils sont inertes chimiquement et peu conducteurs de l'électricité ; l'étanchéité est parfaite ; cela permet leur emploi en bord de mer ou pour l'évacuation des produits chimiques. Le coefficient de dilatation est important ; ils sont sensibles à la chaleur mais auto-extinguibles. Leur tenue à l'abrasion les situe entre le grès et l'amiante-ciment.

Ils sont livrés en grande longueur, ce qui réduit le nombre des joints. Ceux-ci s'effectuent par collage ou par manchonnage mais ne nécessitent pas une main-d'œuvre qualifiée ; il est possible d'assembler les canalisations sur le bord de la tranchée puis de les descendre après, ce qui est intéressant si celle-ci est inondée.

Les raccords s'effectuent par pièces spéciales pour lesquelles les fournisseurs ont mis au point des spécifications particulières. Ces tuyaux ne doivent pas être employés dans le cas où la température de l'effluent pourrait être supérieure à 35 °C.

Leurs caractéristiques hydrauliques sont meilleures que celles des autres types de canalisations ce qui permet une diminution des diamètres à débit équivalent et une réduction des pentes nécessaires à l'auto-curage. Sa souplesse permet de supporter les mouvements du sol sans inconvénients mais ils se déforment parfois sous les charges du remblai.

Par contre leur pose est délicate ; le remblai et le compactage de celui-ci doivent être effectués avec soin (règles professionnelles). Ces tuyaux peuvent être détériorés par les rayons ultra-violets du soleil et leur dilatation est importante sous la chaleur ce qui peut entraîner des déformations et un vieillissement accéléré.

Les produits sont classés par série et le choix dépend de la nature du terrain, du matériau de remblai et du soin apporté au remblaiement. (Série I : remblais argileux ou couverture inférieure à 80 cm, série II pour les branchements, série III pour les canalisations à écoulement libre).

Les joints

Les joints entre tuyaux constituent les points faibles d'une canalisation ; leur réalisation est délicate car ils doivent posséder simultanément un certain nombre de qualités souvent contradictoires :

— être parfaitement étanches mais souples et le rester indéfiniment,

— résister à une pression hydraulique de plusieurs mètres d'eau,

— être inattaquables par les racines, rongeurs, larves, etc.,

— être insensibles à une élévation de température (50 °C maximum),

— posséder une résistance chimique et mécanique analogue à celle du tuyau (matières agressives et abrasives en particulier),

— ne pas poser de problèmes à la mise en œuvre.

Le joint en mortier, rigide, s'adapte mal aux légers mouvements, aussi ce système n'est-il valable que pour les sols non déformables ; son étanchéité est médiocre et il est facilement détruit par des agents intérieurs ou extérieurs (eaux acides en particulier). Il est abandonné.

Le joint de caoutchouc est facile à mettre en œuvre ; il permet des mouvements de tuyaux de 3 à 5° et il ne fait pas saillie à l'intérieur du périmètre. L'étanchéité est excellente sous réserve d'une bonne mise en œuvre.

Les anneaux de caoutchouc utilisés doivent présenter un certain nombre de qualités, stables dans le temps :

— dureté, cohésion, élasticité, pas de vieillissement,

— insensibilité à l'action des solutions acides ou basiques, à l'eau de Javel, à l'eau oxygénée, aux détergents, à l'eau de mer, aux matières grasses et produits pétroliers.

On utilise le caoutchouc naturel dont l'inertie chimique est plus grande que celle du caoutchouc synthétique et qui de plus est peu sensible aux variations de température. L'étanchéité est obtenue par la compression du tore qui atteint 25 %.

Ces joints se mettent en place par emboîtement à force des éléments.

Le joint à la corde goudronnée et au bitume est étanche, plastique et durable mais onéreux et exige une main-d'œuvre consciencieuse. Il n'est pratiquement plus utilisé.

3.2. *Station de relevage*

Une station de relevage est nécessaire chaque fois que le niveau d'arrivée des canalisations d'eaux usées (ou pluviales) est plus bas que celui de l'exutoire. Il faut alors transférer par pompage les eaux du niveau bas au niveau haut. Bien entendu, les pompes sont toujours doublées par sécurité, sauf si l'on est sûr que leur fonctionnement sera peu fréquent. Une bâche constitue réserve pour parer à leur défaillance et amortir les pointes éventuelles de débit.

En principe le relèvement direct des eaux pluviales est à proscrire : il faut prévoir un bassin intermédiaire pour absorber les pointes dues aux orages.

Seules les eaux usées sont relevées directement car leur débit est faible (150 litres/jour/usager). La conception d'une station de pompage est fonction de sa capacité et de celle des pompes utilisées. En pratique il y a trois cas :

— pour les installations à gros débit, la station est constituée par une bâche d'arrivée à laquelle est accolé un local abritant le système de pompage. L'ensemble est enterré et représente un grand volume ; l'étanchéité entre la bâche et la salle des machines est délicate à réaliser mais l'entretien du matériel est facile. De plus, ce système permet la mise en place de moteurs thermiques pour secourir les moteurs électriques en cas de défaillance de ces derniers ; le volume de la bâche doit être important.

— pour les installations de débit moyen ou faible, on utilise :

— soit une pompe immergée dans une bâche d'arrivée et reliée par un arbre de transmission à un moteur situé sur une plate-forme ; le volume de la bâche est nettement réduit par rapport à la solution précédente,

— soit le groupe motopompe immergé dans la bâche d'arrivée, système très employé en raison de sa simplicité d'installation. Il a été conçu des ensembles préfabriqués comprenant une fosse en béton ou en plastique, équipée avec les pompes. Il suffit de les descendre dans la fouille et de raccorder les canalisations. Ils sont peu coûteux et d'un entretien facile. Le volume de la bâche est faible.

Ces deux dernières solutions sont issues de perfectionnement apportés aux pompes ainsi qu'à la conception de moteurs électriques pouvant sans danger pour les personnes fonctionner entièrement immergés dans l'eau.

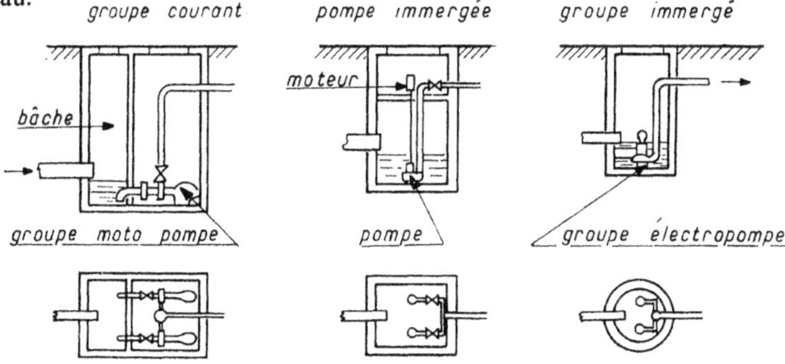

Fig. 3.25 — Station de relevage.

Détermination d'un poste de relèvement

Pour calculer un poste de relèvement les données de base sont les suivantes :
— le débit de pointe d'arrivée des eaux usées Q,
— la hauteur à laquelle ces eaux doivent être relevées H,
— le nombre de démarrages de la pompe qui ne doit pas dépasser 6 à 10 à l'heure pour éviter une usure prématurée.

Le volume de la bâche doit être compris entre 1/20 et 1/30 du débit de pointe Q. Quant à la pompe, elle sera choisie sur le catalogue du fournisseur en fonction de la hauteur manométrique (hauteur géométrique de relevage, plus pertes de charge) et du débit de pointe affecté d'un coefficient de sécurité de 1,25.

On néglige le fait qu'il y a toujours deux pompes.

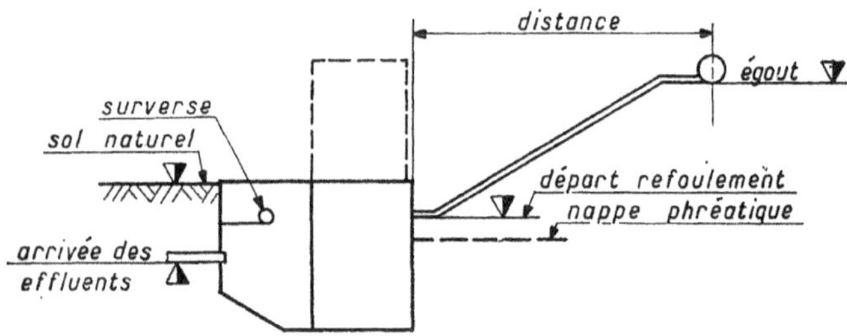

Fig. 3.26 — Schéma d'étude.

Nature des eaux à relever : —   Débit horaire moyen : —
Quantité à relever journellement : —   Débit horaire de pointe : —

Pompes de relevage

Trois types de pompes sont couramment utilisés pour le relevage des eaux et travaillant toujours en charge pour éviter le désamorçage. On distingue :

— les pompes submersibles où le groupe pompe-moteur forme un ensemble étanche placé dans le liquide ; peu utilisables pour les eaux chaudes, leur poids permet de les manutentionner à la main,

— les pompes immergées dans le liquide reliées par un axe au moteur placé à une certaine distance au-dessus, ce qui limite la profondeur ; surtout utilisées pour les eaux chaudes et corrosives, toute la partie électrique est en dehors du contact du liquide.

La puissance de ces deux catégories de pompes est limitée à une dizaine de CV.

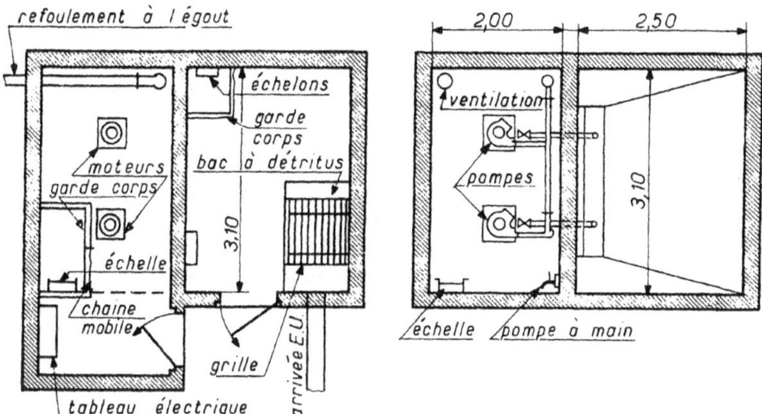

Fig. 3.27 — Station de relevage E. U.

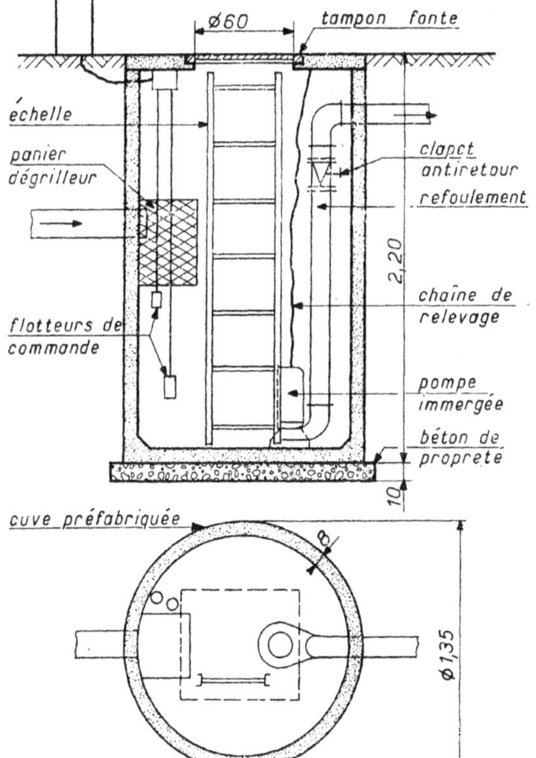

Fig. 3.29 — Station préfabriquée de relevage.

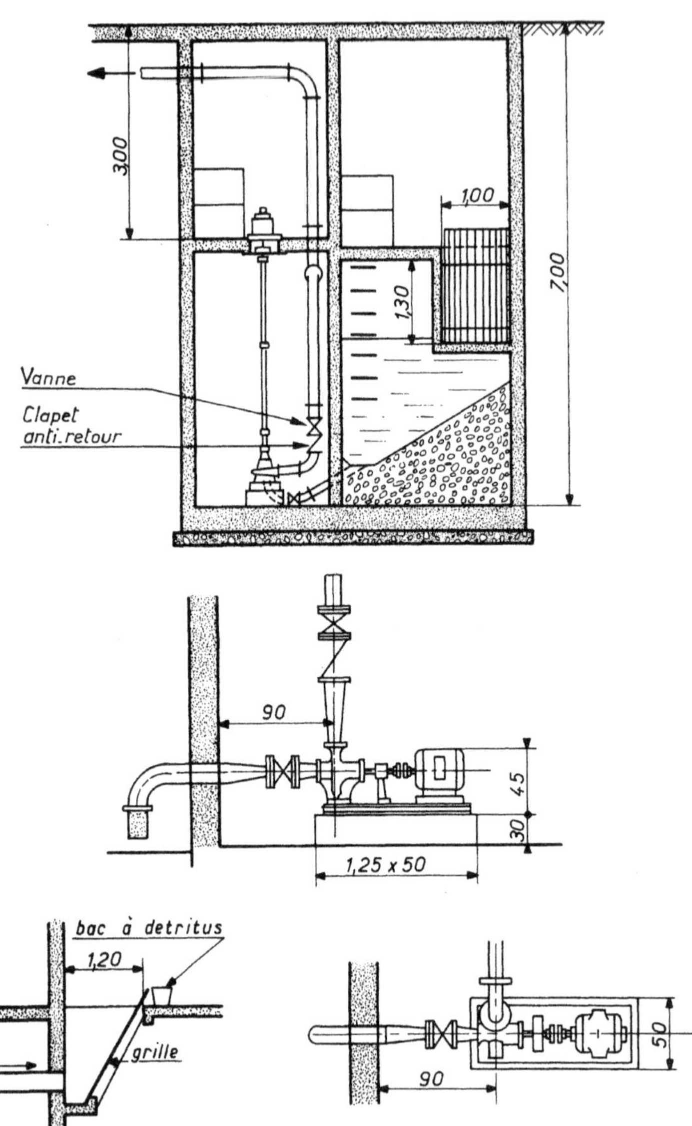

Fig. 3.28 — Station de relevage.

— les pompes classiques qui sont situées en fosse sèche et dont le débit et la pression sont importants ; extérieures au liquide, elles sont facilement accessibles pour l'entretien.

La conception de la pompe est différente selon qu'elle est utilisée pour des eaux claires ou pour des eaux chargées. Dans ce dernier cas les orifices sont de grande section et il n'y a pas de crépine. Certaines comportent des aubes spéciales pour déchiqueter les matières.

Pour déterminer les caractéristiques d'une pompe, il faut connaître :

— la nature de l'effluent à relever (eaux pluviales, usées ou mélange),

— la hauteur de relevage,

— les pertes de charge de la tuyauterie de refoulement, fonction du diamètre, de la longueur, des coudes, des vannes, etc.,

— le débit maximum à évacuer en mètre cube/heure.

La pompe nécessaire à partir de ces données sera choisie sur le catalogue des fournisseurs.

Il est prudent de prévoir un clapet anti-retour sur la tuyauterie de refoulement pour le cas où l'égoût public serait susceptible de refouler.

Liaisons avec les autres corps d'état

La fosse de relevage est un ouvrage de génie civil : pour les volumes importants elle nécessite l'intervention d'une entreprise de gros-œuvre pour la construction des bâches, travail courant à réaliser en béton armé, avec éventuellement une superstructure en maçonnerie. L'infrastructure comporte un bassin avec enduit étanche et un plancher de couverture. Les pompes sont logées dans un compartiment voisin.

Pour la mise en place des éléments préfabriqués, un trou est creusé à la pelle mécanique de la dimension de l'ouvrage majoré de 20 cm en section et de 10 cm en profondeur. Le fond est garni d'une couche de sable fin, puis après pose de l'appareil le trou est remblayé en sable ordinaire. La couverture est protégée par une dalle en béton maigre de 10 cm d'épaisseur, reposant de 15 à 20 cm sur les bords de la fouille. Le remblai doit être effectué avec soin pour ne pas modifier l'équilibre de l'appareil. Dans les deux cas, le rédacteur du Devis descriptif doit prévoir :

— *au lot électricité,* une amenée de courant à proximité de la fosse avec un disjoncteur de protection et une ligne de terre,

— *au lot plomberie :* une amenée d'eau en attente dans le premier cas, avec robinet d'arrêt.

Une station de relevage doit souvent être mise en place rapidement et, autant que possible, dès que les réseaux sont prêts à fonctionner. De plus elles sont fréquemment réalisées par les Sociétés qui mettent en place le matériel spécial. Cela implique, dans bien des cas, l'intérêt de passer un marché particulier.

3.3. *Drainage*

Définition

L'eau qui se trouve dans un terrain provient de deux sources : les précipitations naturelles et la nappe phréatique. Cette eau est indispensable à la végétation et à la vie de l'homme, sous réserve qu'elle ne soit pas en excès.

Les inconvénients dans ce cas sont bien connus : transformation de la surface en bourbier ou en marais, en rendant l'usage difficile voire impossible, médiocre rendement des cultures, dégradation des maçonneries enterrées, humidité et dégradation des locaux en élévation, prolifération des parasites néfastes à l'homme, etc.

L'eau provenant des précipitations naturelles (pluie, neige) ou des cours d'eau s'infiltre dans le sol jusqu'à une couche imperméable où elle s'accumule et constitue la nappe phréatique. Son niveau n'est pas toujours stable et est susceptible de varier en fonction de son alimentation (orage violent, crue, fonte rapide des neiges) et de la capillarité du sol qui la surmonte.

A faible profondeur (5 à 12 m) elle ne présente guère d'inconvénients pour les bâtiments courants mais pose des problèmes lorsqu'il faut effectuer des terrassements profonds. Elle peut être également à fleur de sol, visible (marais) ou non. C'est ce dernier cas qui nous intéresse essentiellement.

L'eau constitue une gêne si le niveau de la nappe est susceptible d'atteindre 1 m environ sous le sol fini et un danger si cette cote est inférieure.

De toute façon il faut prendre garde à ne pas perturber l'équilibre hydrologique du terrain car le manque d'eau présenterait des inconvénients presque aussi graves que l'excès.

A défaut d'analyse précise on citera un essai empirique : il consiste à creuser des trous de 40 × 40 × 80 cm de profondeur que l'on remplit d'eau. Si l'eau est absorbée en plus de vingt minutes, le terrain est peu perméable et il faut étudier un drainage général.

Principes du drainage

Le drainage consiste à collecter les eaux qui circulent dans le sol à faible profondeur et à les évacuer dans un réseau d'assainissement. Il y a deux solutions possibles :

— une protection individuelle des bâtiments ; elle est réalisée par le lot Gros-Œuvre et ne sera pas traitée ici (voir DTU 20-11) ; par contre, le lot V. R. D. doit l'évacuation à l'exutoire.

— une protection générale du terrain ; elle est utilisée dans le cas de grande surface (terrains sportifs ou de loisirs, zones pavillonnaires, etc.).

Le drainage consiste à maintenir la nappe phréatique à une profondeur telle qu'elle ne constitue pas une gêne : c'est un « rabattement » qui stabilise le niveau de l'eau et dont le principe est connu de longue date.

Un drainage général doit être effectué avec précaution : l'élimination de l'eau entraîne une densification du terrain qui peut provoquer un tassement des immeubles voisins.

De plus, pour éviter d'être inondée par les eaux de la périphérie, la zone drainée doit être protégée (fossé, digue superficielle, ceinture de drains, paroi moulée élémentaire, injections, etc.).

Emploi des drainages

Le drainage général d'un terrain est dicté par des considérations d'ordre géologique appuyées par l'expérience locale. Aucune règle précise ne peut être donnée et seule l'enquête sur place renseignera sur la nécessité des travaux et leur ampleur.

En principe ce drainage est indispensable chaque fois que la couche imperméable est proche du niveau du sol.

Citons quelques exemples :

— les terrains èn pente ou sur des éboulis géologiques ; l'eau de pluie suit la pente sur la couche imperméable, ce qui peut entraîner des glissements de terrain,

— les sols sableux mélangés d'argile et de limons.

Lorsque le terrain naturel est en pente vers le bâtiment, il faut prévoir un drainage en amont pour éviter les infiltrations qui pourraient provoquer le tassement et le glissement de certaines couches du terrain.

La plate-forme qui entoure le bâtiment doit être étanche (voirie) ou drainée soigneusement (espaces verts).

— les terrains en cuvette où l'eau s'accumule,

— les grandes surfaces planes non cultivées mais gazonnées ou sommairement revêtues telles que les hippodromes, les terrains de golf, les aires sportives, les aires de stockage en plein air, etc.,

— les terrains imperméables surmontés d'une couche perméable de faible épaisseur, ce qui donne des terrains marécageux.

Dans les sites plats de grande surface on a recours aux canaux à ciel ouvert qui constituent une technique complètement différente.

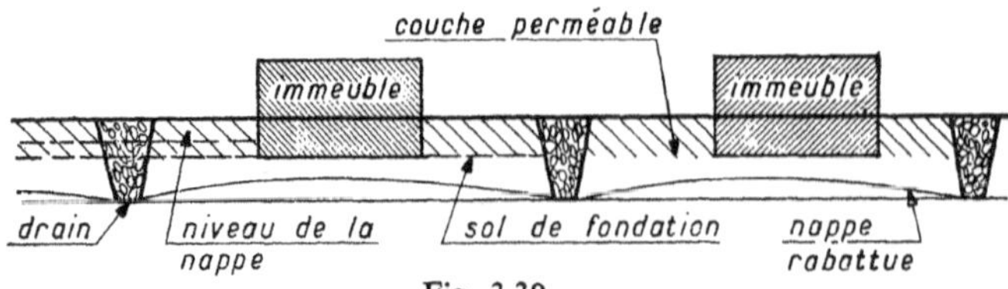

Fig. 3.30

Les sols argileux sont susceptibles de gonfler sous l'effet des variations de teneur en eau des couches de terrain perméables situées soit sous la couche argileuse, soit à la périphérie du bâtiment. En particulier il faut veiller à une bonne isolation thermique dans le cas de chauffage par le sol. La solution de ce problème est souvent délicate et nécessite l'intervention d'un spécialiste.

Des terrains agricoles ou maraîchers sont fréquemment transformés en zones industrielles car, trop humides, ils sont inutilisables pour l'habitation. Ils comportent alors des réseaux de drainage fort anciens et souvent peu ou mal connus. Leur remise en état ou leur suppression pose également de sérieux problèmes.

D'autre part les variations du niveau de la nappe dans certains sols granuleux peuvent créer des affouillements dont les conséquences sont toujours préjudiciables. Il en est de même dans les terrains composés d'alluvions anciennes, généralement graveleuses, car des circulations d'eau sont souvent possibles.

Composition d'un réseau de drainage

Un réseau de drainage est composé des éléments suivants :

— des files de tuyaux absorbants disposés régulièrement dans des tranchées et placés à une profondeur suffisante pour rabattre le niveau de la nappe à la cote recherchée.

— un enrobage de ces tuyaux, sur une épaisseur de 20 à 40 cm, par du gravillon de granulométrie uniforme qui filtre l'eau,

— des collecteurs secondaires qui reprennent les drains,

— un collecteur principal étanche sur lequel sont raccordés les collecteurs secondaires,

— un exutoire naturel ou artificiel, rivière, égout, station de relevage, etc.

Les tranchées sont remblayées en terre perméable (terre végétale).

Les tuyaux sont constitués par des éléments en terre cuite (peu utilisés de nos jours), en amiante-ciment ou en P. V. C. perforés, en béton poreux.

Les quantités à mettre en place sont toujours importantes. Le drain, inaccessible après sa pose, doit être en matériau insensible aux produits contenus dans le sol, de bas prix et d'une grande longévité.

D'autres systèmes de drainage sont employés tels que :

— les fossés pour le drainage agricole et les drainages provisoires,

— les forages et puits absorbants verticaux,

— l'électrodrainage.

Ils sont cités pour mémoire, leur emploi étant spécifique.

L'entrepreneur de V. R. D. exécute l'ensemble du réseau lorsqu'il s'agit du drainage général mais uniquement les collecteurs principaux dans le cas de drainage d'immeuble, avec le raccordement sur le réseau général d'eau pluviale (ou l'exutoire). Une liaison doit exister avec l'entrepreneur de gros-œuvre dans le second cas afin de déterminer les niveaux.

Implantation

Drains et collecteurs doivent être disposés en fonction du terrain à assainir.

Il y a pratiquement deux cas possibles :

— le terrain est vallonné c'est-à-dire constitué d'une série de crêtes et de creux ; dans chaque creux existe une ligne de plus grande pente, le « thalweg » où seront placés les collecteurs ; les drains seront disposés sur les pentes et se raccorderont au collecteur avec un angle compris entre 30 et 60°,

— le terrain est sensiblement plat et le réseau est alors implanté parallèlement à la plus grande dimension du terrain avec un espacement de 4 à 8 m ou plus ; si les surfaces sont importantes, les files de drains sont disposées en *arêtes de poisson* ou en *pattes d'araignée*.

Un cas particulier est constitué par le captage des sources de fond : on établit dans la zone intéressée un réseau de drains rayonnants qui sont surmontés par des éléments de drains verticaux. Fréquemment leur présence n'est révélée qu'au moment des travaux.

Les tranchées sont exécutées par des engins spécialisés, souvent équipés pour la pose simultanée des drains. Par contre le massif filtrant demande une intervention manuelle pour que les éléments ne soient pas abîmés ou déplacés. Le remblai s'effectue également mécaniquement. La pose des drains s'effectue toujours en commençant par le point haut.

Des machines draineuses puissantes ont été récemment mises au point en Hollande. Elles permettent la pose de drains profonds (5 à 6 m) en continu avec simultanément le remplissage en sable et gravier. Il est possible ainsi d'effectuer un rabattement de nappe par drains horizontaux à grande profondeur. Cette technique semble être plus avantageuse pour les grandes surfaces que le rabattement classique par pointes ou par puits. La mise en place est rapide, le terrain demeure libre et les engins ne sont plus gênés dans leurs manœuvres.

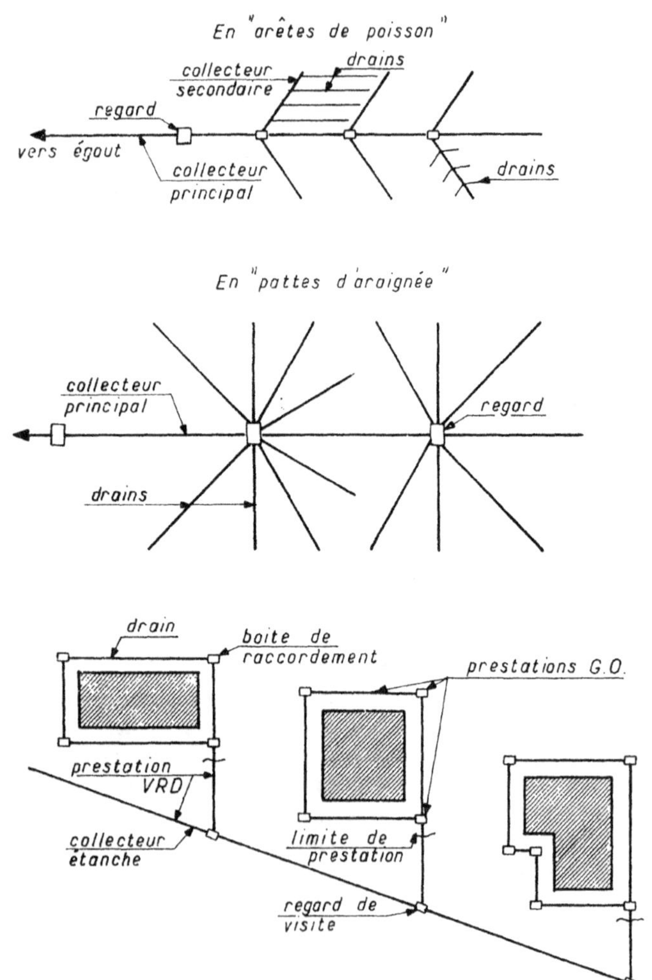

Fig. 3.31 — Drainage de grandes surfaces.

Evacuation des eaux drainées

L'évacuation des eaux recueillies par les drains s'effectue par les collecteurs. Ils sont classés en deux catégories : secondaires et principales. Les collecteurs secondaires sont des drains d'un diamètre important, le collecteur principal une canalisation étanche en tuyaux d'assainissement courant qui se déverse dans un exutoire capable d'évacuer toutes les eaux.

A la jonction entre collecteurs sont placés des regards qui permettent d'en vérifier le bon fonctionnement et éventuellement d'en assurer le nettoyage. Ils sont munis d'un dispositif de décantation pour permettre aux éléments fins de se déposer.

Pratiquement la pente et le tracé des collecteurs sont imposés par les conditions locales ce qui détermine également la portion de terrain desservie et par suite le débit à évacuer.

Les fournisseurs de matériaux ont établi des tables qui donnent le débit en fonction du diamètre et de la pente mais les formules de base sont toujours les mêmes (formule de BAZIN).

Le diamètre des collecteurs varie entre 8 et 15 cm pour les secondaires et 15 à 25 cm pour les principaux.

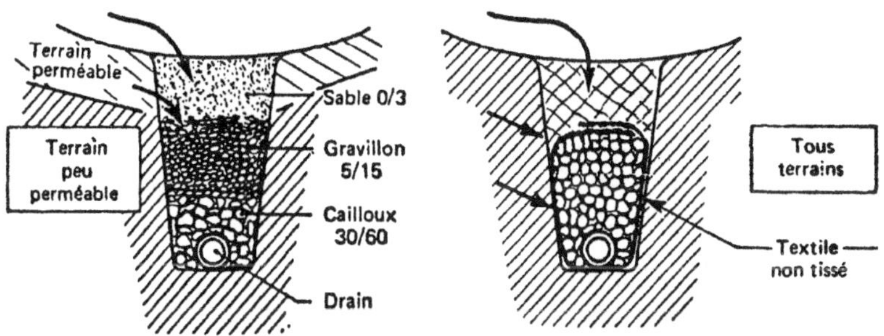

Fig. 3.32 — DTU 20-11.

Exutoire

L'exutoire du réseau de drainage est constitué par le réseau d'égout, une rivière au plan d'eau stable ou un puits perdu dans le cas de faible débit.

Les eaux provenant d'un drainage sont souvent polluées par les apports d'engrais, les herbicides et produits phytosanitaires ; aussi elles ne doivent pas être rejetées sans précautions dans le milieu naturel car il faut protéger les nappes souterraines.

Si l'égout ou la rivière ne sont pas d'une profondeur suffisante, il faut intercaler une station de relevage. Les débits étant généralement faibles, une station préfabriquée avec pompes immergées est suffisante dans la plupart des cas. Si le fonctionnement du drain est épisodique, la deuxième pompe est alors supprimée.

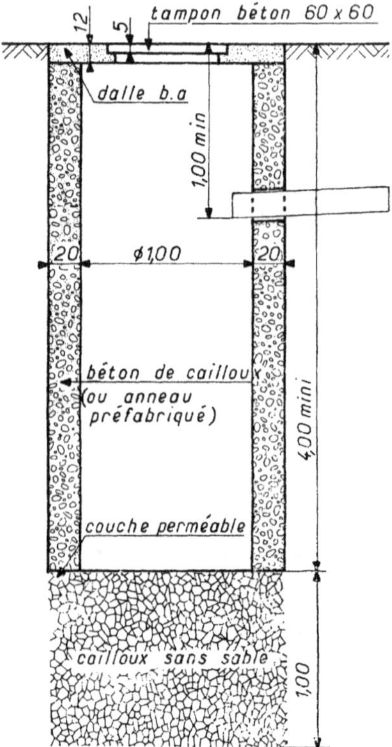

Fig. 3.33 — Surface desservie : 3 à 10 m² (orage, pluie normale). Débit d'un puisard : 2 1/min/m².

Drainage des talus

Les talus à pente raide ou surchargés en tête ont souvent tendance à glisser, provoquant des éboulements partiels. Ces glissements sont généralement dus à des circulations d'eau souterraines. Ils se produisent essentiellement au voisinage des couches imperméables (argile, glaise), dans les éboulis géologiques et dans les limons. La couche supérieure glisse sur la couche inférieure, l'eau jouant le rôle de lubrifiant.

Sans entrer dans des théories assez complexes, nous donnerons quelques solutions pratiques pour remédier à ce risque, mais en soulignant toutefois qu'elles sont fonction des conditions locales :

— le talus est recouvert par un perré en pierres sèches ou par un béton sans sable, l'ensemble constituant un drain superficiel,

— le talus peut également être revêtu par une couche de grave-ciment de 10 à 20 cm d'épaisseur, bloquée au pied par un petit mur de soutènement,

— on utilise également le béton et les résines en projection,

— on pratique des forages sensiblement horizontaux mais ascendants, de 6 à 10 cm de diamètre, équipés d'un tube en acier ou en matière plastique crépiné à la partie supérieure.

Par expérience il a été déterminé qu'il fallait un mètre de drain par deux à cinq mètres carrés de surface à assainir. La longueur de chaque drain est fonction de la nature du terrain ; celle-ci est déterminée par des forages verticaux dont un certain nombre sont équipés en piézomètre.

— un procédé ancien mais efficace consiste à exécuter des tranchées perpendiculaires au talus puis à les remplir de moellons secs.

Bien entendu, il ne faut pas minimiser le rôle de la végétation dont les racines longues accrochent la terre. Le gazon doit être choisi judicieusement ; il doit être accompagné de plantations d'arbustes afin d'empêcher les jeux d'enfants et les dégradations qui s'ensuivent.

Détermination du réseau

Pour étudier un drainage général, le projeteur doit d'abord définir la surface du terrain et en établir le plan topographique avec les courbes de niveau, les pentes et accidents divers ; il procède ensuite à une étude pédologique c'est-à-dire à la définition des couches de terrain et de leur comportement hydrologique.

Pour déterminer un réseau de drainage, il faut combiner les quatre éléments suivants qui sont d'ailleurs liés deux par deux :

— la pente et le diamètre qui donnent un débit d'évacuation,.

— la profondeur et l'écartement qui conditionnent l'absorption.

La pente. — La pente doit être suffisante pour que la vitesse de l'eau entraîne les éléments fins qui auraient pu s'introduire dans le drain. On adopte généralement une vitesse de 0,20 m/s, ce qui entraîne une pente de 2 mm/m au moins à 1 cm au plus, variable selon les matériaux du drain. Dans le cas de drain en petits éléments (terre cuite, béton), la pente ne doit pas aboutir à une vitesse trop importante car cela risquerait d'affouiller le sol sous les conduites.

La longueur d'un drain ne doit pas dépasser 100 m car au-delà l'écoulement se fait mal.

Le diamètre. — Le diamètre en chaque point doit être suffisant pour permettre l'écoulement de toute l'eau captée en amont. Il ne descend pas en dessous de 50 mm intérieur.

La profondeur. — La profondeur est fonction de la distance entre deux lignes de drains et celle-ci est d'autant plus grande que l'écartement est important. Au départ le drain est placé le plus près possible du sol, à 40 ou 50 cm de profondeur pour éviter le gel, mais de toute façon légèrement en dessous du niveau auquel on veut maintenir la nappe.

Entre les files de drain le sol, lorsqu'il a pu être décapé, est dressé en forme de V à double pente de 2 à 4 cm/m.

Placer le drain à 1 m de profondeur environ le met d'une manière générale à l'abri du gel et des racines.

Espacement. — L'espacement entre les files de drains dépend des éléments suivants :

— la quantité d'eau qui s'infiltre dans le sol à l'unité de surface (1),

— la nature géologique du sous-sol car celui-ci est susceptible d'en absorber une partie,

— la perméabilité du terrain au-dessus du drain et en dessous : plus elle est grande, plus l'espacement peut être important.

Pratiquement, l'écartement moyen des drains est le suivant :

3 à 5 m pour les parties les plus foulées d'une pelouse,
12 à 16 m dans les terres franches,
16 à 20 m dans les terres sablonneuses,
20 à 30 m dans les terres grasses,
15 à 20 m dans les terres argileuses,
10 à 12 m dans les argiles sableuses.

Pour les débits des drains, le lecteur se reportera aux tables publiées par les fournisseurs.

Cas particuliers

Il sera cité quelques sujétions de chantier :

Arbres. — Les lignes de drains doivent être éloignées des arbres et arbrisseaux de 15 à 20 m car ils attirent les racines avides d'eau, ce qui risque de les obstruer. Dans le cas contraire, la tranchée est élargie et le massif drainant entouré de grosses pierres entre lesquelles les racines se développent sans parvenir au drain.

Remblai frais : Les tuyaux de drainage sont posés sur une semelle en béton maigre de 5 cm d'épaisseur et 20 à 40 cm de largeur, avec interposition d'une couche de gravier.

---

(1) 0,6 à 1,5 l/ha/sec selon le terrain (prairie, culture).

Terrain argileux. — Le drain sera entouré d'une couche de sable sur 20 cm de chaque côté et en dessous.

Terrain très fin : Le tuyau est enrobé par un voile en tissu de verre imputrescible qui sert de filtre fin.

Terrain peu perméable et nappe proche du sol : L'eau est évacuée par un réseau de drains placés dans des tranchées de 60 cm à 1,50 m de profondeur.

Eaux très calcaires : Une enveloppe en non-tissé imputrescible empêche le colmatage par les particules fines.

Couche drainante

Une couche drainante est constituée par des matériaux filtrants sur une épaisseur de 10 à 15 cm. On utilise du sable tout-venant lavé, du gros gravillon, du laitier granulé, de la pouzzolane. La granulométrie varie de 1 à 4 cm.

La face supérieure est dressée horizontalement mais la sous-face comporte des pentes de 2 à 4 cm/m vers les files de drains.

Sur le dessus est placée une couche de terre végétale de 20 à 40 cm d'épaisseur, plantée de gazon ou de fleurs à racines peu pénétrantes. Elle peut être remplacée par un autre revêtement mais qui doit être perméable.

Cette couche drainante est employée dans les terrains de sport, les hippodromes, etc., de façon à évacuer rapidement les eaux superficielles qui en gêneraient l'utilisation.

Inversement une couche drainante peut être placée sous un sol imperméable pour collecter l'eau qui remonterait du sous-sol.

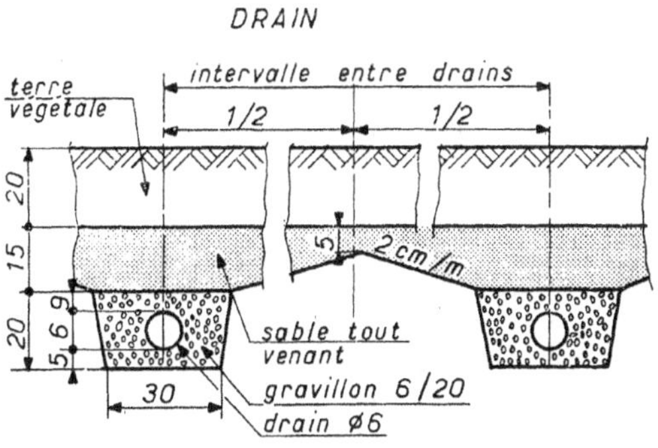

Fig. 3.34 — Drainage de pelouse.

3.4. Épuration

Définition

Toutes les localités ne sont pas encore desservies par le « tout à l'égout » de même que certains bâtiments industriels ou des habitations isolées. Or la protection des eaux de surface ou souterraines est essentielle. Si les eaux pluviales peuvent être évacuées sans grandes difficultés dans le milieu naturel, il n'en est pas de même des eaux usées de diverses natures ; porteuses de germes pathogènes dangereux, elles pourraient contaminer la nappe phréatique et seraient susceptibles de créer des foyers d'épidémie. Il est donc nécessaire de les rendre inoffensives et c'est le rôle des stations d'épuration.

Une législation sévère en contrôle la conception, la mise en œuvre et le fonctionnement (circulaire du 7 juillet 1970). Pour une étude, le lecteur se reportera à la brochure du *Journal Officiel* « Régime de l'eau » dans son édition la plus récente car les textes sont fréquemment modifiés. Plusieurs principes d'épuration sont possibles dans lesquels les entrepreneurs sont plus ou moins spécialisés ; il y a donc intérêt, lors de l'appel d'offres, à ne pas imposer un système mais à demander des variantes.

Enfin il est précisé qu'il n'est traité dans ce qui suit que des systèmes d'épuration pour petites collectivités privées à l'exclusion des agglomérations et des zones urbaines, et également des eaux résiduaires industrielles.

L'épuration des eaux usées relève d'un corps d'état spécialisé d'autant plus en plein développement que la lutte contre les pollutions de toutes natures est actuellement à l'ordre du jour.

Les systèmes d'épuration

On distingue trois grands systèmes d'épuration dont l'emploi est fonction du nombre d'usagers et, bien entendu, du dispositif d'évacuation existant (égout recevant uniquement les eaux pluviales, pas d'égout ou exutoire naturel constitué par un cours d'eau au débit suffisant). Ils sont basés sur un emploi judicieux de l'eau, de l'air et d'organismes vivants élémentaires (bactéries) :

— *L'assainissement individuel :* il ne concerne que quelques usagers (10 ou 20 environ) et est constitué par des *fosses septiques* dont l'entretien est assuré par le propriétaire. On emploie encore, exceptionnellement, des fosses étanches à vidanges périodiques. La fosse reçoit les eaux-vannes et les eaux ménagères.
Le rejet s'effectue à l'égout ou dans le milieu naturel.

L'assainissement individuel doit être réalisé par une entreprise expérimentée ayant une bonne connaissance du sol et de ses qualités car le contrôle de l'effluent est difficile.

En revanche cette solution est inapplicable en zone inondable, sur des surfaces trop faibles, près d'un puits d'eau potable (distance minimale 35 m) ou lorsque la nappe est à moins de 1,50 m du sol.

— *L'assainissement semi-collectif :* il intéresse des populations allant de 30 à 500 personnes environ, c'est-à-dire les groupes immobiliers courants et les petites usines. Ce sont généralement des « stations à oxydation totale ». L'entretien en est assuré par un spécialiste mais d'une façon discontinue. La station reçoit les eaux vannes et les eaux ménagères. Le rejet s'effectue dans un égout pluvial ou dans une rivière de capacité suffisante (rivière non flottable).

— *L'assainissement collectif :* c'est celui des agglomérations quelle que soit leur taille. L'entretien en est permanent et constitue un service municipal. On emploie dans ce cas des fosses à double étage. La station reçoit les eaux vannes, les eaux ménagères et parfois les eaux de pluie. Le rejet s'effectue dans un cours d'eau important ou dans la mer si celle-ci est proche.

Mais le domaine de chacun des systèmes ci-dessus n'est pas rigide et déborde parfois largement le cadre indiqué. Les conditions techniques et économiques jouent un rôle important pour le choix.

D'autre part des procédés nouveaux sont en cours d'expérimentation.

Planning des études — Epuration

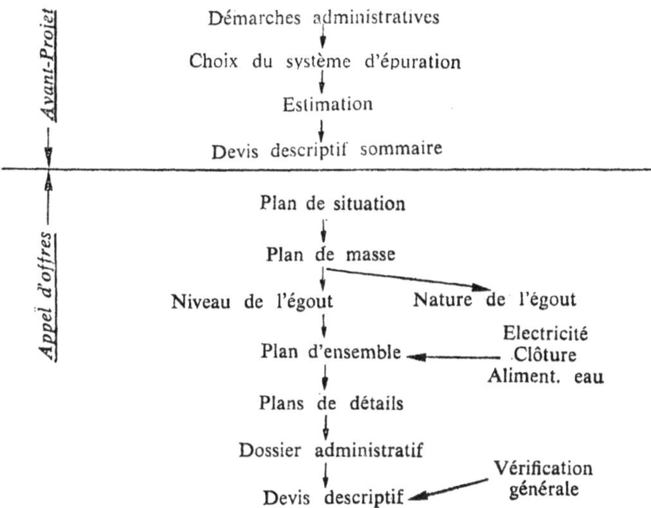

Les stations d'épuration des petites collectivités doivent répondre à des caractéristiques spécifiques :
— pointes hydrauliques élevées,
— terrain parfois coûteux,

— absence d'exutoire naturel,
— prix élevé par suite du petit nombre d'usagers,
— médiocre qualification du personnel d'exploitation.

Principe de l'épuration

L'épuration des eaux usées a pour but de les rendre sans danger pour le milieu naturel dans lequel elles sont renvoyées.

Son principe consiste en une reproduction accélérée du processus naturel de l'épuration biologique, phénomène qui élimine les déchets organiques. Des organismes vivants plus ou moins évolués (bactéries, champignons, insectes) transforment en matière minérale inerte les pollutions biodégradables dont l'homme est responsable, mais ceci sous réserve de disposer d'eau et d'air. Par contre les pollutions non biodégradables, dues généralement à l'industrie, ne sont pas justiciables de ce procédé et nécessitent des traitements spéciaux qui relèvent de la chimie.

Il a été constaté expérimentalement que le sol naturel était le meilleur agent d'épuration ; il élimine les micro-organismes dangereux et transforme les eaux chargées en sels fertilisants. Son pouvoir épurateur est nettement supérieur à celui de l'eau courante.

Une eau usagée peut se caractériser par un certain nombre d'éléments mesurables et qui sont d'une manière générale :
— la concentration en matières minérales et organiques en suspension ou dissoutes,
— la concentration en azote ammoniacale,
— la composition biologique (germes pathogènes, produits toxiques),
— la température, la conductivité, la radioactivité, etc.,
ainsi que des éléments non mesurables tels que le goûts, la couleur.

Pour vérifier la qualité d'une eau on utilise une méthode d'analyse introduisant la notion de demande biochimique d'oxygène (D. B. O.) ; des essais normalisés donnent une valeur conventionnelle à laquelle on rapporte celle de l'eau examinée. Plus une eau est polluée, plus elle nécessite d'oxygène d'où cette mesure. L'effluent épuré doit satisfaire à un certain nombre de conditions définies dans la circulaire du 7 juillet 1970 (Santé Publique) : concentration de 30 à 50 mg/l en D. B. O. en cinq jours à 20 °C et 20 mg/l de M. E. S. (matières en suspension). Rejeté dans le milieu naturel, il ne doit en aucune façon perturber son équilibre biologique.

Il a été constaté expérimentalement qu'une communauté rejette une quantité moyenne de pollution relativement fixe : c'est « l'équivalent-habitant » ; elle correspond à 50/60 g/hab/j en DBO[5]. Cette notion permet les comparaisons entre rejets de nature différente.

Dans l'assainissement individuel et semi-collectif jusqu'à 150 personnes environ, les installations font l'objet d'une réglementation qui fixe et les procédés et les dimensions minimales des appareils. Au-delà de cette limite, la réglementation ne fixe plus que les résultats à obtenir pour le rejet.

L'arrêté du 13 mai 1975 définit six niveaux de qualité du rejet allant d'un niveau 1, le plus sommaire, à un niveau 6 correspondant au rejet dans un milieu très sensible. De toute manière la température du rejet doit être inférieure à 30 °C et le pH compris entre 5,5 et 8,5.

Le traitement des eaux usées s'effectue en deux temps :

Une *épuration mécanique* qui élimine les gros éléments, les sables, dont les dimensions ou la nature seraient une gêne pour le traitement ultérieur.

Cette opération de dégrossissage comporte trois phases :

— le dégrillage, qui arrête les produits volumineux (papiers, filasse, déchets organiques, etc.) au moyen d'une grille métallique aux barreaux espacés de 3 à 25 mm, nettoyée périodiquement manuellement ou mécaniquement ; le volume des déchets atteint 10 dm³ par usager et par an ; il peut être complété par un dilacérateur qui désintègre les matières,

— le dessablage qui arrête les graviers et les sables est obtenu par un couloir ou une vis d'Archimède dans les stations importantes,

— le dégraissage qui s'effectue dans un bac de décantation où les huiles et les graisses sont éliminées.

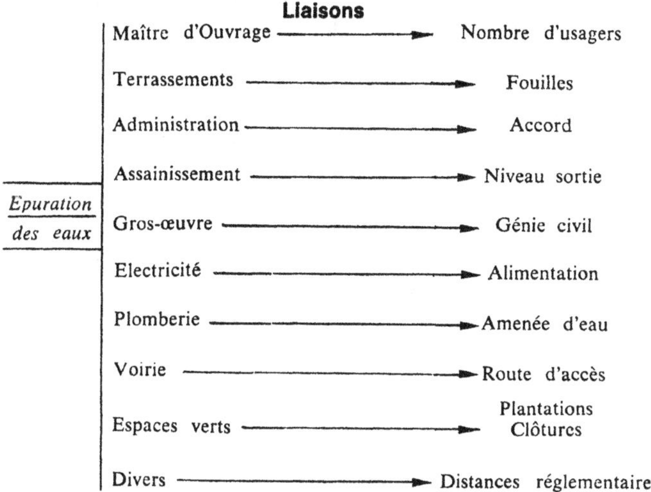

Une *épuration biologique* réalisée par des bactéries aérobies qui se développent en présence d'air ; les matières organiques dissoutes et colloïdales sont transformées en matières minérales inertes qui se déposent sous forme de boues.

Tous les systèmes d'épuration comportent donc une ventilation efficace pour faciliter le développement des micro-organismes et empêcher l'accumulation de gaz toxiques ou explosifs provenant de la digestion des matières.

Enfin il ne faut pas admettre les eaux pluviales dont le débit important détruirait la flore microbienne.

D'une manière générale, les procédés classiques sont sûrs et demandent peu de réglage mais un entretien régulier.

L'épuration produit des boues en quantités variables qu'il faut évacuer périodiquement ; elles sont sans danger et peuvent être utilisées comme engrais.

Fosses septiques

La fosse septique est un dispositif épurateur qui traite toutes les eaux usées (arrêté du 3 mars 1982) d'une habitation individuelle. Il se compose des éléments suivants :

— *un liquéfacteur* dans lequel arrivent les eaux brutes (eaux de W.-C. et eaux ménagères) ; il comporte des compartiments de décantation pour éviter l'entraînement des flottants. Le volume doit être au moins égal à 2 m³ pour un logement de quatre pièces, augmenté de 0,5 m³ par pièce supplémentaire. La hauteur d'eau est de 1 m au moins. Le liquide chargé séjourne de 4 à 6 jours ; il se développe une fermentation anaérobie avec dégagement de gaz (hydrogène sulfuré, gaz carbonique), ce qui implique une ventilation haute (tuyau de 80 mm avec ventilateur statique sorti hors toiture). Cette fosse sera placée à 3 m au moins des fondations pour éviter de déchausser ces dernières et le plus près possible de la sortie des eaux de la cuisine pour éviter une obstruction par les graisses de la conduite d'amenée ;

— *un bac séparateur* à la suite, de 0,5 m³ au moins, rempli de cailloux et de sable en partie basse ; il arrête les matières grasses et les solides ;

— après le bac, *un épandage* dans le sol comprenant :
  • un regard distributeur,
  • des canalisations parallèles en PVC, qualité M1 perforé de 10 cm de diamètre, placées dans une tranchée de 60 cm de large, profonde de 60 cm au départ et avec une pente de 1 cm/m environ ; l'ensemble est bouclé et la longueur totale est de 30 à 60 m en fonction de la nature du terrain. La distance d'axe en axe des tranchées est de 1,50 à 2 m. Les tuyaux reposent sur un lit de sable de 20 cm ; ils sont enrobés par 30 à 40 cm de gravier 10/40 sans fines ; au-dessus est placé un feutre imputrescible et le remblai est terminé en terre végétale.

Ce réseau doit être placé à 3 m au moins des propriétés voisines et des arbres de haute tige ; il faut vérifier que le niveau de la nappe est à plus de 1,50 m du sol pour éviter qu'elle ne soit contaminée.

Pour déterminer la capacité d'absorption du sol, on utilise des tests de percolation basés sur la vitesse d'absorption de l'eau dans plusieurs trous.

La surface nécessaire pour l'épandage varie de 15 à 60 m² selon la nature du terrain.

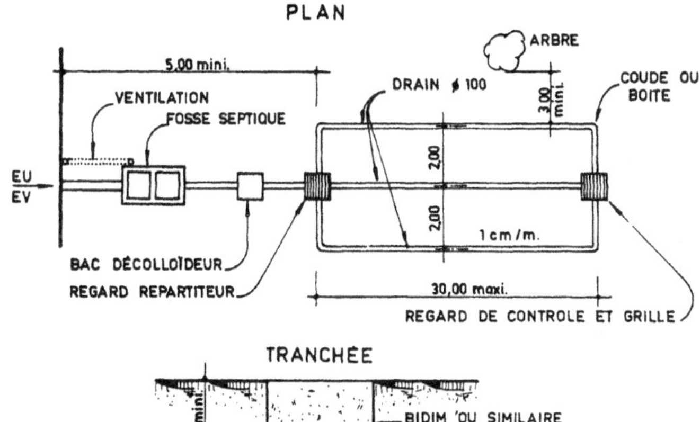

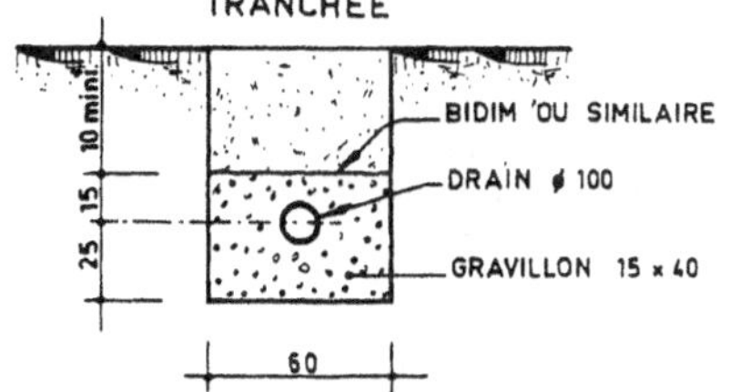

Fig. 3.35 — Fosse septique et épandage.

Les fosses septiques sont généralement constituées par des éléments préfabriqués en béton ou en plastique, placés dans une fouille. Elles sont rarement exécutées sur place. Devant être remplies d'eau, la souplesse des joints de canalisation est indispensable pour parer aux tassements lors de la mise en service.

Cas particulier

Dans le cas où le sol est imperméable (sol argileux, rocheux, granitique), et où la nappe est proche du sol (1 m au moins), on remplace le terrain naturel par une couche de sable de 70 cm placée sous le lit de gravier de l'épandage. A la partie inférieure, un drainage reprend les eaux pour les conduire à un exutoire ou à un puits filtrant.

Ce filtre peut être réalisé en élévation dans un tertre recouvert de terre végétale, mais cela implique une pompe de relevage.

Le filtre bactérien percolateur

L'épandage souterrain peut être remplacé par un filtre bactérien percolateur, moins encombrant, mais qui nécessite un entretien. Il est constitué par une caisse en béton armé remplie par une couche de granulats d'une épaisseur minimale de 1 m reposant sur les plaques perforées. Il est muni en partie basse d'une amenée d'air frais et la circulation d'air est assurée par la ventilation haute de la fosse. Le liquide provenant de cette dernière est répandu uniformément et les matières organiques sont oxydées par une flore aérobie.

Le volume des matériaux doit être de 1,6 m^3 pour un logement de six pièces augmenté de 0,4 m^3 par pièce supplémentaire.

L'évacuation s'effectue dans la terre par un puits d'infiltration qui doit rejoindre la couche perméable sous-jacente. C'est un puits constitué d'anneaux préfabriqués de béton de 1,50 à 2 m de diamètre, couvert par une dalle avec tampon ; il est étanche jusqu'à 50 cm en dessous du tuyau d'amenée de l'effluent. La partie inférieure est perforée et est remplie de cailloux 40/80 ; la surface de contact avec le sol perméable (surface latérale et fond) doit être de 2 m^2 au moins par pièce principale. L'effluent est réparti par surverse sur une couche de sable.

Les autres systèmes

Dans le cas où l'utilisation de la fosse septique est impossible, on emploie, après avis de la D. D. A. S. S. (Direction Départementale de l'Action Sanitaire et Sociale), l'un des systèmes suivants :

— *la fosse chimique :* les matières des eaux de W.-C. sont dissociées par voie chimique. Le volume est de 100 litres pour trois pièces principales, augmenté de 100 litres par pièce supplémentaire. Le volume de la chasse d'eau ne doit pas dépasser 2 litres et l'appareil doit être placé à l'intérieur du bâtiment ;

— *la fosse d'accumulation ou fosse fixe :* elle ne reçoit que les eaux de W.-C. et doit être périodiquement vidangée. C'est une caisse dont la hauteur minimale est de 2 m et qui comporte un tampon hermétique de 70 × 1 m. Elle doit être munie d'un évent pour évacuation des gaz ; la chasse d'eau est remplacée par un « effet d'eau » de 1 litre au plus.

Dans les deux cas, les eaux ménagères sont rejetées dans un puisard après passage dans un dégraisseur.

Mini-station

Dans le cas où la place fait défaut, on utilise une mini-station d'épuration fonctionnant par aération prolongée. Elle nécessite une source d'énergie (électricité) et un entretien régulier (vidange des boues). La capacité minimale est de 2,5 m³ ; les eaux traitées sont rejetées dans un épandage souterrain mais dont la surface est réduite (moitié de celle nécessaire à une fosse septique).

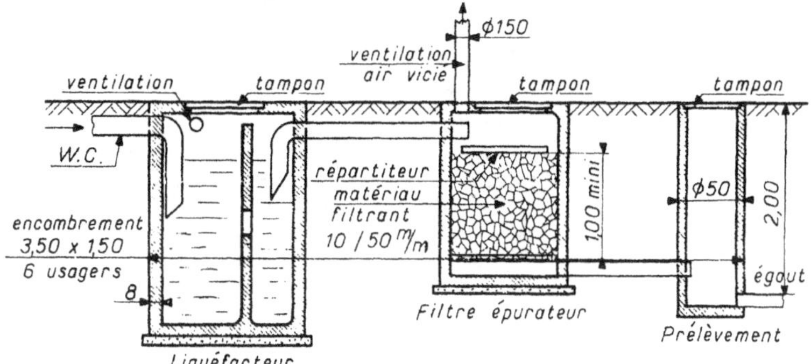

Fig. 3.36 — Fosse septique et filtre.

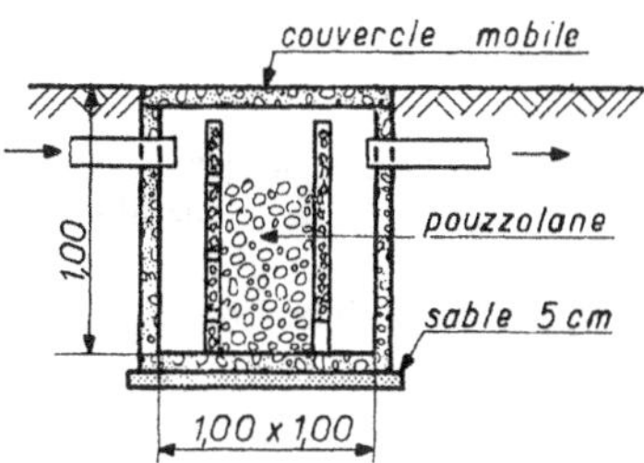

Fig. 3.37 — Bac décolloïdeur.

Oxydation totale

Le procédé par boues activées en aération prolongée, appelé couramment mais improprement « par oxydation totale » consiste à oxyder les matières organiques par un violent courant d'air.

Une installation se compose des éléments suivants :

— un *dégrilleur* à l'entrée qui débarrasse les eaux brutes des éléments volumineux ; il est parfois complété par un dilacérateur qui les fragmente,

— un *bassin d'oxydation-digestion* dans lequel des micro-organismes, abondamment alimentés en oxygène grâce à une insufflation

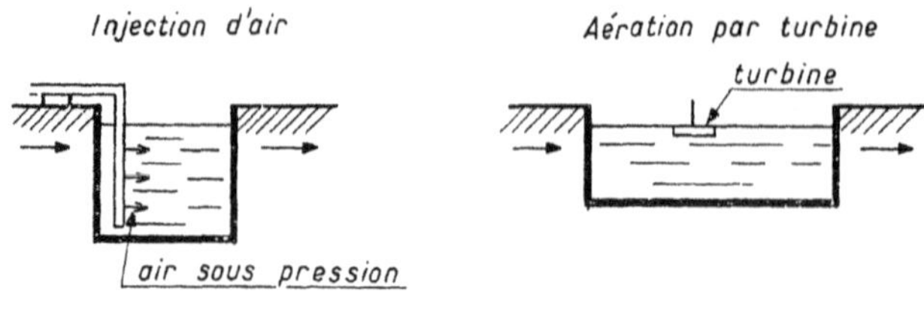

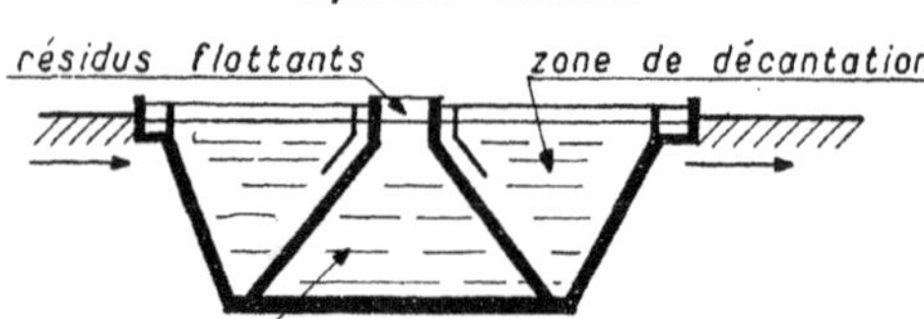

Fig. 3.38 — Oxydation totale. Principes.

d'air, digèrent les matières. La création d'un mouvement tourbillonnaire
sature l'eau d'oxygène et met en suspension les matières ; les bactéries
aérobies se fixent dessus et les transforment en sels minéraux ; les graisses
sont émulsionnées puis oxydées,

— un *bassin de décantation* où les boues produites se déposent
puis sont reprises et remises dans le bassin d'oxydation jusqu'à dissolu-
tion.

L'eau épurée sort en partie haute de l'appareil ; des boues tombent
dans le fond d'où elles sont périodiquement extraites. Des rigoles latérales évacuent les écumes et corps légers.

Les boues résultantes sont ensuite répandues sur des aires drainan-
tes où elles sèchent facilement. L'ensemble des bassins est combiné dans
un ouvrage unique dont la conception judicieuse assure le bon fonctionnement.

La station peut recevoir l'ensemble des eaux vannes et eaux ménagères ; elle doit être placée à 50 m au moins de toute habitation sauf si
elle est enterrée, et à l'opposé des vents dominants. Elle sera dissimulée
à la vue autant que possible par une plantation de haute futaie doublée par une clôture en grillage (intervention du lot Espaces Verts et
du lot Clôtures).

Le rédacteur du descriptif prévoiera à partir du bâtiment le plus
proche :

— une alimentation électrique de puissance,

— une alimentation d'eau avec robinet de barrage.

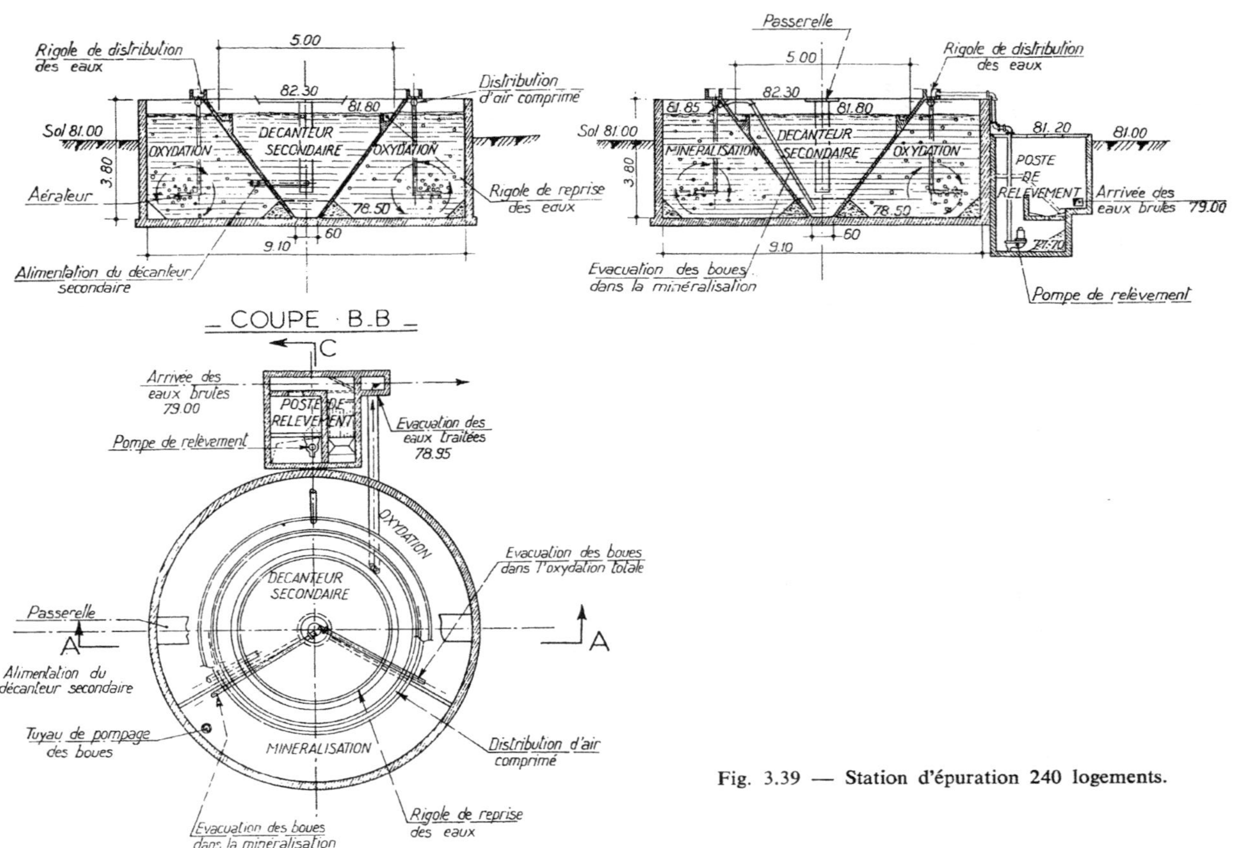

Fig. 3.39 — Station d'épuration 240 logements.

Dans le cas de station d'épuration située en altitude, il faut tenir compte pour le dimensionnement de la diminution de la teneur en oxygène de l'air et de l'abaissement de la température ambiante ; en effet l'activité bactérienne se ralentit vers 5/6 °C. Il faut donc un sur-dimensionnement de l'ordre de 30 % par rapport à une station de plaine.

La rigueur climatique impose de placer la station sous abri pour éviter des détériorations du matériel dues au gel ou à la neige.

Les stations d'épuration peuvent subir des arrêts prolongés (campings, localités à activités touristiques saisonnières) ; pour les remettre en état de fonctionnement, il suffit de les « ensemencer » soit par des boues activées provenant d'une autre station, soit par des injections de bactéries lyophilisées.

L'installation peut absorber des variations de débit importantes sans que le taux d'épuration soit modifié. Elle peut également recevoir des eaux semi-industrielles (abattoirs, conserveries, etc.).

La digestion des boues produit des gaz inodores et ininflammables (CO_2) et des résidus peu abondants, grumeleux, faciles à manipuler et à sécher.

La dénivellation entre l'entrée et la sortie est faible, ce qui évite la station de relevage.

Le dispositif peut être placé en plein air, le gel n'étant pas à craindre par suite du brassage de l'eau ; mais il est assez bruyant et émet une grande quantité d'aérosol. Il consomme de l'énergie électrique et une panne prolongée entraîne des inconvénients sérieux pour l'hygiène.

Les petites stations sont souvent mal entretenues ; elles dégagent alors des odeurs et attirent les mouches. Le rédacteur du descriptif doit prévoir la possibilité de passer un contrat d'entretien avec le fournisseur, en particulier pour l'enlèvement des boues.

Ces appareils sont fournis sous forme d'ensembles monoblocs avec tout leur équipement ; il suffit de les enterrer et de les raccorder aux réseaux. Les travaux sont simplifiés.

Fosses de décantation-digestion

Les fosses de décantation-digestion nécessitent une population minimale de trois cents usagers pour que leur fonctionnement soit convenable. C'est un procédé d'épuration efficace connu depuis longtemps. Des aménagements complémentaires ont été mis au point pour que leur alimentation hydraulique soit aussi régulière que possible car c'est une condition de bons résultats (bassin tampon, recirculation des matières, etc.).

Deux systèmes sont utilisés : à faible charge jusqu'à 600 usagers, à forte charge au-delà.

L'installation se compose en général des éléments suivants :

— prétraitement par grilles à nettoyage automatique, désintégrateur et dessableur-laveur;

— une fosse IMHOFF combinant un décanteur primaire et un digesteur de boues, un poste de relèvement assurant la remontée du liquide ; le premier sépare les matières décantables de l'effluent brut, le second minéralise les boues décantées par voie anaérobie,

— un filtre bactérien et un décanteur secondaire, ce dernier permettant la recirculation des boues indispensables à la bonne marche pendant les heures creuses. L'épuration biologique s'effectue dans la masse d'un lit de matériaux poreux régulièrement arrosés,

— des lits de séchage des boues digérées, dont la surface est de 1 m² pour 5 à 7 usagers, constitués par une couche de gravier de 25 cm surmontée de 10 cm de sable sur lequel sont déversées les boues mouillées,

— un petit local pour l'exploitation, avec poste d'eau,

— parfois un bassin d'orage et un ouvrage de dessablage pour éviter l'envahissement de la station par l'eau de pluie ou les sables.

Ce système demande un génie civil important et beaucoup de place ; il est sensible au colmatage et doit être entretenu soigneusement pour éviter la prolifération des mouches.

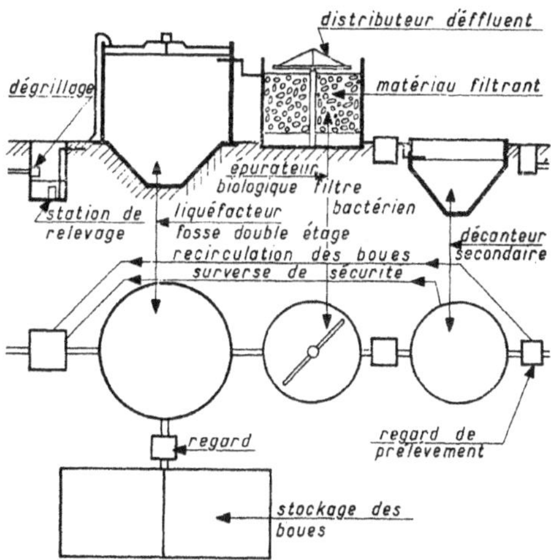

Fig. 3.40 — Station d'épuration. Schéma.

Il produit des boues qui sont envoyées aux décharges ou utilisées comme engrais agricole après un traitement sommaire.

Procédés nouveaux

Les procédés décrits précédemment sont les plus utilisés mais il en existe d'autres, moins répandus ou en cours d'expérimentation. On citera :

— les disques biologiques : les eaux subissent une première épuration dans un décanteur-digesteur primaire ; elles sont ensuite admises dans un bassin à section transversale semi-circulaire dans lequel tourne lentement (1/2 tour/minute) un tambour de 1 à 3 m de diamètre, formé de disques en matière plastique mince, espacés de 1 à 2 cm. La surface totale doit être de 1 m² environ par usager. Les eaux sont ensuite déversées dans un décanteur secondaire où les boues résiduelles se déposent. Les disques remplacent les lits bactériens ; ils se caractérisent par une faible perte de charge,

Les procédés d'épuration physico-chimiques sont basés sur le phénomène d'absorption : ils consistent à créer une cristallisation des matières à l'intérieur de l'effluent au moyen de réactifs bon marché. Ces procédés sont brevetés et doivent faire l'objet d'autorisation individuelle. Le résultat de la réaction est constitué par des boues dont la déshydratation n'est pas toujours aisée. En revanche, ce système convient bien aux collectivités de vacances à fortes variations saisonnières et au traitement des eaux résiduaires industrielles.

Les stations utilisant ces procédés sont plus coûteuses que les stations classiques mais moins encombrantes et d'un fonctionnement plus sûr.

— la microflottation : de l'air est dissous dans l'eau sous pression afin d'obtenir la formation de bulles microscopiques qui font flotter les particules en suspension et auxquelles adhèrent les micro-organismes ; un additif spécial à base de polymère sert de catalyseur,

— les fosses d'oxydation et les fossés d'activation : une brosse tourne dans un fossé annulaire à l'air libre et aère le liquide ; ces procédés sont rustiques, demandent une surface importante, sont perturbés par le gel et consomment beaucoup d'énergie ; par contre ils peuvent desservir des populations importantes, atteignant 10 000 personnes.

Le lagunage

Le lagunage est une technique d'épuration de création récente : l'épuration des eaux usées s'effectue dans des bassins peu profonds sous l'action de la lumière solaire et de certaines algues. Ce procédé est rustique, peu coûteux en investissement et en entretien ; il permet d'absor-

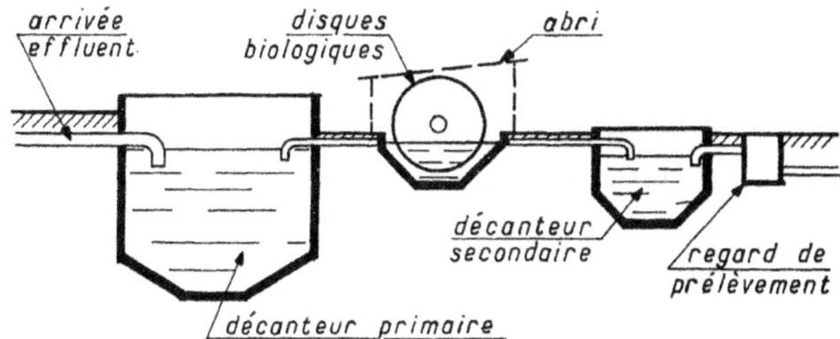

Fig. 3.41 — Epuration par disques biologiques. Schéma.

ber des surcharges momentanées importantes, aussi il est fréquemment utilisé dans les petites localités à fortes variations de population (localités de vacances, camping, etc.).

Le principe de fonctionnement est le suivant : les algues absorbent le gaz carbonique et la lumière solaire en libérant de l'oxygène ; les bactéries utilisent cet oxygène pour détruire les matières organiques en libérant des boues minéralisées qui se déposent au fond du bassin.

Une installation de lagunage fonctionne par gravité et se compose des ouvrages suivants :

— *un dégrilleur à l'arrivée* : c'est un petit bassin équipé d'une grille qui arrête les gros détritus ;

— *un décanteur* à la suite qui permet l'élimination des huiles, des sables, des graisses et objets flottants ;

— *trois bassins de lagunage en série,* le premier ayant la moitié de la surface totale environ. Ce sont des bassins creusés en pleine terre avec, éventuellement, une étanchéité par feuille plastique (cas de proximité de nappe d'eau potable). La profondeur varie de 0,80 à 1,20 m avec une surface de 15 à 20 m² par usager.

Ces bassins sont placés à 500 m au moins des habitations et bordés de plantations ; ils seront clos pour éviter les baignades intempestives mais ils peuvent être empoissonnés.

Le lagunage accéléré

Une variante du procédé de l'aération prolongée est constituée par le lagunage accéléré. Il est souvent utilisé pour l'épuration des eaux chargées de produits chimiques.

On réalise un bassin étanche en revêtant une fosse talutée en rive par un film étanche en feuilles d'élastomère. Dans ce bassin sont placés plusieurs aérateurs flottants. Ceux-ci brassent le mélange des eaux usées pendant une certaine durée (6 à 8 h), puis s'arrêtent, et les produits se déposent pendant 2 à 3 h ; les eaux épurées sont ensuite évacuées par pompage. Le cycle se reproduit périodiquement et les boues sont évacuées dès qu'elles atteignent un certain niveau.

Le traitement dans certains cas est complété par un passage dans une station d'épuration qui élimine le reste des impuretés.

Epuration des eaux industrielles

Les eaux polluées à la suite d'un usage industriel doivent être épurées avant d'être rejetées dans le milieu naturel ou à l'égout. La circulaire ministérielle n° 54.97 du 10 juin 1954 précise les différents types de prétraitement :

— *prétraitement physique* qui doit éliminer les matières en suspension (déchets divers, fibres, sables, huiles, etc.) et éventuellement refroidir. Il est effectué dans des fosses équipées de grilles (débris volumineux), de tamis (matières de petites dimensions) ; les matières en suspension (sable) seront recueillies par décantation et les matières légères (huiles) par flottaison,

— *prétraitement chimique* pour neutraliser ou éliminer les produits toxiques et dangereux. Les éléments acides et alcalins sont neutralisés, les métaux lourds précipités, les composés cyanurés oxydés, etc. Pour ce faire, on utilise des produits chimiques bon marché,

— *prétraitement biologique* pour abaisser les pollutions organiques trop élevées par insufflation d'air, ce qui diminue la demande biochimique en oxygène (D. B. O.) jusqu'à la limite exigée.

Ces traitements doivent être effectués dans des stations spéciales de façon à ne rejeter que des eaux ne pouvant causer aucun dégât ni aux stations d'épuration, ni bien entendu aux rivières. Le rejet à la mer des eaux usées des industries du littoral est encore toléré sous certaines réserves.

Ces stations doivent être étudiées avec soin car elles ne peuvent pas supporter de variations trop importantes de débit ; il faut donc définir avec précision les charges moyenne et de pointe, le rythme des déversements, la nature et la concentration des produits à épurer.

L'épuration des eaux industrielles est un problème complexe qui fait l'objet d'une spécialisation relevant plus de la chimie que du bâtiment. Elle est notée pour mémoire.

Evacuation dans le milieu naturel

Pour l'évacuation des eaux dans le milieu naturel, il faut tenir compte de la nature du sous-sol afin de ne pas polluer les nappes souterraines. Des cartes établies par le B. R. G. M. indiquent le degré de vulnérabilité de ces nappes. On distingue les natures de terrains suivantes :

— *les alluvions* — Les eaux sont dans ce cas très sensibles à la pollution, la nappe pouvant être libre et sans protection, ou captive et protégée en surface par une couche peu perméable, ou encore alimentée directement par un cours d'eau de surface.

— *terrains facilement pollués* — calcaires ; dolomites karstiques.

— *terrains assez facilement pollués* — craie, calcaire, balsate.

— *terrains difficilement pollués* — sables, grès.

— *terrains où les eaux de surface sont seulement polluées* — terrains sédimentaires, marneux ou argileux, terrains éruptifs et métamorphiques (granite, gneiss, micachiste), terrains sédimentaires métamorphisés ou plissés (schistes, calcaire).

— *terrains à pollution variable* — alternance de terrains à perméabilité diverses.

Des cartes ont été établies aux échelles de 1/1 000 000, 1/250 000 et 1/50 000.

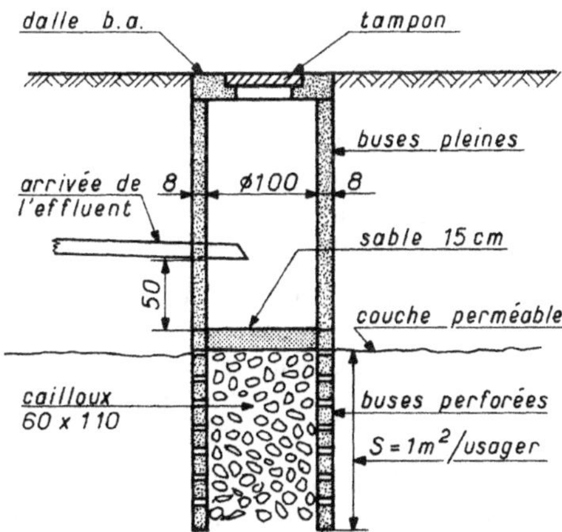

Fig. 3.42 — Puits filtrant.

Choix du système d'épuration

Choisir un système d'assainissement dans le cas des petites collectivités dépend de nombreuses contraintes qu'il faut concilier : le coût d'investissement, la réglementation, l'emplacement géographique, les frais annuels d'exploitation, la place dont on dispose, la présence ou l'absence d'égout, le type d'exutoire naturel, le niveau de la nappe phréatique, le budget d'investissement, etc. Une fosse septique demande une surface importante pour son installation. Son fonctionnement et son entretien sont par contre simples et aucune dépense d'énergie n'est à prévoir.

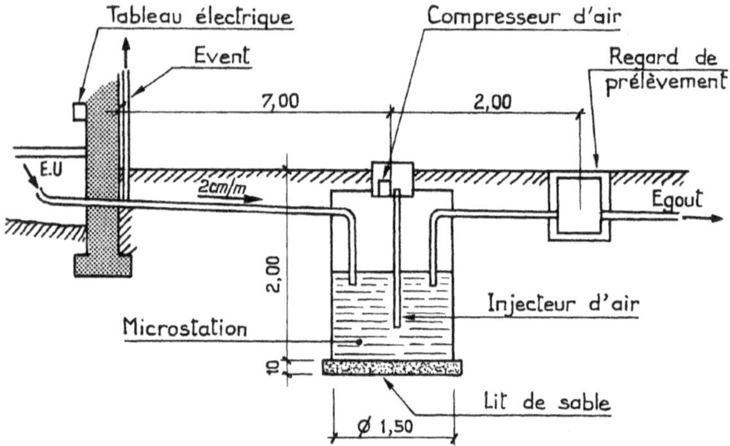

Fig. 3.43 — Micro-station (schéma).

Les ministations et microstations, nettement moins encombrantes, assurent une meilleure épuration mais exigent une dépense d'énergie et, pour les petites collectivités, un entretien difficile à assurer. Les débits de pointes sont par contre absorbés facilement.

La fosse septique est le seul procédé pratique pour le petit immeuble de un à cinq logements (15 personnes). Jusqu'à 25 logements (ou 75 personnes) elle peut être utilisée concurremment avec la microstation. Au-delà il faut employer une station d'épuration. Les fosses fixes sont exceptionnelles.

Si le rejet des eaux traitées s'effectue dans une eau réutilisable (baignade, parc coquillier, etc.), le traitement doit être poussé et le rejet se faire à une distance minimale importante (plusieurs kilomètres).

CHAPITRE IV

CIRCULATION

4.1. Voirie

Sous le terme de *Circulation* on désigne l'ensemble des chemins de desserte des bâtiments tant pour les véhicules que pour les piétons. Elles sont également connues sous la dénomination de VOIRIE TERTIAIRE.

L'utilisation de cette voirie se caractérise par une fréquentation relativement faible tant en intensité qu'en vitesse des véhicules. Aussi la construction est-elle analogue à une voirie courante, mais en plus « léger », tout au moins en ce qui concerne les groupes immobiliers. Le tracé est défini par le Maître d'Œuvre dans le plan-masse avec l'accord des Services de sécurité.

Le problème du dimensionnement des chaussées est à l'heure actuelle bien résolu par les Entrepreneurs qui disposent d'un matériel adapté et de fournitures normalisées. Les fiches descriptives donnent les solutions courantes.

L'attention du rédacteur du descriptif est attirée sur les points suivants :

— il est conseillé d'exécuter la voirie en deux phases : les fondations avant le bâtiment pour permettre la circulation des engins de chantier, les finitions après le départ du gros œuvre ; le rédacteur doit préciser qui est responsable de l'entretien pendant la période intermédiaire ; bien entendu, dans le cas de faible surface, les travaux sont exécutés en une seule phase, généralement après les travaux de gros œuvre ; cela implique que celui-ci doit souvent créer des pistes de chantier.

— le régime juridique des voies doit être défini avec le Maître d'Ouvrage ; en effet si elles sont destinées à être incorporées ultérieurement dans la voirie communale, elles doivent répondre à des règles précises,

— la mise en place sous les chaussées des fourreaux nécessaires au passage des canalisations de distribution de fluide doit faire l'objet d'une étude attentive pour éviter des démolitions préjudiciables à la tenue future de la chaussée.

Par contre le problème du gel des chaussées sera négligé, les conditions de fréquentation étant différentes de celles d'une route traditionnelle.

<h3 style="text-align:center">Planning des études — Voirie</h3>

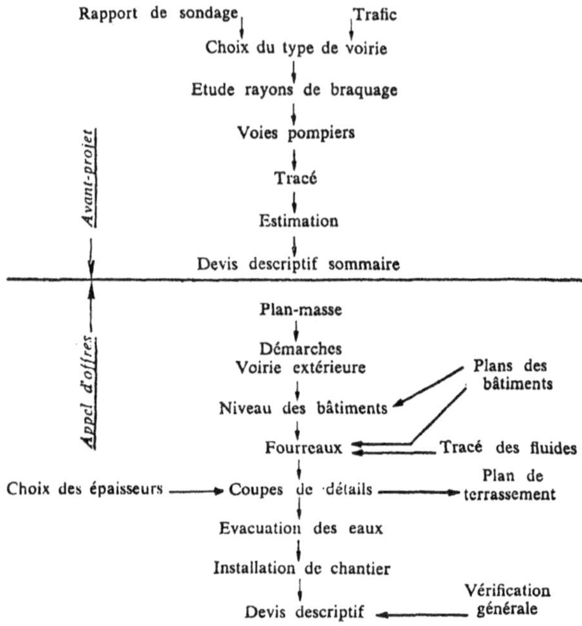

Base de l'étude

Dans l'intérieur d'une propriété privée ou d'un lotissement, les règles d'établissement de la voirie sont assez souples (Guide des Lotissements) :

— le stationnement est entièrement privatif mais il faut prévoir quelques places banalisées pour les visiteurs,

— l'épaisseur et la composition de la chaussée sont laissées à l'appréciation du Maître d'Œuvre,

— la largeur de la voirie peut être réduite au strict minimum indispensable ; les trottoirs peuvent être supprimés,

— la circulation des véhicules lourds est limitée : camions de déménagement ou de livraisons, benne de ramassage des ordures, voitures des pompiers. C'est une voirie à faible trafic (inférieure à 50 véhicules lourds par jour).

— les chaussées privées sont également utilisées par les riverains comme aires de jeux pour les enfants, lieux de promenade et voie cyclable. Elles doivent être étudiées en fonction de ces critères.

Si la voirie doit être intégrée ultérieurement au réseau commun, la Direction Départementale de l'Equipement indiquera au projeteur les principales dispositions à respecter (largeur, composition, etc.).

Voies et espaces libres

Un bâtiment quelque soit sa destination doit comporter une ou plusieurs façades accessibles aux sapeurs-pompiers. Ces façades sont définies dans la Notice de Sécurité jointe à la demande de Permis de Construire en fonction du classement du bâtiment (habitation, E.R.P, atelier, garage, etc).

Cela implique la nécessité de voies spéciales fréquemment confondues d'ailleurs avec les voies de service du bâtiment.

Les handicapés

Les personnes handicapées se déplacent difficilement et souvent en fauteuil roulant. Aussi des dispositions sont-elles à envisager à leur intention dans le cadre de la législation (loi du 30 juin 1975 n° 75.534 et documents annexes).

Dans les voies de circulation cela impose de prévoir un cheminement possible pour ces derniers, de 1 m de largeur au moins et dégagé de tout obstacle : pente inférieure à 5 %, ressaut de bordures de 2 cm au plus, élimination des arbres, grilles à barreaux, etc.

La réalisation ne présente en général pas de difficulté, mais il faut faire attention aux passages des caniveaux afin d'éviter une flaque persistante ou une stagnation d'eau.

Composition d'une chaussée

Les contraintes

Une chaussée est soumise à de nombreuses contraintes dont les principales sont les suivantes :

— transmettre au sol les charges verticales dues aux véhicules et supporter le poinçonnement résultant du stationnement prolongé,

— résister aux effets du roulage et du freinage des véhicules,

— subir les variations journalières et saisonnières de température et d'hygrométrie,

— rejeter les eaux de pluie vers l'extérieur,

— ne pas être dégradée par le gel ni par l'utilisation des moyens particuliers employés pour la rendre accessible (sels, pneus spéciaux),

— Les possibilités d'emploi des matériaux locaux.

— Les conditions climatiques de l'exécution.

Une de ces contraintes, le trafic des véhicules, a une importance essentielle ; aussi les différentes catégories de circulation peuvent-elles être classées de la manière suivante dans le cas qui nous occupe :

— circulation de tous véhicules, tourisme et poids lourds, mais à vitesse modérée,

— circulation des véhicules de tourisme et, exceptionnellement, de véhicules lourds (enlèvement des ordures ménagères, déménagements, pompiers) (1),

— stationnement prolongé des véhicules quelle qu'en soit la catégorie,

— circulation uniquement pour les besoins des véhicules des sapeurs-pompiers.

Par contre, l'effort principal n'est pas dû au trafic d'exploitation mais à la circulation des camions d'approvisionnement du chantier ; il sera plus ou moins intense en fonction de la taille de ce dernier.

Il faut également prévoir la négligence ou la désinvolture des usagers : la vitesse sera volontairement limitée par des cassis, un tracé irrégulier et sinusoïdal, des bandes de gros pavés, etc. Contre le stationnement abusif seront prévus des bornes, des trottoirs élevés, des barrières mobiles, etc.

Le Code de la Route précise les charges maximales des essieux de camions et le poids total en charge maximale des véhicules :

— Charge maximale par essieu : 13 T (art R 56)

— Charge maximale totale : 5 T par mètre entre les deux essieux extrêmes

— essieux groupés :   10,5 T par essieu, espacés de 1,50 m

7,5 T par essieu, espacés de 0,90 m.

Cela donne : camion deux essieux : 19 T

tracteur + remorque : 26 T

véhicule articulé : 38 T.

Dimensionnement

Pour dimensionner une chaussée le projeteur doit tenir compte des éléments suivants :

— la nature du sol (portance, sensibilité à l'eau),

— le trafic, élément secondaire car toujours faible en voirie tertiaire,

---

(1) — voie de distribution : desserte de 30 à 300 logements,
— voie de desserte : desserte de moins de 30 logements.

— la saison d'exécution (incidence du planning général),

— les phases de construction et les traversées des réseaux,

— les contraintes du chantier (stockage, trafic de poids lourds, etc),

— les matériaux disponibles dans la région (carrières, centrales d'enrobés),

— les conditions d'entretien futur (elles doivent être aussi réduites que possible).

— la réglementation concernant les handicapés.

Le SETRA et les divers CETE régionaux ont publiés des compositions types de chaussée auxquelles le lecteur se reportera, le choix étant fonction des conditions économiques du moment.

Dans le cas des cours d'usines ou d'entrepôts qui doivent supporter un trafic important de poids lourds, on choisira les chaussées pour trafic T3 (50 camions/jour d'une charge utile supérieure à 5T).

Les bruits de roulement

Dans les voies secondaires, la vitesse est faible et le bruit du roulement est négligeable quelque soit le revêtement. Il est sans commune mesure avec les bruits dus aux démarrages, aux claquements des portières et aux échappements des deux roues.

En conséquence il n'y a pas d'exigence particulière concernant la finition de la couche de surface.

Éléments constitutifs d'une chaussée

Une chaussée est en principe composée de couches de matériaux granuleux durs étalés dans un encaissement du terrain, soigneusement comprimés et étanchés en surface. Les divers constituants sont les suivants :

— le terrain naturel dressé et compacté avec les tranchées pour les réseaux.

— éventuellement une couche de forme si la portance du terrain est insuffisante ou une couche anticontaminante dans le cas de terrain argileux.

— le corps de la chaussée, élément résistant, réalisé en type souple monocouche ou bicouche, en type rigide ou en systèmes divers.

— la couche de roulement et d'étanchéité.

Nous étudierons successivement les divers éléments.

Le terrain naturel

Un terrain naturel est constitué par des couches de divers minéraux, chacune comprenant des grains entourés d'eau et d'air. Ces couches ont fait l'objet d'une classification dite R.T.R (Recommandations pour les Terrassements Routiers) ; elle est fonction du diamètre des grains et est schématiquement la suivante :

— classe A : sols fins (limons, sable fin, argile, marne),

— classe B : sols sableux et graveleux avec fines (sables et graves argileux),

— classe C : sols comportant des fines et des gros éléments (alluvions grossières, argiles à silex),

— classe D : sols et roches insensibles à l'eau (sable et grave alluvionnaire),

— classe E : roches évolutives (craie, marne, schiste).

Chaque classe comporte bien entendu des sous-classes ce qui permet une excellente définition du sol.

Selon leur teneur en eau, naturelle ou à la suite de pluie, ces sols sont plus ou moins faciles à compacter et possèdent une certaine portance.

Le projeteur doit vérifier le niveau de la nappe phréatique et ses variations. Elle doit se trouver à plus de 1 m de profondeur, ce qui est généralement réalisé dans les petites opérations. Dans le cas contraire il faut prévoir un drainage mais il est généralement combiné avec celui, général, du terrain.

La portance

La portance définit l'aptitude d'un sol à recevoir une charge. Elle est définie par un indice de qualité fonction des divers sols rencontrés lors des sondages. Deux méthodes de détermination sont possibles :

— la méthode visuelle : elle est valable lorsque les sols sont bien connus de l'entrepreneur ou qu'ils possèdent des caractéristiques bien définies.

— les essais de laboratoire lorsque la première méthode n'est pas applicable : ce sont l'identification physique, l'essai Proctor, l'essai CBR et la détermination de l'indice de Westergaard (indice K). L'essai Proctor se pratique sur les sols de classe A et B, les autres sur les sols de classe C et D.

On distingue quatre niveaux de qualité des sols :

— l'indice 0. L'indice CBR est inférieur à 2, le coefficient K à 3.

La portance est presque nulle et les camions lourds s'embourbent (limon et argile très plastique). Il est également appelé So.

— l'indice 1 ; le CBR est compris entre 3 et 5, le coefficient K est voisin de 3. Les camions laissent de profondes ornières (limon et argile plastique). C'est la catégorie S1 ou S2 humide.

— l'indice 2. Le CBR est compris entre 6 et 12 (K entre 3 et 8). Le sol est compactable et déformable. Les camions lourds laissent une faible ornière (limon, argile) ; C'est la catégorie S2 ou S3 humide.

— l'indice 3. Le CBR est compris entre 13 et 30 (K entre 4 et 14) ; le sol est peu déformable et facile à compacter ; les camions lourds circulent sans difficulté (sable propre). C'est la catégorie S3 ou S4 humide.

— l'indice 4. Le CBR est supérieur à 30 (K supérieur à 12). C'est une couche de fondation de chaussée (grave propre). Cela correspond à la catégorie S4.

Les conditions atmosphériques

Compte tenu de leur sensibilité à l'eau la portance des terrains varie selon les conditions atmosphériques. On distingue :

— les conditions favorables : été chaud et sec. Tous les terrains sont alors de la classe 2 au moins et fréquemment de la classe 3.

— les conditions moyennes : été pluvieux, printemps et automne normaux. Les terrains fins passent en classe 1, les autres en classe 2.

— les conditions mauvaises : hiver, longue période de pluie. La plupart des terrains tombent en classe 0 (argile et sable limoneux, marne, calcaire, craie, limon) ; de plus les sols fins sont sensibles au gel. De même les matériaux traités aux liants hydrauliques voient leur prise ralentie ou arrêtée.

Dans un avant-projet les conditions d'exécution sont généralement négligées ; en effet les techniques permettent l'exécution par n'importe quel temps mais au prix de travaux confortatifs. Il faut donc préciser à l'avance qui paiera les plus-values nécessaires !

Terrassements et mise à niveau

L'entrepreneur de terrassements généraux livre une plateforme plane ou modelée selon les plans d'architecte. Celui chargé des voiries doit réaliser les encaissements ou les remblais nécessaires pour le nivellement des chaussées. Les poches de terrain de mauvaise qualité sont purgées et remplies de grave ; les terres en excédent sont enlevées aux décharges ou stockées pour remblai si leur qualité s'y prête : elles doivent être insensibles à l'eau ce qui est rare.

L'encaissement étant réalisé, les tranchées pour les fourreaux divers sont exécutées puis remblayées en grave tout-venant bien compactée. Les remblais nécessaires sont réalisés en matériaux peu sensibles à l'eau pour ne pas être désorganisés par la pluie ou le gel. On utilise généralement des aggrégats de la classe D (sol sablo-graveleux 0/50 ; ES supérieur à 20 ; roche insensible à l'eau 0/250, craie dense) ; les matériaux de classes A, B, C sont en général difficile à utiliser.

La plateforme en remblais ou en déblais est dressée puis compactée et sa compacité est vérifiée par divers essais (Proctor, CBR, dynaplaque, etc).

Mise en état du terrain

Pour pouvoir être compacté correctement et recevoir le corps de la chaussée, la portance doit être au moins de la classe 2 compte tenu des conditions atmosphériques lors de l'exécution.

Si le terrain s'avère être de classe 0 ou 1, il faut prévoir un renforcement de la plateforme par l'un des moyens suivants :

– terrain d'indice 0 : on étale un feutre géotextile épais (350 gr/m² au moins) surmonté d'une couche de grave naturelle 0/40 ou 0/60, épaisseur 25 cm ; la mise en œuvre est difficile.

– terrain d'indice 1 : on répand une couche de 20 cm de grave naturelle ; elle peut être remplacée par une stabilisation sur 20 cm, au ciment pour les sables limoneux et argileux, à la chaux et au ciment pour les limons, à la chaux vive pour les terrains argileux détrempés.

Dans les deux cas la grave peut être remplacée par du sable fin (ES ou E Equivalent de Sable compris entre 20 et 40) avec une épaisseur majorée de 10 cm.

Bien entendu dans les terrains argileux le feutre géotextile est obligatoire pour constituer la couche anticontaminante. Il remplace la couche de sable qui avait pour objet d'arrêter les remontées d'humidité ou de particules colloïdales.

Ce sont des tapis de grande largeur, de 2 à 3 cm d'épaisseur, en feutre non-tissé à base de matériaux imputrescibles (fibres de verre ou de polyamide) ; ils sont légers et facile à mettre en œuvre sous réserve qu'il n'y ait pas de vent.

Ces tapis se caractérisent par leur masse (350 gr/m² au moins), la résistance à la traction et à la déchirure, la souplesse et la perméabilité à l'eau.

Corps de la chaussée

Le corps de la chaussée a pour rôle de répartir l'impact des charges sur le sol. Il est constitué selon l'une ou l'autre des solutions suivantes :

– en monocouche par une couche de grave non traitée 0/20, de 30 cm d'épaisseur minimale, exécutée et compactée en deux couches.

– en bicouche comprenant une couche de grave non-traitée de 20 cm surmontée d'une couche de grave traitée aux liants hydrauliques (epr 15 cm) ou aux liants bitumineux (epr 6 cm).

La grave traitée aux liants hydrauliques ou grave-ciment est un mélange de granulats 0/20 ou 0/31,5 et de ciment CPJ 45 (3 à 4 %) ; la grave bitume est un mélange de granulats 0/14 et de bitume 60/70 ou 80/100 dosé à 4 %.

Il est déconseillé d'utiliser la grave traitée dans les chantiers entrepris en automne ou en hiver car :

— le durcissement d'une grave-ciment diminue avec la température et est nul vers + 5 °C,

— le gel la détruit,

— il est difficile d'exécuter un enduit superficiel par temps froid.

Ce sont des solutions de base et il existe de nombreuses variantes fonctions des matériaux locaux mais avec bien entendu des épaisseurs différentes : sable et liant hydraulique, sable-bitume, grave-laitier, sable laitier, etc. Tous les matériaux sont définis par les fascicules du CPC et les directives du SETRA. Ils doivent provenir d'une centrale de préparation afin d'être convenablement gradués et propres.

La couche d'usure

Le revêtement superficiel est appliqué sur le corps de la chaussée ; il subit les actions extérieures dues aux véhicules, à l'eau, aux variations de température et il assure l'étanchéité. Cette surface doit être antidérapante même mouillée, agréable au roulement et à la marche.

On utilise les matériaux suivants :

— le béton bitumineux : c'est un mélange de granulats 0/10 concassés et de liant hydrocarbonés ; la finition est grenue ou semi-grenue ; l'épaisseur varie de 4 à 8 cm. La couleur est noire. Il est lisse.

— le micro-béton bitumineux. Il est analogue au précédent mais avec des granulats 0/6. La couleur est noire ou rouge.

— l'enduit d'usure monocouche ou bicouche : une couche d'émulsion de bitume (1) et une couche de gravillon 6/10 dans le premier cas. Pour le deuxième cas on ajoute une couche d'émulsion et une couche de gravillon 0/4. La couleur est fonction des granulats, gris, ocre ou rose. L'épaisseur totale est inférieure au centimètre. Sa surface est grenue.

En revanche, il est à noter que l'emploi de l'enduit d'usure demande un renforcement d'épaisseur de 5 cm au moins de la couche support.

Le béton bitumineux peut être étalé en deux couches d'épaisseur sensiblement égales ; cela permet l'exécution de la chaussée en deux phases, la liaison étant assurée par une imprégnation bitumineuse.

Le classement PF

Le classement PF est adopté dans le cas des chaussées à fort trafic (voirie primaire et secondaire) et pour lesquelles le classement précédent est insuffisant. Il ne peut être établi qu'après des études de laboratoire

---

(1) Emulsion de bitume : bitume dissous dans l'eau (qui s'évapore après la mise en place).

car il est basé sur le classement RTR des sols, l'indice CBR, l'indice de plasticité, la teneur en eau et la qualité du drainage de la plateforme.

La classe de la plateforme est déterminée en fonction du classement du sol (S0, 1, 2, 3, 4) en tenant compte de l'addition d'une couche de forme.

On obtient les classements suivants :
- sol classé S1 + couche de forme de 30 cm   = plateforme PF1
-                S1 + 70 cm matériaux B3   =   PF2
-                S1 + 80 cm matériaux D2 − D3   =   PF3
-                S1 + traitement à la chaux 50 cm =   PF2
-                S1 + traitement ciment 35 cm   =   PF2
- sol classé S2   = plateforme PF2
-                S2 + 50 cm matériaux D2 − D3   =   PF3
-                S2 + 50 cm traitement à la chaux =   PF3
-                S2 + 35 cm traitement au ciment =   PF3
- sol classé S3   = plateforme PF3

En fonction de la portance de la plateforme ainsi définie et du trafic, le projeteur choisit une composition de chaussée dans le catalogue des structures-types du SETRA en tenant compte des matériaux possibles.

Des catalogues sont publiés par les C.E.T.E. régionaux. Les formules de compositions sont nombreuses en fonction de la catégorie de la voie (distribution, desserte), de la portance du sol (type 2 ou 3), de la nature du matériau de revêtement (béton bitumineux, enduit d'usure), de la nature de la couche portante (grave tout-venant, grave-bitume, grave-ciment, sable-ciment, calcaire, etc).

La collecte des ordures ménagères

Le ramassage des ordures est assuré soit directement par les soins des Services Municipaux soit par un entrepreneur privé titulaire d'un contrat. Chaque commune applique sa propre réglementation ; aussi l'usager (ou le promoteur) doit se renseigner auprès de la Mairie des contraintes imposées ; en particulier elle fixe un mode de ramassage ce qui implique pour l'architecte une conception des locaux vide-ordures.

En principe, la collecte des ordures ménagères s'effectue au moyen de bennes tasseuses dans lesquelles on vide soit des conteneurs, soit des poubelles soit encore des sacs plastiques.

Le lot VRD doit l'exécution du cheminement pour conteneur entre le local de collecte des ordures situé dans le bâtiment et le point de stationnement de la benne ; la chaussée doit être convenable pour supporter la circulation de la benne. De plus, les préposés ne doivent pas avoir plus de 15 m à parcourir entre la benne et le lieu de stockage des conteneurs ou poubelles.

Cheminement

Le chemin sur lequel on déplace les conteneurs (récipients sur galets de 700 à 1 100 litres de contenance) doit avoir les caractéristiques suivantes :

largeur : 1,50 à 2,0 m ; pente inférieure à 4 %, pas de marches, rectiligne au maximum avec des rayons de courbures intérieure inférieurs à 2,0 m.

Il sera réalisé par une dalle en béton de 12 cm d'épaisseur ou une couche de grave-ciment de 15 cm recouvert d'une couche d'enrobés denses (résistance 1 T par essieu).

Chaussée

La largeur minimale sera de 3,50 m avec un tirant d'air de 3,65 m ; la pente sera inférieure à 12 % avec un maximum de 10 % au droit des points de stationnement ; le rayon de courbure sera de 10,50 m dans l'axe.

Dans le cas de voie en impasse une aire de retournement sera aménagée.

La stabilisation des sols en place

Cette technique consiste à stabiliser, c'est-à-dire à durcir, les sols en place par l'apport de liant hydraulique, ciment ou chaux. Ce dernier est mélangé soigneusement avec le terrain, puis compacté et protégé par un enduit d'étanchéité. On obtient une couche dure et résistante qui constitue une fondation peu coûteuse pour une route (ou un dallage).

Ce procédé ne nécessite pas d'apport de matériaux complémentaires, mais il faut que le terrain en place présente certaines qualités : il ne doit pas contenir de matières organiques ou très peu, ni de gros éléments supérieurs à 80 mm. Le sol traité résiste bien à l'humidité ; il ne gonfle pas et sa résistance au gel est améliorée.

La stabilisation à la chaux est surtout utilisée pour l'amélioration des sols limoneux et argileux, celle au ciment dans le cas où une sous-pression d'eau est à craindre.

La technique est simple mais nécessite des essais de laboratoire préalables et un contrôle suivi de celui-ci sur les travaux. Lorsque le sol est argileux ou très fin, il est d'abord traité à la chaux puis au ciment.

Après nettoyage du terrain, le liant est répandu en épaisseur constante ; le choix de ce dernier est fonction de la teneur en eau et de la composition du sol ; le dosage varie de 2 à 6 % pour une épaisseur de 20 à 40 cm de terrain.

Il est mélangé au terrain en place par un engin malaxeur avec addition d'eau s'il y a lieu. Dans le cas de terrain boueux on utilise la chaux vive, mais il faut prendre des précautions sanitaires pour le personnel : masques individuels, cabines pressurisées pour les engins, vêtements de protection, surveillance médicale. En effet dans ce cas, la chaux éteinte est moins efficace : le mélange de la chaux vive et de l'eau incluse dans le sol entraîne une vaporisation partielle de celle-ci ; une autre partie est absorbée par l'extinction de la chaux. Les limons et argiles sont transformés chimiquement et forment une couche dure.

Dans les terrains argileux et secs, la chaux est remplacée par un coulis (1 kg de chaux pour deux litres d'eau), ce qui évite la poussière. Il a été également utilisé des mélanges de cendres volantes et de chaux. Ce procédé permet de travailler pendant la mauvaise saison.

Dans les terrains gypseux, on utilise des ciments résistant bien en milieu séléniteux (C. L. K., C. H. F., C. P. M. F., etc.).

La stabilisation peut poser quelques problèmes : l'emploi de la chaux vive présente des dangers pour le personnel et l'environnement surtout en cas de vent. Elle s'applique mal dans le cas de petits chantiers et devient délicate s'il y a des regards en place.

Les épandeuses sont de type gravitaire à distribution asservie ou de type pulsé à trappe. Leur capacité est comprise entre 7 et 12 m^3.

Les malaxeurs sont du type rotatif à axe vertical pour les sols graveleux et à axe horizontal pour les sols fins.

Le compactage s'effectue au rouleau à pneu à pression variable.

Si la forme ne doit pas être couverte rapidement, elle est protégée par une solution acide de bitume à raison de 0,5 litre/m^2 suivi par l'épandage d'une fine couche de sable humide.

Pour une étude on peut admettre les quantités suivantes de liant :

— sable et gravier : 50 kg CPJ/m^3,
— sable limoneux peu humide : 40/80 kg CPJ 45/m^3,
— limon : 50/130 kg CPJ 45/m^3,
— limon argileux gorgé d'eau : chaux vive 4 à 8 % du poids du sol.
— terrain à forte teneur en argile :
— stabilisation à la chaux au taux de 2/4 %,
— à la suite stabilisation au ciment à raison de 100/200 kg CPJ 45.

On obtient ainsi un sol dont la portance minimale est d'indice 2.

Les équivalences

L'épaisseur d'une chaussée souple est déterminée en fonction de la nature du terrain porteur avec, pour hypothèse complémentaire, un trafic réduit. Les expériences ont fixé des épaisseurs totales moyennes et on calcule l'épaisseur de chaque couche en l'affectant d'un coefficient de pondération dit coefficient d'équivalence. La somme des différentes épaisseurs ainsi pondérées doit être égale ou légèrement supérieure à l'épaisseur-type.

Par contre ces coefficients ainsi que les épaisseurs minimales varient légèrement avec les auteurs.

En fonction de la nature du terrain on peut admettre les épaisseurs équivalentes suivantes :

Matériaux	Couche fondation	Base	Roulement	Epaisseur
Grave naturelle non traitée	0,75			15 cm
Tout-venant	0,75	1		«
Empierrement, sable, gravier	0,75	1		«
Laitier concassé ou granulé	1,2	1,2		15
Sable-laitier	1,2	1,4		15
Sable-bitume	1,6	1,6		15
Grave-ciment	1,5	1,5		15
Grave-laitier	1,6	1,6		15
Binder ou grave-bitume	1,8	2,0		10
Enrobé à chaud			2	3
Enrobé à froid			1,5	3
Béton bitumineux			2	5 cm

Le coefficient du sablon anticontaminant est de 0,5

Pour les zones de stationnement des véhicules de tourisme les épaisseurs équivalentes seront réduites de 10 cm mais sans descendre en dessous de 16 cm. Elles seront majorées de 10 % dans le cas de stationnement de véhicules lourds, et de 30 % dans le cas de circulation de véhicules lourds (cour d'usine).

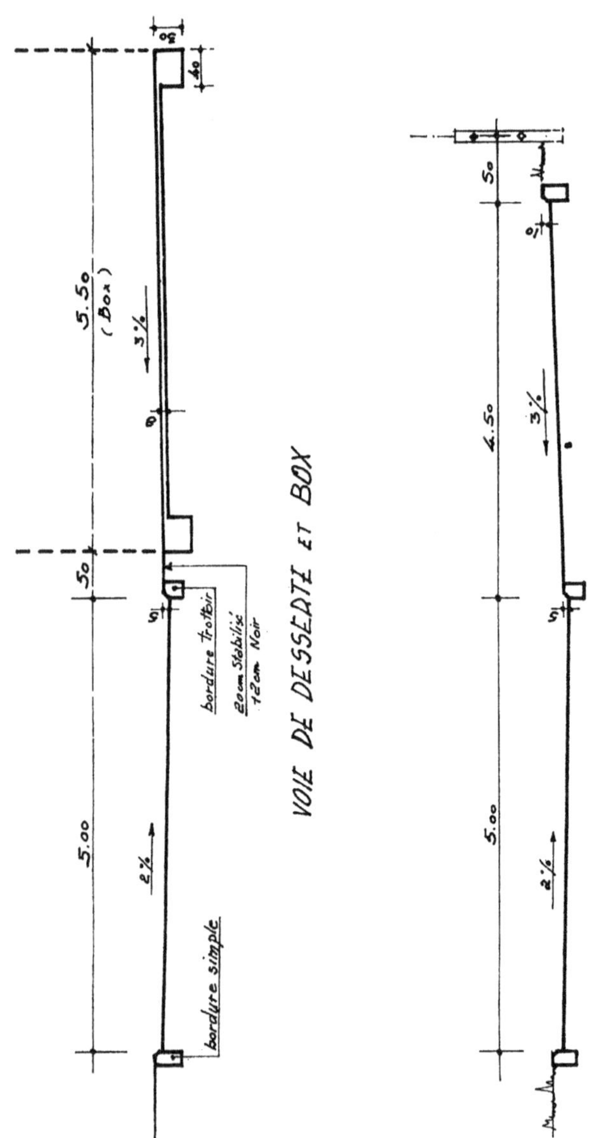

Fig. 4.1 — Coupes types sur voirie.

Le fascicule 23 du CPC (fourniture de granulats) précise les caractéristiques des granulats à utiliser pour chaque catégorie ainsi que les essais d'identification :

— *pour couches de base et fondation* :

   — grave non-traitée (GNT),

   — grave traitée aux liants hydrauliques (GH),

   — grave traitée aux liants hydrocarbonés (GHc),

   — béton hydraulique (BH),

— *pour couches de roulement* :

   — béton bitumineux (BH),

   — enduit superficiel (ES).

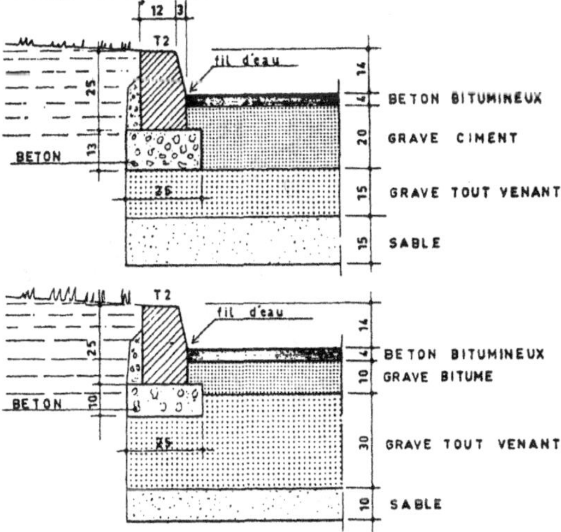

Fig. 4.2 — Chaussée principale type T_1.

Pour une chaussée de desserte à réaliser sur un terrain de classe 2 (cas le plus courant) on peut prévoir l'une ou l'autre des solutions suivantes dans un projet étant précisé que l'entreprise est susceptible d'en proposer d'autres, fonction des matériaux locaux et des conditions économiques du moment.

   a — 25 cm de grave tout-venant + 6 cm de béton bitumineux,

   b — 33 cm de grave tout-venant, + un enduit d'usure,

   c — 20 cm de grave tout-venant, + 8 cm de grave-bitume, + 4 cm de béton bitumineux,

   d — 20 cm de grave-ciment + 4 cm de béton bitumineux,

   e — 22 cm de grave-ciment + un enduit d'usure.

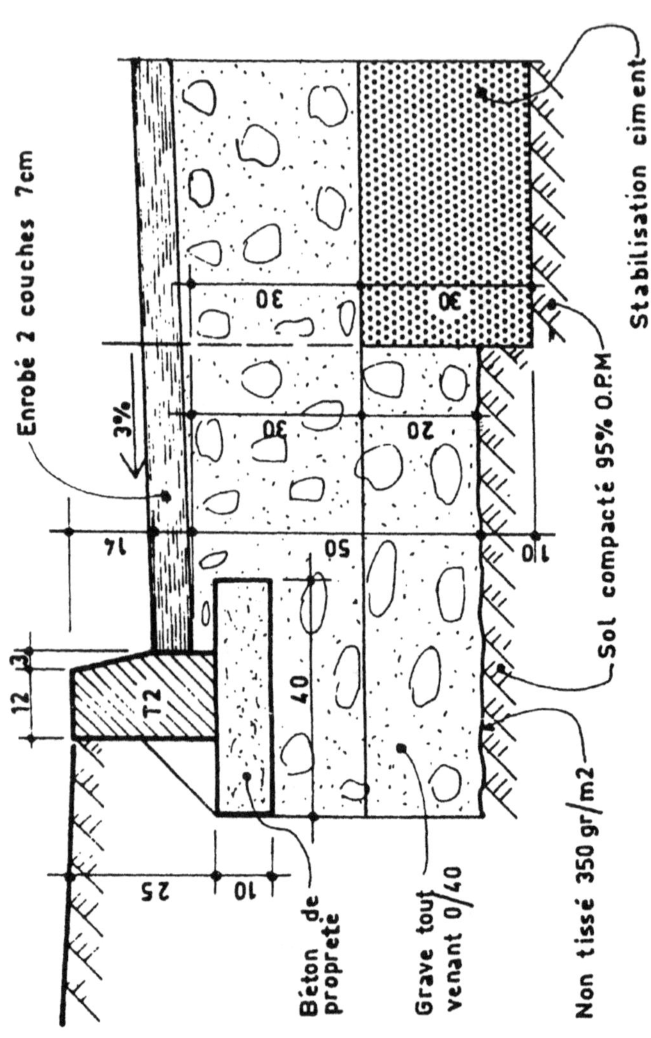

Fig. 4.3 a – Terrain médiocre
CBR < 3
K < 3   Epaisseur équivalente 57/60 cm

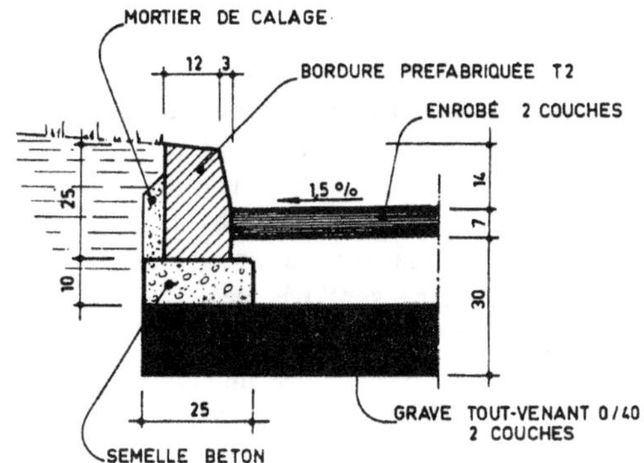

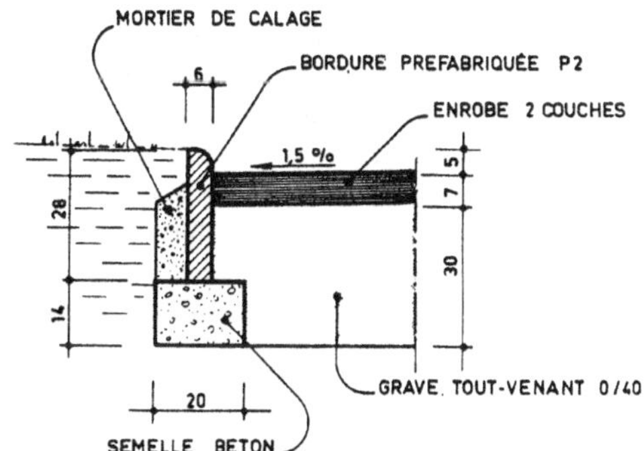

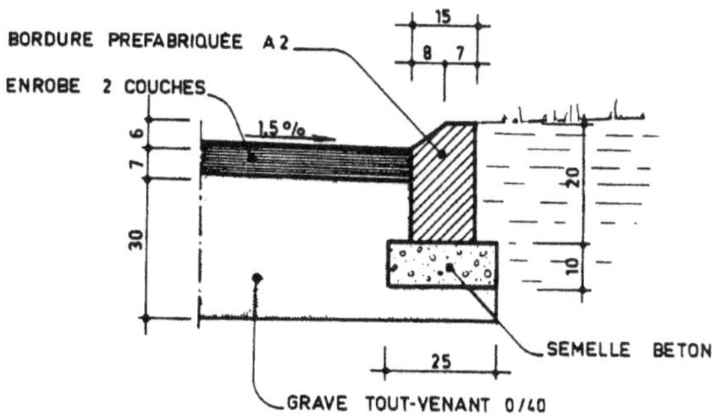

Fig. 4.3 b — Bon terrain

$3 < C\,B\,R < 15$
$3 > \quad K > 5$ } Epaisseur équivalente 42/45 cm

Chaussées en béton

Les chaussées en béton sont relativement peu employées en France pour les voiries intérieures, car plus coûteuses que les chaussées souples. Mais les techniques en ont été notablement améliorées.

Ce sont des chaussées qui supportent sans inconvénient les climats les plus rudes au point que la couche antigel peut être supprimée. L'entretien est réduit et elles ne sont pas dégradées par les épandages de sel.

Insensibles aux dépôts de matières humides ou argileuses ainsi qu'aux produits pétroliers répandus par les véhicules, elles supportent sans difficulté les charges poinçonnantes dans les parcs d'usines et d'entrepôts. Elles sont également peu sensibles à la qualité du sol donc intéressantes lorsque sa portance est faible. Le béton pour chaussée doit répondre à des caractéristiques particulières (résistance, maniabilité, retrait) ; aussi doit-il être fabriqué dans des centrales à béton d'où il est ensuite livré par des camions spéciaux.

Coulé mécaniquement et recevant un traitement de surface pour éviter qu'il ne devienne glissant par temps de pluie, il est protégé contre la dessiccation par un enduit de cure. La fondation sera constituée par une grave tout-venant de 15 à 20 cm.

Les épaisseurs de dalle à adopter seront les suivantes en fonction du terrain et du trafic prévu :
— desserte pavillonnaire : 12 à 16 cm,
— desserte groupe d'immeubles : 16 à 20 cm,
— desserte d'usine ou de supermarché : 20 à 22 cm.

L'épaisseur la plus faible sera prise dans le cas de bon terrain (S3) ; la plus forte dans le cas contraire (terrain S1).

Les bordures sont inutiles et l'eau s'écoule latéralement dans les espaces verts. D'autre part, cette chaussée accepte des pentes fortes sans inconvénient (de 5 à 20 %).

Pour les courtes distances entre un garage privatif et la chaussée, on peut utiliser les bandes de roulement. Ce sont des dalles étroites en béton armé posées sur le sol à écartement des roues de voitures. On peut également utiliser des dalles en pierre ou en béton.

Les chaussées en béton ne sont pas armées ; aussi est-il prévu des joints pour la localisation des fissures inévitables :
— les joints transversaux, joints francs pour arrêter le bétonnage et qui comportent des goujons de liaison latéraux,
— les joints de retrait, placés tous les 5 m environ transversalement et matérialisés par sciage du béton (largeur 4 à 6 mm) sur une partie de l'épaisseur.

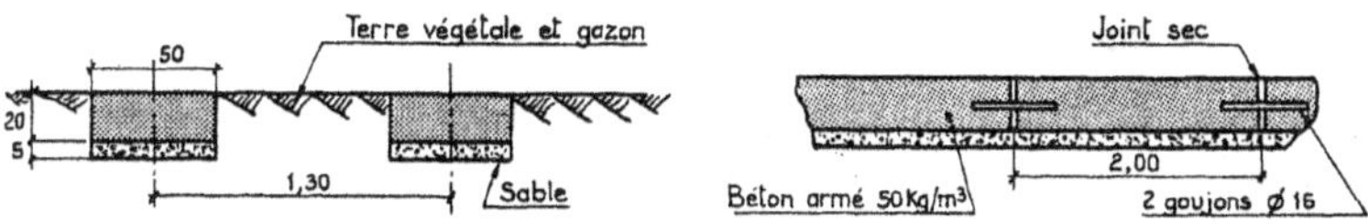

Fig. 4.4 a — Bande de roulement.

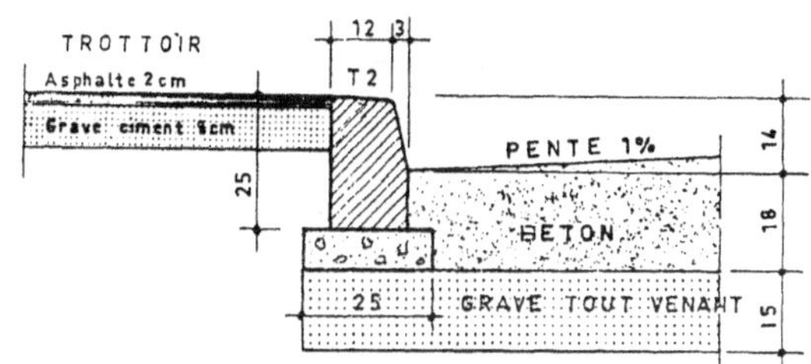

Fig. 4.4 b — Chaussée béton.

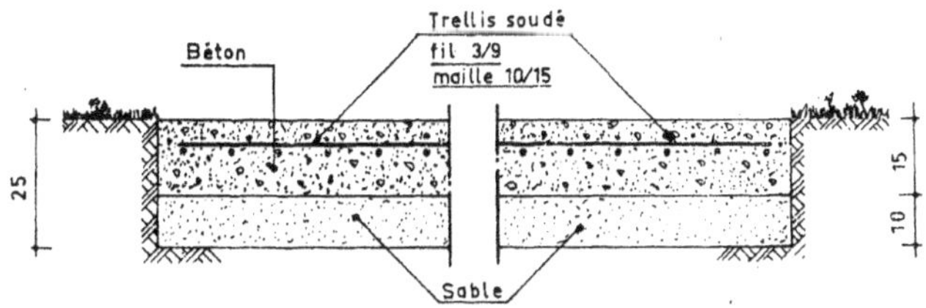

Fig. 4.5 — Voie pompier. Raccord Voie pompier-chaussée de desserte.

Pour assurer l'étanchéité les joints sont ensuite garnis par un produit souple, résistant aux hydrocarbures.

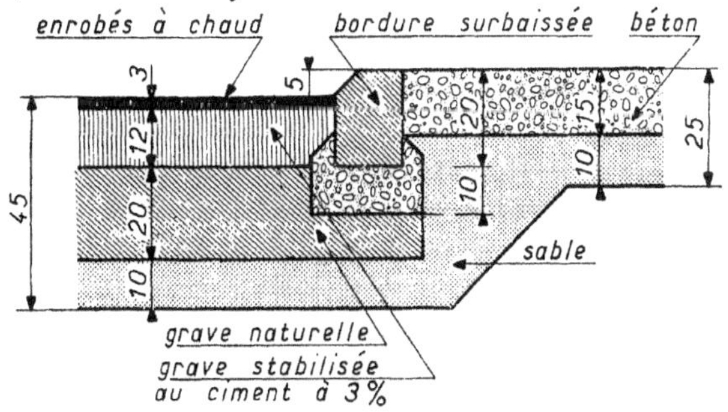

Fig. 4.6

L'entretien est réduit ; en revanche la rugosité est assez médiocre
et elles s'accommodent mal des remblais hétérogènes. D'autre part il faut
que les réseaux soient mis en place avant coulage ou des fourreaux réservés.

Les voies «Bananières»

Une voie «bananière» est une chaussée économique constituée par deux bandes de roulement espacées de la largeur des roues d'un véhicule. Leur largeur est de 70 à 80 cm avec un espacement de 80 cm. Elles sont réalisées en béton armé de 14 cm d'épaisseur ; le béton est dosé à 330/350 kg CP45 et comporte une armature en treillis soudé de 3 kg/m^2. La surface est striée. La fondation est constituée par une couche de matériaux drainant 14/31,5 de 10 à 12 cm d'épaisseur et la partie centrale comporte un drain en sous face.

La circulation doit s'effectuer à sens unique et elle est exécutée en fin de chantier.

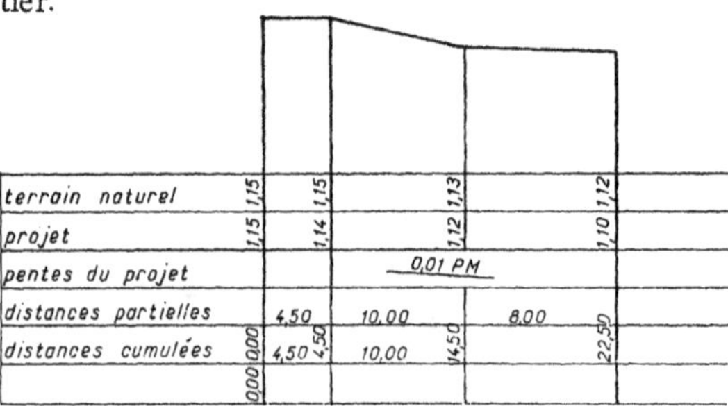

Fig. 4.7 — Profil en long de voirie.

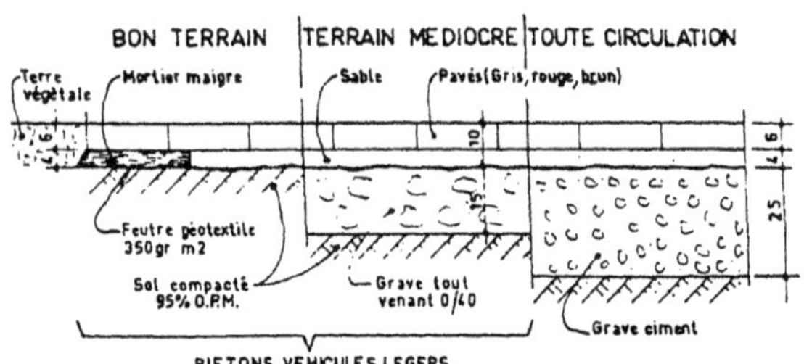

Fig. 4.8 — Chaussée en pavés de béton.

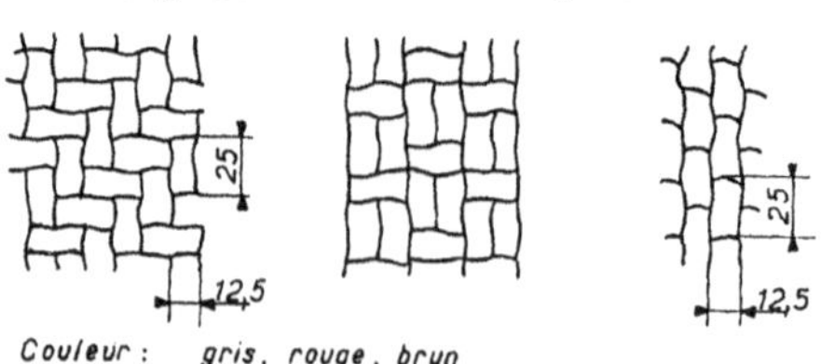

Fig. 4.9 — Appareillage de pavés à emboîtement.

Chaussées en pavés de béton

Les chaussées en pavage traditionnel ont pratiquement disparu sauf dans certaines voies à forte circulation. Elles peuvent être remplacées par des chaussées en pavés de béton ; leur grande résistance aux efforts de roulage fait que leur emploi se développe dans les cours d'usine, les parcs à voitures et les aires publiques à fréquentation intense.

Elles sont constituées par des pavés en béton préfabriqués s'encastrant les uns dans les autres ce qui fait que les efforts de compression et de flexion sont reportés sur les pavés avoisinants. Livrables en plusieurs couleurs, leur fabrication répond à un Cahier des charges syndical qui fixe les tolérances dimensionnelles, la porosité et la résistance (surface en cm² inférieure à 100 fois l'épaisseur en cm). La pose s'effectue sur une fondation classique.

Ces chaussées, relativement souples, tolèrent des mouvements du sol sans dégradations. Elles sont insensibles au gel et aux hydrocarbures, antidérapantes et peu poussiéreuses. Leur utilisation est immédiate et les éléments, aisément récupérables, peuvent être facilement remplacés en cas de bris accidentel ; leurs petites dimensions et les nombreux joints souples permettent d'absorber facilement les chocs thermiques. Sont également utilisées comme chaussée provisoire de grandes dalles épaisses préfabriquées, en béton armé, de forme carrée, bordées par une cornière et constituant un pavé géant dont la pose s'effectue sur un lit de sable dressé, l'ensemble étant démontable et récupérable. Mais ces chaussées, coûteuses et nettement plus résistantes qu'il n'est nécessaire pour une chaussée courante, constituent plutôt des sols industriels.

Les pavages en pavés d'échantillon ne sont pratiquement plus employés, sauf en voirie urbaine. Pénibles à la marche et médiocres pour le roulement à grande vitesse, leur résistance à l'usure est exceptionnelle.

Accessoires de chaussée

La chaussée est une surface plane et étanche qui doit être complétée par un certain nombre d'éléments en facilitant l'usage, limitation latérale, évacuation des eaux, signalisation, etc.

Les chaussées souples sont limitées latéralement par une bordure qui constitue caniveau pour évacuation des eaux. Cela n'est pas indispensable pour les chaussées en béton sous réserve qu'elles soient de faible largeur et bordées de part et d'autre d'aires gazonnées. Une bordure a aussi pour mission d'empêcher les véhicules de sortir de la route ; de plus sa fondation bloque latéralement la couche de forme.

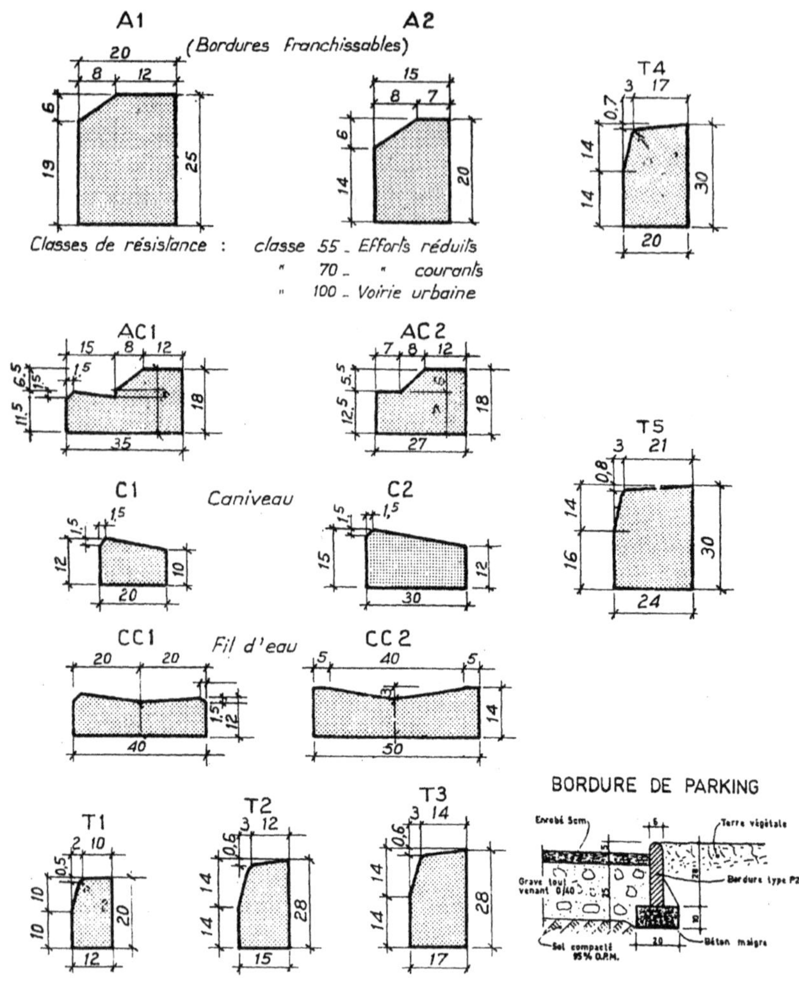

Fig. 4.11 — Bordures normalisées (extrait).

Le fascicule 31 définit trois classes de bordures ou caniveaux désignées par la résistance nominale à la flexion du béton constitutif.

Classe 55 : Résistance nominale à la flexion 55 bars - bordures utilisées lorsqu'on peut avoir la certitude que les éléments seront soumis à des efforts réduits (zone pavillonnaire).

Classe 70 : Résistance nominale à la flexion 70 bars - bordures ou caniveaux d'emploi courant.

Classe 100 : Résistance nominale à la flexion 100 bars - emploi justifié lorsque des efforts particulièrement importants peuvent être escomptés, notamment pour les voiries urbaines à circulation intense.

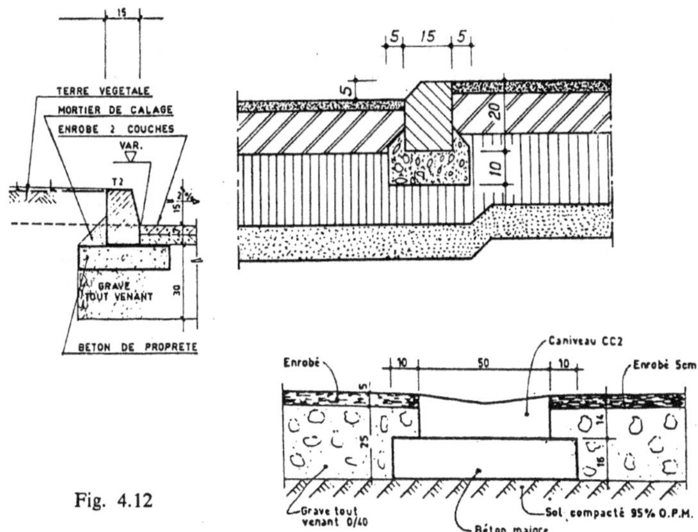

Fig. 4.12

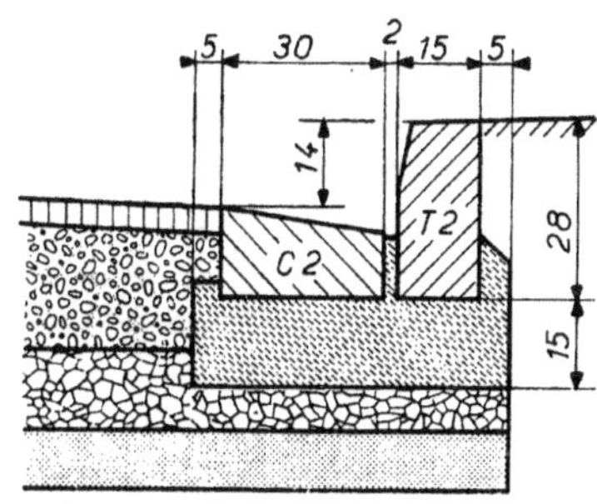

Fig. 4.13 — Bordure caniveau.

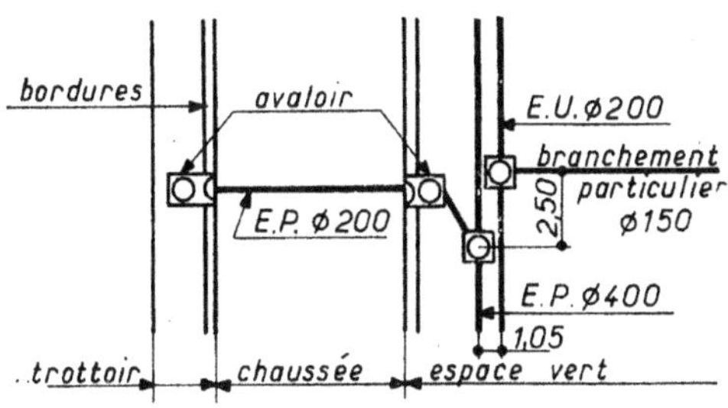

Fig. 4.14 — Assainissement.

La séparation entre la chaussée et les parcs à voitures est constituée selon les cas par un fil d'eau ou par une bordure franchissable. Les emplacements de voitures sont matérialisés par des bandes colorées. Ils comportent souvent des barrières mobiles qui nécessitent un plot en béton pour leur fondation.

Les bordures sont des éléments préfabriqués en béton, de dimensions normalisées (NF P 98 302), posées sur une fondation en béton maigre et calées par un solin en mortier. On distingue les bordures courantes, les bordures franchissables et les fils d'eau. Les premières arrêtent théoriquement un véhicule alors que les secondes permettent le passage à vitesse réduite ; les fils d'eau canalisent les eaux pluviales tout en étant franchissables sans difficulté. Les Type A sont destinés aux routes, les types T, à la voirie urbaine (ou intérieure). Les caniveaux sont repérés CS ou CC.

Les eaux de pluie sont reprises par des bouches d'engouffrement traitées au lot Assainissement et placées soit dans le fil d'eau du caniveau, soit réparties sur la surface des parcs de stationnement.

Cas particulier - Les entrées d'usine

Les entrées d'usine posent des problèmes d'implantation car les camions et en particulier les semi-remorques ne manœuvrent pas aussi facilement que les voitures de tourisme. Le même problème se pose également pour les entrées de parkings des supermarchés ou établissements similaires qui doivent satisfaire à un débit important et souvent concentré dans le temps.

La porte d'entrée et les voies intérieures qui y aboutissent doivent être tracées de telle sorte que le camion puisse quitter la voie publique rapidement, en évitant toute manœuvre et en particulier les marches arrière, génératrices d'encombrements de la circulation et d'accrochages. Le camion le plus long (ou le tracteur et la semi-remorque) doivent pouvoir tourner à 90° qu'ils viennent d'un côté ou de l'autre de la voie principale ; cela nécessite un rayon de courbure de 15 m au moins.

Lorsque le débouché s'effectue sur une voie étroite, il faut prévoir des pans coupés d'une vingtaine de mètres de profondeur, perpendiculaires ou inclinés sur la voie ; cela facilite la manœuvre d'entrée et permet au véhicule d'attendre pour sortir.

La mise en place de cette entrée nécessite un accord des Services des Ponts et Chaussées lorsque le trafic envisagé est important et que la voie de desserte est une voie à grande circulation. L'installation de feux de signalisation ou l'équipement d'un carrefour est parfois nécessaire.

La porte doit avoir une largeur minimale de 5 m pour un trafic à sens unique et 8,50 m pour un trafic à double sens. Il faut en effet prévoir un espacement de 60 cm entre deux camions et 30 cm en plus sur le côté pour la saillie du rétroviseur. La voie à la suite doit avoir une largeur de 4 m (ou de 10 m) au moins sans oublier un cheminement de 1,50 m pour les piétons.

Traversées de chaussées

Les distributions de fluides enterrées croisent fréquemment les chaussées. La solution de ce problème est à la fois simple et complexe car il faut positionner les canalisations en profondeur et en plan.

Les fourreaux pour câbles enterrés sont en polyéthylène rigide ; ils sont posés dans une tranchée de 80 cm de profondeur environ, le fond étant simplement aplani et purgé des points durs. Le remblai est réalisé en sable fin.

Ces fourreaux sont de la couleur normalisée du fluide transporté et comportent une aiguille de tirage ou un tire-câble. Ils sont livrés en couronne pour les petits diamètres (polyéthylène basse densité) ou en éléments droits pour les diamètres supérieurs à 60 mm (polyéthylène haute densité).

En profondeur il suffit d'une couverture de 80 cm au-dessus d'une canalisation pour qu'elle ne soit pas détériorée par le passage des véhicules. Pour les câbles électriques et le gaz cette profondeur est portée à 1 m. L'eau doit être à 80 cm au moins pour être à l'abri du gel.
Si la profondeur est moindre il faut passer la canalisation dans un fourreau en tuyau de ciment ou d'amiante-ciment et l'enrober de béton maigre. Cet enrobage est de toute manière une bonne précaution car il évite les ruptures lors du passage des engins de mise en œuvre de la chaussée.

Par contre le positionnement en plan est plus délicat car fréquemment le tracé des canalisations n'est pas connu lors de l'exécution de la voirie et même si l'entrepreneur a été désigné, il estime souvent imprudent de mettre en place une canalisation trop tôt.

Dans ce cas le projeteur prévoit sous la chaussée à une profondeur de 80 cm des fourreaux soigneusement repérés aux emplacements présumés de passage. En principe le diamètre d'un fourreau doit être égal à trois fois la somme des diamètres des câbles qu'il doit contenir, ou supérieur d'au moins 5 cm au diamètre de la canalisation qu'il doit abriter. Enfin il est conseillé de remblayer les tranchées en sablon, matériau peu compressible, afin d'éviter un affaissement ultérieur de la chaussée.

Dans les usines comprenant plusieurs bâtiments, il y a lieu de prévoir des fourreaux en attente sous les chaussées pour les liaisons futures entre ceux-ci. En principe on placera au droit d'un pignon ou d'un point de départ évident quatre ou cinq tuyaux d'amiante-ciment de 200 mm de diamètre et à un mètre de profondeur pour câbles électriques, câbles téléphoniques, conduite d'eau, conduite d'air comprimé, etc. Ils seront aiguillés, bouchés provisoirement et soigneusement repérés par des bornes.

Parcs à voitures

Les parcs à voitures sont imposés par la réglementation quelle que soit la nature de l'immeuble ;

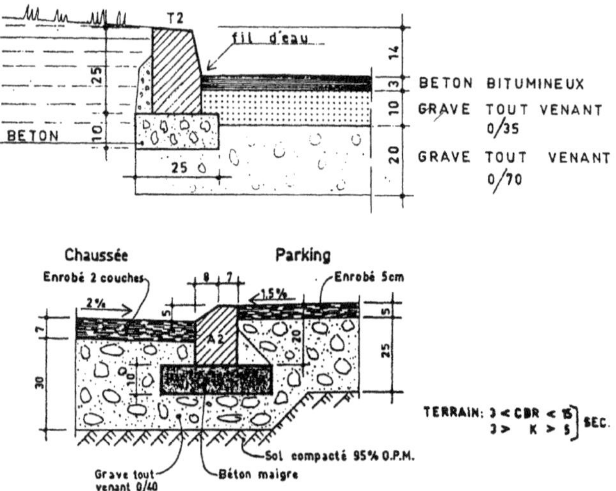

Fig. 4.15 — Parc à voitures.

Le parc en surface est une solution économique mais demandant de la place et d'un aspect esthétique discutable. De plus la protection des véhicules contre les intempéries et les dégradations volontaires n'est pas assurée, Aussi un écran boisé doit-il installé lorsque la surface dépasse 1 000 m² ; au-delà de 2 500 m² les parcs doivent être divisés par

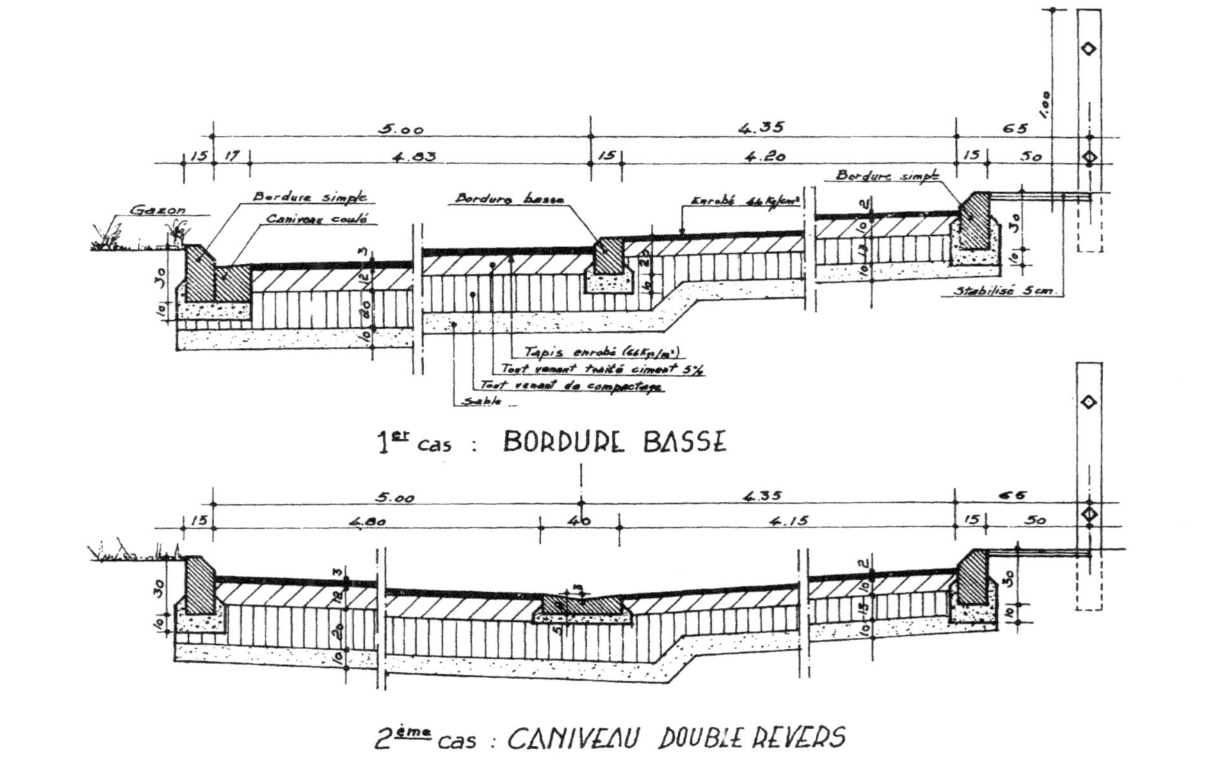

Fig. 4.16 — Voie de desserte et parcs à voitures.

des rangées d'arbres ou des haies vives (circulaire du 8 février 1973, protection de la nature).

La disposition la plus usuelle pour les véhicules est le rangement « en bataille », les voitures étant placées perpendiculairement à l'axe de la chaussée. On utilise également le rangement oblique ou celui parallèle à la chaussée ; les surfaces utilisées sont peu différentes mais les manœuvres d'entrée et de sortie du créneau sont plus ou moins simples. La structure du parc est analogue à celle de la chaussée, les épaisseurs pouvant être réduites, sauf en cas de trafic lourd.

Les dimensions usuelles à réserver sont les suivantes :

— pour une voiture de tourisme : 5 × 2,50 m avec un minimum de 4,50 × 2,30 (bandes blanches de 10 cm de largeur),

— pour un camion : 9 × 3 m,

— pour une semi-remorque : 15 × 3 m.

Enfin il faut différencier les aires de stationnement suivant leur exploitation (location, copropriété, publique) ou leur destination (parties communes et privatives). Cela se traduit par des indications peintes sur le sol ou divers systèmes d'interdiction (barrières, bordures).

Le rédacteur du devis descriptif doit prévoir :

— les évacuations d'eau par siphons-paniers (un siphon par 400 m²),

— des bordures basses pour éviter que les véhicules se heurtent dans certains endroits mal commodes,

— la disposition des arbres pour qu'ils ne soient pas heurtés par l'ouverture des portières,

— la protection des candélabres,

— des poteaux d'interdiction qui nécessitent des petits massifs bétonnés pour leur fixation.

Le parc est généralement construit en même temps que la chaussée ; aussi sa composition est-elle identique pour tenir compte des sollicitations de chantier. Si le projeteur est certain qu'il ne sera pas utilisé à cet usage, les épaisseurs peuvent alors être réduites.

Dans le cas de centre commercial ou d'usine, on adoptera la même composition que la chaussée car la circulation de poids lourds et leur stationnement est certain.

Les parcs privés sont généralement libres dans la journée et servent d'aires de jeux pour les jeunes. Le revêtement doit tenir compte de cette possibilité. Les chaussées vertes sont inutilisables dans ce cas.

Parcs de stationnement

Capacités moyennes

Habitations H. L. M.	1 place par logement
Habitations de standing	1,5 à 2 places par logement
(Groupées par surface de 20 à 30 véhicules placés à proximité du bâtiment)	
Bureaux, laboratoires	1 place pour 20 m² de bureaux
	1 place pour 4 employés
Centre commercial	1 place pour 50 m² de surface de vente
	(une seule surface)
Hôtel	1 place pour 5 chambres
Aérogare	1 place pour 3 passagers
Zone industrielle	0,7 place par ouvrier
Hôpital	1 place par 5 lits
Cinéma	1 place pour 10 spectateurs
Restaurants	1 place pour 10 clients

Surface moyenne voiture de tourisme : 25 m²

Camion courant : 55 m² (Rangement + circulations)

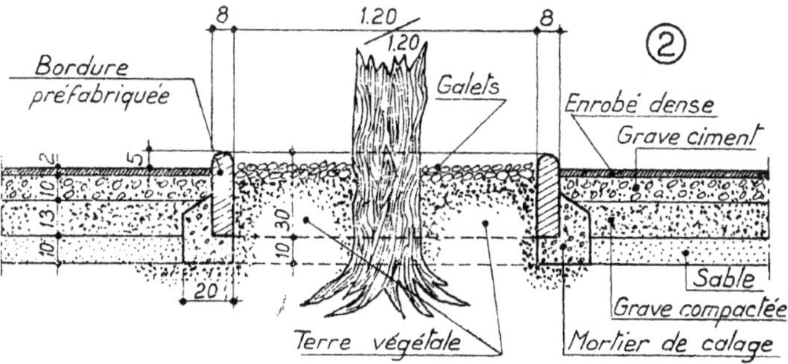

Fig. 4.17

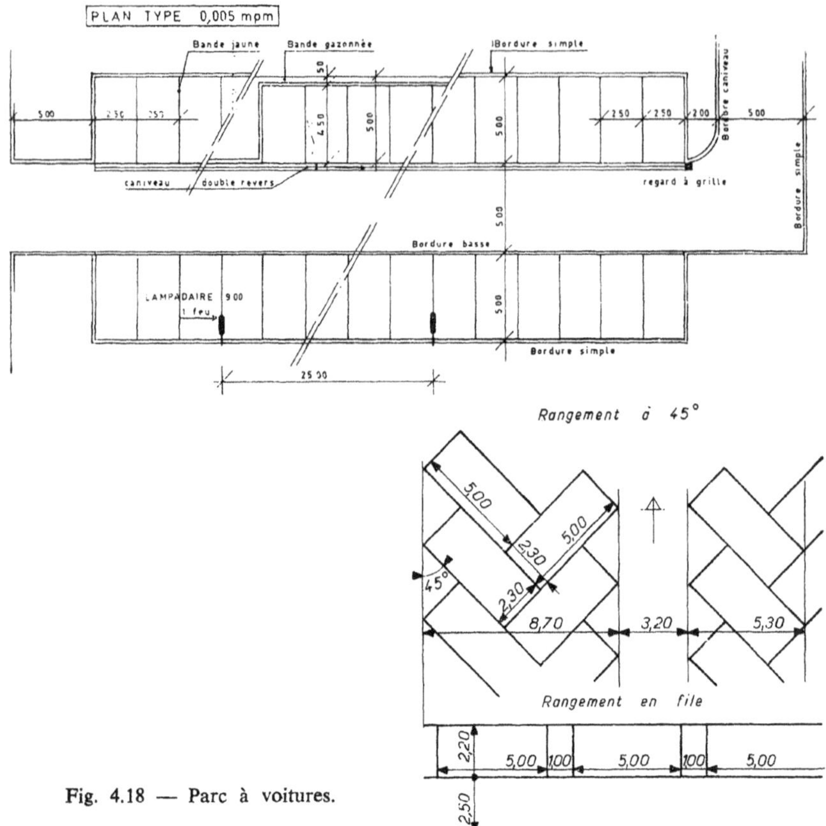

Fig. 4.18 — Parc à voitures.

Parcs à voitures gazonnés

Une nouvelle formule a été mise au point pour les parcs à voitures à faible trafic. L'aire est constituée par des plaques rectangulaires en béton percées de trous ronds ou carrés ; les vides sont remplis de terre végétale et engazonnés. L'aspect est agréable car les deux tiers de la surface sont verts ; la surface est antidérapante et souple ; le gazon assure le maintien de la terre végétale et absorbe les eaux pluviales ; enfin la forme des plaques permet le passage de la tondeuse mécanique. Les plaques sont posées directement sur la terre végétale avec interposition d'une couche de sable de dressement. Le terrain doit être bien drainé afin que les eaux de pluies soient absorbées sans difficulté (fondation perméable).

Si le terrain naturel est de mauvaise qualité (résistance inférieure à 250 gr/cm², argile, remblais récent, etc.), on prépare une fondation de 10 à 15 cm d'épaisseur en grave 0/30 compactée.

En utilisant cette dernière solution il est possible de créer des voies accessibles occasionnellement à des véhicules lourds et en particulier une « voie pompiers » dans une pelouse sans lui retirer son caractère d'espace vert.

Mais il ne faut pas réaliser de sous-couche en grave-ciment ou en matériaux bitumineux : ils empêcheraient la pousse du gazon.

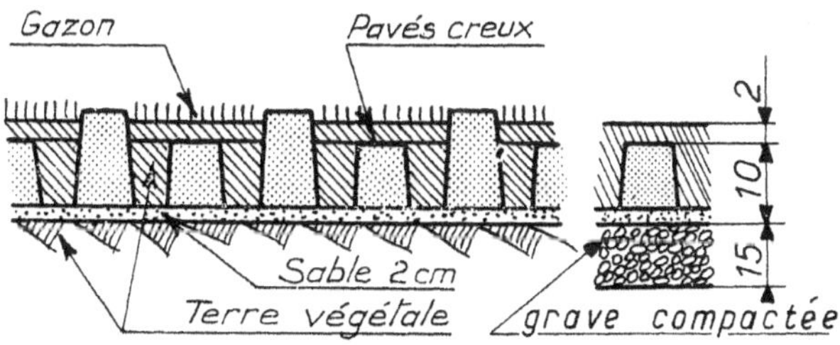

Fig. 4.19

Semi-remorques — Aires de stockage

Les transports routiers lourds s'effectuent généralement par des ensembles constitués d'un tracteur et d'une semi-remorque. Pour le chargement, le déchargement ou l'attente d'une de ces phases les semi-remorques sont dételées ; elles reposent alors à l'arrière sur les essieux classiques à pneumatiques, et à l'avant par une béquille, en contact par des roulettes métalliques ou des plaquettes d'acier avec le sol sur lequel elles exercent une pression nettement plus importante que celle transmise par les pneumatiques les plus lourds (de l'ordre de 250 kg/cm²). De plus lors de l'opération de dételage, il arrive souvent que la béquille de la semi-remorque tombe brutalement sur le sol d'une hauteur de plusieurs dizaines de centimètres.

Pratiquement aucune chaussée courante ne résiste à de tels efforts. Aussi les aires de stationnement et de dételage de semi-remorques sont-elles spécialement conçues : signalisation, renforcement par plaques bétonnées, plaques métalliques, revêtement bitumineux extra-dur, pavages, etc. Les chaussées en béton sont particulièrement bien adaptées dans ce cas.

Les aires pour stockage lourd doivent être conçues d'une manière analogue.

Par contre celles destinées au dépôt de matériel encombrant mais d'un poids peu important (charges sur palettes, véhicules, matériel de travaux publics, etc.) peuvent être constituées par un sol stabilisé ou une aire en grave-ciment, sous réserve d'assurer un bon écoulement des eaux.

Cela est également valable pour les aires destinées au stationnement des caravanes (garage ou séjours de longue durée).

Voies pompiers (arrêté du 25 juin 1980)

Ces voies sont des chaussées accessibles uniquement aux véhicules de secours des sapeurs-pompiers. Elles sont d'ailleurs interdites à la circulation courante par une barrière ou un poteau, facilement amovibles par bris d'un cadenas ou système similaire. Elles sont souvent utilisées comme voie piétons (allées en béton, sol souple gravillonné). On emploie également des pavés de béton creux remplis de terre gazonnée.

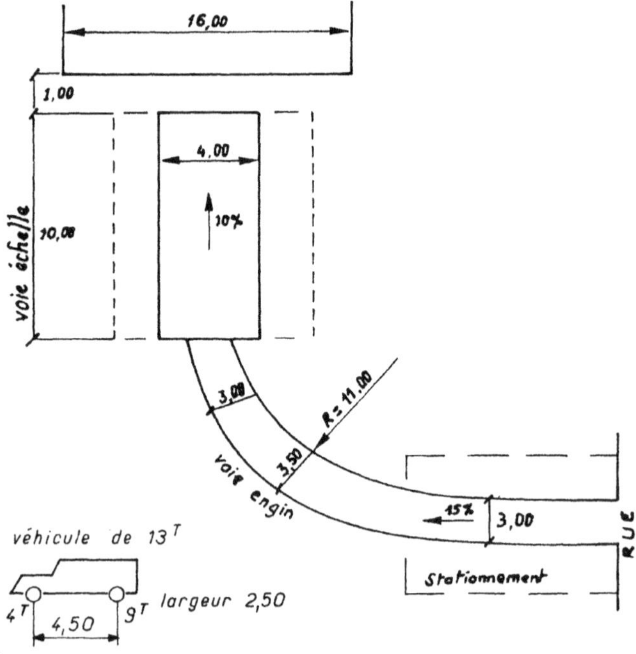

Fig. 4.20 — Voie pompiers.

On distingue :

— les voies-engin : c'est une chaussée de 3 m de largeur au moins avec surlargeur dans les virages, avec une pente maximale de 15 %, un rayon de braquage intérieur de 11 m et capable de recevoir un camion de 13 T.

— les voies échelles : la largeur libre est de 4,0 m (7 m dans le cas d'impasse) la longueur minimale de 10 m, la pente de 10 % au plus ; elle doit posséder une forte résistance au poinçonnement (10 T sur un cercle de 20 cm). Elle est demandée dans le cas des bâtiments à étages.

— l'espace libre : si la hauteur du bâtiment est inférieure à 8 m, aucune contrainte particulière de résistance n'est exigée.

Dans le cas contraire, la surface minimale est de 8 × 8 m et il doit être conçu, comme une voie échelle. Il doit être raccordé à une voie publique (distance maximale 60 m) par une bretelle de 1,80 m dans le premier cas et 3 m de large dans le deuxième cas.

Ces ouvrages doivent être munis de panneaux de signalisation spéciaux. Pour la réalisation une chaussée courante est suffisante.

Classement

Pour être classée dans le Domaine Public, la chaussée doit avoir une largeur minimale de 5 m et être accompagnée de deux trottoirs de 1,50 m ; la largeur totale de la plate-forme doit être de 8 m.

Si la largeur totale est inférieure à 8 m, le classement est impossible. Le projeteur doit vérifier sur le Permis de Construire si ce classement est imposé ou non, qu'il soit immédiat ou futur.

Voiries provisoires

Il faut dès l'ouverture du chantier pouvoir permettre l'arrivée des camions avec les matériaux et le matériel ainsi que la circulation des engins lourds. Plusieurs solutions sont possibles :

— établir une voirie provisoire,

— mettre en place la voirie définitive,

— exécuter une partie seulement de la voirie définitive.

La première solution est médiocre. Une chaussée accessible aux camions peut être constituée par une couche de tout-venant de 30 cm d'épaisseur au moins et une imprégnation bitumineuse mais elle devient rapidement boueuse en cas de mauvais temps et se dégrade facilement si elle n'est pas entretenue. Elle doit comporter un assainissement par fossés latéraux et des drains aux points bas.

Exécuter une voirie définitive semble une meilleure solution car la circulation est facilitée mais les dégradations sont alors nombreuses et les remises en état coûteuses en fin de chantier. Il faut en outre que toutes les voies soient étudiées pour résister au passage des engins lourds, ce qui conduit à renforcer les voies légères. De plus les bordures et les trottoirs sont détériorés par le passage des engins de chantier et la mise en place des canalisations. L'entretien et le nettoyage doivent également être assurés d'une manière régulière.

De plus la chaussée doit être dimensionnée pour le trafic lourd du chantier ; elle sera alors surabondante pour le trafic futur : véhicules de tourisme et quelques poids lourds par jour (ordures ménagères, livraisons).

La dernière solution semble être la meilleure : la voirie définitive est exécutée sans sa finition ; les réfections sont alors peu importantes. L'inconvénient est que l'entreprise de voirie doit intervenir en deux temps.

Pour les chaussées souples, la fondation et la couche de base sont mises en place ; un épandage de produits bitumineux protège la surface Les rives sont calées de diverses manières : élargissement qui sera utilisé comme fondation de trottoir, butée en béton sur laquelle reposera la bordure, etc.

Les deux dernières solutions ont également l'avantage d'être exécutées sur un terrain vierge, non remanié ; la teneur en eau est alors minimale et le compactage s'effectue dans de bonnes conditions.

Les chaussées en béton, particulièrement résistantes à la circulation de chantier, doivent être exécutées en définitif et de la catégorie lourde dès le début du chantier ; elles ne sont d'un prix de revient intéressant que si elles peuvent être exécutées mécaniquement (longueur suffisante, terrain dégagé, ligne droite).

L'entretien pendant la période de construction des bâtiments est assuré par l'entrepreneur de gros-œuvre ou quelquefois, mais pour les opérations importantes, par une équipe de l'entrepreneur de V. R. D. Le rédacteur du descriptif doit bien préciser au Cahier des Charges qui assumera les frais de cet entretien (gros-œuvre ou compte prorata).

Les réseaux

L'établissement d'une voirie de chantier implique que les réseaux enterrés soient en place, tout au moins au droit des parties revêtues. On évite ainsi d'ouvrir des tranchées dans la fondation de la route, opération qui, outre la dégradation, décompacte le sol et peut entraîner des tassements ultérieurs si le remblai est mal exécuté.

Ce n'est malheureusement pas toujours possible car l'étude du projet n'est pas suffisamment avancée à ce stade là. Une solution consiste à prévoir des fourreaux en attente, largement dimensionnés et en excédent par rapport aux besoins nécessaires. (Voir ci-avant)

Par contre il n'est pas conseillé de mettre en place les canalisations d'eau et de gaz car les ruptures sont fréquentes sous le passage des engins (fourreaux à réserver).

Entrées de chantier

Au droit des entrées de chantier il faut prendre des précautions pour éviter que le passage du matériel lourd ne détériore les canalisations de gaz ou d'eau placées sous le trottoir. Le bateau sera réalisé par une couche de grave-ciment de 25 cm d'épaisseur recouverte d'un tapis bitumineux. Le projecteur vérifiera la position des canalisations avec les services municipaux.

Assainissement du chantier

Un chantier de grande surface doit être assaini. Il faut évacuer les eaux pluviales pendant toute sa durée sinon il se transformerait rapidement en un bourbier dans lequel hommes et véhicules s'enliseraient et les chaussées, polluées par la boue entraînée par les roues des camions, deviendraient glissantes et dangereuses. Il est donc conseillé d'exécuter en début de chantier les réseaux d'assainissement sous réserve de mesures conservatoires : tampons de regards non posés et remplacés par des tampons en bois, avaloirs provisoires prévus avec bacs de décantation, etc. Bien entendu un entretien régulier doit être effectué.

Il est important de recueillir les eaux pluviales des chaussées : les fossés sont peu pratiques car ils sont souvent comblés soit accidentellement par des éboulements, soit intentionnellement pour permettre le passage des engins. Il est donc préférable de buter la chaussée par un massif béton qui sert de caniveau en première phase et doit être prévu pour recevoir la bordure en deuxième phase.

Un problème important est constitué par le lavage des résidus laissés par les roues des camions sur les routes d'approche du chantier : la boue présente un danger pour la circulation des véhicules et la responsabilité civile et pénale de l'entrepreneur peut être engagée en cas de négligence de sa part. Plusieurs solutions sont utilisées :

— le balayage manuel ou à la balayeuse mécanique, peu efficace et coûteux, la boux risquant de plus d'engorger les égouts publics,

— le raclage manuel des roues, également peu efficace,

— le lavage au jet qui nécessite une fosse et une évacuation d'eau avec décantation et de plus est déconseillé pour les freins des camions,

— le décrotteur qui semble être la meilleure solution pour les chantiers de quelque importance. Il est constitué par un train de rouleaux placés au-dessus d'une fosse. La rotation des roues à grande allure sur les rouleaux évacue la boue des pneus, qui est collectée dans une fosse. L'opération est rapide (1 à 5 minutes), ne nécessite pas d'apport d'eau et n'exige que peu de main-d'œuvre.

Canalisation exécutée après la voirie

Dans le cas où une canalisation doit être réalisée après exécution de la voirie (oubli ou déplacement), le remblai doit être réalisé en se conformant aux règles édictées par la «Note technique sur le compactage des remblais de tranchées».

Le matériau utilisé sera de la grave 0/63, du sable propre, du matériau alluvionnaire 0/50, étalé par couches de 25 cm au plus et compacté par 4 ou 6 passes d'un matériel vibrant (rouleau, plaque ou pilonneuse) ou d'une pilonneuse à percussion. Le matériel le plus adapté semble être à l'heure actuelle la plaque vibrante montée sur une pelle hydraulique. Mais il n'est pas certain que ces précautions empêcheront un affaissement ultérieur.

Dimensionnement des chaussées

Les dimensions minimales à respecter pour obtenir une circulation facile mais d'allure relativement lente, sont données ci-après :

Largeur :

— une voie : 3 m avec une seule pente transversale de 2 cm/m.

— deux voies ; 5 m avec parcs à voitures latéraux, 6 m dans le cas de garages couverts débouchant sur la chaussée, avec deux pentes transversales de 2 cm/m se raccordant circulairement sur 1 m en milieu de chaussée.

— une voie pour véhicules de tourisme uniquement : 2,50 m.

— voie pompiers : voir article spécial.

Diamètre des courbes :

— pour voitures de tourisme : 9 à 13 m extérieur.

— pour camions : 6 m minimum intérieur à 9 m (gros porteurs).

— pour semi-remorques : 7 m minimum intérieur.

Tirant d'air (circulaire du 17 octobre 1986) :
Hauteur libre minimale (prévoir une revanche de 10 cm par sécurité) :

— réseau routier courant : 4,30 m.

— réseau à trafic international : 4,50 m.

— autoroutes : 4,75 m.

— gabarit réduit (autobus, pompiers) : 3,50 m.

— parc voitures de tourisme : 1,90 m.

— mini-souterrain : 2,60 m.

Evacuation des eaux :

— avaloir tous les 400 m² au plus (250 m² optimum).

— pente longitudinale des caniveaux : 5 mm/m.

Pour éviter la stagnation de l'eau, la chaussée doit comporter une pente transversale (0,5 % au moins — 2 % optimum) et une bordure en bas de pente qui guidera les eaux de ruissellement vers les regards. Cette bordure peut être remplacée par une large bande gazonnée ou un fossé.

Tracé de la chaussée

Le tracé de la chaussée est du ressort de l'architecte car c'est un élément du plan-masse et de l'implantation des bâtiments. Il ne répond à aucune règle impérative, à l'exception des «voies pompiers», vu la faible vitesse des véhicules. Elles sont implantées au mieux, compte tenu de la végétation, des entrées des bâtiments et de l'économie. Des routes sinueuses sont préférables à des voies droites car elles ralentissent la vitesse des véhicules, ce qui est une sécurité pour les enfants.

Pour les usines et les centres commerciaux les chaussées proprement dites sont réduites au strict minimum mais la surface des parcs à véhicules est par contre importante. Il faut alors bien spécifier la nature des charges à supporter. En effet les chaussées entourant les bâtiments industriels sont fréquemment utilisées pour le stockage de

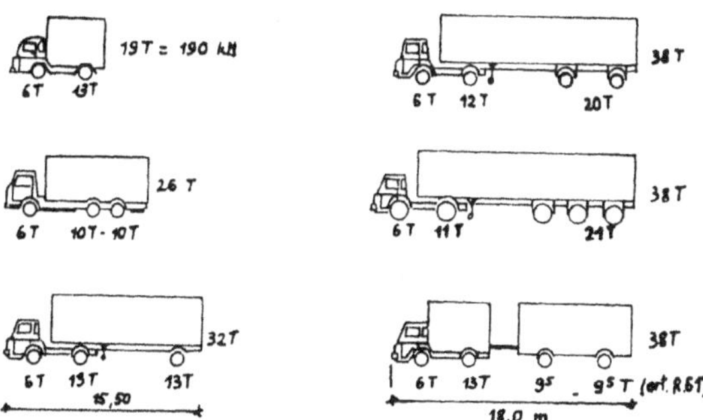

Fig. 4.21 — Camions.

matériel lourd, de conteneurs, de bennes à déchets, etc., dont les effets sont parfois plus nocifs qu'une circulation de véhicules lourds (charges poinçonnantes des pieds des matériels).

Pour les parcs à véhicules légers, la chaussée souple et ses variantes (sol stabilisé, sol gazonné) sont suffisantes.

Pour les parcs d'usine, la chaussée souple renforcée est une solution acceptable ; mais si des stockages sont envisagés la chaussée rigide en béton est mieux adaptée, bien qu'elle pose des problèmes d'exécution (place dans le planning).

Liaisons

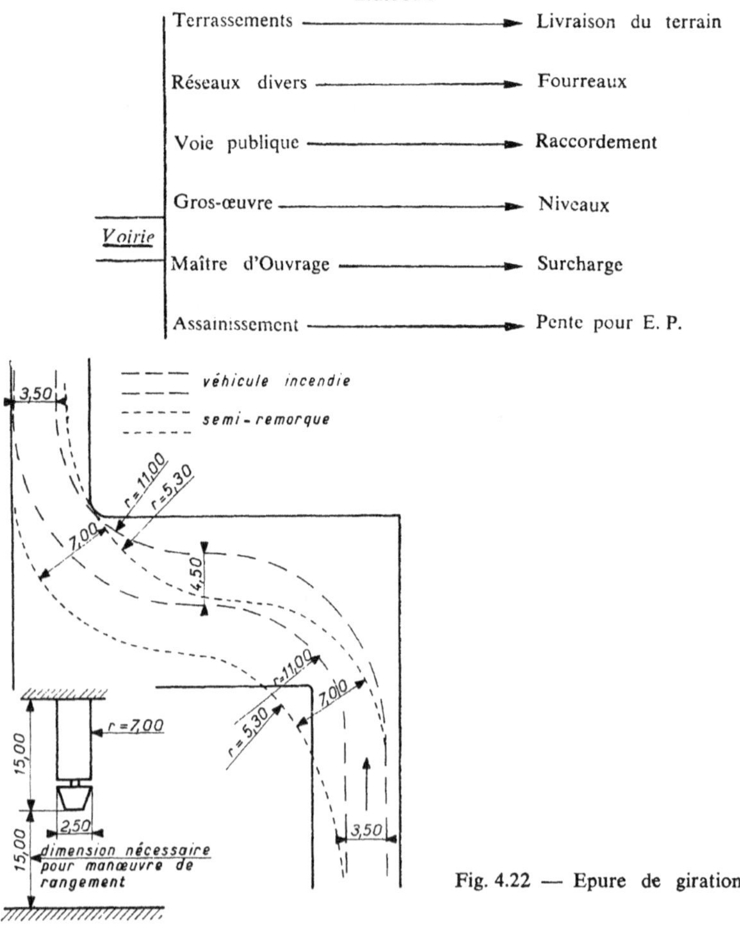

Fig. 4.22 — Epure de giration.

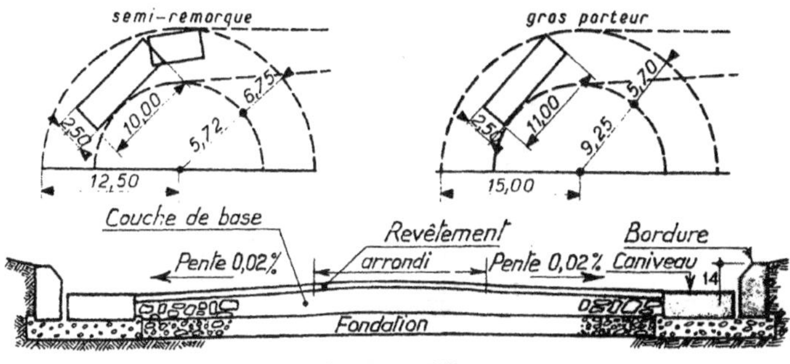

Fig. 4.23 — Rayons pour camions.

Raccordement à la voie publique

Le raccordement des chaussées intérieures à la voie publique peut s'effectuer de plusieurs manières, sous réserve bien entendu de l'accord des Services locaux de la voirie :

— la sortie s'effectue au droit d'un trottoir dont le point haut fixe le niveau de départ de la voirie intérieure. Du côté de la voie publique, le trottoir est renforcé et abaissé pour constituer un « bateau » ; de l'autre côté, il faut prévoir une longueur horizontale de 4 à 5 m pour permettre le stationnement d'un véhicule en attente de sortie. Les canalisations éventuelles seront enrobées en béton :

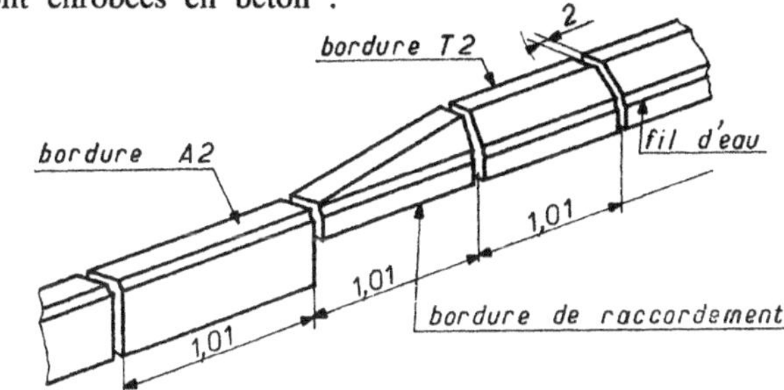

Fig. 4.25

— il n'y a pas de trottoir et le raccordement s'effectue directement à niveau ou par l'intermédiaire d'une bordure basse avec de larges arrondis ; de plus il faut réserver le passage des eaux du fossé au moyen d'un tuyau de ciment de 200 ou 300 mm enrobé, ou d'un ponceau.

Dans le cas de trafic important (débouché sur une route à forte circulation, sortie d'usine), les Services de Voirie imposent des sujétions particulières (voies de décélération, feux de signalisation, etc.).

Dans tous les cas, ces travaux sont exécutés par une entreprise concessionnaire ou sous le contrôle des Services de Voirie.

Enfin le rédacteur n'oubliera pas de prévoir la fourniture et la pose des panneaux de signalisation réglementaires à l'intérieur de la propriété.

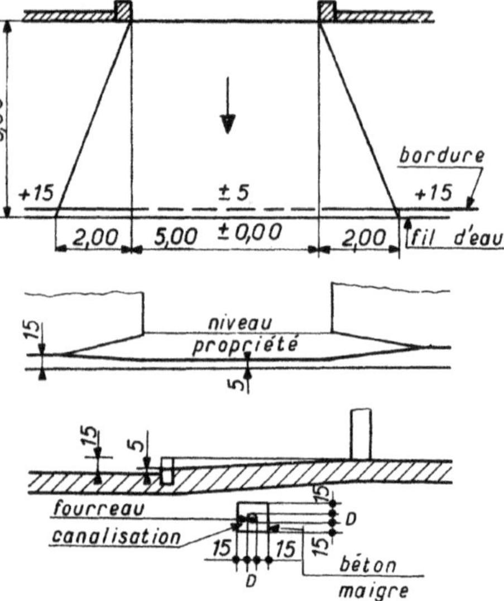

Fig. 4.26 — Bateau.

Les ralentisseurs (« Gendarmes couchés »)

Pour inciter les conducteurs à ralentir dans certaines zones fréquentées par les piétons, la meilleure solution consiste à placer un ralentisseur, bien signalé toutefois. Il est constitué par une saillie sur la chaussée (circulaire 85191 du 6 mai 1985) de forme arrondie et de 10 cm de hauteur. Il peut être remplacé par une surélévation de la chaussée de 10 cm sur 2,50 m de large encadrée par 2 pentes de 1 m de long. L'ensemble doit être bien visualisé et ne pas s'opposer à l'écoulement des eaux.

Ces ralentisseurs doivent remplacer les « cassis », dangereux pour les 2 roues et qui étaient souvent utilisés.

4.2. Allées de piétons

Les allées de piétons et aires piétonnières sont des chemins réservés à la circulation pédestre mais qui peuvent cependant être occasionnellement empruntés par un véhicule.

Les allées relient les immeubles entre eux et avec la voirie principale. Le tracé en sera étudié avec soin : il doit être le plus court et le plus commode possible entre les points à relier sinon les usagers emprunteront rapidement des raccourcis.

Les aires piétonnières ou « espace minéral » sont des surfaces de grandes dimensions dans lesquelles il n'y a pas de cheminement préférentiel mais par contre des possibilités de stationnement, de réunions ou de jeux d'enfants. Elles remplacent de plus en plus les pelouses de faible surface, coûteuses en entretien et rapidement dégradées par des usagers négligents.

Dans les deux cas le revêtement doit présenter des caractéristiques analogues et qui sont les suivantes :

— être résistant à l'usure et non poussiéreux,

— assurer un bon écoulement des eaux pour éviter les flaques,

— présenter une surface unie, non glissante que le sol soit sec ou mouillé,

— être facile à réparer et permettre le passage des canalisations,

— être commode pour la marche et peu dangereux en cas de chute,

— avoir un aspect esthétique agréable,

— être insensible au gel et ne pas craindre le vandalisme,

— permettre une signalisation ou des jeux,

— être économique.

Allées et aires de piétons s'exécutent de façon analogue, à quelques détails près.

Conception

Allées et aires piétonnières se classent en deux catégories :
— les sols non revêtus, c'est-à-dire dont la surface n'est pas étanche,
— les sols revêtus dont, à l'inverse, la surface est étanche.
Mais dans les deux cas leur réalisation comporte trois éléments principaux.

— la préparation du terre-plein afin d'obtenir le niveau nécessaire,

— une forme qui donne une surface plane et contribue à l'assainissement en permettant l'écoulement des eaux superficielles dans le terre-plein,

— un revêtement d'usure et de décoration, fonction de la circulation possible et pouvant être constituée par :
    — une chape en asphalte,
    — des dalles de pierre ou d'ardoise,
    — des carreaux de ciment colorés ou des pavés de béton,
    — une forme en béton,

— des dalles en béton armé sur plots dans certains cas,
— une aire en terre battue,
— etc.

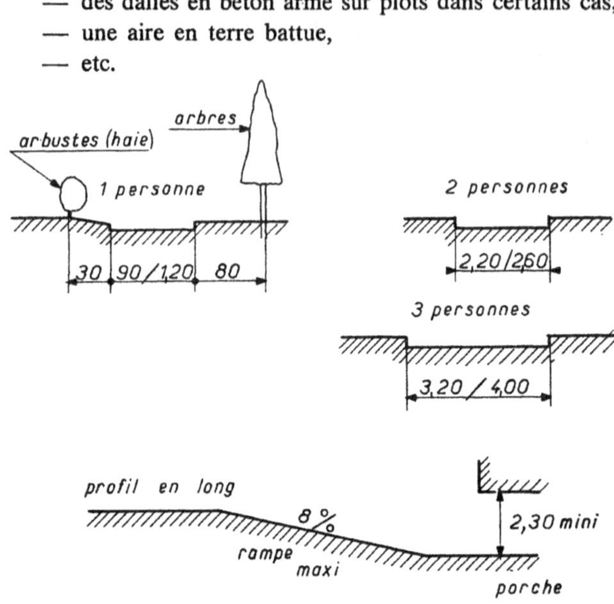

Fig. 4.27 — Cheminement de piétons.

1 personne { voiture d'enfant / chariot d'handicapé / chariot à provision

Débit d'une voie piétonnière : 2 piétons m/s
Foule sur une place : 2 personnes/m² (saturation 6/m²)

Ces diverses solutions peuvent également être combinées dans un but de décoration ou de signalisation.

Enfin une bordure arrête les terres latéralement et empêche le piétinement des bords.

Une allée de piétons ne doit être empruntée qu'exceptionnellement par des véhicules. Aussi faut-il prévoir à cet effet des systèmes de dissuasion efficaces mais démontables dont les plus employés sont les suivants :

— des barrières mobiles métalliques,

— des marches courantes ou de larges emmarchements,

— des bacs à fleurs,

— des tuyaux rapprochés en amiante-ciment placés verticalement,

— etc.

L'emploi de chaînes métalliques sur potelets en tube, peu esthétiques et dangereuses, est déconseillé.

Différentes catégories d'allées

Les chemins destinés aux piétons peuvent être classés en trois catégories principales :

— les allées peu fréquentées utilisées pour la promenade ou les jeux de jeunes enfants accompagnés,

— les allées fréquentées, utilisées essentiellement pour les accès aux bâtiments,

— les pistes cyclables ou allées de liaison entre bâtiments, à fréquentation importante, susceptibles de recevoir des véhicules légers et souvent longées par les réseaux de distribution des fluides dont l'entretien est ainsi facilité.

Elles sont sensiblement horizontales mais une pente continue de 2 à 3 cm/m est acceptable.

L'épaisseur totale d'une allée étant généralement plus faible que celle de la terre végétale environnante, il faut donc l'exécuter sur un remblai soigneusement compacté.

La largeur d'une allée piétonnière est de 0,80 m à 1,50 m, cette dernière permettant le croisement facile de deux voitures d'enfants. Les allées étroites sont déconseillées en cas de forte fréquentation car les rives en sont rapidement dégradées. La largeur d'une piste cyclable sera de 1 m pour un seul sens de circulation et de 2,50 m dans le cas de double sens. Cette dernière dimension est également nécessaire pour les entrées d'immeubles afin de permettre l'approche des camions de déménagements (3 m est préférable dans ce cas).

Les allées gravillonnées ne seront utilisées que pour les chemins de détente.

Le bord des pelouses sera efficacement protégé par une bande de gros galets de 5 cm noyés dans un béton de 8 cm et large de 30 à 50 cm, les piétons ne marchant pas en effet sur des surfaces irrégulières. Il faut également protéger les angles aux croisements par des moyens divers : barrière basse, plaque en galets, bande de 50 cm de largeur en pavés d'échantillon, etc.

Les bordures en relief rendent difficile la tonte du gazon et imposent des évacuations d'eau ; leur suppression rend l'entretien plus facile ; par contre, les changements de direction doivent être matérialisés par un obstacle : muret, jardinière, banc, arbre, etc.

Préparation du terre-plein et de la forme

Le sol naturel qui doit recevoir une allée ou une aire piétonnière est préparé après l'enlèvement de la terre végétale. Il est assaini et remblayé afin d'obtenir le niveau nécessaire. On distingue les cas suivants :

— *sol homogène, sableux, caillouteux* : aucune préparation car c'est le type même du bon sol,

— *sol argileux* : couche anticontaminante constituée par 10 cm de sable gros ou une feuille de non-tissé, 350 gr/m^2,

— *sol très argileux* : stabilisation à la chaux ou au ciment,

— *sol limoneux* : stabilisation à la chaux grasse,

— *sol perméable* : couche de gravier sablonneux de 10 cm,

— *sol imperméable* : couche de sable de 10 cm.

La pose s'effectue sur une forme en béton maigre de 10 cm ou de grave compactée de 15 cm d'épaisseur.

Le fond de forme est dressé « en toit » afin de rejeter les eaux sur les côtés ;

Les canalisations d'évacuation, les regards à grille et les caniveaux de collecte des eaux doivent être en place, aux niveaux voulus, toutes les tranchées remblayées soigneusement.

Les revêtements

Chape asphalte

La chape asphalte, revêtement essentiellement urbain, n'existe qu'en deux teintes, noir et rouge, qui pâlissent par suite d'une oxydation superficielle.

L'épaisseur est de 15 à 20 mm pour la circulation des piétons ; si la circulation est intense avec la possibilité de charges poinçonnantes, elle sera portée à 20 ou 30 mm et celle de la forme sera de 12 cm. C'est un revêtement sans joint à mise en service rapide.

Elle est également employée pour les cours de récréations des établissements d'enseignement car elle ne contient pas d'éléments abrasifs susceptibles de causer des blessures en cas de chute. La forme doit présenter des pentes suffisantes pour assurer un bon écoulement de l'eau et la chape doit être bloquée latéralement par des bordures.

Le revêtement en asphalte, coûteux, est généralement remplacé par :

— le micro-béton bitumineux, couleur noire ou rouge, épaisseur 3 cm,

— l'enduit d'usure monocouche, couleur grise, ocre ou rose, épr 1 cm,

— le sable enrobé, mélange de sable 0/6 et bitume 60/100, épr 3 cm.

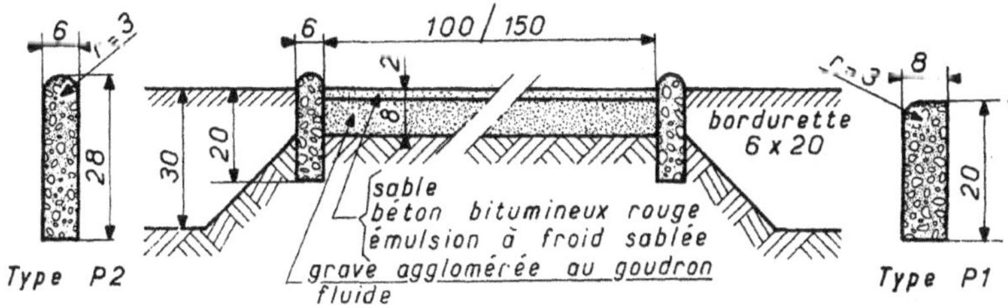

Fig. 4.28 — Allée de piétons.

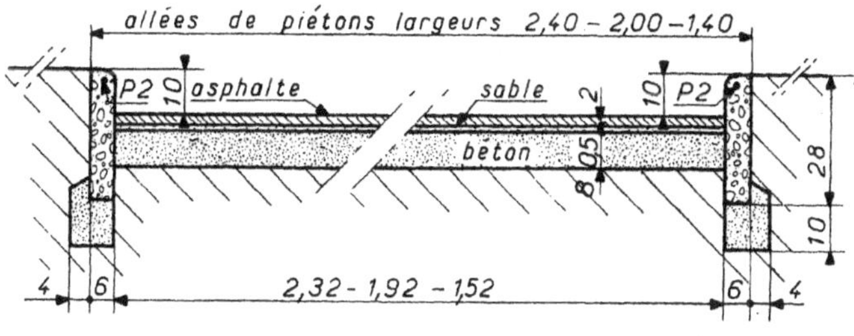

Fig. 4.29

Le revêtement asphalte est facile à déposer et à récupérer, ce qui permet des remaniements peu onéreux de canalisations lorsque celles-ci sont placées sous l'allée.

Dalles de pierre

L'emploi des dalles de pierre pour les aires piétonnes est très ancien. Elles doivent être choisies dans des catégories non gélives et d'une résistance appropriée au trafic (catégorie « dure » ou « froide »). On distingue trois catégories :

— *Dalles épaisses.* Ce sont de grandes dalles de pierre dure, non gélives, de 50 cm à 1 m de côté, épaisses de 4 à 6 cm et dont le dessus est rendu antidérapant par bouchardage, sablage, taille brute, etc. Elles se posent à sec sur une forme en sable de 3 à 4 cm d'épaisseur. Elles sont ensuite jointoyées au mortier tiré au fer.

Les dalles de granit ont été très employées mais elles se polissent sous une circulation intense et sont chères.

— *Dalles de pierres minces.* Ce sont des carreaux de 20 à 30 cm de côté au plus et de 2 à 3 cm d'épaisseur, en pierres très dures non gélives et non poreuses. La pose s'effectue à bain de mortier sur une couche de sable stabilisé. Elles sont également jointoyées.

— *Dalles d'ardoises.* Selon leurs dimensions, elles sont posées comme dit ci-dessus. Elles peuvent également l'être directement sur le terre-plein mais à joints larges, remplis de terre gazonnée ou de mortier. On utilise alors des dalles de 3 à 5 cm d'épaisseur, de forme régulière ou non mais du plus grand module possible afin d'assurer leur stabilité. Les rives sont bloquées par un solin en mortier.

Une couche de sable de 2 cm facilite la pose dans le cas de joints au mortier.

Des joints de dilatation remplis en mastic en partie supérieure sont réservés tous les 60 m² environ.

La pose des dalles sur la fondation s'effectue de diverses manières :

— les éléments carrés ou rectangulaires sont posés à joints alignés et des demi-dalles sont utilisées pour constituer les bordures,

— les dalles de forme quelconque sont posées « en pas d'âne » avec des joints larges de 10 à 15 cm remplis en terre végétale et gazonnés,

— les dalles sensiblement rectangulaires sont posées « en dallage drapeau » ; elles sont en alignement avec des joints de 4 à 5 cm remplis de terre gazonnée ou de petits gravillons,

— les dalles de forme polygonale sont posées en « opus incertum » avec des joints de 3 à 5 cm remplis de mortier ordinaire ou coloré, etc.

La pierre est utilisée souvent sous forme de pavés 10 × 10 cm ou 5 × 5 cm posés sur un lit de sable de 5 cm avec joints au mortier. On emploie le granit (gris, bleu, rose) ou le porphyre (ocre, grenat).

Carreaux de ciment

Ce sont des éléments carrés ou rectangulaires de 30 à 50 cm de côté et de 3 à 5 cm d'épaisseur. Le parement en gravillon coloré, est rendu antidérapant. La diversité des matériaux permet une décoration au sol sous réserve que les dessins soient simples et les éléments d'assez grandes dimensions pour être facilement visibles. La pose s'effectue selon plusieurs méthodes en fonction du support :

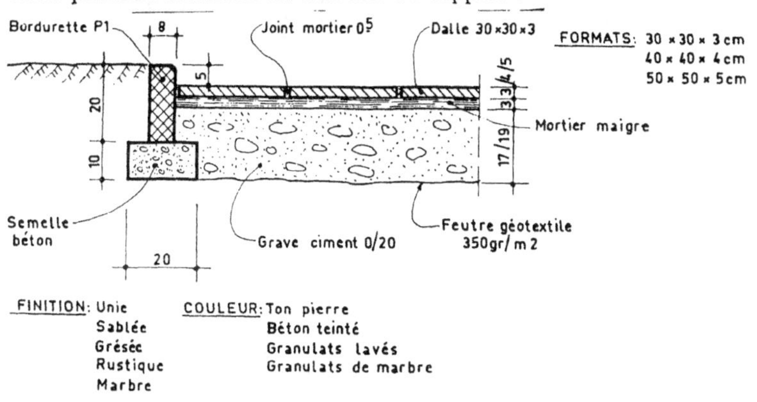

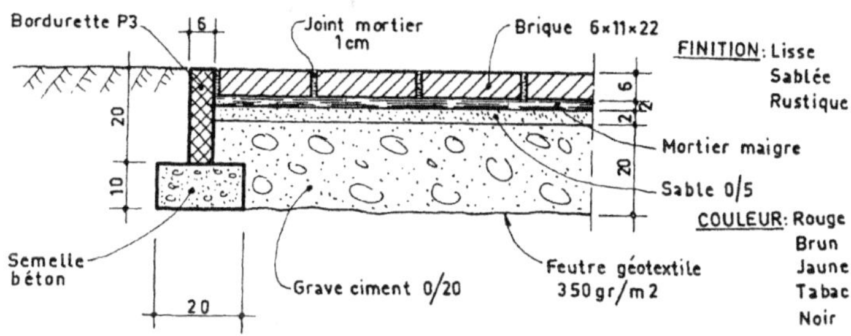

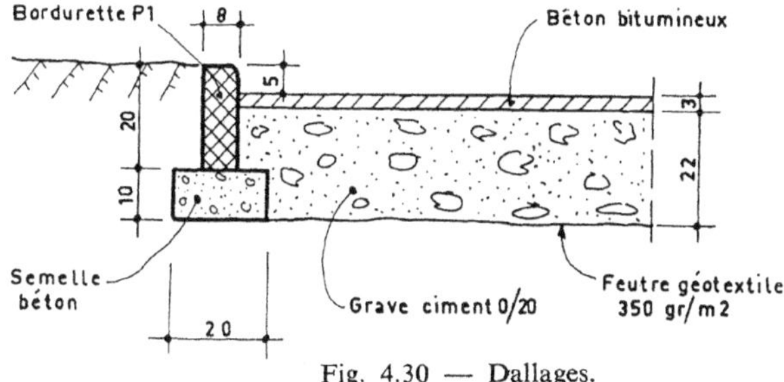

Fig. 4.30 — Dallages.

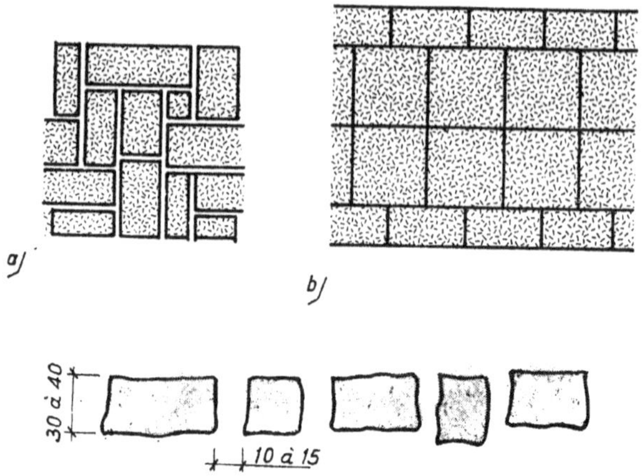

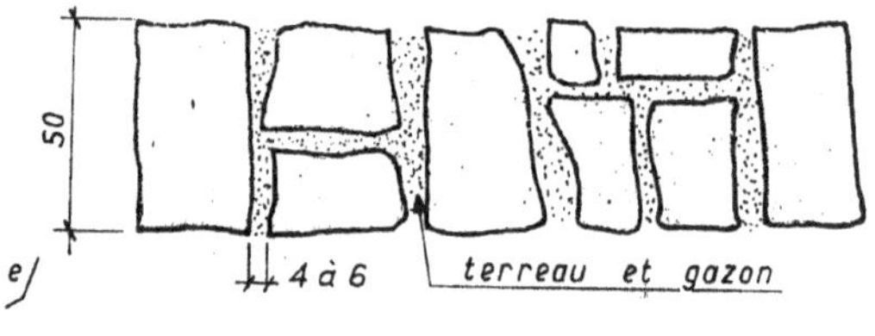

Fig. 4.31 — a) Dallage opus romain.
b) Dallage courant. c) Dallage pas d'âne.
d) Opus incertum. e) Dallage drapeau.

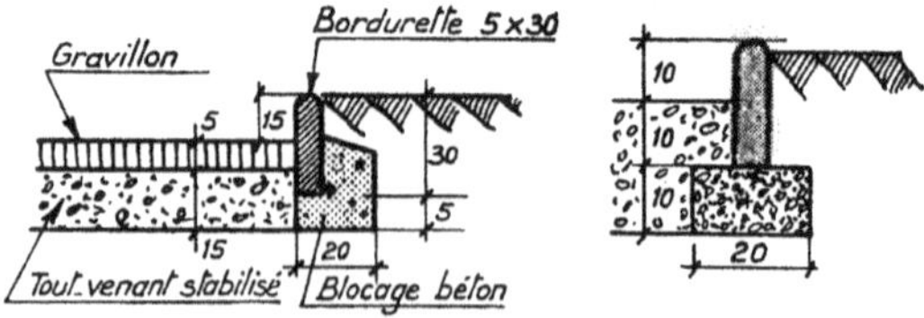

Fig. 4.32 — Bordures d'allées.

— sur terre-plein de bonne qualité, perméable et bien compacté, elle s'effectue directement sur le sol dressé avec interposition d'une couche de sable ; les joints sont bourrés au sable fin.

La pose à sec permet un démontage facile et autorise les mouvements éventuels. Une méthode analogue consiste à poser sur une couche de sable compactée de 10 à 15 cm les dalles sur des patins de mortier.

— sur terre-plein médiocre (remblai), on réalise préalablement une forme en béton maigre de 8 cm d'épaisseur ou de tout-venant de 15 cm ; la pose des dalles s'effectue à sec sur un lit de sable de 2 à 4 cm et les joints sont bourrés au mortier maigre ou au sable fin.

— sur chape béton, protection d'une étanchéité (voir D. T. U. n° 43), elle s'effectue à bain de mortier sur lit de sable stabilisé avec joints larges au mortier et joints souples délimitant des surfaces de 60 m² au plus.

Ces dalles sont d'un calibrage régulier, d'une bonne résistance mécanique (classe « C » pour les allées piétonnières), insensibles au gel et aux agents destructeurs de toutes sortes. Elles sont autolavables donc toujours propres.

Elles sont fabriquées avec parements lisses ou lavés (gravillons de rivière, porphyre, quartz, diorite, granite, etc.). ce qui donne une importante gamme de coloris et les rend antidérapantes.

Des dalles en forme d'I sont utilisées comme couvertures de caniveau de réception d'eau. De même des plaques spéciales droites ou avec un retour permettent de constituer des revêtements d'escalier. Un Label professionnel est attribué aux dalles pour revêtements de sols extérieurs ; elles doivent répondre à un certain nombre de critères concernant la résistance mécanique, la planéité, la forme, l'imperméabilité, la compacité, etc. Trois classes ont été définies :

— la classe C pour la circulation des piétons et occasionnellement des voitures légères,

— la classe B qui est susceptible de recevoir des véhicules de charge inférieure à 6 t,

— la classe A valable pour la circulation de tous véhicules.

Il est déconseillé d'utiliser des carreaux de granito dont la surface lisse devient glissante lorsqu'elle est mouillée et favorise la formation du verglas.

Carreaux de céramique

Les allées et aires en carreaux céramiques sont d'un bel aspect mais demandent une exécution soignée et sont relativement onéreuses ; aussi leur emploi est-il assez rare et réservé à des réalisations de prestige. Un dallage céramique extérieur se compose de la manière suivante :

— une couche de gravillon de 10 à 15 cm d'épaisseur pour assurer la protection antigel,

— une dalle en béton de 10 cm d'épaisseur avec pentes sur le dessus et joints larges tous les 2 m, de finition rugueuse,

— des carreaux de grès étiré, non gélifs, posés à bain de mortier mais seulement après que la dalle ait effectué la majeure partie de son retrait. Des joints de dilatation remplis de mastic souple délimitent des surfaces de 4 m² au plus.

Lors de l'exécution il faut apporter un soin particulier au nettoyage des coulures de mortier pour éviter des taches. De plus la mise en service ne peut avoir lieu que 20 à 30 jours après la finition.

Pavés de béton

Les carreaux de ciment peuvent être remplacés par des pavés de béton à emboîtement, de faible épaisseur (6 cm). Relativement durs à la marche ils sont moins employés et réservés aux aires susceptibles de recevoir également une circulation de véhicules à faible allure (camions de livraisons, voitures de pompiers, etc.).

Leur emploi préférentiel est constitué par les rues piétonnières et les places urbaines.

Leur pose s'effectue de la même manière que pour les carreaux de ciment sous réserve que le revêtement ait été stabilisé par le passage d'un cylindre vibrant léger.

Disponibles en plusieurs couleurs (gris, noir, rouge, vert, jaune), ils permettent des dessins ou une signalisation au sol.

On utilise également des gros pavés 15 × 15 en grès mais, peu agréables à la marche, ils constituent essentiellement des bordures dissuasives.

Les briques

On utilise des briques pleines posées à plat (epr 6 cm) ou de champ (11 cm) sur une couche de sable de 5 cm ou scellées au mortier sur 2 cm de sable.

Les joints sont larges et remplis au mortier. Couleurs des briques et calepinages sont nombreux. Des joints de dilatation sont à prévoir tous les 60 m² ou tous les 10 m dans les allées ; ils sont remplis au mastic sur fond de joint mousse.

Les sols stabilisés naturellement

La stabilisation naturelle consiste à donner au sol en place une certaine résistance mécanique au moyen d'un traitement purement physique. Tous les sols ne sont pas utilisables dans ce cas mais seulement les sols sableux sous réserve d'être débarrassés de tous déchets organiques, ce qui signifie que la terre végétale a été soigneusement retirée.

La granulométrie du sol en place est rectifiée par ajout de sable, d'eau, d'argile, etc., mais sans liants hydrauliques. Les proportions du mélange sont déterminées en laboratoire en fonction des terres disponibles afin d'obtenir la compacité maximale. La terre en place et les additifs sont ensuite mélangés par divers systèmes sur une épaisseur de 10 à 15 cm, compactée au rouleau et dressée avec des pentes (1 à 2 cm/m).

Une autre solution consiste à réaliser une forme de 15 cm en gravillons comportant un drain à la périphérie. Sur cette forme on étale une chape composée selon l'une des formules suivantes :
— un mélange de sable et d'argile épaisseur 7 cm, dressée et compactée,
— une couche de gravillons de rivière, épr 7 cm, sablée,
— une couche de sable argileux, épaisseur 7 cm,
— un mélange de sable, gravillon de rivière et fines, épaisseur 5/7 cm ; la couleur peut être blanche, grise, jaune ou rouge,
— du sable aggloméré au ciment CPJ45 ou à la chaux, épr 5 cm.

Ces surfaces, particulièrement économiques, présentent des inconvénients sérieux qui font que leur fréquentation ne peut être intensive ; elles ne sont utilisées que dans des cas particuliers et essentiellement pour une circulation de piétons : aire de promenade dans un jardin, marché périodique, aire de stationnement de caravanes, etc. Elles exigent un entretien.

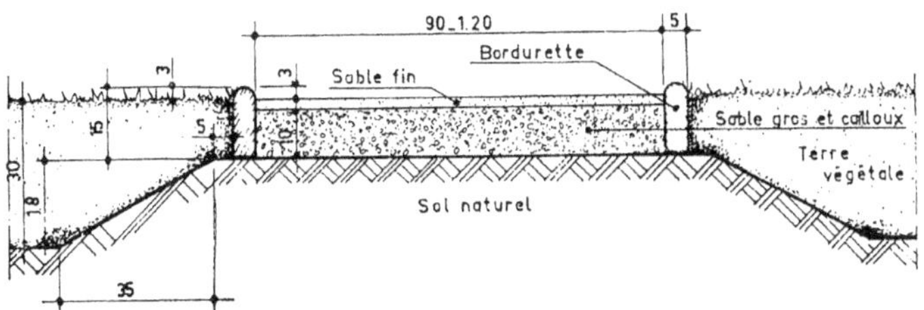

Fig. 4.33 — Allées légères. Faible circulation (petit collectif).

Leurs principaux défauts sont les suivants : leur surface ne résiste pas au poinçonnement ; l'eau superficielle s'écoule mal et, sous l'effet de la circulation, elles se transforment rapidement en bourbier ; en périodes sèches, elles produisent une abondante poussière.

Pratiquement, tous les sols sablo-graveleux ont une portance suffisante ; mais ils sont rapidement dégradés par l'eau en donnant des ornières ; par temps sec ils produisent beaucoup de poussière. Aussi faut-il les recharger fréquemment pour rétablir une planéité acceptable.

En surface importante, ces allées constituent des aires de jeux ou des jeux de boules.

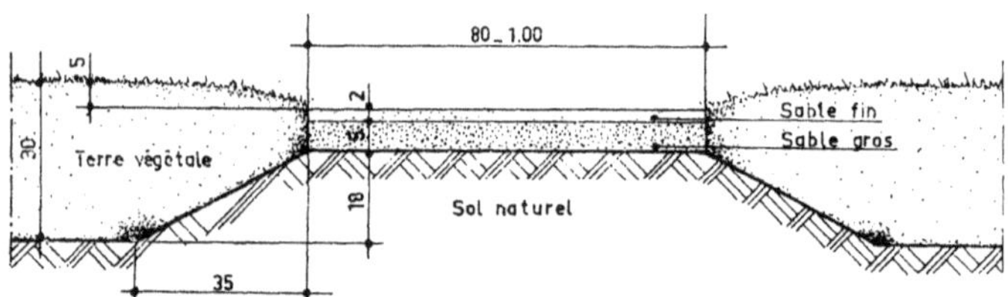

Fig. 4.34 — Allées légères. Très faible circulation (pavillon).

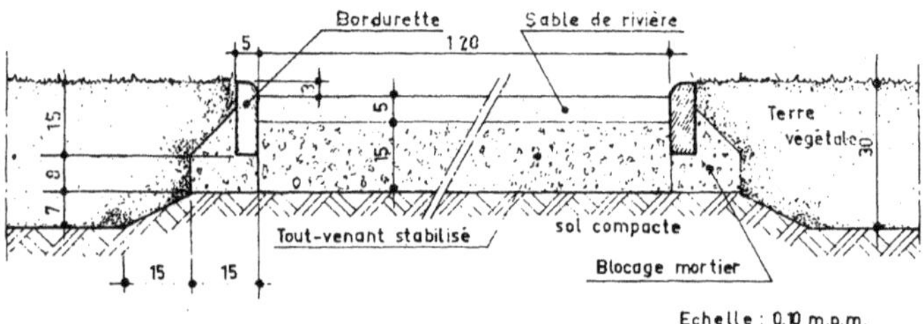

Fig. 4.35 — Allée en sol stabilisé.

Allées en béton

Les allées en béton sont peu employées ; elles sont dures à la marche, d'aspect peu esthétique par suite d'une fissuration souvent abondante et d'une couleur terne. D'autre part elles deviennent facilement glissantes si la circulation est importante sauf à prévoir un traitement de surface, antidérapant (brossage pour faire apparaître les gravillons).

L'allée est exécutée en 8 cm d'épaisseur sur une forme de 10 à 15 cm de sable ; elle comporte des joints creux tous les 2 m. Par contre les rives étant rigides, il n'est pas besoin de bordure de maintien.

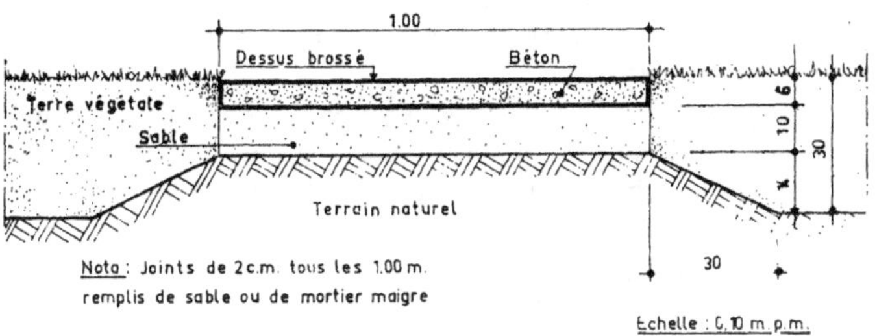

Fig. 4.36 — Allée légère en béton.

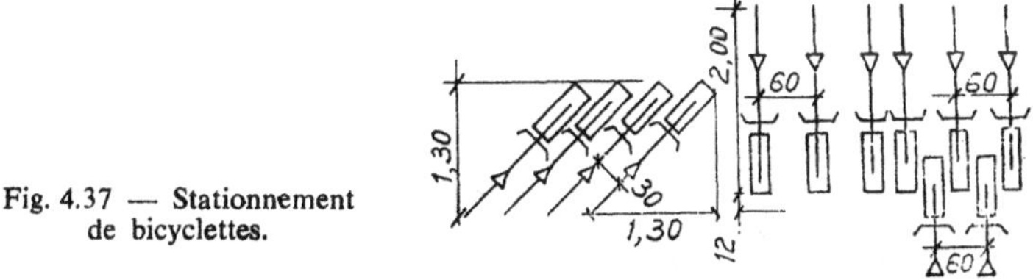

Fig. 4.37 — Stationnement
de bicyclettes.

Les fournisseurs produisent également des dalles épaisses munies d'une fente longitudinale autorisant l'encastrement d'une roue de bicyclette ; ce qui permet de constituer des aires de rangement dans les cours d'usines, les supermarchés, etc.

Evacuation des eaux

La largeur des allées de piétons est faible et elles sont bordées dans la plupart des cas par des aires plantées ou gazonnées ; aussi l'évacuation des eaux de pluie ne présente-t-elle guère de problèmes ; une ou deux pentes transversales légères (5 mm/m) assurent le rejet des eaux vers les rives, une partie s'écoulant dans le sol au travers des joints.

Par contre si l'allée n'est pas horizontale ou est bordée par un ouvrage saillant étanche, il faut prévoir des pentes longitudinales et des entrées d'eau. Celles-ci seront constituées par des petits regards à grille ou par des siphons de sol ; cette dernière solution est assez médiocre car il ne faut pas que ces ouvrages puissent être obstrués rapidement par des déchets, des feuilles d'arbres, etc. L'espacement sera d'environ 15 m.

Dans le cas d'allée ou de trottoir asphalté, une pente de 1,5 cm/m est nécessaire pour tenir compte des flaches possibles à l'exécution, 3 cm/m étant souhaitable.

Enfin il est à noter que si les chemins d'agrément ne doivent pas nécessairement être toujours praticables, les liaisons fonctionnelles (entre bâtiments et voie publique ou parcs de stationnement) doivent l'être par contre quel que soit le temps.

Dans les grandes aires dallées ou revêtues, des pentes (1 à 2 cm/m) et des points de collecte d'eau sont obligatoires. On utilise également des regards à grille à raison de un par 100 m² environ ; mais il est préférable d'employer des caniveaux-drains en béton ou en matière plastique recouverts de grilles légères. Leur important débit permet une évacuation rapide de l'eau et évite les flaques même en cas d'orage.

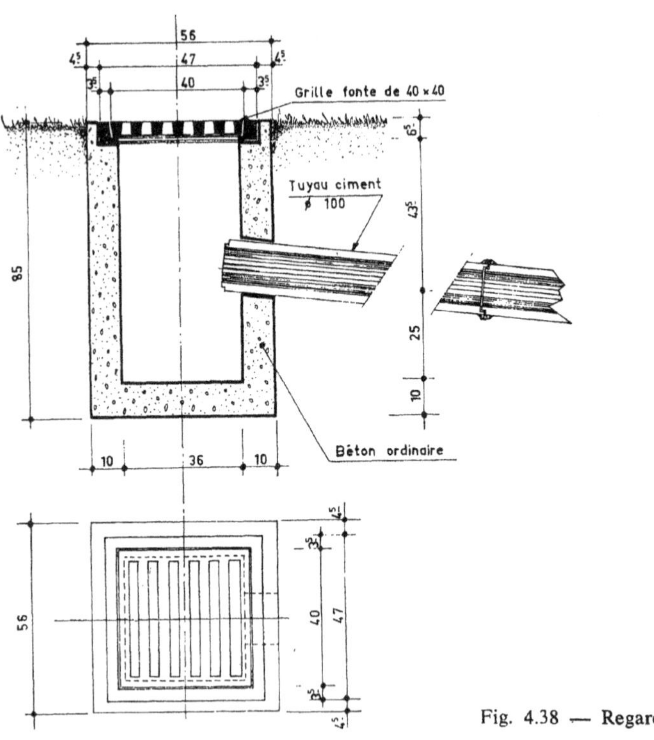

Fig. 4.38 — Regard à grille.

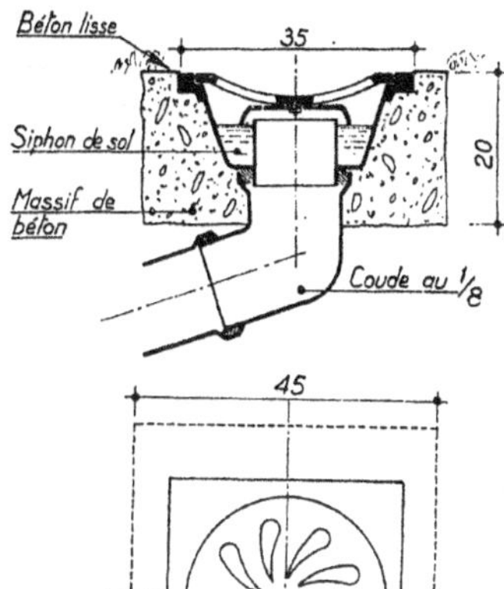

Fig. 4.39 — Siphon de sol.

Escaliers

Les escaliers sont utilisés pour franchir des dénivellations dans le cas où la pente des rampes supérieure à 7 ou 8 cm/m, serait trop forte. Dans un chemin de piétons ils constituent une gêne pour les voitures d'enfants, les jeunes enfants et les personnes âgées. Il faut donc les doubler par une rampe à proximité (pente $\leqslant$ 5 %).

On distingue deux grandes catégories d'escaliers :

— les escaliers à *pas normal* dont les hauteurs d'emmarchement sont relativement faibles (12 à 15 cm) pour être faciles à monter.

Ils comportent une forme en béton avec des marches revêtues soit par une chape en mortier, soit par des dalles de béton ou de pierre. Des pentes légères permettent l'évacuation de l'eau,

— les escaliers *à pas d'âne* : ils sont constitués par des marches de grande longueur (60 à 80 cm soit deux pas normaux) et de faible hauteur (5 à 12 cm). Leur revêtement est analogue à celui de l'allée qu'ils remplacent. La dénivellation est bloquée par une bordure.

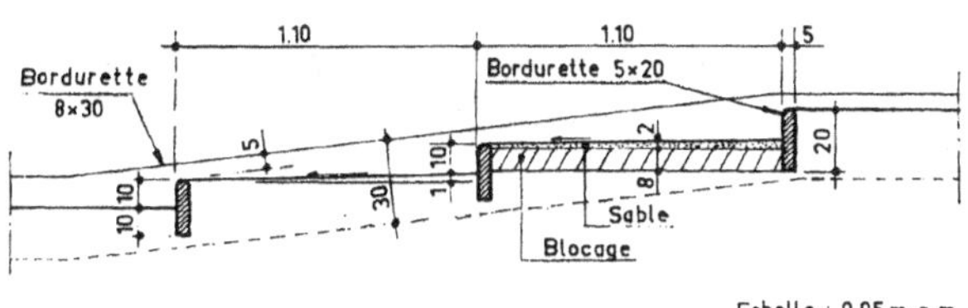

Fig. 4.40 — Pas d'âne.

Ces escaliers sont relativement courts et en principe ne dépassent pas une dizaine de marches, sans palier intermédiaire. Lorsqu'ils comportent plusieurs paliers, une main-courante devient indispensable.

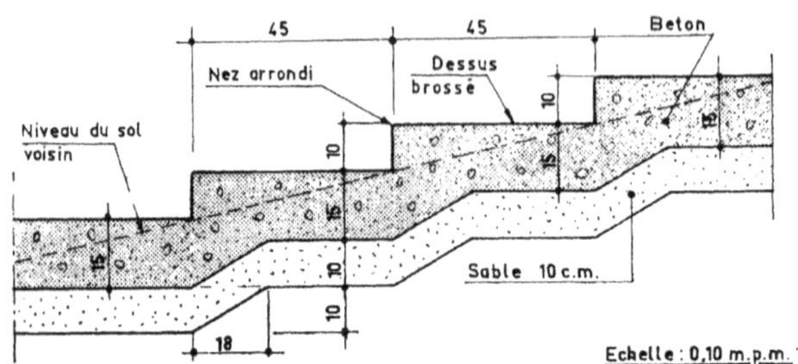

Fig. 4.41 — Marches de jardin.

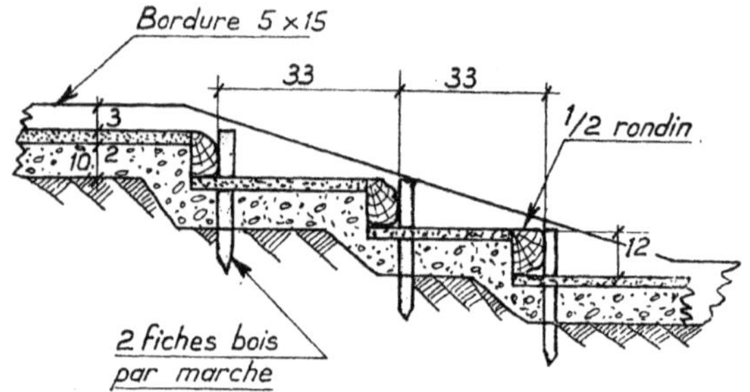

Fig. 4.42

Trottoirs

Les trottoirs sont des allées de piétons qui longent les chaussées. Ils sont peu utilisés dans les ensembles immobiliers car le Maître d'Œuvre s'efforce dans son plan-masse de séparer le cheminement des piétons de celui des voitures.

Par contre leur emploi est plus développé dans les bâtiments industriels. Ils entourent ceux-ci éloignant l'eau des fondations et réduisant ainsi les risques d'humidification du dallage intérieur. D'autre part ils protègent le bas des murs, les bardages en particulier, du choc ou du contact des véhicules.

Un trottoir est constitué par la bordure de la chaussée qui bloque une forme en béton maigre de 8 à 10 cm ou en grave-stabilisée de 10 à

12 cm. Elle reçoit une couche d'asphalte de 15 mm ou de sable fin de 2 cm. L'asphalte peut être remplacé par un sable asphalté ou un béton bitumineux. La résistance est suffisante pour permettre le stationnement d'un véhicule léger sans dégradation. La largeur minimale est de 1,20 m tant pour la sécurité des piétons que pour faciliter le passage des réseaux à l'aplomb.

Lorsque le trottoir s'élargit pour former une placette devant l'entrée d'un immeuble collectif, il est prudent de continuer la structure de la chaussée jusqu'à celui-ci. En effet les camions de déménagement n'hésitent pas à stationner sur cette surface et les structures de trottoir sont incapables d'y résister.

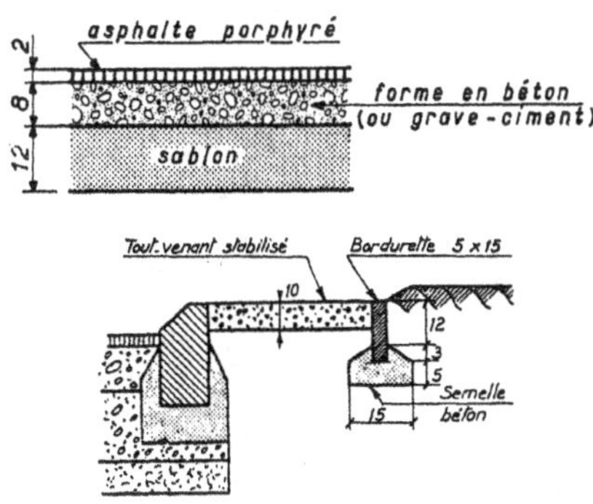

Fig. 4.43 — Trottoirs.

La surface de l'asphalte, unie, permet le nettoyage soit par les eaux de pluie soit par un simple balayage. De plus les tranchées pour la réparation ou la modification des canalisations enterrées sont faciles à exécuter et la remise en état ne présente pas de difficultés. La mise en circulation est immédiate.

Les aires piétonnes

Les aires piétonnes sont des allées de grande surface destinées à la circulation exclusive des piétons et des véhicules de servitude. Elles constituent, soit des rues, soit des placettes.

Ces aires doivent être en mesure de résister :

— à un trafic important de piétons sans devenir glissantes, ni produire de poussière,

— aux éléments atmosphériques et aux sels de déverglaçage,

— au passage des engins de servitude : benne de ramassage des ordures, pompiers,

— au nettoyage par l'eau sous pression ou par engins mécaniques.

La surface doit être plane car les emmarchements ou les rampes gênent le nettoyage mécanique et favorisent les dépôts de déchets. Elle doit comporter des motifs décoratifs ou de signalisation, garder ses qualités dans le temps et être peu salissante.

Ces aires comportent généralement un mobilier urbain (bancs, cabines téléphoniques, éclairage, mâts, bassins, etc.) posé sur la surface et mobile, tout en étant difficile à détériorer ; mais il faut les alimenter en fluides. Cet aménagement est complété par des bouches de lavage tous les 50 m environ et des caniveaux de collecte des eaux pluviales ; le raccordement sur les réseaux de fluides doit faire également l'objet d'une étude.

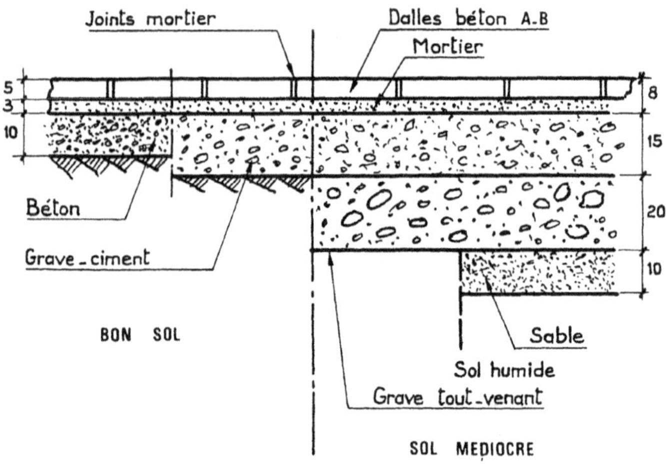

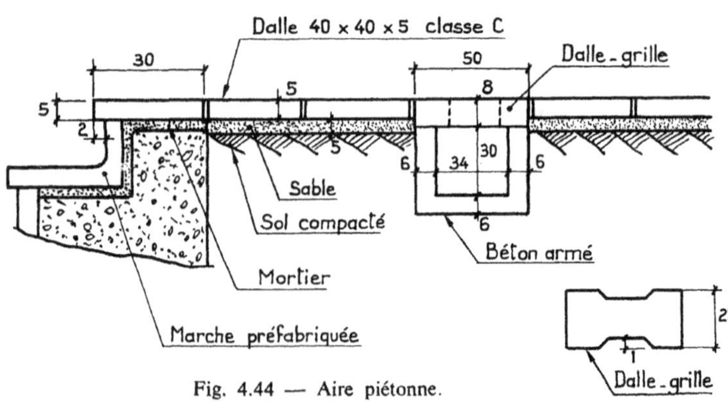

Fig. 4.44 — Aire piétonne.

CHAPITRE V

DISTRIBUTION DES FLUIDES

5.1. Distribution d'eau

La Compagnie des Eaux locale alimente les immeubles en eau potable et parfois en eau industrielle à partir d'une conduite placée sous la voie publique. Un compteur général est placé au départ du branchement, le plus près possible de la limite de propriété ; il doit être accessible à tous moment à partir de la voie publique et être à l'abri du gel.

Plusieurs cas sont possibles :

— l'immeuble est en bordure de la voie publique : le branchement est court et le compteur situé dans une cave commune ou le branchement d'égout, le plus près possible de la façade,

— l'immeuble est en retrait de la voie publique : le compteur général est placé dans une chambre enterrée située à l'intérieur et en limite de propriété,

— plusieurs immeubles, constituant un groupe, sont à alimenter : un compteur général est placé de la même manière que ci-dessus. Notons qu'il s'agit d'indications générales car chaque Compagnie des Eaux à ses règles propres. Le promoteur peut de plus ajouter des comptages particuliers lesquels sont mis en place par le plombier du bâtiment.

Déterminer le diamètre du compteur, les dimensions nécessaires à son logement et son emplacement constitue le premier travail du projeteur. Il doit à cet effet calculer les débits nécessaires et prendre contact avec la Compagnie des Eaux qui lui donnera sur ces points les indications nécessaires en fonction du Règlement Sanitaire Départemental.

Il doit également s'informer de la pression minimale garantie par la Compagnie des Eaux et qui, si elle est insuffisante, nécessitera l'installation d'un surpresseur, appareil relativement bruyant et encombrant qu'il y a intérêt à placer dans un local extérieur enterré.

Dans les propriétés de grande surface ou dans lesquelles de nombreux usagers sont prévus, les réseaux de distribution d'eau aux différents bâtiments sont susceptibles d'être incorporés ultérieurement dans le réseau public, éventualité qui entraîne de nombreuses contraintes tant financières que techniques.

En particulier les diamètres des canalisations et l'emplacement des vannes doit avoir l'approbation de la Compagnie des Eaux. De plus les canalisations doivent être placées sous trottoir, ou exceptionnellement sous chaussée, afin que les réparations puissent être effectuées sans possibilités de détériorer les autres réseaux. Cela implique qu'elles soient exécutées en tranchée séparée nettement des autres.

IMMEUBLE URBAIN

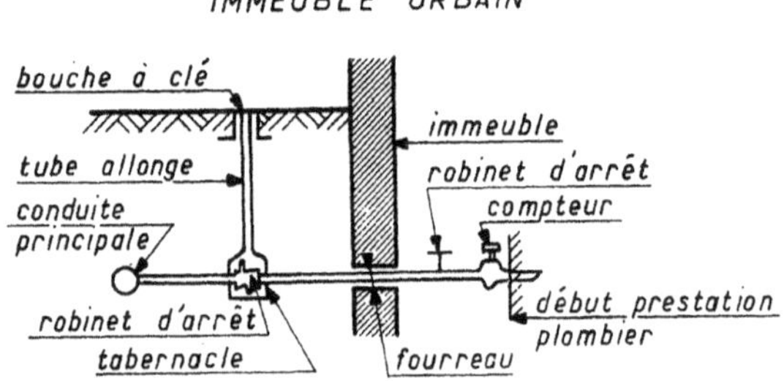

GROUPE RESIDENTIEL

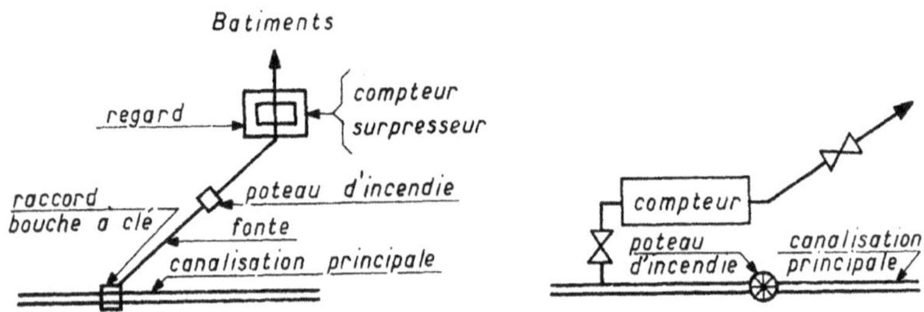

Fig. 5.1 — Branchement d'eau.

Planning des études — Distribution d'eau

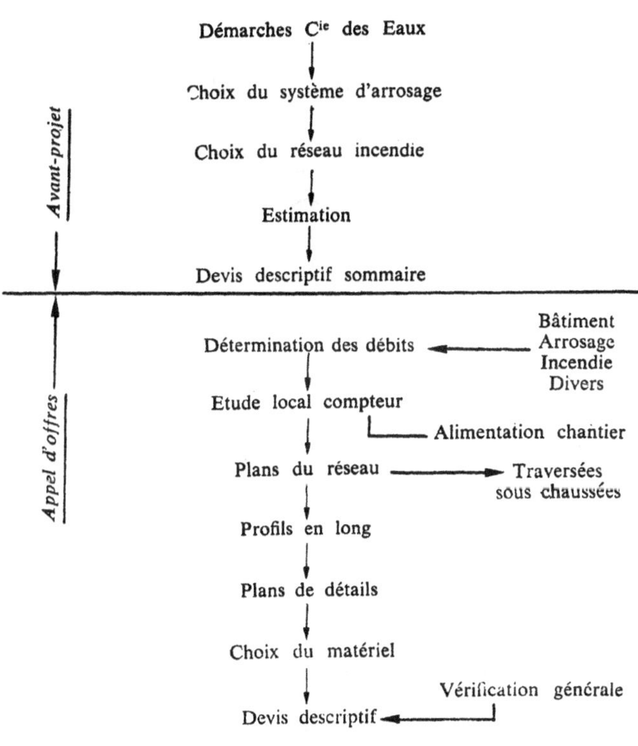

Liaisons

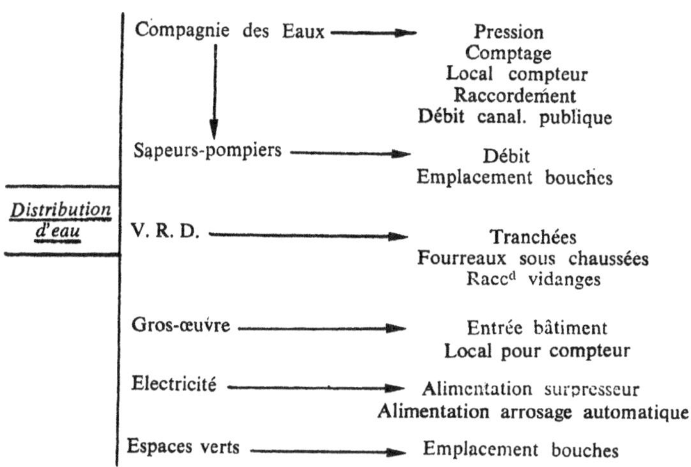

Détermination de la consommation d'eau

La consommation d'eau à prévoir dépend essentiellement de l'usage auquel est destiné le réseau : eau potable à usage privé, incendie ou les deux à la fois.

Le réseau doit être calculé pour le débit maximal de pointe. On applique la formule empirique suivante dans le cas où il ne distribue que de l'eau à usage domestique :

$$Q = \frac{300 \times N \times 3}{24} \quad \text{avec :}$$

Q débit horaire instantané en litres,
N nombre d'usagers,
3 coefficient de pointe,
24 nombre d'heures de la journée,
300 consommation moyenne en litres par jour et par habitant.

Pour un pavillon, le débit de pointe (compris arrosage) sera pris égal à 0,15 litre/seconde.

Dans le cas où le réseau doit assurer les deux usages, les besoins pour l'incendie sont prépondérants vis-à-vis des autres qui deviennent alors négligeables. En effet le débit minimal obligatoire d'une bouche d'incendie est de 60 m³/h sous une pression de 0,6 bar (soit 17 litres/seconde), ce qui nécessite une conduite de 100 mm au moins. De plus les Services de Sécurité peuvent exiger un débit plus important encore afin de desservir plusieurs bouches simultanément. Pour mémoire le débit de pointe pour l'habitation collective est de 0,5 litre/seconde par logement.

S'il faut également alimenter un réseau d'extinction automatique à eau, le diamètre des conduites sera au moins de 100 mm. Le lecteur se reportera aux Règles de l'A. P. S. A. I. (Assemblée Plénière des Sociétés d'Assurances contre l'Incendie).

Si le réseau alimente uniquement les usagers domestiques et l'arrosage, les débits sont nettement plus faibles. On peut admettre les chiffres suivants :

— 1 000 à 3 000 litres par logement et par jour selon la catégorie de l'immeuble (H. L. M., courant, luxe), cette quantité étant valable pour la pointe d'été et comprenant l'arrosage des pelouses ;

— le débit est calculé en fonction de celui des appareils, avec un coefficient de simultanéité à évaluer (NF P 41.201) pour les usines, hôtels, bureaux, bâtiments collectifs ; pour l'arrosage des pelouses, le débit est de l'ordre de 5 litres/m²/jour.

De plus dans tous les réseaux, il faut tenir compte des fuites dont la valeur minimale semble être de 5 % du débit théorique.

Dans les zones industrielles, on prévoit, au départ du réseau, un débit de 5 à 10 m³/hectare/jour. Un centre commercial consomme environ 10 litres/jour par m² de surface de vente, un immeuble de bureaux 200 litres/jour par employé.

Calcul du réseau

Le réseau de distribution d'eau doit être calculé pour répondre aux conditions suivantes :

— assurer une pression minimale au robinet le plus défavorisé (le plus élevé et le plus éloigné) de 1 bar au moins, 2 bars étant conseillé ;

— ne pas dépasser une pression de 4 bars car cela causerait des fuites, des bruits et un risque de détérioration du matériel ;

— maintenir une vitesse de l'eau de l'ordre de 1 m/s ; une vitesse inférieure entraînerait des dépôts et une supérieure une érosion des canalisations.

Dans le cas où le réseau doit assurer la protection incendie, ce sont les débits demandés par celui-ci qui priment.

Composition du réseau

Un réseau de distribution d'eau se compose en général des éléments suivants :

— un branchement effectué par la Compagnie des Eaux et comprenant : — une prise sur le réseau public,

— une dérivation jusqu'à l'intérieur de la propriété, arrêtée à proximité de la ligne séparative,

— un compteur général dans la propriété.

La prise comporte une vanne d'arrêt général placée dans une bouche à clé située sur la voie publique ce qui permet une fermeture éventuelle du branchement sans avoir à pénétrer dans la propriété.

— les distributions d'eau intérieures ; elles sont exécutées par un spécialiste (entrepreneur de plomberie ou canalisateur) et comprennent :

— le réseau d'eau froide entre le compteur général et les bâtiments plus ou moins important selon la distance du bâtiment à la limite de propriété.

Ce réseau craint le gel, aussi il est enterré. Contenant de l'eau sous pression, il exerce des poussées aux coudes et aux branchements ; il faut pouvoir le vidanger et isoler des tronçons pour l'entretien ; d'autre part, la manœuvre des vannes engendre des coups de béliers.

Toutes les commandes doivent être facilement accessibles.

Ce réseau peut se présenter sous deux formes :

— le réseau ramifié : il est économique, mais en cas d'incident tous les abonnés en aval sont privés d'eau ;

— le réseau maillé ou bouclé : plus coûteux, il comporte un retour ; cela permet l'alimentation des usagers en cas d'incident par une simple manœuvre des robinets. Ce système est obligatoire pour les réseaux d'incendie.

— les réseaux de distribution d'eau pour l'incendie comprenant l'alimentation des bornes d'incendie, des robinets d'incendie armés, des réseaux d'extinction automatique. Ils sont obligatoirement séparés du réseau journalier, maillés et bouclés pour assurer la sécurité. Il comporte souvent deux canalisations différentes : une pour desservir les Robinets d'Incendie Armés (R. I. A.) et les bornes d'incendie extérieures, une autre pour l'alimentation du réseau d'extinction automatique à eau quand il existe.

— les réseaux de distribution divers (arrosage, eaux industrielles)

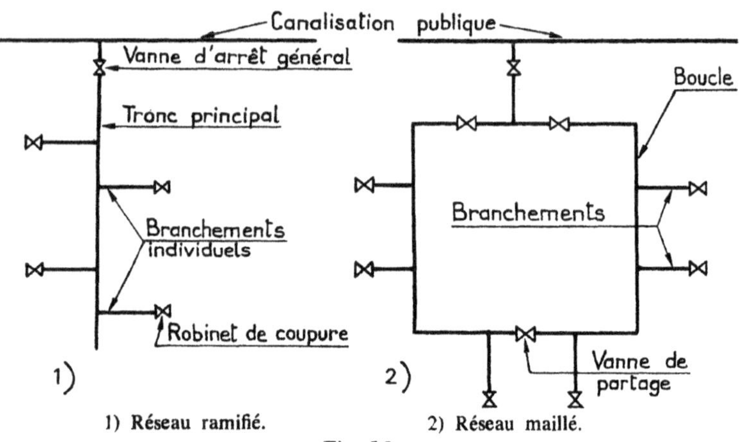

1) Réseau ramifié.   2) Réseau maillé.

Fig. 5.2 a

Chambres des compteurs

Le compteur général doit être placé dans la propriété, le plus près possible de sa limite, dans un emplacement facilement accessible. Le local est exécuté aux frais du Maître d'Ouvrage sur les indications de la Compagnie des Eaux laquelle pose les compteurs et réalise le raccordement.

La surface nécessaire est fonction du calibre et du nombre de compteurs, ceux-ci étant des appareils encombrants et souvent bruyants. D'autre part il faut sur certains réseaux placer des ballons antibéliers dont l'encombrement n'est pas négligeable.

Pour un pavillon ou un petit immeuble, il faut un compteur de 20 mm et un regard de 1 × 1 m suffit généralement.

Pour un groupe d'immeubles, une tour ou une petite usine, il faut des chambres beaucoup plus importantes dont les dimensions sont approximativement les suivantes :

2,50 × 1,20 m par 2 m de hauteur pour un compteur de 40 mm ou de 60 mm.

5,00 × 1,20 m par 2 m de hauteur pour un compteur de 80 ou 100 mm.

Ces ouvrages, enterrés, sont en maçonnerie et béton armé. La trappe d'accès doit être légère (tôle) ; le tampon fonte est proscrit. Dans le cas où un réseau d'incendie se juxtapose au réseau d'eau potable,

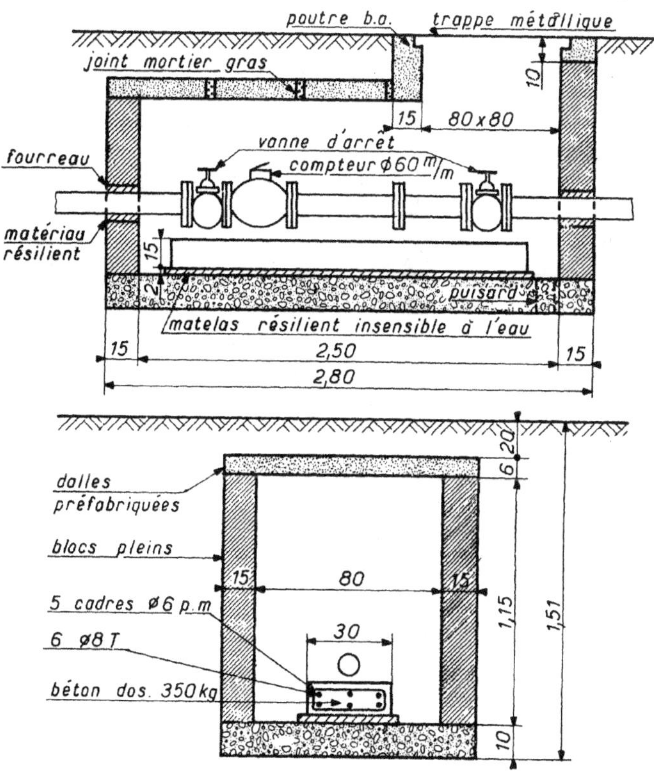

Fig. 5.2 b — Regard pour compteur d'eau (réseau unique).

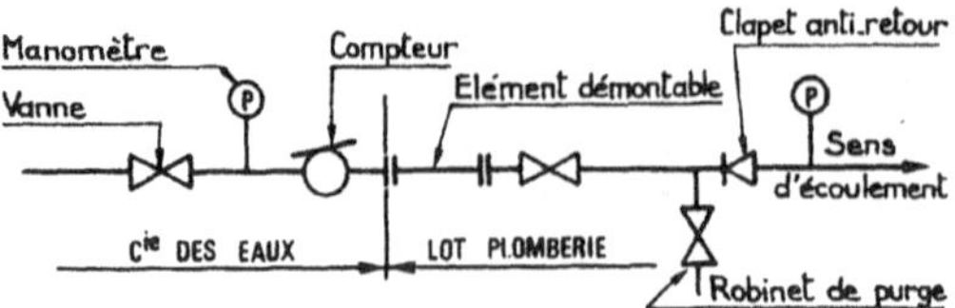

Fig. 5.2 c — Schéma canalisation.

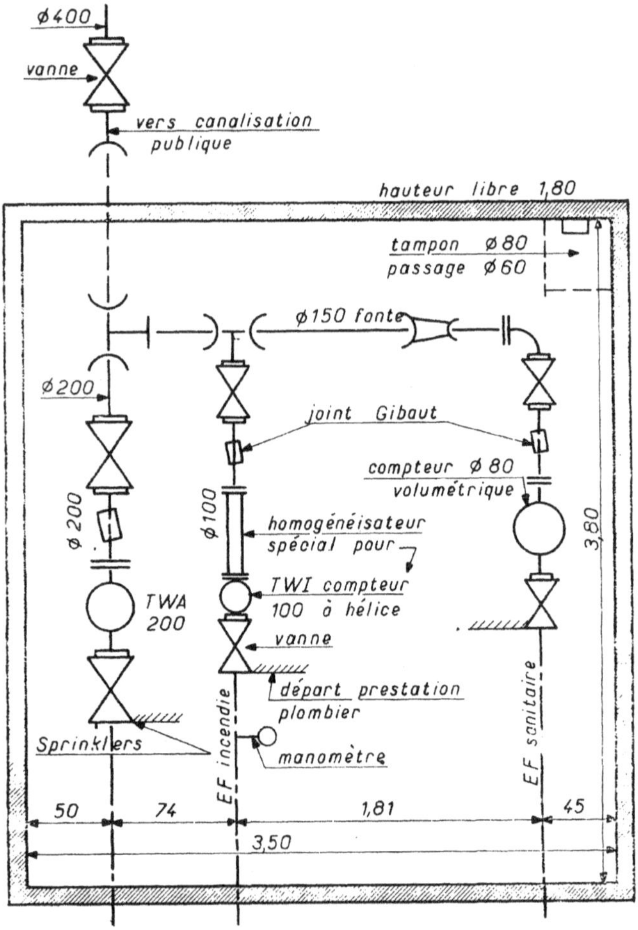

Fig. 5.3 — Chambre de compteurs (prestations de la Compagnie des Eaux)
(trois réseaux).

la largeur de la chambre doit être augmentée pour permettre le logement du deuxième compteur. S'il y a de plus un réseau d'extinction automatique à eau, un troisième compteur est nécessaire, ce qui augmente encore la largeur, ceci n'étant pas toutefois une règle générale (8 × 3 × 2 m hauteur).

Dans les immeubles urbains le compteur est placé dans une cave collective et nécessite un emplacement de 2,50 × 1 m environ. S'il y a un réseau d'arrosage important, il est conseillé de prévoir également un comptage particulier afin d'éviter des contestations avec les copropriétaires.

En dehors de la mesure des consommations, les compteurs divisionnaires permettent la détection des fuites.

Le projeteur doit s'informer auprès du Maître d'Ouvrage si celui-ci désire avoir en plus du compteur général des compteurs secondaires (par bâtiment, pour le réseau d'arrosage, etc.), ce qui peut nécessiter des chambres supplémentaires.

Canalisations

Les canalisations de distribution d'eau sont constituées par des tuyaux métalliques (fonte, acier, fer galvanisé), plastiques (polychlorure de vinyle non plastifié, polyéthylène) ou en amiante-ciment. Ces tuyaux et leurs joints doivent résister à la pression intérieure en sus des charges normales agissant sur toute canalisation enterrée.

Les canalisations métalliques doivent recevoir une protection contre la corrosion, assurée par des produits bitumineux réalisés sous forme d'enduit ou de bandes adhésives venant de fabrication. Elles sont assemblées par soudure pour celles en acier et par des joints de divers modèles pour la fonte.

Les canalisations en acier galvanisé ne sont utilisées que pour de courtes longueurs et doivent également être protégées. Les tuyaux de fonte, plus souples, sont utilisés dans les terrains médiocres. Les canalisations en plastique et en amiante-ciment sont généralement inertes vis-à-vis du sol environnant.

Si la canalisation emprunte une galerie technique, elle doit être placée à la partie basse ; d'autre part la galerie doit comporter un dispositif d'évacuation des eaux de fuite.

Lorsque la canalisation est de grande longueur elle est susceptible de traverser des terrains de nature différente par leur composition et leur teneur en eau, ce qui peut provoquer des actions électro-chimiques sur les canalisations métalliques.

Dans ce cas, et également dans celui de terrain agressif, les canalisations et accessoires métalliques sont protégés soit par un enveloppement de bandes souples en plastique, soit par un remblai en terre neutre ou encore par un enrobage de sable stabilisé à la chaux.

A proximité des lignes à haute tension et des voies ferrées électrifiées il faut prendre des précautions contre les courants vagabonds : shuntage des joints par câbles soudés ou système similaire, manchette isolante au droit des appareils de branchement, enrobage par manche en polyéthylène, etc.

Butées et amarrages

La circulation de l'eau se faisant sous pression, des poussées s'exercent chaque fois que la canalisation n'est plus rectiligne (dérivations, changements de direction) et, bien entendu, à son extrémité. Pour résister à ces efforts, on prévoit des massifs de butée en béton, agissant par leur poids ou par appui sur les terres si le sol est suffisamment résistant. Des massifs sont également nécessaires au droit des vannes dont la manœuvre engendre des efforts horizontaux non négligeables.

Terrain de mauvaise qualité

Si le terrain est de mauvaise qualité, plusieurs solutions sont possibles :

— *terrain peu consistant* : la- tuyauterie est placée sur une semelle en béton armé ou non, avec interposition d'un lit de sable ;

— *terrain humide* : la canalisation repose sur un lit de gravillon de 25 cm d'épaisseur ; la pose s'effectue souvent à l'abri d'un rabattement de nappe ;

Avant remblaiement de la tranchée, la canalisation doit être essayée à la pression d'eau ; des cavaliers en terre et des butées judicieusement disposés en empêchent la désorganisation sous l'action de la pression.

Les calculs concernant le dimensionnement des canalisations ont fait l'objet de nombreux ouvrages auxquels le lecteur se reportera.

Les conduites une fois essayées, remblayées et les accessoires mis en place, doivent être lavées et désinfectées selon les prescriptions sanitaires. Des prélèvements sont effectués par le Service des Eaux pour en vérifier la bonne exécution. Il faut prévoir les vidanges nécessaires.

Après la mise en service, il faut vérifier que les fuites sont négligeables car des accidents sont à craindre dans le cas contraire : effondrements de chaussées, désordres dans les fondations, inondations de sous-sols, chute de pression, débit accru des égouts, etc.

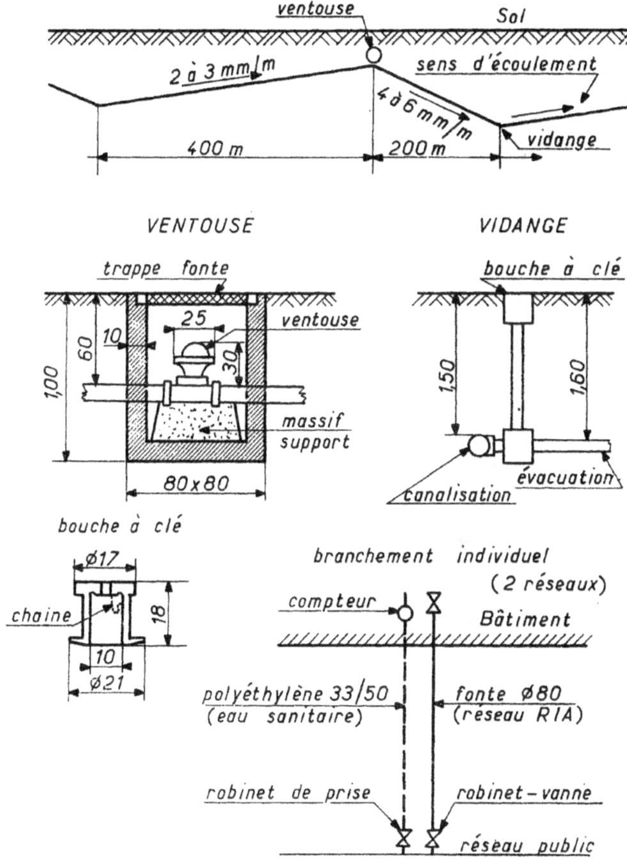

Fig. 5.4 — Distribution d'eau.

Nature des tuyaux

Pour les canalisations d'eau sous pression, les matériaux suivants sont utilisés :

— La fonte ductile ou fonte GS avec revêtement intérieur au mortier et protection bitumineuse extérieure ; joints standard par anneaux d'élastomère ou joints Express ; les longueurs sont de 2 à 5 m (diamètres > 60 mm).

— Le polychlorure de vinyl (NF T 54.016) sous marque de qualité PF pour pression de 10 à 16 bars ; joints collés, ou à bague ou à emboîture avec anneaux élastomère ; la longueur des éléments est de 6 m (ϕ < 60 mm) ; les raccords sont réalisés par pièce en laiton (raccords-pression).

— Le polyéthylène basse et haute pression sous marque de qualité pour pression de 4, 6, 10 et 16 bars ; les raccords sont également en laiton et il est livré sous forme de couronnes.

— L'acier (NF A 48.005) avec revêtement intérieur en mortier et extérieur en voile de verre et brai de houille (revêtement type « C ») ; il est livré par éléments de 6 m et les assemblages s'effectuent par soudure.

— L'amiante-ciment (NF P 42.301 et P 41.401 à 404) pour tuyaux à pression (plus épais que les séries bâtiment et assainissement) ; assemblage par manchons et anneaux d'étanchéité en élastomère. La longueur des éléments est de 3 à 4 m.

— L'acier galvanisé protégé par un fourreau ou une bande auto-collante bitumineuse. Il est peu utilisé.

Pour les détails (joints, raccords, diamètres, etc.) le lecteur se reportera aux catalogues des fournisseurs et aux normes.

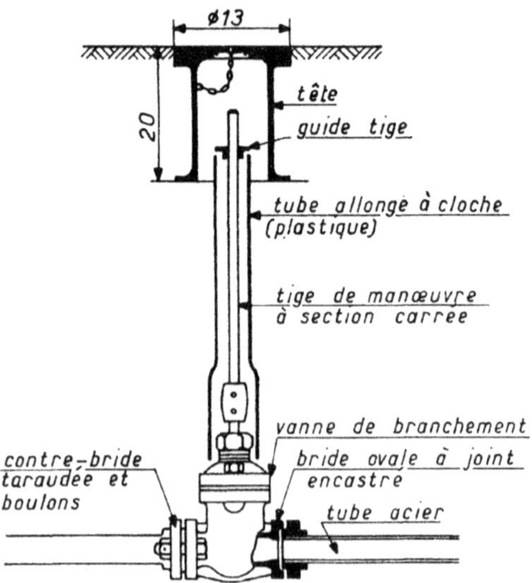

Fig. 5.5 —
Bouche à clé.

Les accessoires sont également normalisés ; généralement en fonte ou en bronze ils se caractérisent par une très grande robustesse.

On citera également les tuyaux en tôle d'acier enrobés de béton aux deux faces. Peu employés dans les distributions privées, ils le sont essentiellement dans les réseaux publics car ils permettent des diamètres importants et de fortes pressions.

Les branchements seront réalisés en polyéthylène pour les petits diamètres et en fonte pour les gros diamètres.

Mise en place des canalisations

Pour la mise en œuvre le lecteur se reportera au fascicule 71 du C. C. T. G. (Cahier des Clauses Techniques Générales) ; le tracé comportera le moins de coudes possible ; les branchements seront toujours perpendiculaires à la canalisation principale.

La pose s'effectuera sur un lit de sable de 10 cm dans le cas de terrain argileux ou rocheux.

Les canalisations de distribution d'eau sont placées dans des tranchées d'une profondeur minimale de 1 m pour éviter le gel. Elles doivent être éloignées de 10 cm de tout élément dur (fondation), de 30 cm des câbles électriques et de 60 cm des canalisations de gaz. Sinon il faut les placer dans un fourreau en tuyau de ciment.

Une conduite doit toujours être posée avec une légère pente afin de créer des points bas pour la vidange et des points hauts pour l'évacuation de l'air entraîné soit lors du remplissage de la conduite, soit pendant le fonctionnement. On adopte en conséquence un tracé en dents de scie avec des pentes de quelques millimètres par mètre et des changements de pente tous les 200 à 400 m. Cette pose évite également la création de points bas par suite d'un affaissement du terrain.

Bien entendu si la conduite est en pente naturelle, ce principe sera aménagé en conséquence.

Une fois le tracé du réseau déterminé, il faut positionner la robinetterie et les accessoires, à savoir :

— les robinets de vidange : placés aux points bas ils permettent de vider la conduite pour l'entretien et la réparation par tronçons séparés. Ils doivent être reliés à une évacuation d'eau usée, généralement une bouche à clé, installée sous le trottoir,

— les robinets de purge : placés aux points hauts ils évacuent automatiquement l'air entraîné, ce qui évite les coups de bélier. Ils sont installés également en aval de robinets susceptibles d'être fermés lors d'une vidange ou d'un remplissage de la conduite.

Ces appareils nécessitent un petit regard maçonné.

— les robinets de branchements qui commandent chaque branchement particulier d'immeuble.

Dans les réseaux importants il y a lieu de prévoir des réservoirs antibéliers. Ils sont encombrants et nécessitent un équipement avec alimentation électrique.

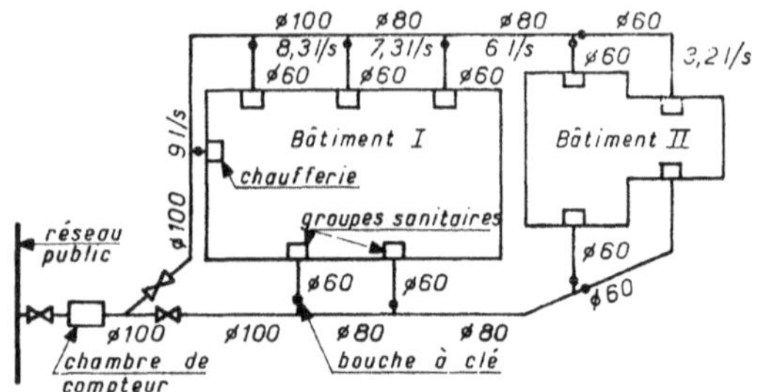

Fig. 5.6 — Réseau eau potable pour usine.

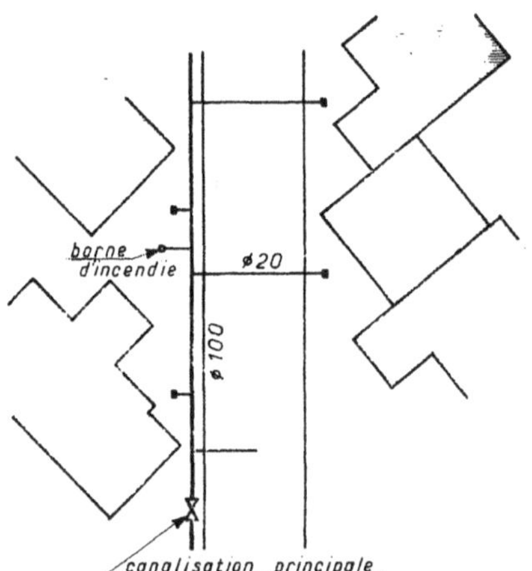

Fig. 5.7 — Alimentation
de pavillons.

Les travaux de mise en place du réseau d'eau doivent, en principe,
être réalisés avant les chaussées mais après les terrassements car il faut
que les tranchées demeurent ouvertes assez longtemps pour les essais.
Dans le cas contraire il faut prévoir des fourreautages sous les chaussées.

Le remblaiement de la tranchée est effectué en terre de déblais
purgée dans le cas de passages sous espaces verts ; sous chaussée le
remblai est réalisé en grave : une fuite s'écoule sans danger dans la grave
alors qu'elle risque d'entraîner le sablon (se faire confirmer par la Compagnie des Eaux).

Réseau d'incendie

Le réseau d'incendie a pour objet l'alimentation en eau du matériel utilisé par les sapeurs-pompiers. Il est public ou privé.

Le réseau public est mis en œuvre par les services de l'Etat (circulaire interministérielle n° 465 du 10-12-1951) ne sera pas étudié ici. Pour les réseaux privés, les Services de sécurité (Inspection Départementale des Services d'Incendie et de Secours) imposent les principes à adopter en fonction de l'activité et de la situation du bâtiment.

Le réseau d'incendie est susceptible d'alimenter trois catégories de matériels de lutte contre le feu :

— les robinets d'incendie armés qui sont placés à l'intérieur du bâtiment (8 m³/h pour un robinet de 40 mm avec minimum de 4 robinets),

— le réseau d'extinction automatique à eau (190 à 480 m³/h),

— les bornes d'incendie placées à l'extérieur et autour du bâtiment ; en général la moitié des bornes doit pouvoir fonctionner simultanément (60 m³/h pour une borne).

L'alimentation s'effectue à partir de la canalisation publique et doit être indépendante de la distribution d'eau potable pour le service journalier. Elle comporte un comptage en tête pour éviter les usages abusifs car elle est toujours en charge, ou des vannes plombées.

Dans les deux premiers cas le réseau V. R. D. n'assure que l'alimentation des départs ; dans le troisième cas c'est un réseau complet qu'il faut étudier. Ce réseau doit être bouclé et maillé afin de parer à tout incident et permettre les réparations éventuelles sans en interrompre le fonctionnement. La profondeur minimale est de 80 cm pour qu'il soit à l'abri du gel.

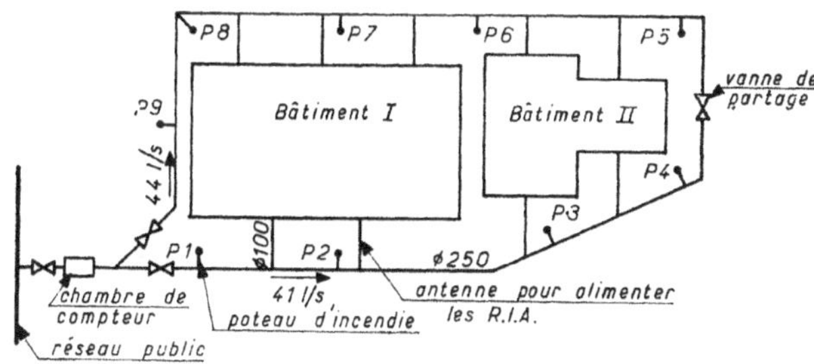

Fig. 5.8 — Réseau incendie pour usine
(toutes les bouches peuvent fonctionner simultanément).

D'autre part, en fonction du risque, les Services de sécurité peuvent exiger que les trois réseaux puissent fonctionner simultanément mais cela pose des problèmes au niveau des canalisations d'alimentation urbaine.

Cas particulier - Incendie et eau potable

Le débit des bouches d'incendie est important et nettement supérieur à celui de l'eau potable. Aussi souvent ne met-on en place qu'un seul réseau mais répondant aux normes incendie. Dans ce cas le réseau doit être bouclé (ou maillé).

Bouches d'incendie

Les bouches d'incendie permettent le branchement immédiat des engins de lutte contre le feu. Deux types ont été normalisés (NF S 61.213) :

— les poteaux d'incendie, en saillie hors du sol, facilement visibles et repérables, peuvent être installés partout sans précautions spéciales ; ils comportent une prise principale sur laquelle peuvent être branchés le groupe motopompe et des prises secondaires permettant la mise en batterie de lances à la pression du réseau.

Ils sont placés sur un massif en béton qui assure leur protection et leur stabilité. Une borne métallique les rend bien visibles et les met à l'abri de la boue, de la terre et des dépôts de matériaux de toutes sortes.

L'incongélabilité est assurée par un clapet de pied situé à 75 cm sous le sol, et qui permet la vidange de la colonne d'eau dans un petit puisard en pierres sèches.

Deux modèles sont employés, le 100 mm et le 150 mm, ce dernier étant peu courant.

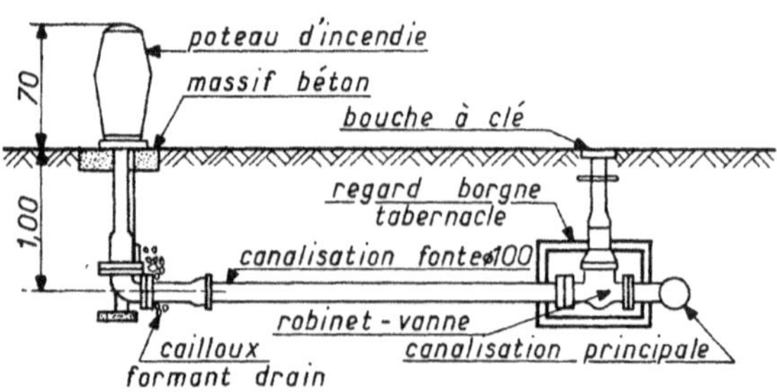

Fig. 5.9 a — Poteau incendie.

— les bouches d'incendie : ce sont des prises uniques installées dans le trottoir ou dans sa bordure ; peu visibles, car ne faisant pas saillie, elles sont signalées par la pose d'une plaque de repérage sur le mur le plus proche (NF S 61.211). Elles existent en deux modèles, incongelable et ordinaire, ce dernier ne pouvant être utilisé que dans les régions où la température ne descend pas en dessous de — 5 °C. Dans tous les cas les raccords sont normalisés (NF S 61.213).

L'alimentation des poteaux et des bouches s'effectue par une canalisation d'au moins 100 m de diamètre, protégée contre le gel dont l'ouverture s'effectue par une clé spéciale (robinet-vanne et bouche à clé facilement accessible et signalée).

Ils sont souvent placés dans un regard spécial.

Les poteaux d'incendie sont implantés par les Services Publics en se référant à la circulaire du Ministère de l'Intérieur n° 465 du 10.12.51.

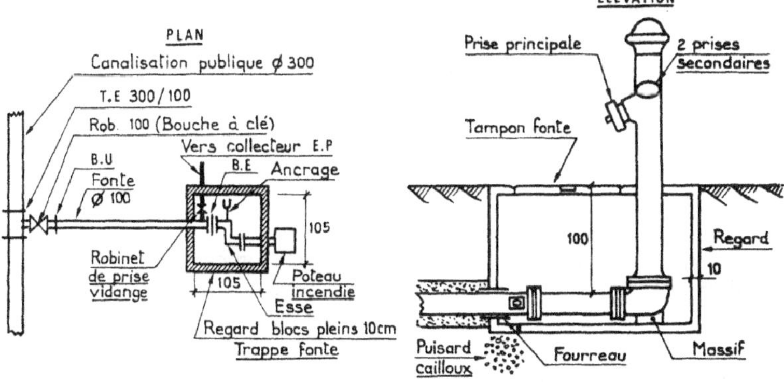

Fig. 5.9 b — Poteau d'incendie dans regard.

La distance entre chaque bouche ne doit pas dépasser 300 m et leur implantation fait l'objet d'une étude en fonction du risque à prévenir.

Les bouches d'incendie ou les poteaux doivent être implantés :

— à 5 m au plus de la bordure de la voie,

— à 150 m du point le plus éloigné du risque à défendre, distance mesurée en empruntant les voies de circulation et non en ligne droite,

— à 20 m au plus des bâtiments à protéger dans le cas de risque important (fort potentiel calorifique).

Le poteau doit être placé en retrait de la bordure de trottoir afin de ne pas être détérioré par les véhicules. De plus, le revêtement du

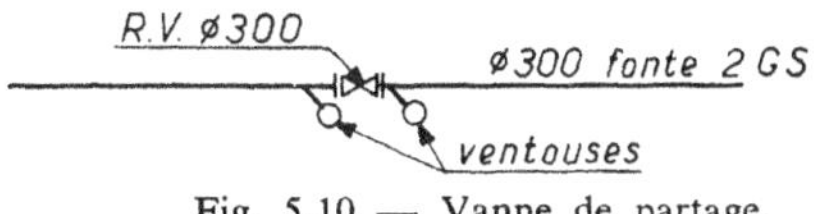

Fig. 5.10 — Vanne de partage.

trottoir entre la bouche et la bordure de la chaussée doit être étanche afin de permettre l'évacuation de l'eau en cas de purge.

Enfin il est possible de remplacer un poteau par une bouche encastrée dans la bordure afin de pouvoir l'utiliser comme purge générale d'un réseau.

Réseau d'arrosage

L'entretien des espaces verts nécessite des bouches d'alimentation pour les lances d'arrosage. De même le nettoyage des grands parcs à voitures des centres commerciaux ou des aires de circulation des camions de livraison des usines implique des points d'eau sous pression.

L'arrosage manuel ne se conçoit que pour les petites surfaces ou les surfaces irrégulières. C'est le système le plus économique en investissement, mais la consommation d'eau est importante et mal répartie. Il exige la présence d'un jardinier compétent.

Un réseau indépendant est donc prévu à cet effet car de simples robinets de puisage contre la façade de l'immeuble seraient insuffisants.

Ce réseau, enterré, est généralement exécuté en tuyaux plastiques souples, économiques et ne craignant pas la gelée mais dont la mise en place nécessite des précautions car ils sont sensibles à la température et aux terrains pierreux.

Ces tuyaux sont faciles à travailler et à raccorder ; le tartre ne peut s'y déposer ce qui en améliore le rendement ; enfin ils sont livrés en grande longueur et s'accommodent de légers mouvements du terrain. Le réseau doit être établi avec des points bas afin de permettre la vidange l'hiver, ce qui évite l'emploi de bouches incongelables coûteuses. D'autre part un compteur secondaire, placé en tête du réseau, permet d'une part de connaître la consommation propre au réseau et d'autre part de détecter les fuites.

La longueur des tuyaux d'arrosage varie de 20 à 60 m mais on

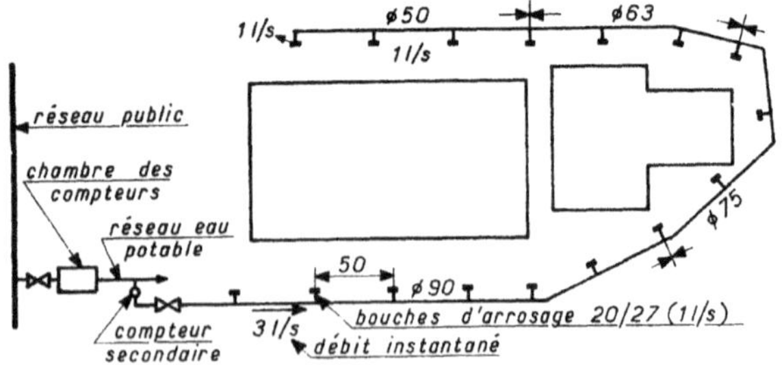

Fig. 5.11 — Réseau d'arrosage pour une usine (fonctionnement simultané de trois bouches).

s'efforce de ne pas dépasser 20 m car la manipulation en est difficile au-delà. La pression en bout du réseau doit être de 1 bar pour permettre l'emploi de la lance d'arrosage ; avec 2 bars l'emploi de tourniquets automatiques devient possible.

D'autre part, les Règlements sanitaires départementaux imposent des précautions particulières lorsque la canalisation doit être branchée sur le réseau d'eau potable.

Elle doit comporter un disconnecteur au départ : cet appareil est un clapet anti-retour équipé de plusieurs sécurités supplémentaires. Il est relativement encombrant et nécessite un entretien.

Le débit à prévoir est de 2 à 5 litres d'eau/jour/m² de pelouse.

Ce réseau est souvent placé parallèlement à celui d'eau potable. Il faut veiller à ce qu'il y ait une distance suffisante pour qu'une réparation sur un réseau ne soit pas susceptible d'endommager l'autre (1,50 à 3 m).

Bouches de lavage

Une bouche de lavage est constituée par un coffre en fonte dans lequel est placée une arrivée et son robinet de commande ; la tête permet le raccordement du tuyau d'arrosage par un système simple et le tout est fermé par un couvercle.

On distingue deux types de bouches :

— les bouches non incongelables, simplement raccordées sur la canalisation et toujours sous pression,

— les bouches incongelables, de même conception mais placées sur un tube allonge de 75 à 80 cm qui se vide automatiquement lorsque la bouche est fermée.

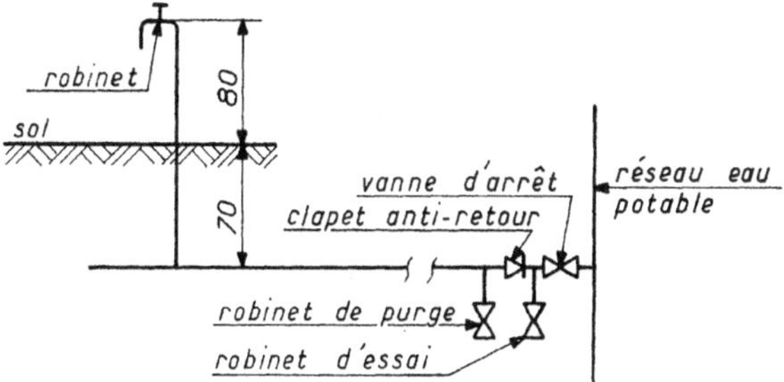

Fig. 5.12 — Arrosage. Règlement sanitaire Ville de Paris.

La bouche de lavage, si elle est située sur un réseau d'eau potable, doit être munie d'un clapet de pied afin d'éviter les risques de pollution de l'eau en cas de baisse de pression dans le réseau. Ces bouches sont interdites par le Règlement sanitaire de Paris (robinet en élévation).

Les bouches sont placées dans un petit massif en béton de 30 cm de hauteur ou simplement bloquées par la terre. La distance entre bouches varie de 40 à 50 m.

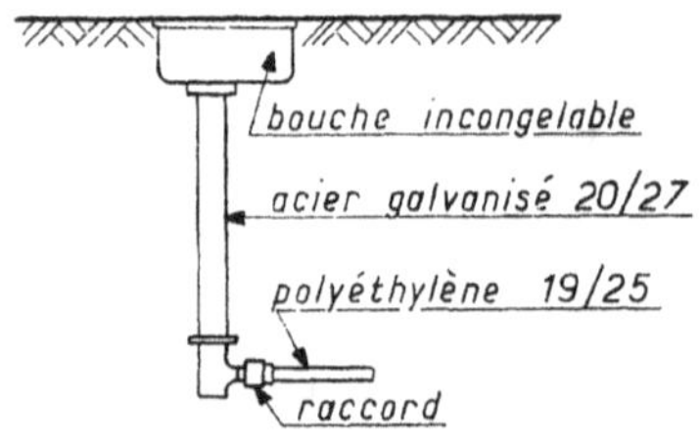

Fig. 5.13 — Bouche d'arrosage
incongelable.

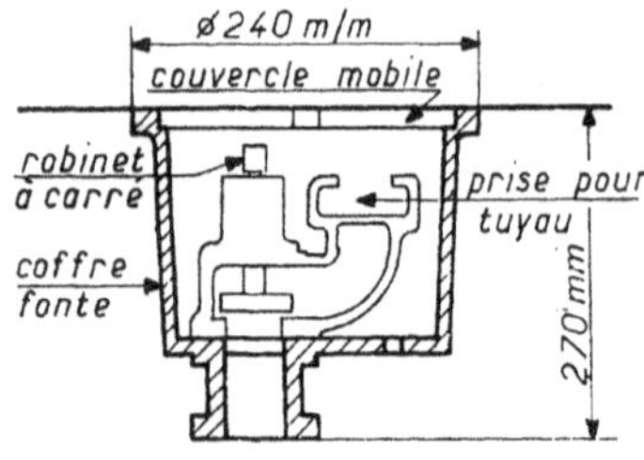

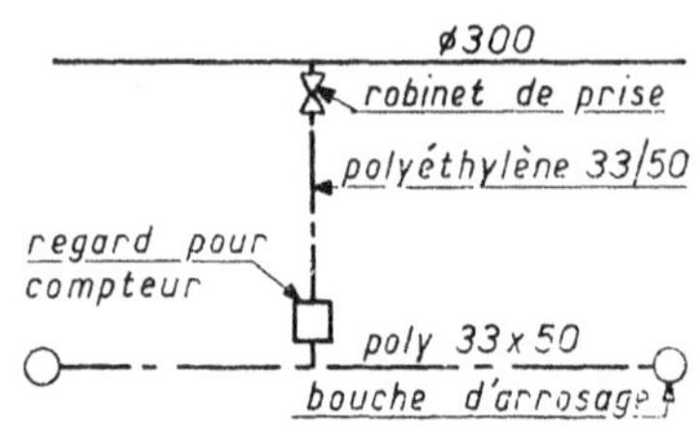

Arrosage automatique

Un système d'arrosage automatique est constitué par un réseau enterré d'eau sous pression, terminé par des têtes d'arrosage placées au niveau du sol. C'est un dérivé du système d'aspersion automatique employé pour les cultures maraîchères.

Il évite le travail fastidieux et quotidien de l'arrosage manuel des pelouses ; de plus il assure une distribution d'eau uniforme et en pluie, particulièrement favorable à la pousse des végétaux. L'aspersion s'effectue selon un programme prédéterminé et entretient une humidité régulière.

Le système, qui nécessite une pression minimale dans la canalisation publique, est constitué par des pommes d'arrosage spécialement étudiées fixées au ras du sol ; elles projettent en l'air une pluie fine dans un rayon de 5 à 10 m ; la quantité d'eau est régulière et bien répartie. Une armoire à programmation commande la mise en route et l'arrêt à des heures précises.

Cette méthode d'arrosage implique un certain investissement mais supprime toutes les manipulations de tuyaux, les bouches d'arrosage et la main-d'œuvre ; la dépense d'eau est réduite et les flaques d'eau évitées.

Les arroseurs sont pratiquement invisibles, peu bruyants et ne gênent pas le passage de la tondeuse. Leur rayon d'action varie entre 6 et 12 m et ils sont disposés pour que les jets se recouvrent. Certains arroseurs sont montés sur tubes-allonges de 0,80 à 1 m de haut pour faciliter l'arrosage des massifs floraux.

Le réseau d'alimentation est enterré à une profondeur suffisante pour ne pas être endommagé par les façons culturales (60 à 80 cm). La commande s'effectue à l'aide d'un programmateur fréquemment relié à un pluviomètre, ou manuellement.

Des soupapes de vidange automatique sont placées à tous les points bas (liaison à étudier avec le réseau d'assainissement).

Pour limiter la dépense d'eau, le réseau est divisé en zones, fonction des plantations ; chaque zone est asservie à une vanne à commande électrique, fonctionnant sous très basse tension et alimentée par un câble étanche sous fourreau relié au programmateur.

D'autre part, il est conseillé de placer sur les réseaux quelques bouches pour permettre l'arrosage manuel des allées ou des parcs à voitures.

L'eau provient soit du réseau de ville ce qui est coûteux, soit d'une source naturelle (étang, rivière, puits) ; dans ce dernier cas cela nécessite un groupe de pompage à pression suffisante, précédé d'un filtre pour éviter l'introduction de particules.

Le débit théorique est calculé pour fournir au gazon 20 litres d'eau par mètre carré et par semaine en temps normal et 30 litres en saison sèche. Il est possible également d'adapter un réservoir doseur et de répandre un engrais liquide.

Le débit réel doit être étudié en fonction de la nature de la terre et du climat ; trop d'eau, en particulier, entraînerait des flaques, la perte de la fumure minérale dans le sol et l'asphyxie du système radiculaire ; mais d'autre part il faut mouiller la totalité de la terre atteinte par les racines, tout en évitant une évaporation trop intense.

En règle générale les arrosages seront abondants mais espacés dans les sols argileux et lourds, fréquents et réduits dans les terres légères. Les meilleures heures pour l'arrosage sont la nuit ou très tôt le matin car le vent est généralement faible, la pression du réseau d'eau de ville élevée et l'évaporation limitée.

Le programmateur comporte une commande qui le met hors service en cas de période pluvieuse et l'hiver.

En première approximation on peut admettre les débits suivants :

Sol	*Arrosage maximum*	
Léger ou siliceux sableux	:	500 m³/ha
Silico-argileux	:	800 »
Lourd et argileux	:	1 200 »

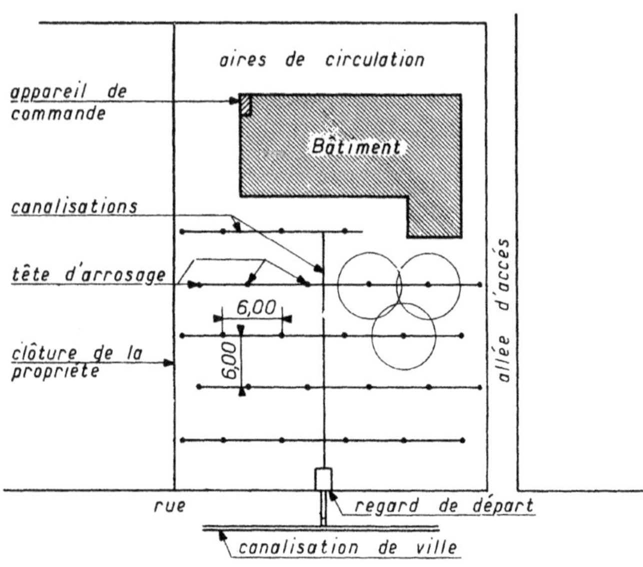

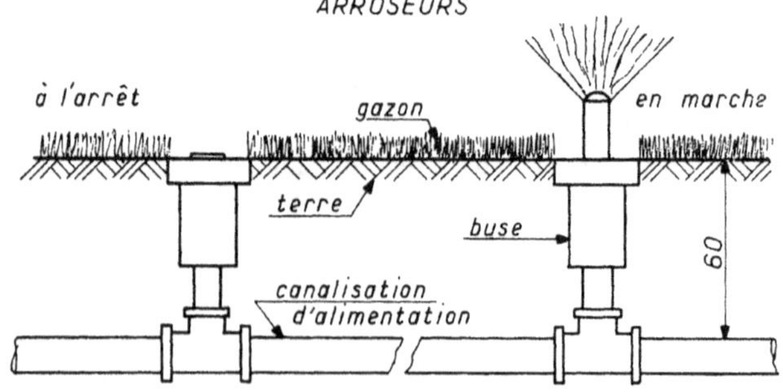

Fig. 5.14 — Arrosage automatique.

Les quantités indiquées sont des moyennes : le débit doit être réglé en fonction de la nature de la terre, la quantité d'eau étant d'autant plus importante qu'elle est plus « légère » (1 litre d'eau par m² représente 1 mm de pluie).

Pour l'appel d'offres, le projeteur fournira les éléments suivants qui constitueront le dossier technique :

— le plan des surfaces à arroser avec les pentes, les accidents (bornes lumineuses, clôtures, poteaux, etc.), les parties à sauvegarder, le tracé des canalisations existantes ou futures, l'emplacement du point de départ de l'installation et celui souhaité pour l'armoire de commande ;

— indication à l'électricien de l'alimentation en attente pour cette armoire ;

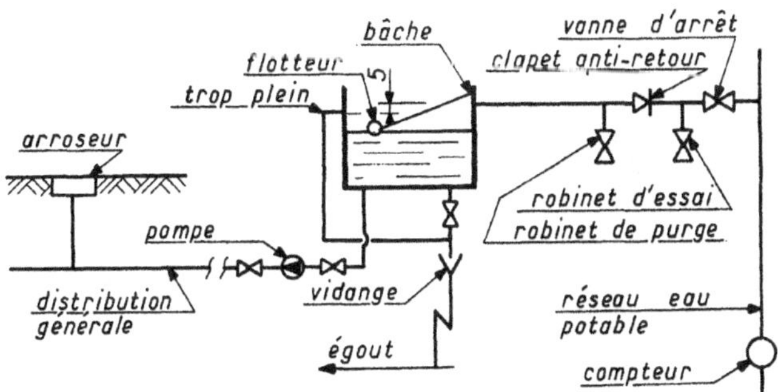

Fig. 5.15 a — Arrosage automatique. Alimentation
(règlement sanitaire de la Ville de Paris).

Liaisons

	Terrassements ——————————►	Tranchées
	Gros-œuvre —————————►	Local surpresseur Fourreaux
Arrosage *automatique*	Plomberie ——————————►	Débit Raccordement
	Electricité ——————————►	Raccordement
	Espaces verts —————————►	Plantations Chemins

— note technique précisant la nature de la source d'eau, sa pression, son origine, la quantité d'eau disponible ou le débit possible, la nature du sol, le sens des vents dominants et la densité probable des plantations ;

— le plan des plantations de haute tige ou de massifs floraux qu'il y a lieu soit de protéger, soit d'arroser d'une manière spéciale.

L'entrepreneur déterminera l'emplacement des têtes d'arroseurs en fonction de la nature du sol, de la déclivité du terrain et de l'influence des vents dominants.

Dans le cas où la pression ou le débit de l'eau sont insuffisants, il faut prévoir en tête de la canalisation un groupe motopompe ; celui-ci sera installé dans un local séparé ou dans un regard extérieur. Il nécessite une alimentation électrique avec commande et alarme reliée au local du gardien et parfois un comptage séparé tant pour l'eau que pour l'électricité. Le projeteur doit se faire préciser ce dernier point par le promoteur.

Le Règlement sanitaire départemental précise le mode de raccordement au réseau d'eau potable. A Paris en particulier il faut intercaler une bâche de reprise alimentée en surverse.

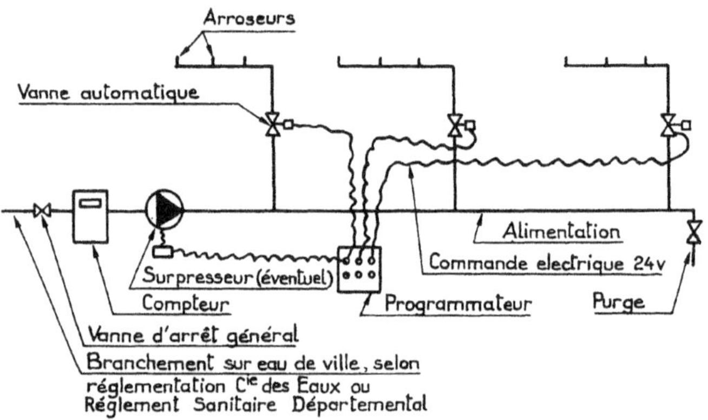

Fig. 5.15 b — Arrosage automatique. Schéma.

L'irrigation souterraine

L'irrigation souterraine consiste à distribuer l'eau dans la terre au niveau des racines des végétaux. On évite les pertes d'eau par ruissellement ou évaporation. Le système est assez onéreux et l'entretien est difficile. Il est surtout utilisé pour l'arrosage des espaces verts urbains et des talus (l'eau descend par gravité).

Le réseau est constitué par des tuyaux poreux ou en PVC, équipés de diffuseurs placés en lignes parallèles tous les mètres environ, à 15 ou 30 cm de profondeur : le sol est humidifié par capillarité.

Le risque de colmatage n'est pas négligeable et le bêchage doit être exécuté avec attention.

Le débit est contrôlé par un programmateur qui tient compte des conditions atmosphériques (orage, rosée, pluie, etc.).

On citera également une technique analogue d'origine américaine : le stockage d'eau. La surface de l'espace vert est approfondie de 40 cm, étanchée par une bâche plastique et remplie de sable équipé de drains tous les 2 m. L'eau de pluie est stockée dans cette réserve et est ensuite répartie par capillarité lors des périodes sèches.

Ces systèmes économisent l'eau car on évite l'évaporation ; de plus ils ne produisent ni bruit, ni flaques d'eau.

Arrosage des jardinières

Les jardinières sur balcon ou terrasse sont arrosées par des « goutteurs », tuyaux plastique perforés placés au-dessus de la terre, à quelques centimètres, et tous les 50 cm environ. Ils doivent être recouverts par les plantations pour ne pas être inesthétiques.

Mais on utilise de plus en plus le système à réservoir d'eau placé dans le fond de la jardinière et répartissant l'eau grâce à une mèche placée dans la terre.

La recherche d'eau

L'eau potable est pratiquement distribuée dans toutes les localités sauf quelques rares exceptions dans le cas desquelles il faut recourir au puits traditionnel dont les principes d'exécution sont rappelés :

— l'emplacement doit être choisi avec soin pour éviter la contamination par les eaux superficielles ; il doit en particulier être suffisamment éloigné (35 m au moins) des fosses septiques, des fosses à purin, des étables et écuries, etc.

— La profondeur doit être suffisante pour que l'eau ait été filtrée par les diverses couches du sol sinon il faut procéder à de fréquentes analyses pour vérifier qu'elle n'a pas été souillée. Les pompes électriques permettent de placer le puits en un endroit éloigné et de descendre profondément.

Le Règlement sanitaire départemental type précise (article 67) que :

— le puisage doit s'effectuer par pompe,

— le puits doit être couvert,

— une margelle de 50 cm de hauteur au moins doit l'entourer,

— il doit être entouré par une aire étanche de 2 m au moins pentée sur l'extérieur.

Il est rappelé que l'usage de l'eau des nappes profondes est réglementé par l'article 552 du Code Civil. Une circulaire du 2 septembre 1973 (protection de la nature et environnement) précise les modalités du contrôle administratif. Celui-ci est généralement effectué par le Service des Mines. D'autre part, l'article 131 du Code Minier précise qu'une déclaration doit être faite à ce service avant le début des travaux.

L'industrie et certains matériels utilisés dans l'habitation exigent beaucoup d'eau pour leur fonctionnement : citons dans le premier cas le refroidissement des machines-outils et dans le second celui des groupes de conditionnement d'air, des pompes de chaleur, etc. Il ne sera pas traité de l'hypothèse où l'eau constitue un élément du processus industriel.

Il faut alors rechercher de l'eau « non domestique » dans une nappe alimentée suffisamment pour garantir le débit nécessaire. Ce problème est devenu important ces dernières années par suite de l'augmentation des prélèvements ; aussi sont-ils maintenant réglementés par les Agences de Bassins.

Bien entendu l'eau extraite doit faire l'objet d'analyse pour vérifier qu'elle convient pour l'usage auquel elle est destinée. Le puits est complété par une station de pompage installée dans une chambre en béton armé généralement enterrée et exécutée par l'entrepreneur de gros œuvre.

Dans ce chapitre il n'est traité que de la recherche d'eau potable ou d'eau pour usages industriels. Le captage d'eau chaude géothermique pour le chauffage fait l'objet de techniques spéciales, en dehors de l'objet du présent ouvrage.

Exécution des puits

L'exécution d'un puits peut s'effectuer de quatre manières différentes, étant entendu que le mode d'exécution est fonction de son utilisation, de la profondeur de la nappe, de la nature du terrain et des possibilités financières. On distingue :

— *le puits maçonné*

C'est le puits traditionnel, constitué par une fouille circulaire garnie d'anneaux de béton préfabriqués ou par une maçonnerie. La profondeur n'excède pas une quinzaine de mètres, le débit est faible et l'eau facilement polluée par les écoulements de surface. Aussi n'est-il utilisé que pour les besoins individuels ou les fermes.

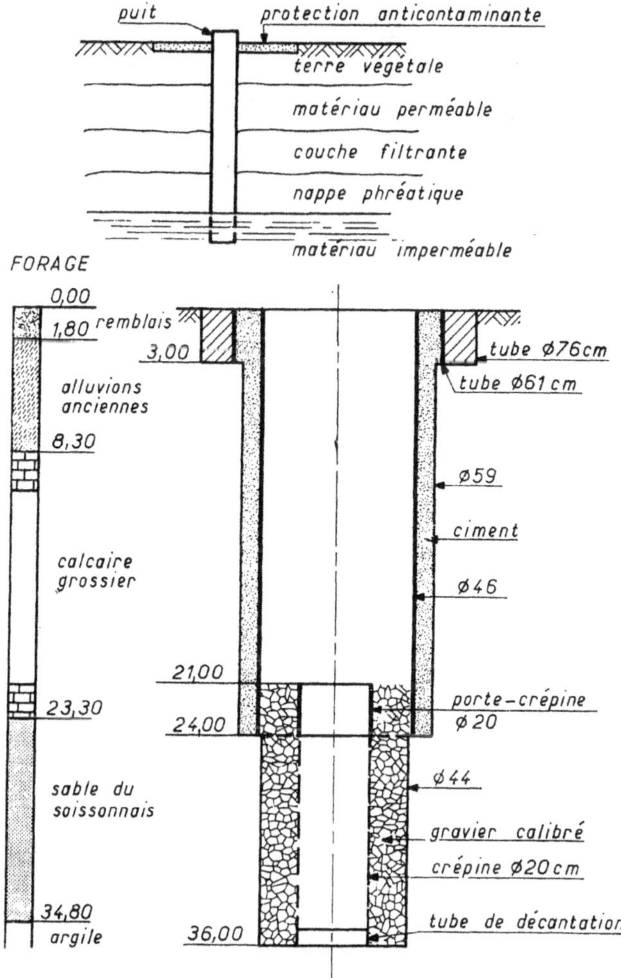

Fig. 5.16 — Puits traditionnel.

— le puits foré manuellement

C'est une amélioration du système précédent. On fore un trou de petit diamètre qui est garni d'un tube dont l'extrémité comporte une crépine. La partie haute est bétonnée sur 3 ou 4 m et la profondeur ne dépasse pas 12 à 15 m.

— *les puits forés mécaniquement*

On utilise une foreuse mécanique qui peut descendre à une grande profondeur et traverser les terrains de toutes natures. La profondeur peut atteindre 200 à 300 m ; le trou est ensuite garni par des tubes d'acier avec une crépine en partie inférieure. C'est le puits pour extraction d'eau pour l'industrie.

— *les puits battus*

On bat jusqu'à la nappe des tubes terminés par une pointe filtrante. Mais il faut que la nature du sol s'y prête et qu'il soit meuble et sans grosses pierres. La profondeur ne dépasse guère 15 m mais le système est économique.

Dans le cas où des débits importants sont nécessaires, la technique est plus complexe car le puits doit comporter un filtre naturel ou artificiel qui assure une première épuration de l'eau. Bien entendu ces puits doivent être complétés par un système de pompage dont il ne sera pas traité. Le lecteur se reportera à ce sujet aux ouvrages spécialisés.

5.2. Distribution électrique

Tous les immeubles sont alimentés en énergie électrique par E. D. F. suivant des modalités fonction de la puissance nécessaire. Trois types principaux d'alimentation sont possibles :

— la desserte en basse tension : le raccordement s'effectue directement sur le réseau public basse tension, issu d'un poste de transformation public. Cela n'intéresse que les faibles puissances (inférieures à 100 kVA) et les immeubles proches de la voie publique. Les travaux de raccordement sont réalisés par E. D. F.

— la puissance demandée est importante et supérieure à 100 kVA : il faut un poste de transformation, généralement implanté en limite de propriété. Le lecteur se reportera à ce sujet à l'ouvrage du même auteur *L'établissement du projet de bâtiment,* tome II.

Les différents bâtiments sont alimentés à partir du poste de transformation par un câble enterré. Les dérivations s'effectuent soit par une boîte spéciale, soit par une boucle du câble. Dans le premier cas la dérivation aboutit à un coffret pieds-de-colonne (ou à un distributeur desservant plusieurs colonnes) ; dans le second cas la boucle traverse un

« ensemble blindé » comportant un dispositif de sectionnement et un distributeur (coffret S 300 ou S 200).

La limite de prestation entre les lots distribution extérieure et distribution intérieure doit faire l'objet d'une définition précise, avec l'aide éventuelle de E. D. F., pour éviter un manque.

Dans le cas où le poste n'est pas en limite de propriété mais à l'intérieur de celle-ci, il faut prévoir en accord avec E. D. F. une liaison sous fourreau sous la voie publique.

— la desserte en aérien, système pratiquement abandonné pour les

Planning des études — Distribution électrique extérieure

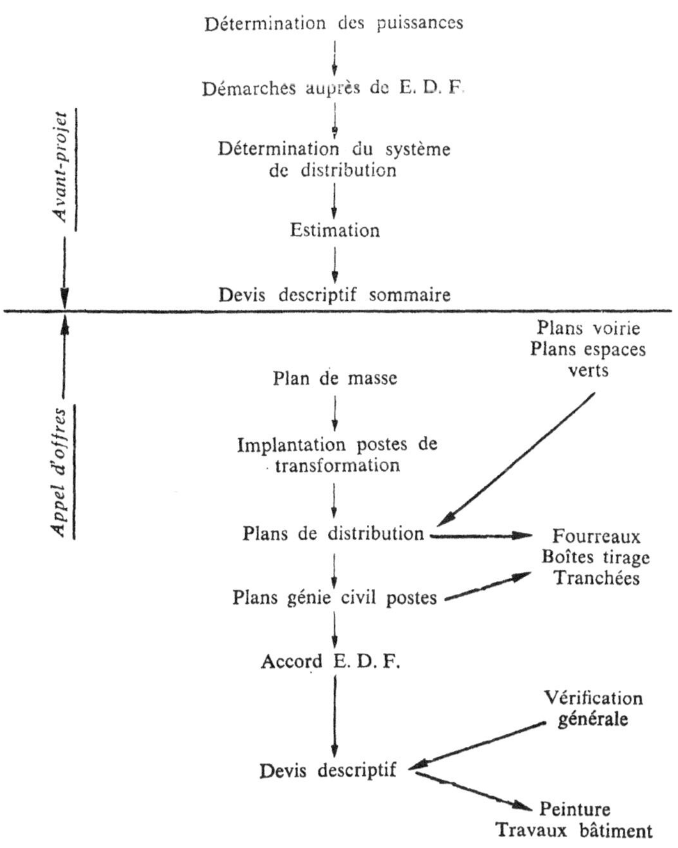

groupes immobiliers car peu esthétique et réservé aux « écarts » pour lesquels une distribution enterrée serait d'un coût prohibitif.

Il est rappelé qu'un poste de transformation doit toujours être accessible par le personnel d'E. D. F. Si l'ouverture du poste ne s'effectue pas sur la voie publique il faut alors prévoir un accès par portillon dans la clôture, équipé d'une serrure spéciale fournie par E. D. F. Le chemin conduisant de la voie publique au poste intérieur doit être clôturé s'il est prévu des chiens de garde afin que le personnel E. D. F. puisse pénétrer dans l'usine.

Le projeteur doit donc, avant d'entreprendre son étude, se mettre en rapport avec les services *locaux* de distribution qui préciseront le mode d'exécution. Il est souligné qu'E. D. F. ne pose le câble d'alimentation que lorsque le génie civil du poste de transformation est terminé, ce qui est une contrainte sérieuse dans le calendrier des travaux.

D'autre part, les travaux d'alimentation électrique et d'éclairage sont réalisés par un entrepreneur électricien qui est souvent mal équipé pour effectuer les travaux complémentaires de terrassement ou de maçonnerie. Ceux-ci sont alors exécutés par l'entrepreneur de V. R. D. Cela implique une bonne coordination tant dans la rédaction du devis descriptif que sur le chantier (limites de prestation, partage des frais).

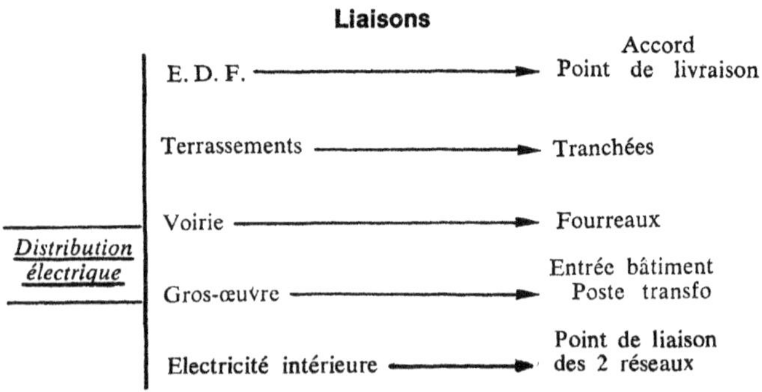

Détermination de l'installation

La puissance de l'installation est à déterminer par le projeteur en accord avec la subdivision locale de l'E. D. F. ; cela peut être fait avec une bonne approximation, même si l'installateur du réseau intérieur n'est pas encore désigné. Elle est fonction du type d'installation (pavillon, immeuble collectif, atelier) et de la présence ou non du chauffage électrique. Le principe consiste à effectuer la somme des puissances pour chaque usage (abonnés, parties communes, machines), somme que l'on affecte ensuite d'un coefficient de foisonnement en accord avec E. D. F.

Le projeteur vérifiera auprès de la Mairie que le réseau ne doit pas être incorporé ultérieurement dans le réseau public. Dans le cas contraire il doit se conformer à la réglementation des voies publiques.

Détermination des câbles

Le calcul de la section des câbles de distribution fait intervenir de nombreux facteurs ; aussi est-il généralement résolu au moyen de tableaux établis par les fournisseurs en fonction des caractéristiques de leur matériel. Pour un avant-projet, les puissances à envisager sont définies dans la norme C 14.100 (habitations) ou précisées par E. D. F. (bureaux). Dans le cas de bâtiment industriel, le Maître d'Ouvrage doit déterminer les puissances en fonction de son matériel en n'omettant pas les extensions futures.

La section à adopter pour le câble dépend des facteurs suivants :

— la puissance nécessaire à transporter,

— sa longueur, la chute de tension maximale ne devant pas dépasser 5 %,

— l'échauffement, qui ne doit pas altérer les propriétés mécaniques de l'isolant,

— sa résistance mécanique : le câble armé ou à écran métallique peut être enterré sans précaution particulière, le non armé doit comporter une protection rapportée,

— le coefficient de simultanéité entre les différentes utilisations de l'énergie.

Un câble se compose généralement de quatre conducteurs (trois phases et un neutre) ; la section extérieure est de 4 à 8 cm environ ; les structures en sont normalisées et relèvent de la série NF C 32... Les symboles graphiques pour le tracé des réseaux figurent sur la norme NF C 03.200.

Pose des câbles électriques

Les câbles de distribution de l'énergie électrique pour l'alimentation des immeubles et l'éclairage public doivent être protégés contre les détériorations causées par le tassement des terres, le contact des corps durs et les actions chimiques du terrain. En conséquence ils sont placés dans une tranchée dont la profondeur minimale est de :

— 70 cm en terrain courant et sous espaces verts,

— 1,10 m sous chaussée,
la largeur minimale étant de 50 cm.

Le câble est posé sur une couche de sable de 10 cm et est recouvert par une deuxième couche de 10 cm de sable et 10 cm de terre fine ;

on place alors un grillage plastique rouge et le remblai est terminé en terres ordinaires criblées et compactées ou en sablon au droit des chaussées.

La pose avec protection mécanique complémentaire (tuileau, caniveau en bois) est citée pour mémoire car peu employée.

Le cheminement en plan s'effectue par éléments droits ; les courbes de raccordement ont un rayon minimal de dix fois le diamètre (vingt fois étant conseillé).

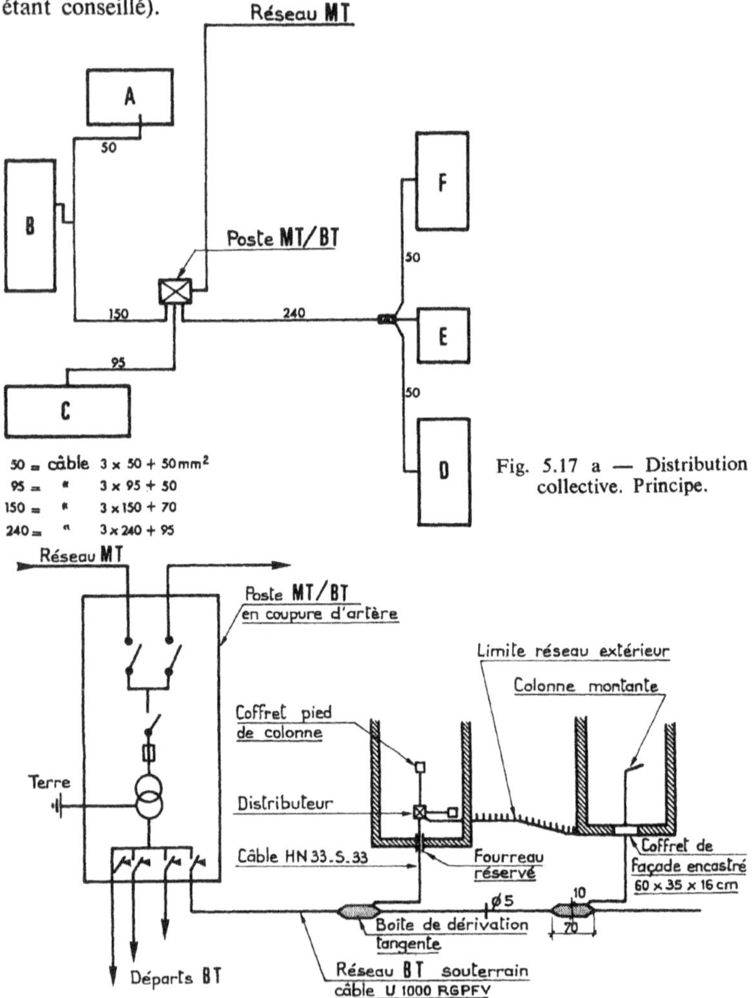

Fig. 5.17 a — Distribution collective. Principe.

Fig. 5.17 b — Distribution collective. Branchements.

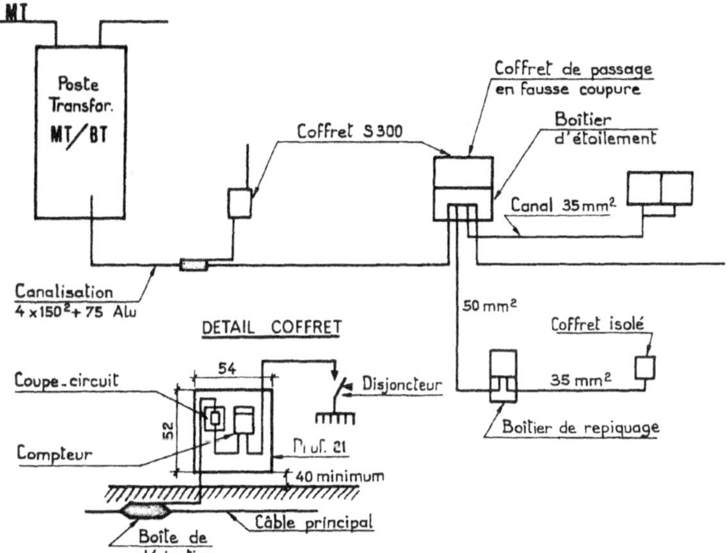

Fig. 5.17 c — Distribution pavillons.

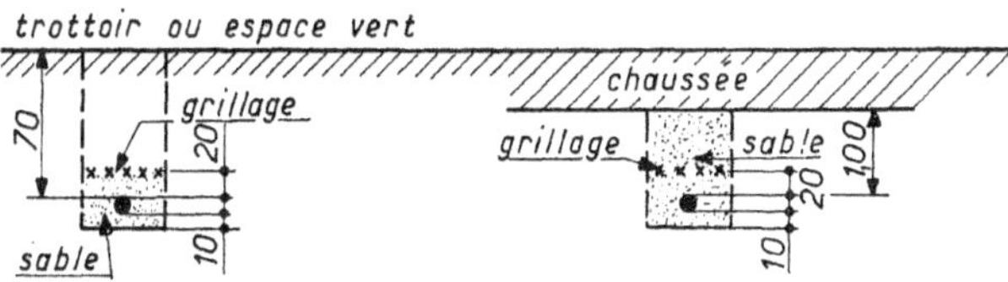

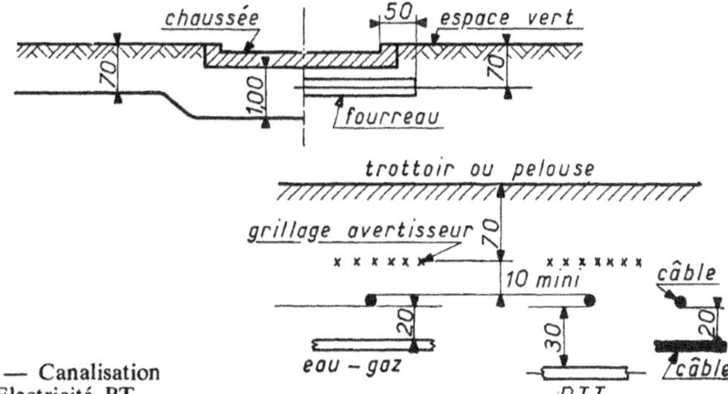

Fig. 5.17 d — Canalisation
enterrée. Electricité BT.

Les jonctions et dérivations s'effectuent au moyen de deux procédés qui ont été étudiés pour pouvoir s'effectuer sous tension :

— des boîtes en matériau plastique rigide, remplies après jonction de matière polymérisable à froid,

— un enrubannage avec injection de résine à froid sous réserve que ce système ne soit pas démontable.

Le raccord des câbles s'effectue mécaniquement au moyen de pièces spéciales et par poinçonnage profond.

CHAMBRE DE TIRAGE

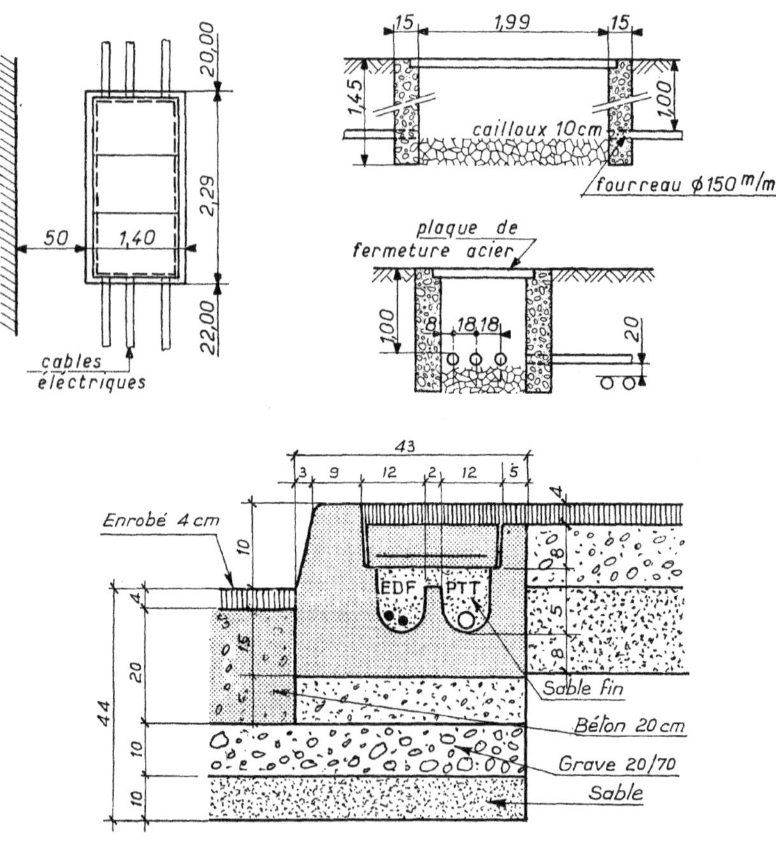

Fig. 5.18 a) Chambre de tirage câbles électriques.
b) Bordure caniveau pour câbles.

Ils sont généralement placés sous un trottoir ou une allée de piétons. La pose sous espaces verts n'est pas toujours acceptée par E. D. F. car ils peuvent être alors détériorés par les racines d'arbres ; aussi le fourreautage est-il souvent imposé dans ce cas.

Des chambres de tirage sont nécessaires pour la mise en place du câble sous fourreau. Ce sont des éléments encombrants (100 × 200 en plan) et dont l'espacement varie de 20 à 30 m.

Dans le cas de traversée de chaussée, la profondeur est portée à 1 m jusqu'à 50 cm de part et d'autre de l'emprise ; le remblai est effectué entièrement en sablon.

Ces traversées constituent une sujétion de chantier importante ; pour éviter d'avoir à démolir la chaussée, on place des fourreaux en attente avant l'exécution des couches de fondation (amiante-ciment ou plastique, $\varnothing$ 100 ou 150 de préférence, enrobé de 20 cm de béton dessus et dessous. Si le câble croise une autre canalisation de fluide ou lui est parallèle, l'éloignement doit être supérieur à 20 cm sinon il doit être placé sous fourreau largement débordant. Câbles MT et BT ne doivent jamais être placés dans la même tranchée.

En cas de remontée hors-sol, le câble doit être protégé par un tube métallique sur 2,50 m au-dessus et 50 cm au-dessous du sol fini. D'une manière générale les installations de branchement entre le réseau de distribution et l'origine des installations intérieures sont régies par la norme NF C 14.100.

Cas particuliers

Il est cité quelques cas particuliers de pose et leurs solutions.

Passage en terrain meuble : Il sera prévu sous le câble une semelle en béton armé de 40 cm de largeur, exécutée sur 5 cm de sable.

Passage dans une cavité (ancienne cave, galerie) : le câble sera placé sous fourreau en tuyau de ciment ou amiante-ciment.

Passage dans un terrain humide ou altéré : l'eau sera analysée pour vérifier qu'elle n'est pas susceptible d'attaquer l'enveloppe du câble. Il en sera de même pour le passage dans un terrain imprégné de produits chimiques.

Passage dans terrain inondable : dans les terrains inondables ou lorsque la tranchée forme drain, il faut utiliser un câble du type pour être immergé en permanence (câble à gaine plomb U. 1000 RGPFV).

Passage à proximité d'une ligne électrique aérienne : toutes précautions seront prises contre les courants telluriques.

Bâtiment existant ou prévisible : le câble sera détourné, le passage sous un bâtiment étant interdit.

Branchements

Le système de branchement est fonction de la nature de l'immeuble :

— *Immeuble collectif* : une boîte de branchement est placée sur le câble principal et une dérivation (150 mm^2 maximum) alimente le coffret pieds-de-colonne ou un coffret en façade.

— *Pavillon* : il comporte une boîte de dérivation et un câble de liaison triphasé jusqu'à un coffret S 300 placé en limite de propriété. L'installation intérieure assurée par l'entrepreneur du lot Electricité Intérieure débute à ces points. Il importe de bien les préciser sur les plans et les pièces écrites.

Armoires de sectionnement

Pour assurer la desserte de plusieurs bâtiments, on interpose des armoires de sectionnement sur le parcours des câbles. Elles créent des points de coupure entre le poste de transformation et le réseau et permettent les dérivations du câble principal, en répartissant la puissance.

Ce sont des armoires métalliques placées sur un socle en béton ; l'équipement intérieur est constitué par des sectionneurs et des fusibles.

Entrée des câbles

Généralement l'entrée des câbles s'effectue directement dans le bâtiment au travers du mur de façade, mais il est parfois nécessaire de prévoir une chambre de tirage soit que l'arrivée ne soit pas perpendiculaire, soit qu'il ait une grande longueur droite à parcourir, etc. L'emplacement et les dimensions de cette chambre doivent être étudiés en accord avec le gros-œuvre, le Maître d'Œuvre et éventuellement E. D. F.

Distribution électrique et éclairage extérieure

Dans les groupes importants, le réseau de distribution électrique est souvent parallèle à celui de l'éclairage extérieur, tout au moins sur une partie de son parcours. Il y a donc un intérêt évident à placer les deux câbles dans la même tranchée mais cela nécessite une liaison étroite au moment de l'exécution et un accord préalable si les câbles sont posés par des entrepreneurs différents.

Pose en caniveau

Les fourreaux pour alimentation en électricité peuvent être remplacés par des petits caniveaux en béton préfabriqués ce qui supprime les boîtes de tirage et rend les modifications ainsi que les remaniements plus faciles.

En particulier on utilise pour cet usage des bordures de trottoir spécialement aménagées.

Raccordement sur le réseau général E. D. F.

Un poste de transformation, qu'il soit public ou d'abonné, est généralement placé en bordure de la voie publique et son raccordement au réseau effectué par E. D. F.

Mais cette hypothèse n'est pas toujours réalisée et il faut alors prévoir un cheminement enterré protégé pour les câbles d'alimentation du poste dans le cas de zone à occupation dense (espaces verts, chaussées).

Ce cheminement protégé est constitué en principe par :

— deux ou trois fourreaux en acier de 150 mm de diamètre à une profondeur de 80 cm ; d'autres matériaux peuvent être acceptés par les services locaux d'E. D. F. (amiante-ciment $\varnothing$ 150 mm enrobé de béton) ;

— des chambres de tirage tous les 20 m au plus, facilement accessibles ; les dimensions moyennes sont de 3 × 0,80 m pour 80 cm de profondeur, avec dalles de couvertures mobiles arasées au sol fini ;

— des chambres pour les changements de direction, de 3 × 1,50 m situés dans une zone dégagée ;

— éventuellement des chambres pour la pose de manchons de dérivation, de 6 × 0,90 m.

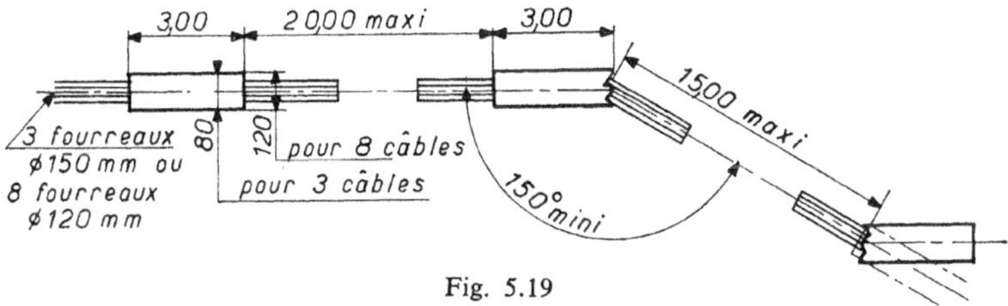

Fig. 5.19

Toutes ces chambres, encombrantes, doivent être placées à proximité d'une voie de desserte et comporter une couverture facile à manipuler tout en étant adaptée aux surcharges éventuelles.

Lorsque l'occupation du terrain est faible (desserte d'une zone industrielle par exemple), le câble est placé en tranchée mais sous trottoir afin, d'être facilement accessible pour des réparations éventuelles. D'une manière générale les passages sous chaussée ou sous espaces verts doivent s'effectuer sous fourreaux.

Les chambres de tirage peuvent être supprimées lorsque le câble chemine sous espaces verts et remplacées par une longue coupure des fourreaux sous réserve que les plantations ne consistent qu'en gazon.

5.3. Éclairage extérieur

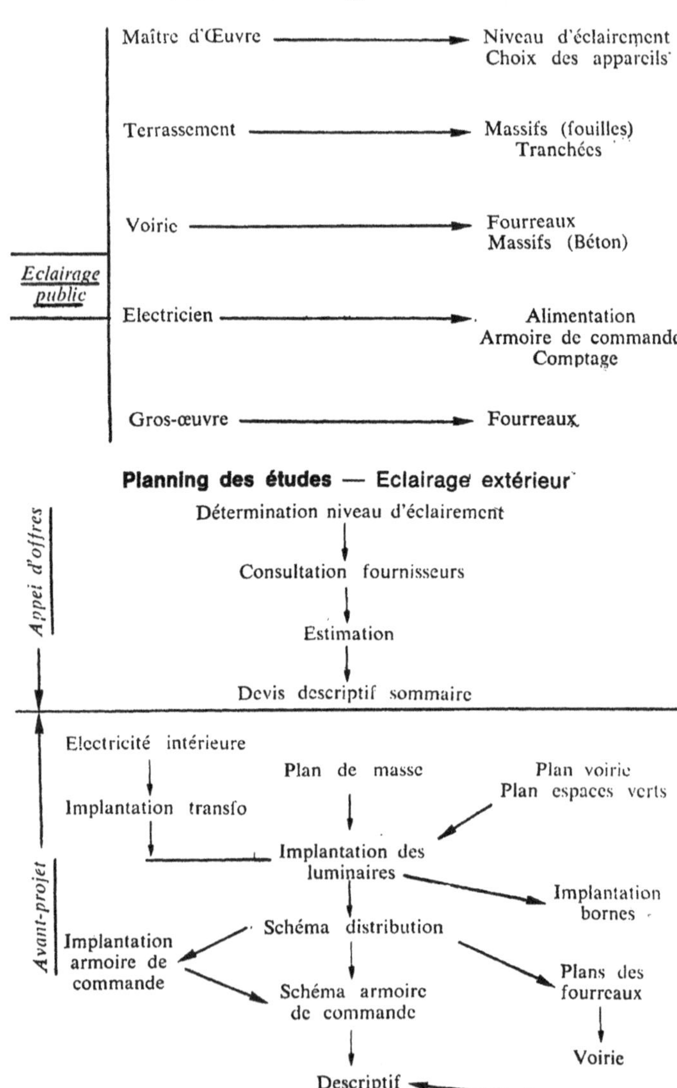

L'éclairage des chemins d'accès et des parcs à voitures est une nécessité : le piéton doit pouvoir circuler en sécurité tout en étant guidé. Il en est de même pour l'automobiliste qui doit facilement pouvoir repérer les obstacles et les piétons en particulier. De plus l'éclairage améliore la sécurité publique.

Pour les bâtiments industriels l'éclairage des cours est indispensable pour faciliter le travail dès que la nuit tombe.

Mais cet éclairage n'a pas à présenter les caractéristiques d'un éclairage public étant donné la faible allure de la circulation. La lumière n'a d'ailleurs pas un rôle purement fonctionnel : elle doit éviter la monotonie et la tristesse des espaces sombres. Il faut donc rechercher un effet d'ambiance et d'esthétique car l'éclairage extérieur doit s'inscrire dans l'architecture du lieu et animer les zones entourant les habitations.

Le candélabre, visible de jour, doit fréquemment recevoir une peinture de finition appliquée par l'entrepreneur des bâtiments, en fin de chantier.

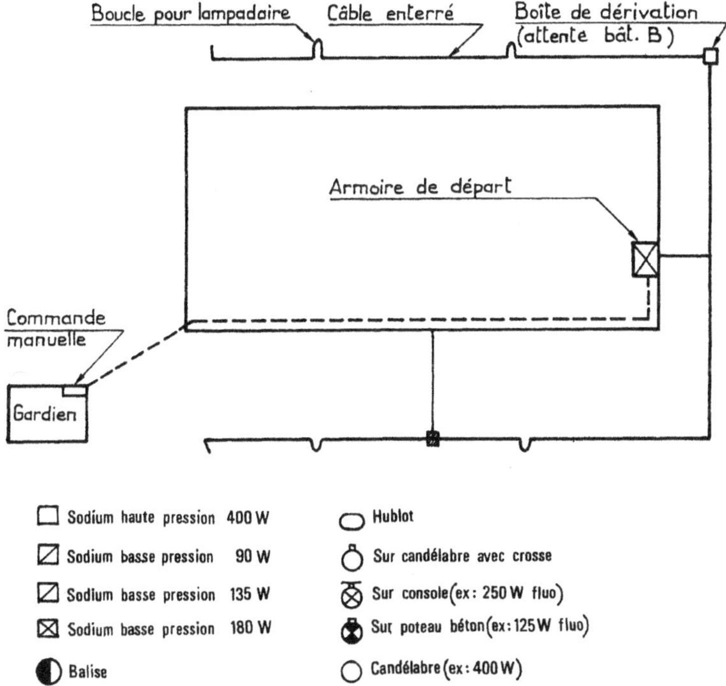

Fig. 5.21 a — Eclairage public.

Pour assurer la sécurité, tous les appareils doivent être conçus spécialement (isolation électrique poussée, protection contre le vandalisme). Pour les petits groupes d'immeubles ou les usines, c'est l'entrepreneur d'électricité qui effectue les travaux, mais il est souvent mal outillé pour réaliser les ouvrages de terrassement ou de maçonnerie.

Pour les grands ensembles (habitations, usines ou centre commercial) il est préférable de confier ces travaux à une entreprise spécialisée en éclairage public, mieux équipée pour réaliser l'ensemble de la prestation. (NF C. 17.200)

Quant aux études préliminaires, le rédacteur du descriptif peut s'adresser aux fournisseurs afin qu'ils lui établissent un projet en fonction des appareils de leur catalogue. Il doit alors leur fournir le plan-masse des bâtiments et des voies, ainsi que des coupes définissant les hauteurs et l'emplacement éventuel des arbres.

Un réseau extérieur d'éclairage doit répondre aux qualités suivantes :
— résistance mécanique et aux intempéries du matériel extérieur,
— fiabilité,
— facilité de réapprovisionnement du matériel,
— facilité d'entretien,
— bon vieillissement.

Equipement des voies principales

Les voies principales des groupes immobiliers sont équipées de lampadaires décoratifs constitués par un fût, généralement métallique, et une lanterne non défilée. La hauteur varie de 3 à 5 m et l'espacement de 3 à 5 fois la hauteur (soit 10 à 25 m), ce qui assure un éclairage régulier. L'espacement peut être porté à 8 fois la hauteur pour les voies secondaires. Le long des voies les candélabres sont placés soit sur un seul côté, soit sur les deux côtés mais en quinconce. L'aspect esthétique prime la notion d'éclairement, sous réserve qu'il ne s'agisse pas d'une voie très fréquentée, auquel cas il faudrait appliquer les règles de l'éclairage public urbain.

Lorsque la voie est bordée d'arbres, les lampadaires sont implantés entre ceux-ci, à raison de un tous les deux ou trois arbres, mais dans leur alignement.

Dans tous les cas la puissance ne doit pas être trop forte afin de ne pas éblouir l'automobiliste qui circule sur la voie.

Les entrées des bâtiments reçoivent des appliques en façade ou en sous-face des auvents, installées par l'électricien du bâtiment et commandées par le réseau d'éclairage public.

Les parcs à voitures reçoivent des candélabres de même type que les allées ou des candélabres de type routier de 7 à 8 m de hauteur, équipés de consoles ; le nombre en est alors moins élevé. L'emploi des bornes basses est déconseillé car elles sont facilement masquées par les voitures, ce qui crée des zones d'ombre propices aux vols et aux dégradations.

Les cours d'usine sont éclairées par des candélabres de type routier qui doivent être soigneusement protégés en pied contre les chocs. On utilise également des projecteurs fixés en partie haute des façades, mais il faut veiller à ce qu'ils n'éblouissent pas les conducteurs circulant sur la périphérie.

Si l'usine traite des produits dangereux, tout l'équipement doit être antidéflagrant.

Eclairage des chemins de piétons

L'éclairage des chemins de piétons a essentiellement un rôle utilitaire : il doit permettre une bonne visibilité et la reconnaissance des lieux ; de plus la couleur de la lumière ne doit pas donner une impression désagréable, ni être trop différente de celle des halls d'entrée. Il est assuré par des luminaires décoratifs, peu élevés mais particulièrement robustes car à la portée des enfants. De plus la sécurité électrique doit être assurée avec soin.

On utilise généralement :

— pour les chemins principaux des candélabres droits de 4 à 6 m de hauteur espacés de 20 à 35 m, avec lanterne décorative équipée de lampes à ballon fluorescent ou de tubes donnant une répartition circulaire, afin de créer des points de brillance dans le champ visuel ;

— pour les chemins secondaires et les entrées d'immeubles des bornes d'éclairage rasant, équipées de lampes à incandescence ou de tubes fluorescents, espacées de 10 à 20 m.

Sur les façades sont placés des hublots diffusants, encastrés ou en applique. Dans tous les cas, l'éclairage ne doit pas être éblouissant.

Les catalogues des fournisseurs indiquent les espacements à respecter en fonction du modèle choisi, de sa hauteur et de l'éclairement désiré.

Il sera vérifié que les chambres à coucher ne sont pas illuminées par une source de lumière extérieure. D'autre part, entrées de bâtiments et abords ne doivent pas être éclairés trop différemment ce qui serait désagréable. Il est déconseillé d'utiliser des lampes à vapeur de mercure (couleur verte), au sodium (couleur jaune) ainsi que des tubes fluorescents dans les régions froides. Les premières sont peu appréciées des usagers et les dernières s'allument difficilement à basse températures. La multiplication des foyers crée une ambiance agréable mais est onéreuse et peut créer beaucoup d'obstacles. Aussi un compromis doit-il être cherché entre la vision de jour et celle de nuit.

Eclairage des jardins

L'éclairage d'un jardin, nécessaire pour la circulation, peut procurer aussi un effet décoratif, mais il s'agit dans ce cas plus d'illumination que d'éclairage et le Maître d'Œuvre doit faire alors appel à un spécialiste de cette technique.

Le principe de l'illumination consiste à choisir une ou plusieurs scènes (ou paysages) avec des sujets d'essences variées et de les mettre en valeur par le jeu des ombres et des lumières. L'essentiel est de dissimuler les projecteurs afin qu'ils ne soient pas visibles de l'endroit où est situé l'observateur.

L'éclairage des massifs floraux s'effectue de préférence avec des projecteurs mobiles, déplaçables selon la floraison. Pour les arbres le flux lumineux est dirigé du bas vers le haut à l'inverse des fleurs.

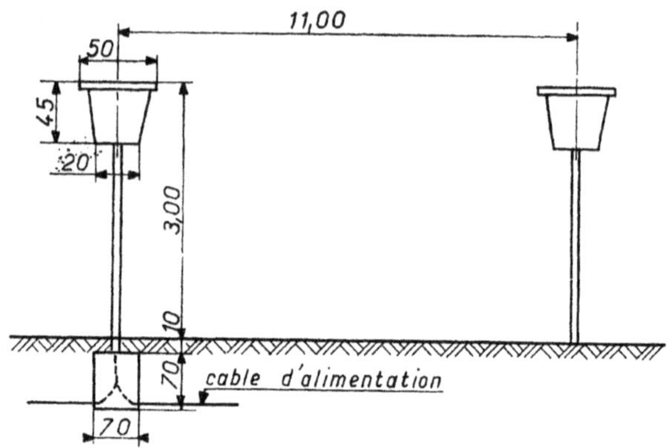

Fig. 5.22 — Eclairage des voies.

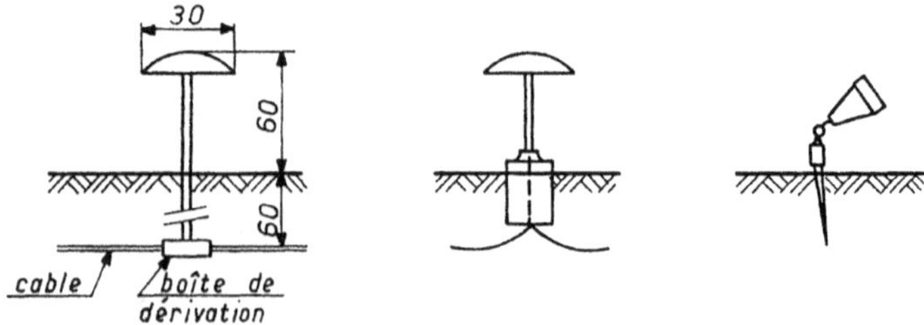

Fig. 5.23 — Eclairage de jardin. c — Projecteur.

Les sources lumineuses sont choisies en fonction des essences : l'incandescence pour les fleurs dont elle ne dénature par les couleurs, les ballons fluorescents à vapeur de mercure pour les conifères de petite taille, les ballons clairs pour les conifères élevés dont ils accéntuent le vert. D'une manière générale, la lumière doit être utilisée pour renforcer les couleurs naturelles.

Généralement l'éclairagiste combine l'éclairage bas des massifs floraux et celui des allées de piétons. Il met en place des bornes de 50 à 70 cm de hauteur avec éclairage partiel ou à 360° selon que l'on veut illuminer l'un ou l'autre des éléments. L'espacement est alors de 6 à 8 m. On peut éclairer également les murettes de soutènement et leur environnement floral, les bassins et les jets d'eau, les motifs décoratifs en place, etc. Mais il faut veiller à ne pas éblouir le passant et à créer des ombres pour accuser les reliefs.

Commande de l'éclairage extérieur

Un point important d'une installation d'éclairage extérieur est sa commande ; pour éviter le gaspillage d'énergie, il faut s'efforcer de ne donner que la quantité de lumière nécessaire à chaque instant : éclairage maximum à la tombée du jour pour la rentrée des occupants, éclairage réduit en pleine nuit et supprimé par nuit claire, etc.

L'éclairage extérieur d'un groupe d'habitations peut se diviser en trois grandes catégories caractérisées par des heures d'allumage différentes :

— les parcs à voitures et les chemins d'accès principaux qui doivent être éclairés entre le coucher et le lever du soleil,

— les auvents et porches d'entrée d'immeubles qui doivent être éclairés dès que la nuit tombe et éteints vers minuit,

— les chemins de piétons qui doivent être éclairés de la même manière que les entrées d'immeubles mais conserver un éclairage réduit durant toute la nuit.

La commande s'effectue par cellule photo-électrique sensible à la lumière du jour, complétée par une horloge astronomique pour éviter des extinctions intempestives. Le système est simple, souple mais l'implantation de la cellule pose parfois des problèmes.

Le système de commande est placé dans le logement du gardien ou dans une armoire située dans le poste de transformation mais accessible de l'extérieur ; il est ainsi possible de procéder manuellement à des allumages ou des extinctions.

Le rédacteur du descriptif vérifiera qu'il a bien prévu la liaison entre l'armoire de commande et le réseau intérieur.

Dans le cas d'une usine, la commande est plus simple et généralement manuelle, bien que l'allumage soit souvent déclenché par une cellule sensible.

Eclairement — Détermination

Une installation d'éclairage extérieur devrait être conçue en fonction de la luminance et des teintes à respecter. Mais cela est difficile et aussi se contente-t-on de fixer des niveaux d'éclairement à respecter ce qui garantit une luminance convenable aux éléments éclairés.

Les voies de desserte automobile doivent être peu éclairées de façon à inciter les conducteurs à rouler avec leurs feux de croisement et non en lanternes : ainsi ils repèrent mieux les obstacles et les piétons. La valeur de l'éclairement doit être sensiblement de 10 lux pour une chaussée en produits noirs et de 5 lux pour une chaussée en béton. Elle sera de 2 à 3 lux pour un chemin de piétons avec un maximum de 15 lux. Par contre la jonction avec la voie publique sera mieux éclairée : 10 à 15 lux.

Dans les bâtiments industriels et les centres commerciaux, l'éclairage extérieur doit être nettement plus important que dans un groupe immobilier. Dans une usine on peut admettre :
— cour fréquentée : 50 lux, 15 lux pour la surveillance seule,
— quais : 25 lux, 100 lux en cas de trafic important,
— cour de stockage et parking : 15 lux.

Il faut obtenir une luminance uniforme quelle que soit l'état de la chaussée, sèche ou humide.

Pour les centres commerciaux, l'éclairage est un élément attractif ; aussi utilise-t-on fréquemment des projecteurs de forte puissance groupés au sommet de pylones de 20 à 30 m de hauteur.

Les catalogues des fournisseurs donnent les éléments nécessaires pour le calcul d'avant-projets.

Candélabres

Un candélabre se compose de trois éléments :
— un support,
— un luminaire,
— une lampe.

Le choix d'un candélabre est fonction de nombreux critères d'ordre mécanique, électrique, optique, esthétique d'une part et du coût de l'entretien d'autre part.

Le support :

Selon les lieux le support peut être constitué par un fût ou une console en applique sur une façade. Il doit présenter les qualités suivantes :

— résister aux efforts dus au vent et aux chocs normalement prévisibles,

— être peu sensible aux intempéries et à la corrosion,

— être d'un poids limité afin d'être facilement manutentionnable,

— permettre le logement des appareillages,

— nécessiter le minimum d'entretien,

— avoir une forme élancée.

Pour ce faire, le fût est généralement constitué par un tube en acier creux ou quelquefois par un mât en béton ou en aluminium. Les fûts en béton, d'aspect lourd, résistent bien aux atmosphères corrosives ; ceux en aluminium, légers, ne nécessitent pas d'entretien mais sont coûteux.

Fixés sur un massif en béton ils comportent en partie basse une niche pour le logement de l'équipement. Les candélabres métalliques sont classés en trois groupes : I (de 3 à 6 m de hauteur), II (de 8 à 12 m), III (12 m et plus).

Les candélabres en béton sont normalisés (NF C 67.200) ; ils peuvent être simplement fichés dans le sol au lieu d'être fixés sur un massif (profondeur de calage au 1/10 de la hauteur, majorée de 50 cm). L'alimentation s'effectue par câble enterré.

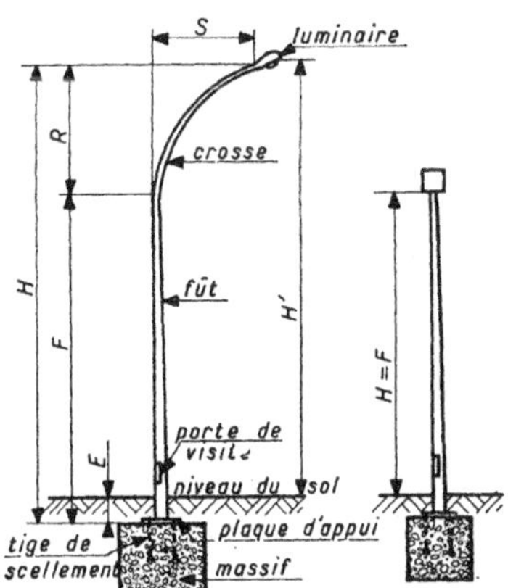

Fig. 5.24 — Candélabre.
H hauteur du candélabre.
H' hauteur de feu
R remontée. S saillie de la crosse.
E encastrement (10 cm généralement).

Les consoles sont utilisées sous certaines réserves : il ne faut pas qu'il y ait d'arbres et la hauteur minimale de 7 à 9 m demande une façade suffisamment élevée et résistante. Elles sont surtout employées pour l'éclairage des voies étroites et des cours d'usines.

Le luminaire :

Le luminaire, placé au sommet du fût, à une double fonction : assurer la distribution du flux lumineux et protéger la source. Il est constitué soit par un globe en verrerie, soit par un boîtier métallique garni d'un élément transparent. L'ensemble est fixé directement sur le fût ou sur une crosse prolongeant ce dernier. Un luminaire doit être solide, esthétique, bien protégé tout en facilitant le remplacement de la source.

Il est caractérisé pour une lampe de puissance donnée par une courbe d'intensité lumineuse et un rendement lumineux, données figurant dans les catalogues des fournisseurs.

Les luminaires sont classés en trois catégories suivant la visibilité de la source : à répartition non défilée (globe), semi-défilée, défilée.

Pour les groupes immobiliers on utilise généralement des luminaires non défilés : ils créent des points de brillance dans le champ visuel et sont de ce fait plus attractifs.

Le luminaire constitue l'élément esthétique d'une installation, aussi les modèles sont-ils nombreux. Ils doivent être établis de manière à assurer une excellente protection contre la corrosion atmosphérique ou industrielle, contre la pluie et les projections d'eau, les vibrations et souvent aussi contre la malveillance (NF C 71.110).

Les luminaires sont répartis en quatre classes (0 - 1 - 2 - 3) en fonction de la protection croissante qu'ils doivent assurer contre les contacts dangereux. En extérieur, on utilise généralement la classe 1 (avec mise à la terre).

La protection assurée par les enveloppes des lampes est indiquée par les lettres IP suivies de trois chiffres (0 à 9) ; ce symbole précise le degré de protection contre la pénétration des solides, celle des liquides et contre les dommages mécaniques. Plus les chiffres sont élevés, meilleure est la protection.

Les lampes :

La source lumineuse est constituée par des lampes de diverses natures. Leur renouvellement périodique et leur consommation constituent le plus gros poste de frais d'entretien du réseau, car pratiquement une lampe fonctionne environ 4 000 heures par an.

— Les lampes à incandescence sont caractérisées par un prix peu élevé, l'absence d'appareillage auxiliaire, une grande facilité de remplacement et un rendu des couleurs agréables. Par contre leur efficacité lumineuse est faible et leur durée de vie courte (1 000 heures) ; aussi sont-elles peu employées.

— Les lampes à décharges sont constituées par une enveloppe claire dans laquelle se trouve un gaz spécial. D'une haute efficacité lumineuse et d'une longue durée de vie (4 à 6 000 heures) elles nécessitent un appareillage auxiliaire et le rendu des couleurs n'est pas toujours excellent. Les modèles en sont nombreux et on citera : les ballons fluorescents à vapeur de mercure, les lampes à vapeur de sodium (lumière jaune), les tubes fluorescents (lumière blanche). Ces derniers sont à éviter dans les régions montagneuses à cause de leur sensibilité au froid : à 0 °C leur flux lumineux ne dépasse 30 % du flux nominal ; leur emploi est donc évidemment déconseillé dans les régions à hiver rigoureux.

Toutes les lampes à décharge nécessitent un appareillage auxiliaire (ballast, starter, protection, etc.) relativement encombrant et logé dans le fût ou dans un boîtier placé dans le luminaire. Il faut vérifier que le bruit n'en est pas gênant pour le voisinage et que l'entretien est facile.

Dimensionnement des massifs pour candélabres

Un tableau donne ci-après les dimensions minimales des massifs pour candélabres, supposés exécutés dans un terrain de bonne qualité, c'est-à-dire avec fouille sans blindage.

Dans le cas contraire le massif sera calculé en fonction des Règles NV 65, révisées 67 ; il comportera une légère armature en partie inférieure dans tous les cas (Région I, II ou III, site protégé, normal, exposé). De forme carrée, le dessus en est arasé à 10 cm environ sous le sol fini futur.

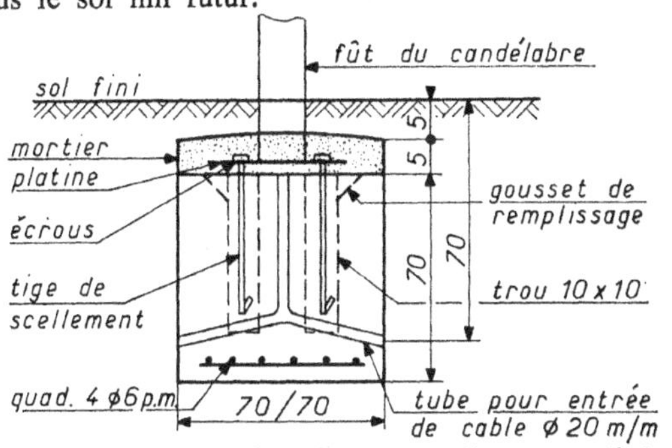

Fig. 5.25 — Massif pour candélabre.

Dimensionnement des massifs

Hauteur du fût	4 m	5	6	7	8	9	10	12
Côté du carré	70 cm	70 cm	70	70	80 cm	80	80	80
Profondeur	70 cm	70	80 cm	90 cm	90 cm	1 m	1,30	1,50
Longueur de la tige à scellement	40 cm	40	40	40	65	65 cm	65	70

Alimentation des candélabres

L'alimentation des candélabres s'effectue en basse tension par câbles enterrés : c'est un réseau particulier, indépendant des autres. Il a son origine dans une armoire de commande équipée de dispositifs de sécurité et de comptage.

Le raccordement des candélabres peut s'effectuer :

— par passage « en coupure » du câble d'alimentation qui remonte à l'intérieur du support en formant une boucle laissée en attente pendant les travaux, avec une protection (tuyau de ciment) ;

— par branchement sur le câble de distribution au moyen d'une boîte de dérivation, disposition plus complexe, qui doit être réalisée par un personnel spécialisé et rend assez difficile la recherche des défauts.

Dans le cas de réseau intéressant de grandes surfaces, la distribution s'effectue en moyenne tension.

Deux solutions de distribution sont possibles et une étude économique est nécessaire pour effectuer un choix :

– un transformateur par lampadaire (Puissance 0,5 kVA moyen),

– un transformateur par groupe de lampadaires (puissance 5 KVA moyen),

Les luminaires divers

Les luminaires sont des enveloppes qui canalisent le flux lumineux émis par les lampes et le dirigent ; ils protègent de l'éblouissement et constituent un décor. On distingue les catégories suivantes :

— *les appliques* : ce sont des appareils de petites dimensions fixés directement sur un mur du bâtiment et qui éclairent l'entrée ou un passage. Elles sont installées par l'électricien du bâtiment mais généralement l'alimentation est faite à partir du réseau d'éclairage extérieur.

— *les bornes* : elles sont composées d'un fût dont la hauteur ne dépasse pas 80 cm et d'une source lumineuse de 75 à 100 W en incandescent ou 80 à 125 W en fluorescent. On obtient un éclairage rasant sous forme de faisceau circulaire ou semi-circulaire.

Elles constituent un excellent jalonnement pour les piétons.

— *les champignons* : ils sont constitués par un piquet métallique surmonté d'une calotte en tôle laquée réfléchissant la lumière vers le sol.

Ce sont généralement des appareils mobiles de 70 à 90 cm de haut et qui sont utilisés pour l'éclairage des massifs floraux.

— *les projecteurs* : ils comportent une ampoule placée au centre optique d'un réflecteur, ce qui donne un faisceau lumineux dirigé mais de faible largeur. Orientables et mobiles ils sont surtout utilisés pour l'éclairement de points précis.

— *les balises* : ce sont des mâts de 2,50 à 3 m de hauteur sur lesquels sont fixées des boîtes aux faces verticales transparentes qui comportent des indications et des fléchages : c'est une signalisation.

Les économies d'énergie

Afin de réduire la consommation d'électricité, il faut agir sur plusieurs facteurs. L'investissement est en général peu onéreux et rapidement amorti. Les facteurs à contrôler sont les suivants :

— *la valeur de tension* : une surtension de 10 % peut réduire de moitié la durée de vie d'une lampe, d'où la nécessité de réguler la tension ;

— *la commande d'allumage* : une cellule photo-électrique est liée à la valeur de l'éclairage naturel et une horloge limite les périodes d'allumage ;

— *la puissance des appareils* : une solution simple consiste à éteindre une lampe sur deux, mais l'effet photométrique est désastreux (« trou noir ») ; il est préférable de réduire la puissance des lampes par variation de tension aux bornes de celles-ci ; la commande s'effectue au moyen d'un fil pilote sur un appareillage auxiliaire simple ;

— *l'entretien* : un planning de maintenance doit être établi : nettoyage périodique des lampes et luminaires (deux fois par an), remplacement systématique des lampes et des auxiliaires (tous les deux ans) ;

— *les sources lumineuses* : on utilisera des luminaires étanches et des ballons fluorescents.

Eclairage de chantier

L'éclairage extérieur d'un chantier n'est prévu que dans des cas exceptionnels : urgence des travaux, grande superficie, etc. C'est une installation provisoire, fréquemment modifiée en cours de travaux, mise en place par l'électricien et réglée sur le compte prorata.

Elle est constituée par des appareils robustes mais légers pour être maniable et donnant une lumière blanche car celle-ci améliore les contrastes de couleur.

Les zones à éclairer sont les voies d'accès et les aires de travail, en plus bien entendu de la construction elle-même.

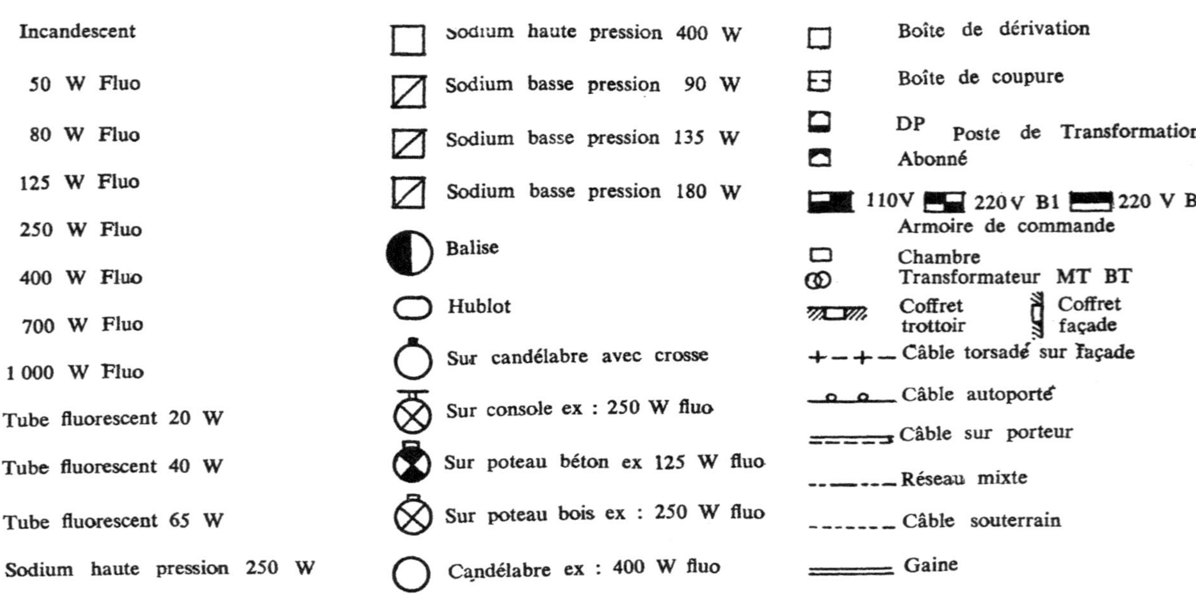

Incandescent
50 W Fluo
80 W Fluo
125 W Fluo
250 W Fluo
400 W Fluo
700 W Fluo
1 000 W Fluo
Tube fluorescent 20 W
Tube fluorescent 40 W
Tube fluorescent 65 W
Sodium haute pression 250 W
Sodium haute pression 400 W
Sodium basse pression 90 W
Sodium basse pression 135 W
Sodium basse pression 180 W
Balise
Hublot
Sur candélabre avec crosse
Sur console ex : 250 W fluo
Sur poteau béton ex 125 W fluo
Sur poteau bois ex : 250 W fluo
Candélabre ex : 400 W fluo
Boîte de dérivation
Boîte de coupure
DP Poste de Transformation
Abonné
110V 220 V B1 220 V B2
Armoire de commande
Chambre
Transformateur MT BT
Coffret trottoir
Coffret façade
Câble torsadé sur façade
Câble autoporté
Câble sur porteur
Réseau mixte
Câble souterrain
Gaine

Les voies d'accès sont équipées de poteaux en bois de 7/8 m de hauteur avec une lanterne simple sur potence, espacés de 25 à 35 m afin de donner 20/30 lux au sol.

Pour les aires de stockage la puissance sera analogue et les appareils disposés au mieux des possibilités afin d'éviter les zones d'ombres trop prononcées.

Une bonne solution consiste à fixer des projecteurs puissants à des points hauts, à 25/30 m de hauteur : une grue de chantier fixe est souvent utilisée à cet effet.

Dans le cas où l'installation est importante et de longue durée, il faut procéder à une étude approfondie.

Rappel de quelques définitions d'éclairage.

Lumen : flux lumineux émis dans un angle solide de 1 steradian par une source ponctuelle dont l'intensité lumineuse est de 1 bougie.

Lux : lumen par mètre carré de surface éclairée.

Candéla : intensité lumineuse dans une direction donnée.

Luminance : candéla par mètre carré.

Efficacité lumineuse : flux total en lumens par puissance électrique totale absorbée.

Courbe isolux : courbe obtenue en reliant tous les points où l'éclairement a la même valeur.

5.4. Distribution de gaz

La plupart des localités comportent une distribution publique de gaz, assurée par Gaz de France. Seuls les écarts et des villages sont alimentés par des réservoirs individuels de gaz de pétrole liquéfiés.

Le gaz est distribué en moyenne pression : MPA (inférieure à 1 bar) ou MPB (comprise entre 1 et 4 bars).

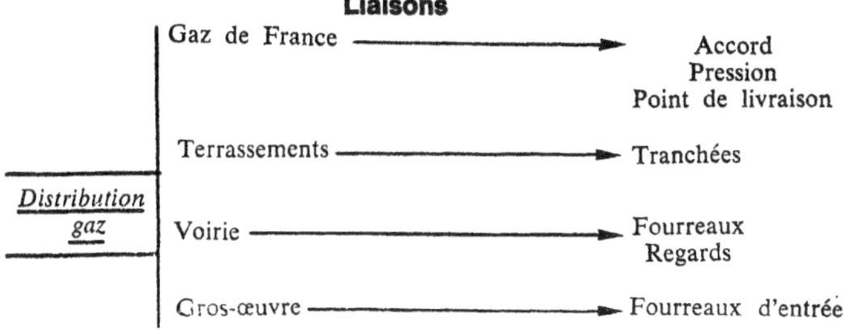

Planning des études — Distribution gaz

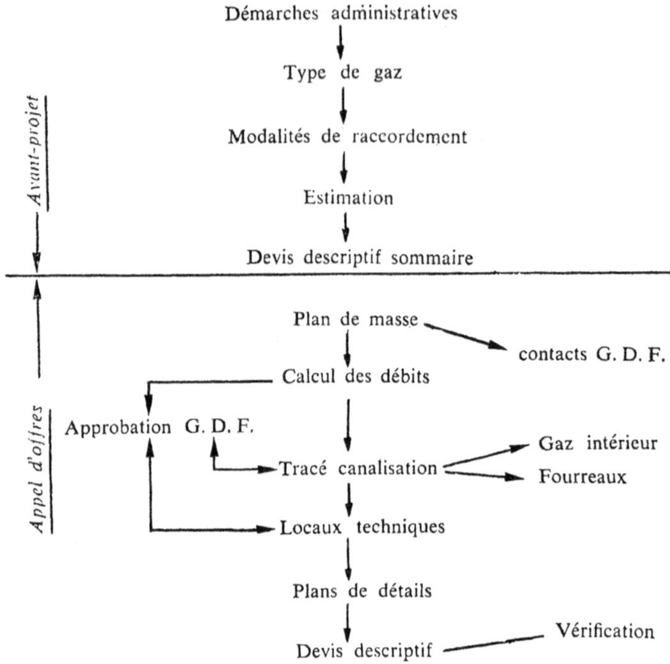

Le plombier (ou un canalisateur spécialisé) réalise la liaison entre la limite de propriété, fin de la prestation du G. D. F., et le bâtiment. Elle est assurée par une canalisation enterrée exécutée sous le contrôle de G. D. F. En effet, le gaz est un produit dangereux faisant l'objet de sévères mesures de sécurité.

Le projeteur doit effectuer préalablement des démarches auprès de G. D. F. qui lui indiquera les principes à mettre en œuvre. De plus il vérifiera sur le Devis descriptif du lot « Plomberie-Gaz » le point de départ de la prestation gaz.

Le Devis descriptif et les plans doivent bien préciser ce point particulier.

G. D. F. indique la nature du gaz, la pression de livraison, l'emplacement du ou des branchements et la consistance de sa fourniture. Ces précisions sont accompagnées d'une estimation du montant des travaux.

Le rédacteur du descriptif définira les prestations des autres lots : tranchées (lot terrassements), fourreaux sous chaussée (voirie), fourreau d'entrée dans le bâtiment (gros-œuvre).

Le projeteur dimensionnera les conduites d'après les abaques publiés par Gaz de France, en fonction du nombre d'abonnés, de la longueur du réseau, du système de distribution, de la pression, etc. Dans les zones industrielles on prévoit un débit de 500 thermies/heure par hectare.

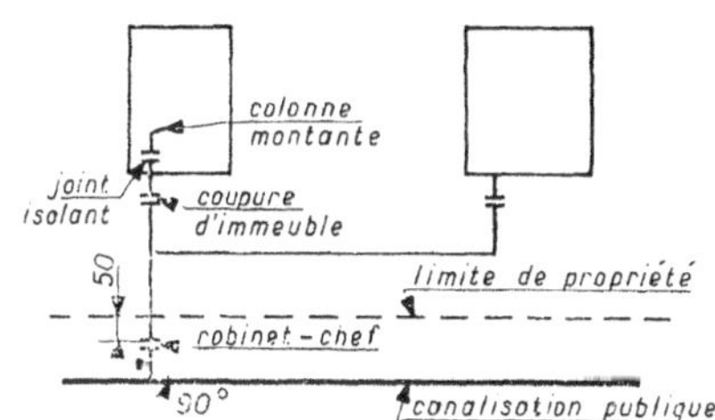

Fig. 5.26 — Distribution gaz basse-pression.

Hydrocarbures liquéfiés.

Si le bâtiment est alimenté par un réservoir d'hydrocarbure liquéfié la mise en place de ce dernier est régi par des règles spéciales :

— D. T. U. 61-1 pour les réservoirs de moins de 200 m³,

— arrêté du 17 mars 1961 dans le cas contraire.

Pratiquement cette installation est réalisée par l'Entrepreneur concessionnaire de la compagnie pétrolière et n'intéresse pas les V. R. D.

Composition du réseau

Un réseau de distribution de gaz est entièrement enterré et se compose des éléments suivants :

— une canalisation principale en acier soudé avec protection bitumineuse (diamètre : 32, 50, 100 ou 150 mm) ; les traversées de chaussée se font sous fourreau en amiante-ciment ou ciment ϕ 150 (pour ϕ/32 et 50), ϕ 200 (pour ϕ 100) et ϕ 300 (pour ϕ 150) ;

— les branchements pour pavillons comprenant une prise de branchement, une canalisation en tube polyéthylène ϕ 15 ou 25 mm, une remontée sous fourreau vers le coffret S 300 placé en limite de propriété ; dans celui-ci sont installés la vanne d'arrêt, le détendeur et le compteur ;

— les branchements pour immeubles collectifs comprenant une prise de branchement, une canalisation en polyéthylène ϕ 15 à 50 mm suivant l'importance du bâtiment, une remontée sous fourreau vers un coffret S 200 VG ; celui-ci est équipé d'une vanne d'arrêt, d'un détendeur et d'un robinet d'arrêt d'urgence.

Les chaufferies font souvent l'objet d'un branchement spécial.

Des joints isolants sont placés partout où un couple électrique serait susceptible de se produire.

Le projeteur vérifiera avec le maître d'ouvrage les usages du gaz : cuisine, chauffage individuel, eau chaude sanitaire, chauffage collectif.

Il n'est pas prévu de comptage général au départ mais des vannes matérialisent les limites de prestation de chaque participant.

Tout le tracé doit être soumis pour approbation à G. D. F. qui dispose d'un pouvoir souverain et contrôle également les diamètres proposés, déterminés à la suite d'un calcul de pertes de charge.

Les installations sur le domaine privé relèvent du Document Technique Unifié n° 61-1 - Installation de gaz.

Canalisation principale de distribution.

La canalisation principale dessert le groupe d'immeubles ; elle doit être la plus courte et la plus simple possible, ce qui implique qu'elle soit composée d'alignements droits séparés par des coudes.

Elle doit être implantée dans un endroit facilement accessible (trottoir, espace vert, chemin de piétons) à l'abri des détériorations (éviter de la placer sous une chaussée, une bordure de trottoir, près d'une prise de terre), éloignée des locaux dans lesquels le gaz pourrait s'accumuler (égouts, vide sanitaire, fosse) ou à température élevée (chaufferie). Le bouclage et le passage dans un égout sont interdit.

Coffrets

Le **coffret S 300** est un coffret en plastique rigide, aux dimensions standardisées (51 × 54 × 20 prof.). Le coffret S 200 est analogue.

Postes de détente.

Les détenteurs de gaz sont des appareils peu encombrants qui doivent être placés dans un local spécial extérieur : armoire ou regard enterré. Cette dernière solution est généralement déconseillée car difficile à réaliser, le regard devant en effet être parfaitement étanche à l'eau quelle qu'en soit l'origine.

L'armoire en élévation demande quant à elle un socle maçonné pour assurer fixation et stabilité (entente avec le lot gros-œuvre).

Canalisations.

D'une manière générale les canalisations de gaz enterrées sont exé-

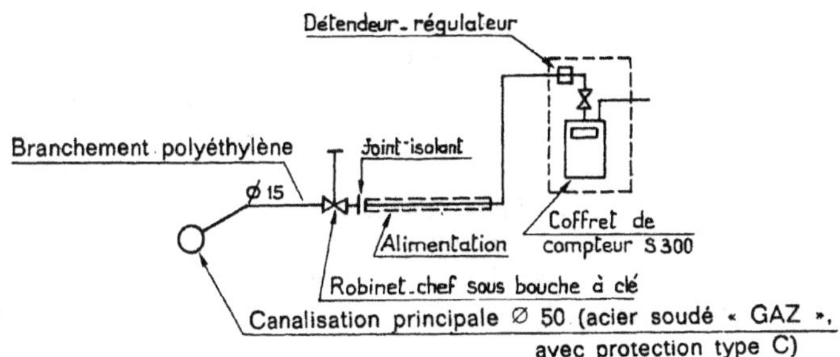

Fig. 5.27 — Branchement gaz. Pavillon.

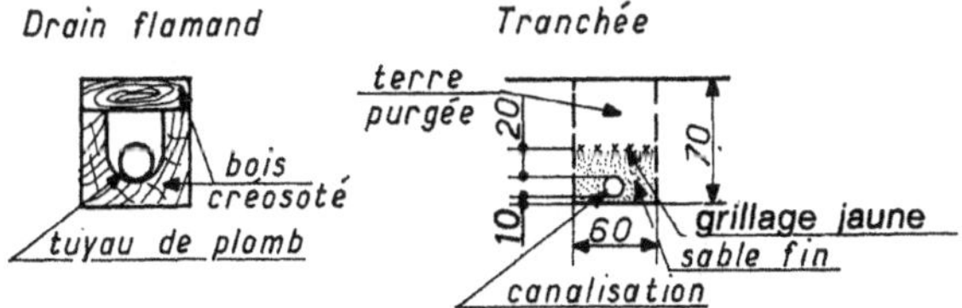

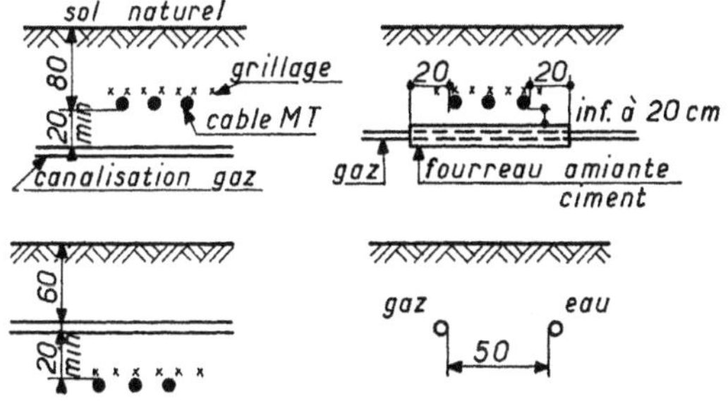

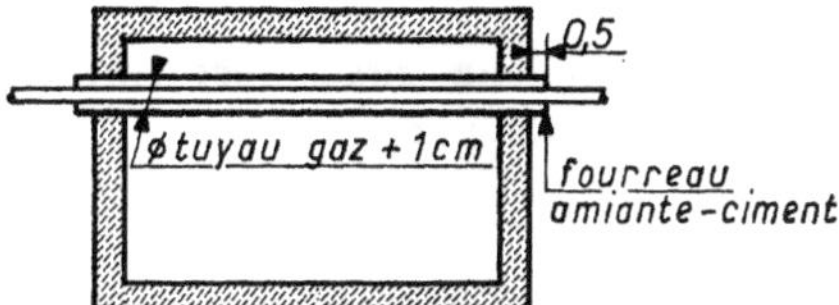

Fig. 5.28 — Pose des canalisations gaz.

cutées en tube acier soudé dont la résistance mécanique et chimique est importante, mais on utilise également :

— le tuyau EXPRESS en fonte pour le gaz basse pression, avec un diamètre de 100 mm au plus ;

— les tuyaux en plomb et en P. V. C. non plastifié pour les branchements individuels de faible longueur et protégés mécaniquement ;

— le tuyau de cuivre, coûteux et fragile, et qui est peu utilisé,

Les canalisations de gaz doivent être distantes de 50 cm au moins des autres canalisations, sinon elles sont placées sous fourreau largement débordant en ciment.

Tranchées

Les tranchées pour canalisations de gaz ont en principe les dimensions minimales suivantes (à augmenter dans les terrains où il faut blinder) :

— largeur : 40 cm pour les branchements en ϕ 50 mm,

— largeur : 60 cm pour les diamètres supérieurs,

— profondeur : 70 cm pour les branchements ; 1 m pour les canalisations principales de 50 mm et plus.

Les tuyaux reposent sur un lit de sable de 10 cm et sont remblayés en sable sur 20 cm au-dessus avec un grillage de signalisation jaune en partie supérieure.

La fin du remblaiement s'effectue en terre propre sous espaces verts ou trottoir et en sablon dans le cas de passage sous chaussée, la canalisation étant placée dans un fourreau.

Dans la traversée des espaces verts, la canalisation doit être placée à 1,50 m au moins des arbres futurs ou existant afin d'éviter qu'elle ne soit détériorée par les racines.

S'il existe un risque de condensation, le conduit doit être en pente (5 mm/m) vers un pot de purge placé dans un regard avec évacuation. Dans le cas de traversée d'espaces mal ventilés (vide sanitaire, égout, galerie technique), elle est placée dans un fourreau étanche et continu débouchant dans un local bien ventilé ou à l'extérieur. Rappelons qu'il est interdit, sauf dérogation, de placer une canalisation de gaz dans une galerie technique.

Gaz de France exerce une surveillance sur la mise en œuvre et procède aux essais pour la réception.

Accessoires

Les robinets de commande étant enterrés, ils sont protégés par un petit regard borgne en maçonnerie ou en fonte ; la commande s'effectue par l'intermédiaire d'une tringle passant au travers d'une bouche à clé.

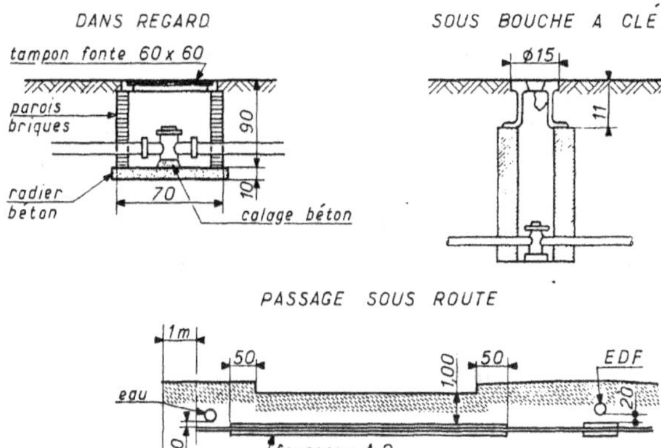

Fig. 5.29 — Robinet-chef gaz.

C'est une petite boîte en fonte avec couvercle qui est bloquée dans un massif en béton arasé au niveau fini du trottoir.

Les travaux de fouilles à proximité des canalisations de gaz peuvent entraîner une détérioration de celles-ci et des accidents graves. Des précautions sont à prendre et sont fréquemment rappelées (circulaire n° 78-47 du 13 mars 1978 et précédentes) : une déclaration d'ouverture de travaux doit être effectuée à la Mairie.

Il faut vérifier que la canalisation de gaz est à une distance minimale de la fouille (deux mètres) augmentée de un mètre par mètre de profondeur de la fouille. Cette distance est doublée dans le cas de terrain de faible cohésion.

G. D. F. indique alors avant l'ouverture du chantier les prescriptions techniques à respecter et assure une surveillance.

Pour obtenir la mise en gaz, il faut fournir au centre de distribution local de GDF un jeu de plans précis : le tracé au 1/200e, le repérage par rapport à des repères de triangulation, l'emplacement et le type de tous les accessoires et branchements, la hauteur des remblais.

5.5. Caniveau de chauffage

Dans un ensemble immobilier, le chauffage des logements et la distribution d'eau chaude sanitaire peuvent être assurés soit collectivement soit individuellement.

Dans le cas de chauffage collectif, plusieurs solutions sont possibles, fonction essentiellement du nombre de logements :

— production de fluide chauffant par chaufferie propre à chaque bâtiment ;

— chaufferie unique alimentant en eau chaude basse pression de petites sous-stations dans chaque bâtiment (jusqu'à 1 000 logements environ) ;

— chaufferie centrale distribuant de l'eau surchauffée à haute pression à des sous-stations placées dans chaque bâtiment où elle est transformée en eau chaude basse pression utilisable dans les corps de chauffe (chauffage urbain, desserte de plus de 1 000 logements).

Le chauffage urbain constitue un cas particulier : il a sa réglementation propre. Citons pour mémoire le chauffage collectif à partir de centrales atomiques ou géothermiques.

Dans le cas de chaufferie centrale les canalisations de distribution du fluide chauffant comprises entre les bâtiments et la chaufferie sont dissimulées dans des caniveaux enterrés qui les protègent contre les accidents mécaniques, en facilitent la pose, l'entretien et les modifications éventuelles tout en assurant une certaine isolation thermique. De plus les rongeurs, insectes ou micro-organismes ne peuvent pas y pénétrer et s'attaquer à l'isolant.

Le réseau doit être exécuté en se conformant aux Règles professionnelles relatives aux canalisations calorifugées enterrées (1978).

Mentionnons que les distributions d'eau réfrigérée d'un emploi exceptionnel sont réalisées d'une manière analogue.

Bien entendu le caniveau ne doit contenir que les canalisations d'eau chaude (chauffage et eau chaude sanitaire) à l'exclusion de tout autre réseau, sauf les câbles d'alarme de la chaufferie.

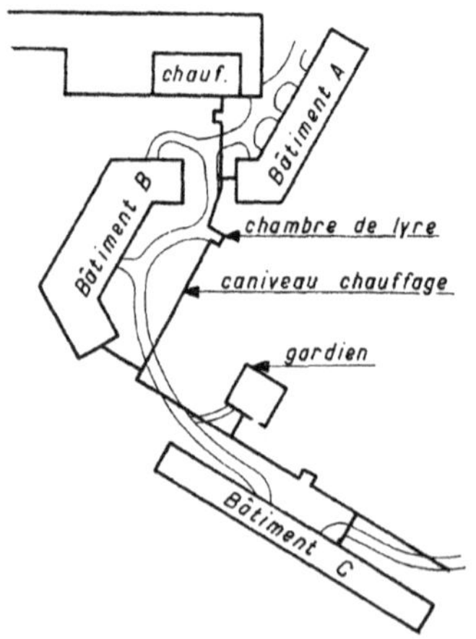

Fig. 5.30 — Schéma de distribution.

Procédés d'exécution

Un caniveau de chauffage peut être exécuté de plusieurs manières :

— la solution la plus courante est le caniveau classique en forme d'U, couvert par des dalles amovibles,

— les isolations enterrées,

Dans tous les cas la réalisation nécessite une tranchée de section importante tant en largeur qu'en profondeur.

Planning des études — Caniveau de chauffage

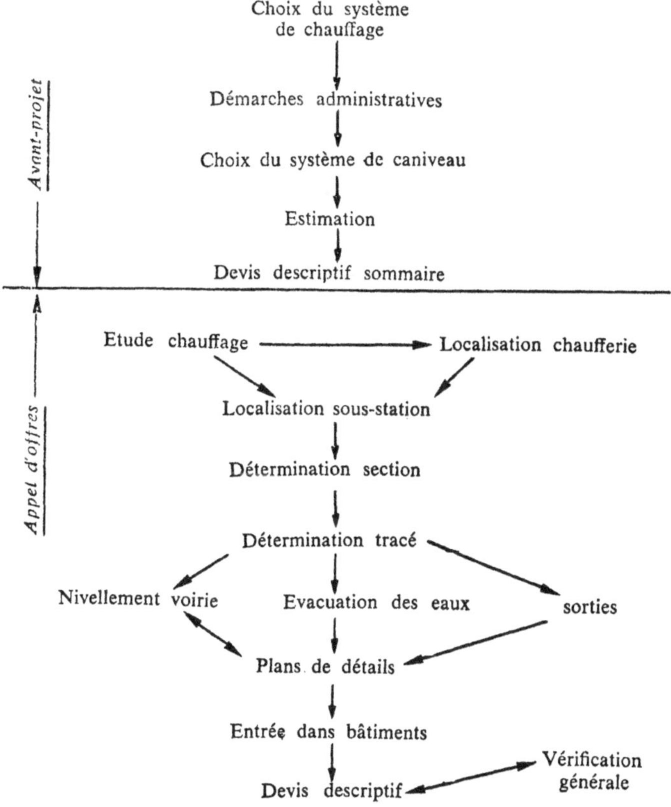

Le caniveau est généralement enterré sous 50 cm de terre ; il y a lieu de prévoir sur la couverture, en plus de la charge de terre, une surcharge libre de 1 t/m² correspondant au passage du matériel d'entretien des espaces verts. Dans les zones sous-chaussée, il faut prévoir le passage de l'essieu réglementaire. (6 500 daN ou 6,5 t. par roue).

Les conduites sont en tube d'acier noir mais on emploie de plus en plus des tuyaux en résines armées de fibres de verre. L'isolant est une matière plastique étanche ou un matériau fibreux protégé contre l'humidité.

La réglementation distingue deux catégories d'installations :

— les installations à basse pression (eau chaude à température inférieure à 110 °C ou vapeur sous pression inférieure à 0,5 bar),

— les installations à haute pression (eau chaude à température supérieure à 110 °C et vapeur jusqu'à 12 bars), en dehors de notre objet.

Caniveau courant

La pose des canalisations de chauffage en caniveau est la technique plus ancienne et semble-t-il la plus sûre.

Les caniveaux courants sont constitués par un U en béton armé coulé en place ou préfabriqué. Les caniveaux de petite section sont également exécutés en briques pleines ou en blocs de ciment pleins.

Ils sont dans tous les cas couverts par des dalles amovibles en béton armé, le joint entre les parois verticales et la dalle devait être étanché avec soin pour éviter la pénétration des eaux extérieures.

Les canalisations sont placées sur des fers profilés placés transversalement, fournis et mis en place par le chauffagiste. Ils permettent les dilatations longitudinales et éloignent les canalisations du radier, évitant ainsi les contacts entre le calorifuge du tuyau et l'eau qui aurait pu s'introduire accidentellement dans le caniveau. Il est ainsi possible d'utiliser pratiquement tous les isolants classiques.

Les distances minimales à respecter sont les suivantes : 15 cm entre le radier et le support, 6 cm entre la jouée latérale et le calorifuge, 6 à 10 cm entre les canalisations afin de permettre les dérivations et les réparations, 6 cm au-dessus du calorifuge.

Pour dimensionner un caniveau on peut, en première approximation et pour un groupe important admettre :

— deux canalisations 107/114 pour le chauffage, soit un encombrement de 35 cm × 18 cm de hauteur avec le calorifuge ;

— deux canalisations 50/60 pour l'eau chaude, soit un encombrement de 25 × 15 cm en hauteur.

La section minimale intérieure sera donc de 80 cm de largeur pour 50 cm de hauteur.

L'avantage essentiel des caniveaux est que les conduites sont entourées d'un grand volume d'air ce qui améliore l'isolation thermique et facilite le séchage de l'isolant dans le cas où celui-ci viendrait à être mouillé.

Par contre le profil en long doit être étudié avec soin ; lors de la pose il faut que le projeteur assure une bonne coordination entre le V. R. D., le tuyauteur et le spécialiste de l'isolation. L'évacuation des eaux de fuite ou d'inondation doit toujours être possible.

Il est possible également d'utiliser des éléments de caniveaux préfabriqués mais l'économie est faible par rapport au caniveau en béton coulé en place. En effet pour éviter les tassements différentiels, il faut

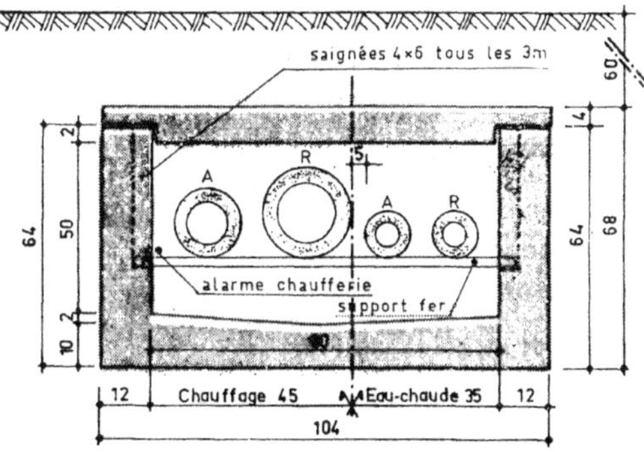

Fig. 5.31 — Caniveau chauffage eau chaude.

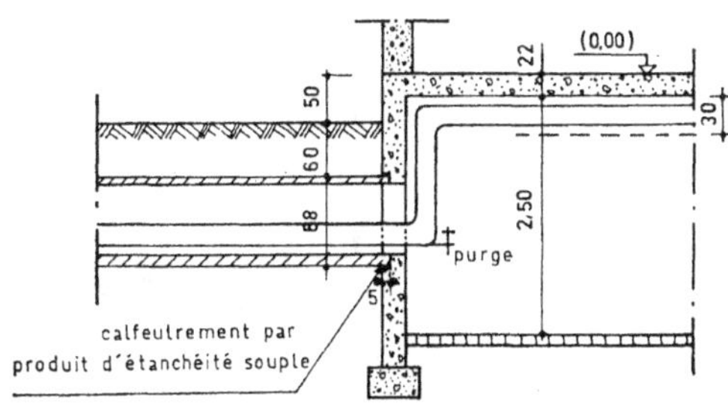

Fig. 5.32 — Entrée de caniveau dans le bâtiment.

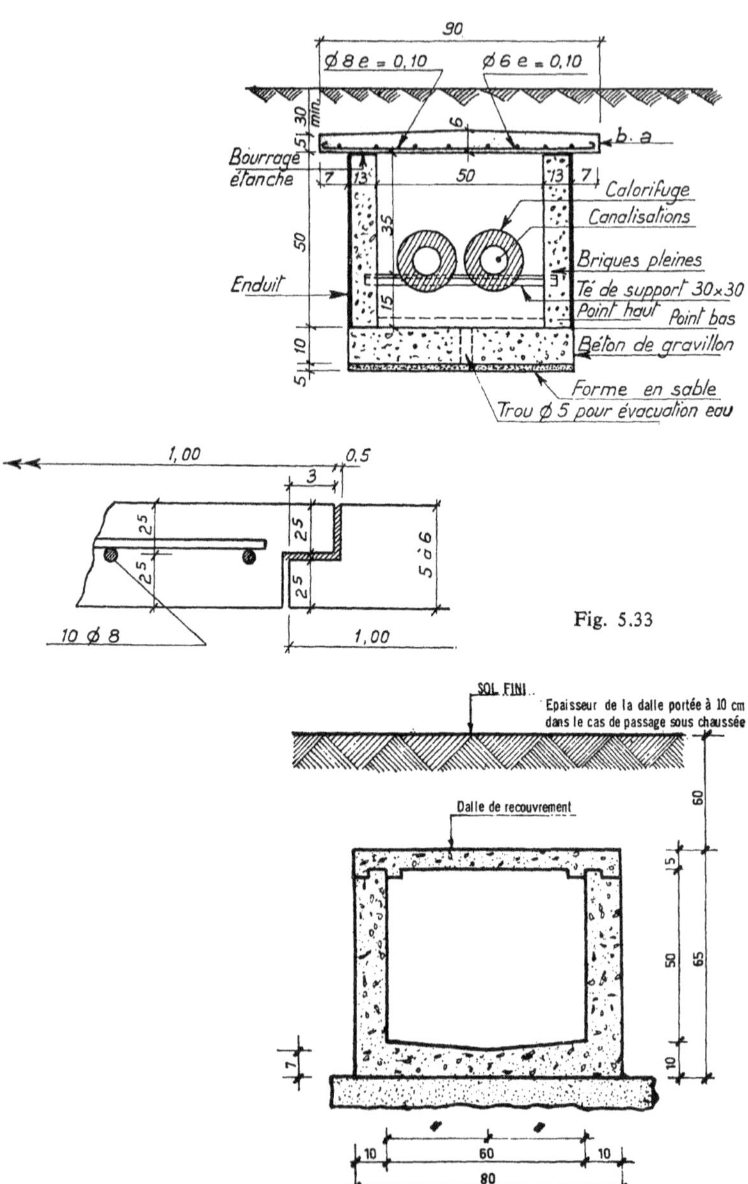

Fig. 5.33

Fig. 5.34 — Exemple de caniveau préfabriqué.

réaliser une bonne fondation (béton de 5 à 20 cm d'épaisseur selon les terrains ou grave-ciment) ; d'autre part l'étanchéité des joints entre éléments pose souvent des problèmes.

Isolations enterrées

Depuis quelques années une autre solution se développe : les tuyauteries préisolées en usine et enterrées directement dans le terrain. Les procédés sont nombreux mais doivent être titulaire d'un Avis Technique (groupe n° 14). Le tuyau est en acier ou fonte ductile ; il est recouvert d'un matériau isolant (laine de verre, polyuréthane) et reçoit une protection mécanique en matière plastique, insensible à la corrosion ; des lubrifiants entre les différents matériaux permettent les dilatations. La température du liquide est limitée à 110 °C.

La pose est facile et rapide et il n'y a pas à se préoccuper d'évacuer l'eau. Par contre la réalisation des joints et branchements doit être soignée et les accessoires sont onéreux. Certains procédés comportent un système d'alarme qui détecte les fuites provenant de l'intérieur ou de l'extérieur.

La pose s'effectue sur un lit de sable de 5 à 10 cm d'épaisseur, surmonté d'une couche de gravier de 15 cm dans le cas de terrain légèrement humide afin d'assurer le drainage.

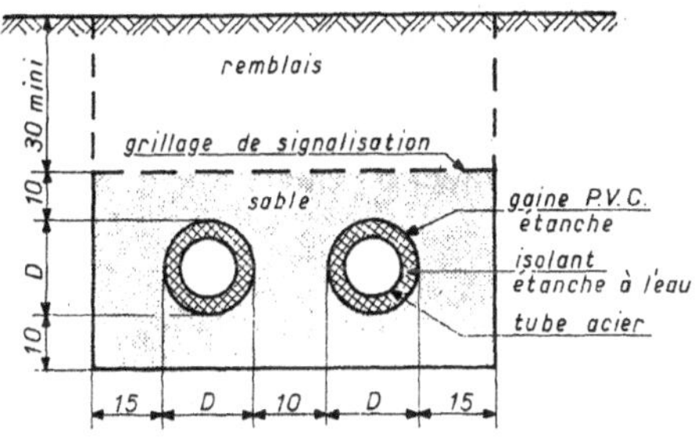

Fig. 5.35

La dilatation s'effectue au moyen de compensateurs placés dans un regard visitable ou par l'intermédiaire d'une lyre ou d'un coude pris entre deux points fixes.

Au droit des traversées de chaussées, le tuyau doit être recouvert de 60 cm au moins ; il est protégé par une dalle en béton et la fouille entièrement remplie en sable.

Si la canalisation traverse la nappe, elle reçoit une protection complémentaire par un enrobage en bitume-élastomère.

Les tuyauteries sont éloignées de 25 cm au moins des autres canalisations ou, à défaut, elles sont placées sous fourreau. L'entrée au travers du mur de sous-sol s'effectue grâce à une pièce spéciale.

Il faut prévoir également des points fixes maçonnés et des butées aux coudes (bien préciser l'entrepreneur qui les fournira).

Tracé des caniveaux de chauffage

Le tracé d'un réseau de caniveaux pour la distribution de fluide chauffant doit répondre à plusieurs critères :

— avoir la plus courte longueur possible afin d'être économique et de réduire les pertes thermiques,

— pouvoir se dilater facilement afin de réduire le nombre des appareils de dilatation (lyres),

— éviter les passages sous les routes et sous les parcs à voitures qui nécessitent des renforcements importants,

— faciliter la mise en place des organes de contrôle, de coupure, de vidange et de purge de façon qu'ils soient disposés logiquement,

— avoir un tracé adapté à la pente naturelle du terrain pour éviter une trop grande profondeur de fouille,

— éviter autant que possible le passage dans la nappe phréatique ce qui nécessite un drainage coûteux,

— pénétrer dans le bâtiment le plus près possible de la sous-station d'échange ou de la colonne montante de distribution.

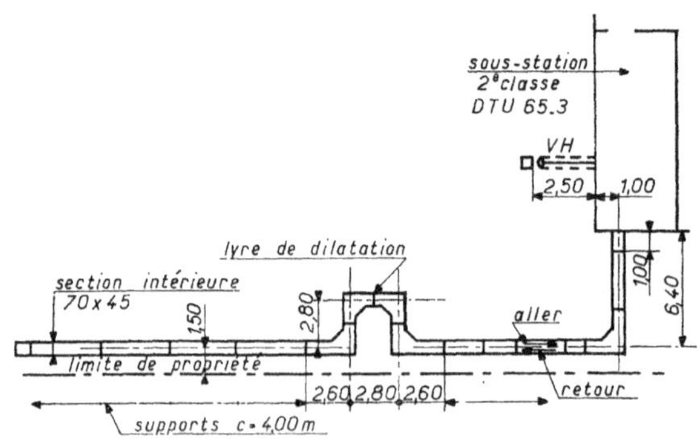

Fig. 5.36 — Caniveau - implantation.

Evacuation des eaux d'infiltration

Les eaux d'infiltration et de fuite sont évacuées soit directement à l'égout, soit par l'intermédiaire d'une station de relevage ; il est conseillé de réaliser le caniveau avec une pente de l'ordre de 2 mm/m vers l'évacuation, laquelle s'effectue au moyen d'un siphon-panier qu'il y a intérêt à placer dans une chambre de vannes (plus grande place, point particulier de fuites).

Dans le cas où la liaison entre le siphon est l'égout ne peut être directe, le siphon est relié à un regard qui constitue bac de sécurité (vidange du réseau, rupture d'une canalisation, inondation, etc.). Dans le regard on installe une pompe électrique du type flottant ou immergé dont le débit est fonction des infiltrations et qui rejette les eaux à l'égout. Par prudence le débit de la pompe doit être évalué largement.

Pour les caniveaux de faibles dimensions, l'évacuation des eaux de fuite peut s'effectuer dans un puits perdu.

Si le terrain est perméable, un feutre bitumineux débordant largement sera placé sur la dalle de couverture.

A l'entrée dans le bâtiment, il est conseillé de placer une feuille de feutre bitumé autoprotégé métallique, en forme d'équerre, débordant latéralement et qui détourne les eaux de ruissellement de la façade. Une légère pente des dalles de couverture réduit les entrées d'eau ; il est recommandé de les jointoyer au bitume.

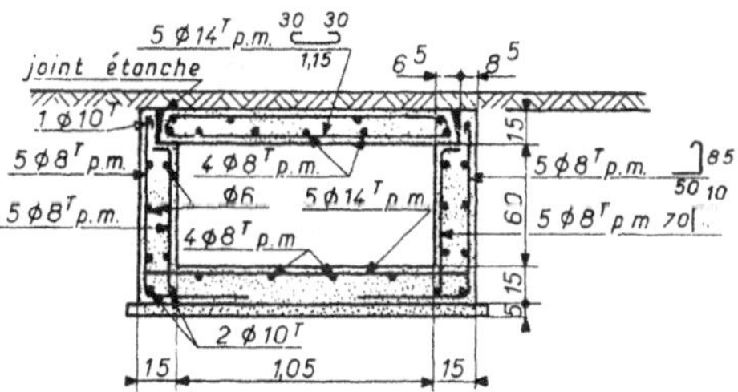

Fig. 5.37 — Caniveau sous chaussée.

Cas particuliers d'exécution

Il faut prévoir des renforcements dans tous les cas où le caniveau franchit une zone de mauvais terrain afin d'éviter les tassements (zone de remblais frais par exemple). En particulier pour l'entrée dans le bâtiment, le joint doit être étanché par un produit souple qui permette des mouvements.

Au droit des traversées de chaussées, la section du caniveau doit être renforcée et en particulier la couverture.

L'attention est attirée sur une sujétion d'exécution des caniveaux sous route. Ils doivent être exécutés en deux phases — le caniveau et la couverture — séparées par la mise en place des tuyauteries par le chauffagiste. Or bien souvent celui-ci n'est pas encore désigné au moment où les travaux de chaussée sont en cours. Il faut donc soit repousser la date d'exécution, soit prévoir une couverture provisoire.

Drainage des caniveaux dans les zones humides

Dans les zones humides ou inondables, il faut éviter que l'eau ne pénètre à l'intérieur du caniveau. Le calorifugeage des tuyauteries

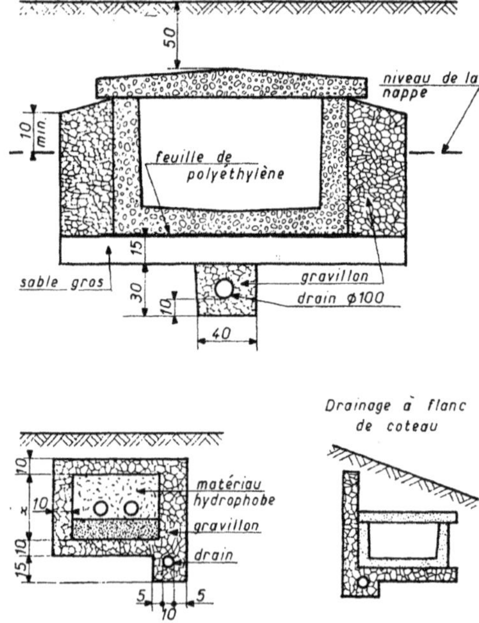

Fig. 5.38 — Drainage de caniveau.

serait détérioré et, une fois humide, perdrait ses qualités d'isolation ; de plus les canalisations rouilleraient.

Dans ce cas on procède à un drainage du caniveau qui est placé sur une couche filtrante surmontant un drain classique, relié à une évacuation. Le remblai autour du caniveau est réalisé en matériaux filtrants jusqu'à 10 cm au moins au-dessus des plus hautes eaux (gros sable, gravillon).

Bien entendu lors de l'exécution la fouille doit être maintenue sèche soit par épuisements soit par rabattement de nappe.

Le caniveau lui-même doit être étanché : peinture bitumineuse sur les faces extérieures, enduit étanche intérieur. Dans le cas d'emploi d'éléments préfabriqués, ceux-ci doivent être les plus longs possibles pour éviter les joints. Ces derniers doivent être soigneusement garnis (brai coulé à chaud au lieu de mortier gras) afin d'éviter l'entrée d'éléments fins du remblai qui pourraient obstruer les écoulements d'eau.

Un drainage doit toujours être prévu dans les cas suivants :
— passage dans un terrain imperméable (argileux ou contenant une forte proportion d'argile),
— caniveau à flanc de coteau ou en bas de pente de talus,
— caniveau très profond (plus de 1 m de couverture), etc.

Le problème essentiel est l'évacuation du drain dans le cas où le niveau de l'égout est trop élevé. Généralement il faut prévoir un puisard de collecte et une pompe de relevage largement dimensionnée car les débits peuvent varier dans d'importantes proportions (1 litre/minute par mètre de caniveau lorsque celui-ci est dans la nappe phréatique).

Accessoires

Un caniveau de chauffage est complété généralement par des ouvrages en maçonnerie pour le logement des appareils de coupure et de dilatation. On distingue :
— les chambres de vannes dans lesquelles sont placées les vannes principales de coupure ; elles doivent être facilement accessibles et comporter une évacuation d'eau raccordée à l'égout afin de pouvoir vidanger le tronçon interessé ;
— les chambres de lyres qui reçoivent les organes de dilatation (lyres ou compensateurs), doivent être accessibles mais uniquement pour la sécurité ; il est parfois plus simple d'exécuter un élément de caniveau en forme d'U dans lequel sera logée la lyre ;

— les points fixes, massifs en béton de larges dimensions sur
lesquels sont ancrées les canalisations afin de diriger les dilatations ;
ils reçoivent les efforts de pression consécutifs à la dilatation des canalisations et évitent des mouvements de celles-ci en des points dangereux (pieds de colonnes, piquage latéral) ; ils sont généralement situés
entre les dispositifs de dilatation et les changements de direction.

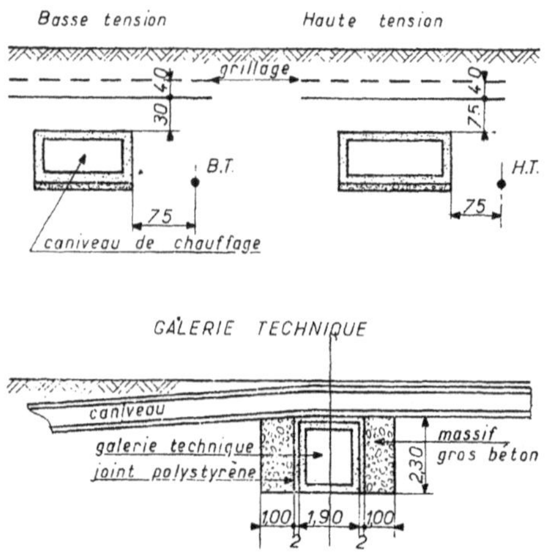

Fig. 5.39 — Croisement de canalisations.

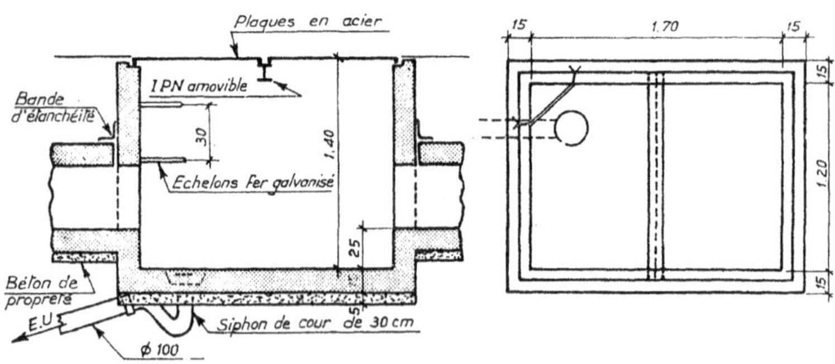

Fig. 5.40

Croisement de canalisations

Les canalisations de fluides doivent être éloignées du caniveau en respectant les distances suivantes :

— électricité basse tension : 75 cm en parallèle, 30 cm en perpendiculaire,

— électricité haute tension : 75 cm en parallèle et perpendiculaire,

— distribution de gaz : 75 cm en parallèle et perpendiculaire.

En cas de distance inférieure, les canalisations doivent être placées sous foureaux en tuyaux d'amiante-ciment ou de ciment.

Si le caniveau doit passer au-dessus d'une canalisation de forte section telle qu'un branchement d'égout ou une galerie technique, on exécute de part et d'autre de celle-ci une pile en gros béton, fondée au niveau inférieur et séparée de l'obstacle par une couche de polystyrène épais. Le caniveau passe ainsi au-dessus en formant pont mais sans aucun contact, ce qui évite le point dur, cause certaine de rupture.

Liaisons avec les autres corps d'état

L'exécution d'un caniveau de chauffage nécessite une liaison avec plusieurs entrepreneurs d'autant plus complexe que la mise en œuvre doit être prévue au moment des Travaux de V. R. D. alors que les soumissionnaires ne sont pas tous désignés.

D'autre part c'est un ouvrage encombrant tant en plan qu'en élévation. Il faut en étudier le tracé et le dimensionnement intérieur avec les intéressés.

Les principaux corps d'état intéressés sont les suivants :

Terrassements généraux : exécution des tranchées.

Voirie : passage sous chaussées et parcs à voitures.

Assainissement : évacuation des drainages et eaux de fuite, passage au-dessus de grosses canalisations.

Chauffagiste : détermination du tracé et de la section.

Mise en place des tuyauteries.

Les supports de canalisations avec leur protection antirouille.

Les fourreaux.

Le dimensionnement des massifs pour points fixes, des chambres pour lyres et vannes, le calcul des débits de fuite ou de vidange.

Indication des points d'entrée.

Plombier : détermination des sections de distribution E. C. Pompe de relevage des eaux de fuite ou de drainage.

Electricien : passage du cable d'alarme.

Espaces verts : emplacement des arbres de haute tige.

Réseaux divers : croisement avec les canalisations de gaz, eau, électricité HT, BT, éclairage public, eau pour incendie.

Gros-œuvre : entrée dans le batiment (Niveaux).

5.6. Téléphone

L'Administration des P. T. T. exige que chaque nouvel immeuble soit équipé pour recevoir des lignes téléphoniques qu'il faut pouvoir relier au réseau général. A cet effet elle installe un branchement sur la ligne publique jusqu'à la limite de propriété. Le constructeur doit de son côté préparer la liaison entre ce point et le répartiteur général placé dans l'immeuble, point de départ de l'installation intérieure privée. On prévoit une ligne par abonné futur et un câble 2/3 paires/hectare pour les zones industrielles. Cette liaison s'effectue par fourreaux enterrés qui doivent répondre à des règles précises de mise en place à défaut desquelles l'installation n'est pas raccordée. Exceptionnellement la distribution est aérienne mais cela n'est admis que pour des bâtiments isolés, impossibles à desservir économiquement par un réseau souterrain.

Dans les fourreaux mis en place peuvent être placés également les câbles du TELEX et de la TELEDISTRIBUTION. Mais dans ce dernier cas il s'agit encore de dérogations qui sont accordées au coup par coup car le statut juridique de cette forme de transmission n'est pas encore bien défini.

Les tranchées nécessaires pour la pose des fourreaux et des boîtes de tirage des câbles ainsi que la mise en place de ces ouvrages sont effectués par l'entrepreneur de V. R. D.

C'est un réseau peu encombrant mais relativement rigide dans son tracé dont la faible durée de mise en place ne doit cependant pas être négligée dans le planning.

Les démarches administratives, longues, sont généralement effectuées par l'entrepreneur titulaire du lot « installation téléphonique intérieure ». Or celui-ci n'est pas toujours désigné lorsque les travaux de V. R. D. commencent ce qui pose un problème car il faut prévoir au moins les fourreaux correspondants sous les routes.

Les P. T. T. réalisent la mise en place des câbles jusqu'au répartiteur général situé dans l'immeuble. Dans le cas de Télédistribution, c'est l'installateur de celle-ci qui assure l'installation du matériel. Le réseau intérieur entre le répartiteur général et les logements doit être précâblé en attente ce qui est du ressort de l'installateur spécialisé ou de l'électricien. Les plans doivent être soumis pour approbation à la section locale des P. T. T. qui précise le nombre et le diamètre des fourreaux à prévoir, ainsi que les dimensions des boîtes de tirage.

Travaux préparatoires

Les câbles téléphoniques doivent être placés dans des fourreaux enterrés constitués par des tuyaux soit en amiante-ciment, soit en polychlorure de vinyle.

On utilise pratiquement :
— le tube PVC 20/25 pour les branchements individuels (il contient un ou deux câbles deux paires),
— le tube PVC 42/45 pour les immeubles collectifs (il contient une douzaine de câbles deux paires),
— le tuyau amiante-ciment ϕ 150 pour les distributions collectives (il peut contenir une cinquantaine de câbles deux paires ou plusieurs câbles multipaires).

La pose s'effectue dans une tranchée ; la hauteur de remblai au-dessus de la génératrice supérieure doit être de 40 cm sous trottoir et de 80 cm sous chaussée ; leur présence est signalée par un grillage de couleur verte placé à 20 cm au-dessus du fourreau.

Pour permettre la mise en place des câbles, des boîtes rectangulaires ou « chambre de tirage », de dimensions normalisées, sont placées dans les alignements droits au plus tous les 50 m dans le cas de fourreaux en amiante-ciment et tous les 145 m dans le cas de fourreaux en plastique ainsi qu'aux bifurcations et changements de direction. L'entrée

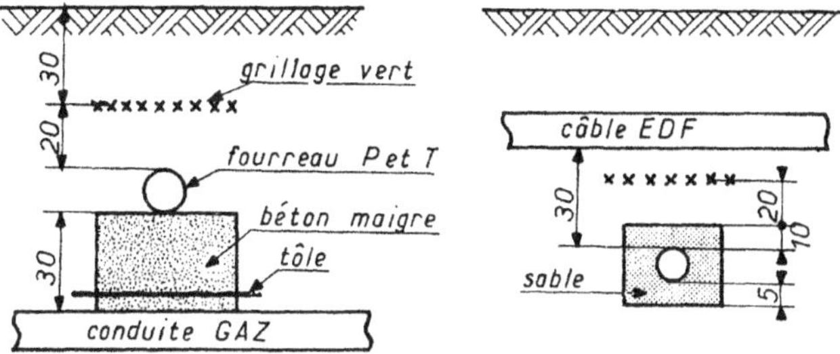

Fig. 5.41 — **Croisement des canalisations (Doc. P. et T.).**

dans le bâtiment s'effectue par un fourreau réservé dans le mur de sous-sol de la façade et qui débouche dans un local commun. Dans le cas où il n'y a pas de sous-sol une chambre de tirage est placée à l'extérieur contre le mur ; l'entrée peut également s'effectuer par un fourreau coudé en plastique, protégé dans le local par une demi-coquille en acier.

Les câbles peuvent également être posés dans des bordures de trottoir spéciales comportant une alvéole réservée mais ceci sous réserve de l'accord des P. T. T. (voir chapitre Voirie).

Le cheminement des fourreaux s'effectue en dehors des voies de circulation de préférence sous trottoir pour éviter d'être désorganisés par les racines d'arbres. Les boîtes de tirage doivent être disposées de façon à être facilement accessibles. Il est interdit de placer un câble téléphonique dans un caniveau de chauffage. En cas de passage à faible profondeur sous une voie carrossable, les fourreaux sont enrobés de béton. Les croisements avec les autres canalisations doivent s'effectuer aux distances réglementaires suivantes : gaz = 50 cm ; E. D. F. = 30 cm ; autres canalisations = 40 cm.

Enfin si un réseau de télédistribution est placé dans les fourreaux P. T. T., les amplificateurs sont généralement installés dans les boîtes

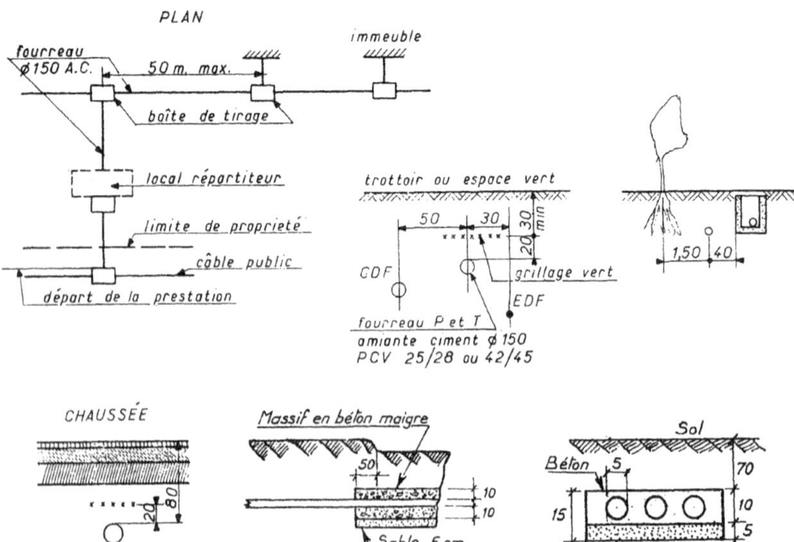

Fig. 5.42 — **Réseau téléphone.**

de tirage. Le descripteur doit en prévoir l'alimentation électrique, mais sous fourreau éloigné de ceux des P. T. T.

Dans certaines localités, il est prévu pour la télédistribution un réseau parallèle à celui du téléphone. On prévoit un ou deux fourreaux aiguillés de 80 mm ; les dérivations sont en 80 mm pour les collectifs et en 20 mm pour les pavillons. Les répartiteurs sont installés dans des chambres de tirage type A 2, les amplificateurs dans des bornes de protection.

Les câbles TV traversent les chambres P. T. T. sous fourreau et réciproquement.

Les liaisons — Distribution téléphone

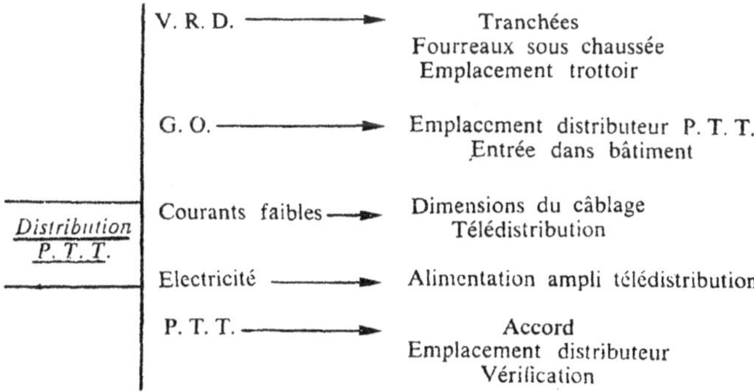

Boites de tirage (Sous trottoir)

On utilise les types suivants sous réserve de l'accord du Service régional :

Type L.1.T (1 nappe de câble)
Intérieur 0,38 × 0,52 m — prof 0,60 m.
Jouées et parois de 15 cm — radier de 15 cm.
Extérieur 0,82 × 0,68 m — prof 0,75 m.

Type L.2.T (2 nappes)
Intérieur 0,38 × 1,16 m — prof 0,60 m.
Jouées et parois de 15 cm — radier de 15 cm.
Extérieur 0,68 × 1,45 m — prof 0,75 m.

Type L.3.T (3 nappes)
Intérieur 0,52 × 1,38 m — prof 0,60 m.
Jouées et parois de 15 cm — fond de 15 cm.
Extérieur 0,82 × 1,68 m — prof 0,75 m.

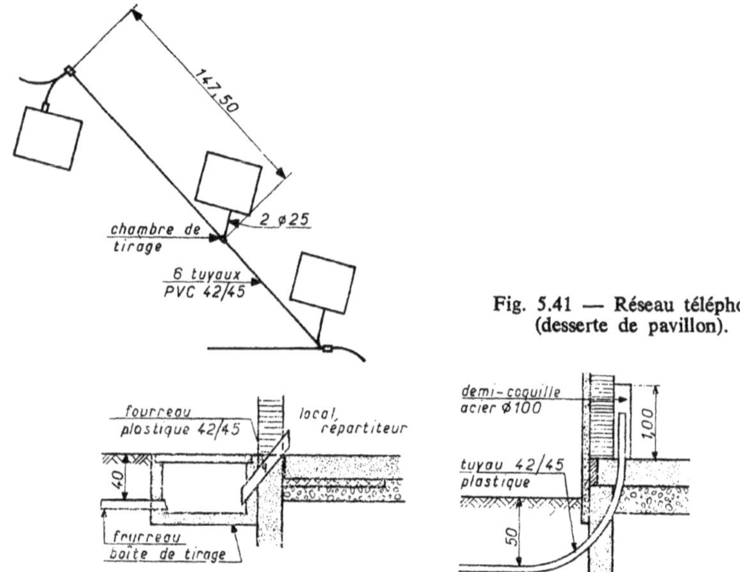

Fig. 5.41 — Réseau téléphone (desserte de pavillon).

Fig. 5.43 — **Entrée immeuble sans sous-sol.**

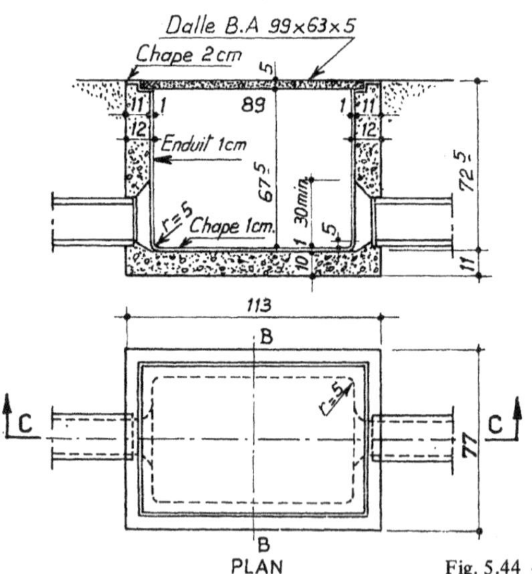

Fig. 5.44 — **Boîte A2 (Doc. P. et T.).**

Cas particuliers

Dans le cas d'immeubles de bureaux ou d'usine employant un grand nombre de lignes téléphoniques, le répartiteur d'arrivée nécessite un local (2 × 3 m environ) placé aussi près que possible de la limite de propriété. Cela peut impliquer à l'intérieur du bâtiment des cheminements qui doivent également être placés sous fourreau, et nécessite une liaison entre les entrepreneurs du bâtiment et ceux des V. R. D.

Dans les usines, les différents bâtiments sont souvent reliés par des galeries techniques ou par des caniveaux. Les câbles téléphoniques du réseau « intérieur », qui ne relève pas de l'Administration des P. T. T. y sont alors placés, sous réserve d'être séparés physiquement des câbles électriques et qu'il ne soit pas possible de les confondre. Ils seront sous

Réseau téléphone — Planning des études

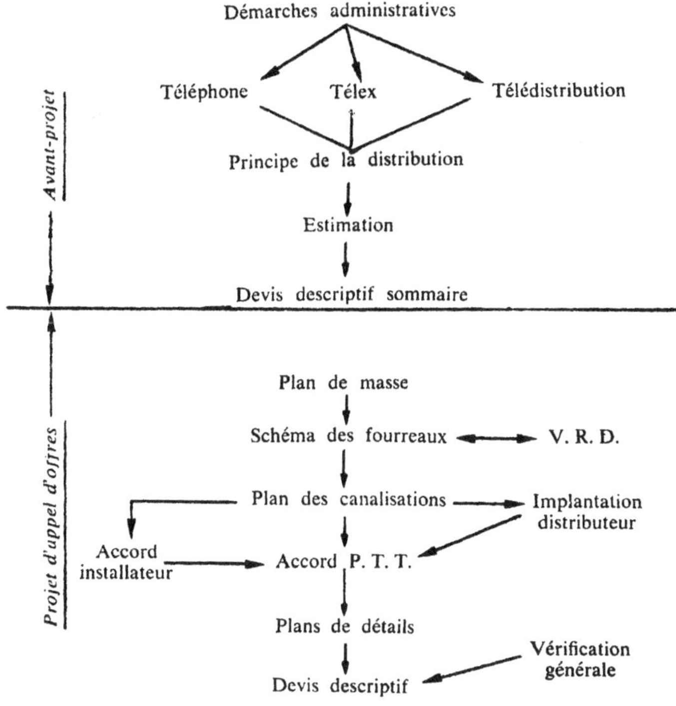

fourreaux si la température ambiante est élevée. La mise en place du réseau enterré pose également des problèmes si l'entrepreneur de téléphone n'est pas rapidement désigné. Le lot V. R. D. doit alors prévoir un cheminement enterré qui peut se révéler mal adapté lors de l'étude définitive. Il faut alors soit l'utiliser malgré les contraintes qu'il entraîne, soit se résoudre à de coûteuses reprises de chaussée ou d'espaces verts, peu appréciées par le Client. Le projeteur, pour éviter ces inconvénients, doit placer le Maître d'Œuvre et le Maître d'Ouvrage devant leurs responsabilités.

Télévision et télédistribution

Dans les groupes de pavillons, l'aménageur interdit fréquemment, pour des raisons d'esthétiques, les antennes de télévision individuelles. D'autre part le relief (montagnes) ou la présence d'immeubles élevés dans le voisinage entraînent souvent une réception médiocre des émissions.

On emploie alors une antenne collective placée au point le plus favorable et reliée à un réseau de câbles enterrés comportant des amplificateurs sur le parcours.

L'installation est réalisée lors de la construction des bâtiments par un entrepreneur spécialisé : il faut prévoir des fourreaux pour le passage des câbles entre les divers bâtiments. Malheureusement ce n'est que tardivement que l'on s'aperçoit fréquemment de la mauvaise qualité de la réception lorsque l'installateur en effectue les premiers essais.

CHAPITRE VI

FINITIONS

6.1. Espaces verts

On désigne sous le nom de travaux d'ESPACES VERTS les plantations dans les espaces laissés libres par les constructions et la voirie. L'importance de ces travaux, très variable, va de la modeste pelouse à l'aménagement de parcs. Ils sont obligatoires dans la plupart des groupes d'immeubles et il faut compter à leur sujet un budget de 2 à 5 % du montant global des travaux de la construction.

En effet le Permis de construire impose, sauf exception, un nombre minimum d'arbres de haute tige et les Plans d'occupation des sols prévoient des surfaces d'espaces verts répartis dans la zone.

La rédaction du Descriptif ne présente guère de difficulté : elle consiste essentiellement en l'énumération des végétaux prévus par le paysagiste sur son plan, en s'aidant des catalogues abondamment illustrés des pépiniéristes.

On réalise de plus en plus d'espaces verts à l'entour des immeubles urbains et en particulier sur la couverture des garages enterrés et en terrasse haute, ce qui n'est pas sans poser de sérieux problèmes (création de microclimats).

Enfin un espace vert est agrémenté d'accessoires qui ont pour but soit la protection des végétaux en place, soit le repos ou l'agrément des usagers.

La terre végétale provient d'apports extérieurs mais le plus souvent du retroussis de celle en place avant les travaux, opération réalisée par l'entrepreneur de terrassement au début du chantier.

Pour les ensembles supérieurs à 150 logements et d'une manière générale pour les grandes surfaces l'intervention d'un paysagiste et éventuellement d'un coloriste-conseil est utile.

Il est rappelé d'autre part que la réglementation concerne les arbres dans la construction neuve : les arbres abattus doivent être remplacés et un nombre minimum de nouveaux sujets est imposé, points généralement précisés par le permis de construire. Un arbre de haute tige par 200 m² d'espaces verts est généralement conseillé.

Planning des études — Espaces verts

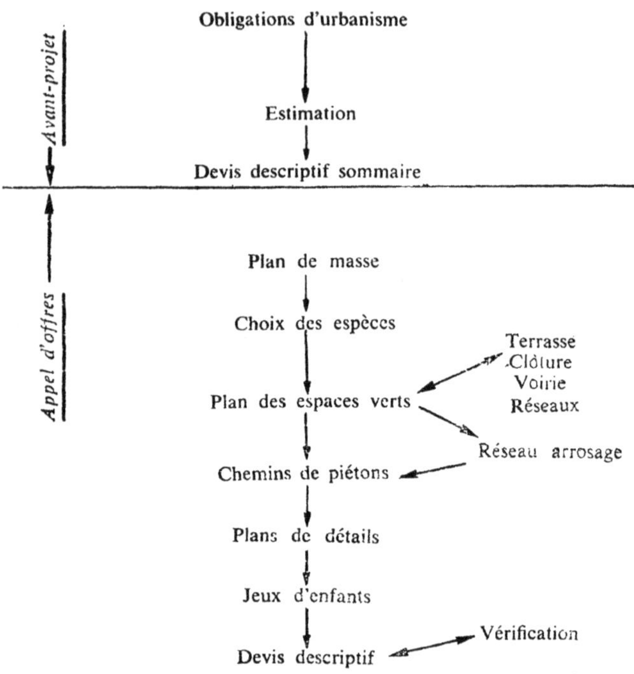

Conception des espaces verts

La composition des espaces verts est étudiée par un paysagiste en fonction de l'implantation des immeubles et des besoins des habitants ; il répartit les végétaux, associe les couleurs et recherche les dispositions les mieux adaptées à la situation géographique et à la configuration du sol. Il doit bien entendu s'efforcer de conserver les végétaux existants en leur laissant un volume de terre suffisant pour leurs racines, ce qui peut avoir des incidences sur l'implantation des bâtiments.

Un jardin doit être un lieu de détente pour les adultes et un espace de jeux pour les enfants ; aussi un certain nombre de règles sont-elles à respecter, résumées ci-après :

— placer les constructions de manière à obtenir la plus grande surface continue d'espaces verts,

— préserver une échappée vers un paysage lointain,

— placer des arbres à l'échelle,

— utiliser des végétaux robustes, d'essences locales,

— prévenir le vandalisme et la négligence.

Le style doit en être simple et s'intégrer au site environnant ; bien disposée une barrière végétale constitue un élément peu coûteux d'isolation phonique et de protection efficace.

La beauté d'un jardin résulte essentiellement d'un équilibre judicieux entre les surfaces gazonnées, les groupes d'arbres et les taches colorées apportées par des masses florales. Les petits éléments ne doivent pas être multipliés car ils sont souvent hors d'échelle. Les espèces rares ou la multiplication des variétés sont déconseillés.

Composants du jardin

Les divers éléments entrant dans la composition d'un jardin sont, sous forme de données générales, indiqués ci-après, les catalogues des pépiniéristes précisant les conditions exactes de plantation ainsi que les possibilités d'adaptation au sol naturel.

La terre végétale

La terre végétale est un milieu vivant dont l'équilibre biochimique est complexe : elle contient des matières et une vie microbienne aérobie qu'il ne faut pas altérer.

Elle contient également des micro-organismes (bactéries, amibes, etc.) et des petits animaux (insectes, vers de terre, etc.).

Les propriétés d'un sol dépendent de sa constitution granulométrique, de son analyse chimique et de la nature de l'humus (matière organique provenant de la décomposition des végétaux). On distingue :

— les sols lourds (plus de 30 % d'argile),

— les sols légers (moins de 20 % d'argile et de limon),

— les sols à pH supérieur à 8 (excès de calcaire),

— les sols à pH voisins de 7 (bonne qualité),

— les sols à pH inférieur à 6 (sols acides),

— les sols à humus peu épais (bon sol),

— les sols à humus épais (mauvaises conditions de nutrition).

Une terre végétale de bonne qualité se compose d'argile (8 à 15 %), de sable (60 à 70 %), de calcaire (5 %), d'humus (2 à 4 %) ; son pH est neutre. Le sol en place sera labouré pour l'ameublir, l'aérer et faire disparaître le tassement dû à la circulation des engins de chantier ; il sera éventuellement corrigé par des apports de sable ou de terres argilo-siliceuses selon qu'il est lourd ou maigre.

Si on constate une stagnation des eaux de pluie, il sera procédé à un drainage constitué par la mise en place de tranchées de 20 × 20 cm sous la couche de terre végétale, remplies de cailloux et espacées de 1,50 m.

L'épaisseur moyenne de la terre sera de 30 cm et des trous seront prévus pour les arbres et des tranchées pour les haies. Il faut tenir compte également, lors de la prévision du cubage des terrassements, des tassements pouvant atteindre 25 %.

La terre de récupération stockée sur place est souvent souillée car délavée, mélangée de pierres, de détritus, de racines et de mauvaises herbes. Il faut alors la nettoyer et il est parfois plus économique de la remplacer.

Pour améliorer la qualité de la terre végétale, il faut lui incorporer des amendements et des engrais. Les amendements améliorent la perméabilité, l'acidité, la teneur en matière organique. Ce sont le sable, le calcaire, les produits humiques (tourbe, terreau, compost, etc.) dont les proportions doivent être judicieusement dosées.

Les engrais sont des produits qui assurent un complément d'alimentation aux végétaux ; ils doivent être renouvelés chaque année à raison de 100 kg à l'are environ.

Le gazon

Le gazon est le revêtement de base des jardins dont il met en valeur les autres éléments. La surface d'une pelouse doit être maximale car cela est agréable à l'œil et facilite la tonte. Si elle est allongée, elle doit être bordée d'arbustes et de massifs afin d'attirer la vue. Dans les pentes raides ou dans les surfaces difficilement accessibles à la tondeuse, le gazon sera remplacé par des plantes vivaces dont la largeur doit toujours être supérieure à 60 cm.

Les pelouses de trop petites dimensions seront remplacées par des « espaces minéraux » : gros galets, pavage grossier, etc. A l'inverse on réduira les allées pour faciliter la tonte.

Les semis doivent être choisis avec soin en fonction de la nature de la terre, de l'exposition et de l'usage auquel la pelouse est destinée (bon terrain, terrain sec, région méditerranéenne, terrain ombragé, etc.). Ils s'effectuent d'avril à juin, ou mieux en septembre/octobre, à raison de 3 à 4 kg de graines à l'are.

Les pelouses se classent en deux catégories :

— *les pelouses de luxe ou gazon anglais,* d'aspect velouté ; elles sont à base de graminées fines de premier choix et ne supportent pas le piétinement ; elles exigent un entretien poussé ;

— *le gazon rustique :* il est constitué de graminées à feuilles larges ; il accepte une petite circulation de piétons et des jeux.

Une bonne pousse suppose un sol bien préparé : labour profond avec incorporation d'engrais, élimination des mauvaises herbes, passage du râteau et du rouleau à main pour briser les mottes.

Le gazon en plaques

Le gazon en plaques est utilisé essentiellement pour la couverture de talus en pente. On prélève des plaques de gazon cultivées dans une réserve de 30 × 30 cm de côté et de 8 cm d'épaisseur environ. Elles sont posées jointives sur le sol et tassées légèrement. Après pose on maintient le sol légèrement humide pour que la reprise s'effectue normalement.

Les massifs floraux

Un massif floral est constitué par un groupement de fleurs plantées sur une surface de terre de forme régulière (ovoïde, éllipse, bande) et légèrement en saillie par rapport au gazon environnant.

Elles donnent des taches de couleurs variées dont les associations demandent du goût et de l'expérience. L'entretien doit en être soigné.

On utilise plusieurs catégories de fleurs :

— les rosiers, aux nombreuses variétés, faciles à entretenir et à la floraison abondante,

— les fleurs annuelles dont la plantation et l'entretien demandent du personnel ; agréables elles sont onéreuses,

— les plantes vivaces dont la partie aérienne meurt chaque année et repousse l'année suivante ; rustiques et de longue durée, elles supportent les hivers normaux et se plantent par groupes de 3 à 15 au m²,

— les plantes grimpantes qui s'accrochent aux éléments verticaux par l'intermédiaire d'un léger support ; elles se développent facilement et certaines peuvent recouvrir rapidement un grillage élevé ou un mur nu,

— les « plantes de rocailles », à végétation étalée et traçante, contribuent sur les talus au maintien de la terre ; elles sont à végétation pluriannuelle,

— les azalées et rhododendrons se plantent uniquement en terre acide.

Le terrain doit être bien préparé : enlèvement et remplacement de la terre végétale ordinaire par un mélange de terres fines soigneusement dosées. Les plantations s'effectuent généralement pendant l'hiver, sauf durant les gelées et les périodes pluvieuses.

Les massifs d'arbustes

Les massifs sont composés d'arbustes choisis comportant une teinte dominante à laquelle sont ajoutées quelques taches de couleur. L'arbuste est défini comme un végétal ligneux de petites dimensions, qui se ramifie à la base et reste buissonnant sur une hauteur de 1 à 1,50 m.

On utilise généralement un mélange d'arbustes à feuilles persistantes (2/3 de la surface) et d'arbustes à feuilles caduques. Ils peuvent atteindre 2 à 3 m de hauteur et donnent de belles floraisons mais doivent être taillés annuellement et demandent un sol bien amendé. L'espacement est de 1 à 1,50 m, à 50 cm des allées et des clôtures.

Le choix des couleurs des massifs doit répondre à quelques règles de décoration dont nous citerons les principales :

— placer au premier plan les coloris sombres,

— faire des harmonies ton sur ton (bleu, violet, mauve) ou complémentaires (jaune d'or et violet/rouge, vert/bleu et orange/bleu, jaune/rose et blanc, rose et jaune, rouge et blanc, etc).

— éviter l'association du rouge et du jaune.

— etc.

Des massifs longeant la façade des immeubles permettent aux habitants de vivre la fenêtre ouverte car ils éloignent les importuns, mais ce sont des zones de détritus et de poussière.

Les massifs sont à multiplier lors des premières années d'un ensemble immobilier ; leur volume compense la petite taille des arbres. Ces massifs peuvent être constitués également par des conifères nains ou des rosiers-arbustes aux couleurs variées.

Les arbustes sont vendus par « hauteur » de 30/40 cm à 60/80 cm ou 150/170 dans le cas des conifères nains.

Les haies

Les haies sont constituées par des arbustes plantés en alignement de manière à former un rideau continu dont la hauteur peut varier de 1 à 3 m selon l'espèce choisie.

Les haies basses forment clôture et comportent des arbustes à feuilles persistantes plantés tous les 40 à 60 cm tels l'aucuba du Japon, l'aubépine, le buis, le laurier-cerise, le fusain du Japon, le houx commun, le troène vert ou doré, le romarin, etc. La hauteur moyenne est de 1 m. En utilisant des arbustes épineux à feuilles caduques renforcés par des fils de fer en ronce galvanisée, la clôture devient difficilement franchissable. On utilise le charme commun, le crataegus, le citronnier, l'épine blanche, le cognassier du Japon, le berbéris, etc.

Les haies hautes ou « rideaux » abritent du vent et des regards indiscrets. Elles sont réalisées par des arbustes à port « fastigié » tels le peuplier d'Italie, l'if commun, le tuya, etc., plantés avec un espacement de 3 à 6 m selon l'espèce.

La plantation des haies basses s'effectue entre la fin des gelées d'hiver et le printemps dans une tranchée de 50/60 cm de profondeur moyenne, remplie de terre végétale.

Les haies hautes constituent des brise-vent dans les régions de bord de mer ; des expériences ont montré qu'il fallait que les arbres ne soient pas trop serrés (2 m environ) : ils freinent ainsi la vitesse du vent et protègent une zone de dix à vingt fois leur hauteur. Si la haie constitue une clôture entre deux propriétés, il faut respecter les règles de la mitoyenneté, à savoir :

Fig. 6.1

— plantation sur la ligne séparative si les deux propriétaires sont d'accord.

— dans le cas contraire, plantation de la haie à 50 cm de la ligne séparative si sa hauteur ne dépasse pas 2 m, sinon à 2 m.

Les arbres

Un arbre est un végétal ligneux à tige unique se ramifiant à une hauteur du sol au moins égale à 2 m. Le Maître d'Œuvre doit choisir les espèces en fonction non seulement de l'aspect décoratif recherché mais également de la nature du sol et, bien entendu, du climat local.

Les plantations d'arbres jouent un rôle important dans les circulations piétonnes : ils protègent contre le vent, donnent de l'ombrage et jalonnent le cheminement. Mais il faut les choisir judicieusement : certaines espèces maintiennent les terrains humides, les branches peuvent tomber, réduire le passage, créer de l'ombre sur les bâtiments. Les arbres à feuilles caduques et à früits charnus jonchent le sol, ce qui entraîne un nettoyage.

On distingue pratiquement les catégories suivantes :

— les arbres à feuilles caduques qui sont employés isolés, au centre d'un massif ou en avenue. Dans ce dernier cas, l'espacement varie de 7 à 10 m pour le chêne et le platane, de 6 à 8 m pour le bouleau et le hêtre, de 3 à 4 m pour le peuplier, le frêne, l'érable. Si les arbres sont groupés l'espacement sera de 1,50 m au moins ;

— les conifères tels le cèdre, le cyprès, l'épicéa, l'if, le pin, le sapin, qui gardent leur feuillage en hiver ; les variétés de petite taille peuvent être utilisées pour constituer des haies en rideau, à l'espacement de 1,50 à 2 m ;

— les arbres pleureurs dont le feuillage retombe en parasol et qui sont plantés isolément afin de les mettre en valeur ; on citera le saule pleureur, le cyprès pleureur, le cerisier du Japon, le tilleul ;

— les arbres fruitiers sont cités pour mémoire car leur emploi dans les groupes immobiliers n'est pas conseillé.

Les petits sujets, ou jeunes plants, sont d'un faible coût à l'achat mais leur entretien est relativement onéreux ; de plus ils sont sensibles au vandalisme.

Le Maître d'Œuvre doit, à l'heure actuelle, s'efforcer de choisir des plantations à faible coût d'entretien ; il faut des sujets âgés, donc chers, ce qui pose un problème financier au promoteur.

Enfin il est rappelé qu'un arbre de haute tige arrivé à maturité (dix/quinze ans) occupe une surface au sol qui varie de 50 à 100 m² environ.

Les arbres sont plantés dans des trous remplis de terre végétale et dont les dimensions sont approximativement de 1,20 m au cube pour ceux de petite taille et de 2×2 sur 1 m de profondeur pour les sujets livrés en bac. Ils doivent être maintenus par un tuteur (plantation au début de l'hiver). Pour la désignation des arbres, il existe généralement deux noms : un nom commun en français et un nom scientifique en latin.

Le classement des arbres est le suivant :

— les conifères sont rangés par « force » de 1 à 18 suivant leur hauteur (25 cm à 2,50 m), variant par tranches de 25 cm.

— les autres arbres sont classés par âge :

— baliveau : jeune arbre,

— jeune tige : arbre moyen,

— tige forte : sujet âgé, d'une hauteur de 2,50 m environ.

Le prix est fonction de la circonférence qui varie de 2 en 2 cm, de 10/12 à 16/18 cm. Au-delà de 16/18 pour les arbres les prix augmentent fortement par suite de la nécessité de les transplanter avec un bac de maintien des racines.

Le rédacteur vérifiera que les arbres de haute tige sont suffisamment éloignés des canalisations d'eau, de gaz et des égouts (10 m en principe) afin d'en éviter la désorganisation par les racines sinon elles seront protégées par un enrobage de gros cailloux.

La présence d'arbres adultes à la périphérie du bâtiment ne présente, en principe, aucun danger ; par contre les plantations de sujets neufs assèchent les terrains, spécialement ceux argileux, ce qui peut entraîner un tassement des fondations. Aussi est-il conseillé d'effectuer

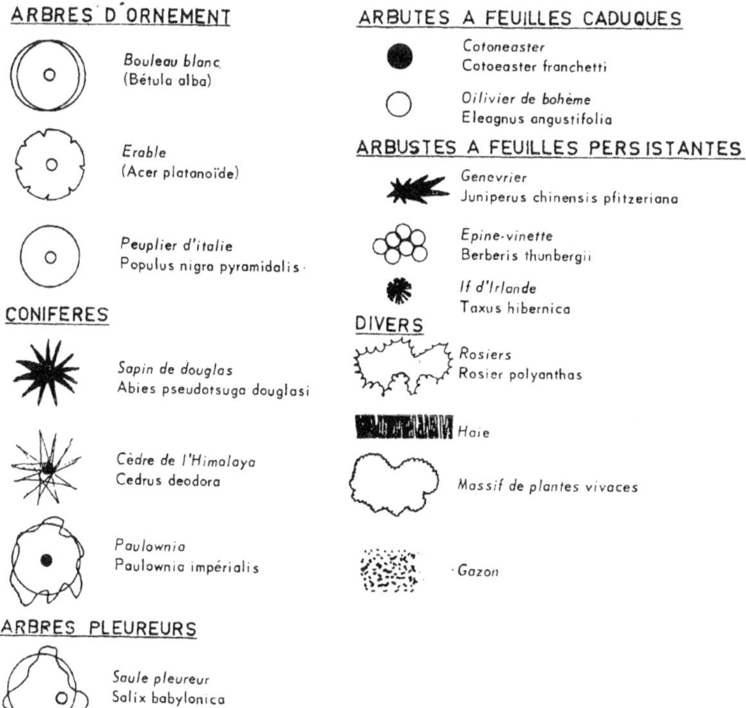

Fig. 6.2

les plantations à une distance égale à la hauteur de l'arbre arrivé à maturité ; si des rideaux d'arbres sont utilisés, cette distance sera majorée de 50 %. D'autre part, dans le lot « Terrassement », le rédacteur du descriptif n'oubliera pas de mentionner la protection des arbres qu'il faut conserver.

Dans les zones à atmosphère industrielle, il faut choisir des espèces résistantes au manque de lumière, à la poussière qui englue les feuilles et à l'acidité de l'air. Les espèces conseillées sont l'érable de Norvège, le sycomore, le bouleau blanc, le frêne, le platane, le peuplier noir, l'acacia, etc.

Si un arbre est placé dans une aire étanche (parc à voiture, allée, etc.) il faut le protéger contre les chocs, tout en permettant son alimentation en eau ; il sera entouré par une bordure bétonnée et la surface ainsi enclose sera en terrain meuble (terre végétale ou gravillon) ; elle pourra être recouverte par une grille en fonte ou en béton afin d'empêcher qu'elle soit piétinée.

Signalons qu'il est déconseillé de relever le sol autour d'un arbre existant car cela entraîne rapidement sa mort.

L'entrepreneur de jardin doit également faire l'entretien pendant l'année de garantie et le remplacement des végétaux dont la plantation n'a pas réussi.

Cet entretien est constitué par l'arrosage, les tontes du gazon, la taille des arbres et des arbustes, l'épandage de produits herbicides, lombricides (contre les vers de terre) et l'enlèvement des déchets. Par contre l'eau est fournie par le Maître d'Ouvrage.

Compléments du jardin

En plus des végétaux un jardin est complété par divers accessoires qui en augmentent l'agrément. On peut citer :
— des aires sablées avec des jeux d'enfants et des bancs,
— des allées de piétons au tracé sinueux, inaccessibles aux voitures,
— un éclairage d'ambiance (voir chapitre 5.2),
— des clôtures basses dans certains cas (protection d'arbres fragiles, limites d'espaces privatifs).

L'entrepreneur d'espaces verts aménage également les jardinières intérieures de l'immeuble. Leur conception est analogue à celle d'une terrasse-jardin (gravillon drainant, feutre-jardin, terre), mais la terre ou « compost » doit en être soigneusement dosée en fonction des plantes que l'on veut y placer. Ces dernières doivent être choisies dans la gamme des plantes d'intérieur dont la particularité est de s'adapter à l'atmosphère et à la lumière régnant à l'intérieur.

Espaces verts urbains

Les règles d'urbanisme imposent une surface minimale d'espaces verts autour des immeubles urbains, quel que soit leur usage, ainsi que le remplacement des arbres abattus pour réaliser la construction. Les conditions exactes des plantations figurent dans le Permis de construire. L'espace vert peut être réalisé en pleine terre, ce qui ne présente pas de difficulté. Mais il est souvent installé sur une terrasse recouvrant un sous-sol ou une portion d'étage. Nous négligerons le cas des jardins d'agrément installés en dernier étage pour la satisfaction d'un copropriétaire.

Dans tous les cas une liaison étroite doit exister avec l'entrepreneur d'étanchéité car celui-ci doit fournir la couche d'étanchéité, sa protection tant horizontale que verticale et les entrées d'eau.

Il est rappelé que le Service des espaces verts considère que 80 cm est l'épaisseur minimale de terre végétale nécessaire pour la plantation d'arbustes et 2 m pour des arbres de haute tige. Par contre une épaisseur de 30 cm est suffisante pour le gazon et les fleurs. De plus il faut que 10 % au moins de la surface des espaces verts soient en pleine terre ou d'une épaisseur minimale de 2 m. Les gazons synthétiques ne sont en général pas acceptés.

Conception de la terrasse-jardin

La mise en place d'un jardin sur terrasse demande beaucoup plus de soins que pour un jardin en pleine terre car les conditions de pousse des végétaux sont différentes.

D'une manière générale les épaisseurs de terre sont réduites au strict minimum pour ne pas surcharger la dalle ; la présence à côté du jardin d'immeubles de grandes dimensions soit en longueur soit en hauteur entraîne des tourbillons parfois violents et des ombres agressives ; l'atmosphère est desséchée et chargée de poussières ; la desserte en eau est insuffisante.

Pour remédier à ces défauts, il faut prendre les précautions suivantes :

— choisir un mélange terreux homogène et bien structuré ; l'épaisseur minimale est de 30 cm pour le gazon et 1 m pour les arbres (mélange composé de 20 % d'argile, 30 % de limon fin, 30 % de limon grossier, 20 % de sable fin de la région parisienne),

— ajouter à ce mélange des engrais soigneusement choisis.

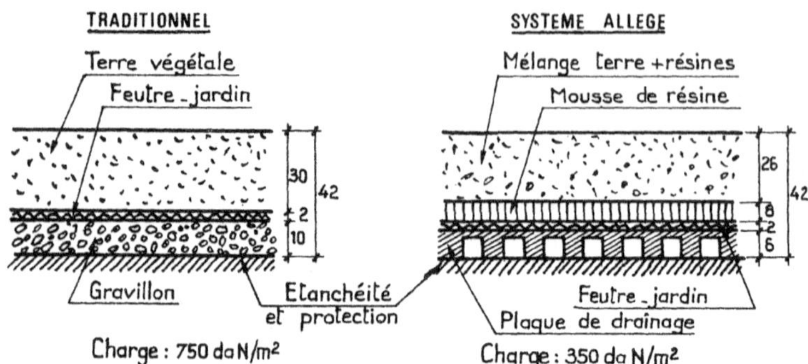

Terrasse - Jardin.

Sur la protection l'entrepreneur d'espace vert répand :
— une couche drainante en cailloux, épaisseur 10 cm,
— un feutre-jardin,
— la terre végétale.

Les caractéristiques de ces éléments sont détaillées dans la suite. Les végétaux n'appellent pas de remarques particulières si ce n'est qu'il faut éviter d'employer ceux dont les racines s'enfoncent trop profondément.

La création de jardins au pied des immeubles-tours pose des problèmes nouveaux dont l'existence ne s'est révélée que récemment : il se crée un microclimat au degré hygrométrique plus bas que dans un jardin courant et caractérisé par de violentes turbulences dues au vent. De plus les espèces choisies doivent être peu sensibles aux diverses pollutions urbaines. La terre végétale doit être de très bonne qualité et soigneusement amendée.

Un autre problème, de chantier celui-là, se pose également : les terrasses ne sont pas toujours au niveau du sol extérieur auquel cas il faut procéder à des montages ou à des descentes de matériaux, travail ardu car l'entreprise de gros-œuvre a généralement retiré son matériel de levage avant l'époque des espaces verts. Le rédacteur doit donc préciser ce point dans le dossier d'appel d'offres (coupes).

L'exécution demande du soin car il faut éviter d'abîmer la protection lourde mise en place par l'étancheur ainsi que les relevés. Les édicules d'entrée d'eau doivent être bien nettoyées de même que les descentes.

Couche drainante

Le but de la couche drainante est d'assurer à la végétation l'eau et l'air qui lui sont indispensables. En effet il ne faut pas que les eaux stagnent, ce qui engendrerait des moisissures mortelles, ni qu'elles s'écoulent trop rapidement car la terre serait privée de ses éléments fertilisants.

De plus cette couche renforce la protection contre les perforations éventuelles dues soit aux racines soit aux coups de pioches ou de pelles.

Elle est constituée par des éléments à gros module (gravillons roulés, pouzzolane, briques creuses concassées, etc.) et l'épaisseur minimale est de 10 cm (voir D. T. U., n° 43).

La mise en place s'effectue manuellement ou à l'aide d'engin à pneus dont la charge doit être prise en compte dans le calcul de la dalle de la terrasse (à moins d'en interdire l'utilisation). De même il faut veiller à ne pas stocker des tas importants de cailloux, susceptibles de provoquer des surcharges locales qui déformeraient le support ou poinçonneraient l'étanchéité. L'attention est attirée sur ce problème qui entraîne des responsabilités pour chaque participant.

Si l'écoulement des eaux de la terrasse s'effectue en rive en pleine terre, la couche drainante sera prolongée de 40 cm et épaissie afin de constituer drainage.

Feutre-jardin

Avant de mettre en place la terre végétale, on place sur la couche drainante un écran filtrant et imputrescible qui en évite le colmatage. C'est le feutre-jardin, constitué par un feutre grossier en fibres de verre ou de polyesther enchevêtrés.

Il maintient l'humidité et empêche les racines de se développer dans la couche filtrante et d'atteindre ainsi l'étanchéité. Il retient ainsi les éléments nutritifs des sols.

Sa pose s'effectue à sec et il est recouvert le plus rapidement possible de terre végétale. Les joints sont effectués par recouvrement des lais. Il doit être remonté autour des saillies sur toute la hauteur de la terre végétale.

Variante

L'ensemble cailloux + feutre-jardin peut être remplacé par des dalles sur plots en polystyrène et un tapis filtrant spécial (procédés brevetés).

Chemins sur terrasse plantée

Pour circuler sur une terrasse plantée, des cheminements solides sont nécessaires, mais d'une manière générale, leur fréquentation, peu importante, est constituée uniquement par des piétons.

La terre végétale au droit du chemin est enlevée et remplacée par du sable posé sur le feutre-jardin. La séparation entre la terre et le sable est assurée par une murette en béton, blocs de ciment ou briques.

Le chemin lui-même peut être constitué de la manière suivante :

— une chape en mortier de 3 à 4 cm, fractionnée tous les 3 m,

— des dalles préfabriquées en béton de 3 cm d'épaisseur au moins et de 50 × 50 cm au plus,

— des dalles en pierres dures de 4 cm d'épaisseur au moins et de 40 × 40 cm,

— des carreaux de grès ou de terre cuite scellés au mortier sur une forme en béton maigre de 4 cm d'épaisseur avec joints de 1 cm tous les 3 m.

Il est possible également de poser des dalles de pierre ou de béton directement sur la couche de terre végétale sous réserve que la fréquentation soit très faible (entretien, décoration).

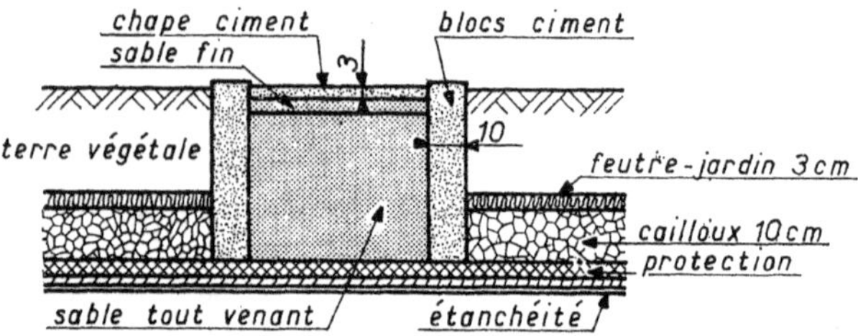

Fig. 6.3

Lorsque les pelouses sont de faibles dimensions, il faut en empêcher l'accès aux enfants et aux personnes négligentes. Une solution consiste à enterrer légèrement l'allée et à donner un certain modelé à la pelouse, ce qui empêche les jeux de ballon.

Dans le cas où une forte épaisseur est nécessaire, on mélange des produits à la terre végétale qui en augmentent le volume tout en l'allégeant : ce sont les mousses de résine organique, des flocons expansés de matière plastique, les cendres volantes, la pouzzolane, l'argile expansée, les briques creuses, le liège aggloméré, les agrodrains à tabouret (plaques de polystyrène sur plots), la perlite et la tourbe.

Pour les mouvements de terre on remplace une partie de celle-ci par des blocs de polystyrène expansé.

Les zones de jardin sur terrasse sont souvent sujettes à de violents courants d'air. Lorsque l'épaisseur de terre végétale est faible, il est bon de placer un filet imputrescible sur le drainage. Les racines des plantes élevées s'accrochent dans le filet, ce qui empêche leur renversement.

Cas des arbres existants

Si des arbres existants doivent être conservés, des précautions sont à prendre pour éviter qu'ils ne périssent rapidement. Une zone dégagée doit être réservée autour du tronc (2 m de diamètre environ) qu'il ne faut ni compacter, ni rendre imperméable ; de même les coupes de racines sont à effectuer avec précautions ; la base de l'arbre ne doit pas être enterrée. Lors des travaux une protection efficace sera mise en place pour éviter les blessures qui entraînent maladie et mort : planches avec paillasson protecteur, sans emploi de clous dans le tronc. Si l'arbre est près de la construction son équilibre physiologique est modifié : une partie du feuillage est dans l'ombre et le niveau de la nappe phréatique est perturbé. Il faut alors procéder à une taille des branches de manière à rétablir l'équilibre.

Liaisons avec les autres corps d'état

Les travaux d'espaces verts sont indépendants des autres corps d'état et sont exécutés en fin de chantier ; de plus les plantations d'arbres doivent être effectuées en hiver. Par contre les gazons sont semés toute l'année et les massifs floraux au printemps.

Le rédacteur doit tenir compte de ces particularités dans l'établissement du calendrier des travaux.

La terre végétale provient, en principe tout au moins, de celle qui a été retroussée sur place par le lot Terrassement.

D'autre part il faut vérifier que :

— le plombier a installé des bouches d'arrosage en nombre suffisant et bien placées, tous les 40 à 50 m environ si possible le long d'un chemin,

— le projeteur a prévu un local pour le matériel d'entretien ; celui-ci est en effet encombrant et souvent sale.

Enfin il est à noter que pour les formules de révision, il ne faut pas faire uniquement référence aux coefficients publiés par le *Moniteur des Travaux Publics* mais également au *Catalogue des prix courants* publié chaque année par la Fédération des pépiniéristes.

Le choix des végétaux

Bien choisir les végétaux est essentiel. On évitera en particulier les espèces coûteuses qui ne seront vraiment décoratives que dix ans après leur plantation. La préférence sera donnée aux essences à développement rapide, bien adaptées au climat local.

En milieu collectif dense (banlieue de grande ville, groupe immobilier), les végétaux doivent résister en outre à de nombreuses attaques : chaleur (réverbération des vitrages), pollution atmosphérique (poussières, fumées, gaz d'échappement), mauvais éclairement (soleil caché par les immeubles), eaux de ruissellement chargées de produits chimiques (lessives, essence, huiles), des attaques diverses (clous dans les troncs, urine de chiens, coups, fuites de gaz, tassement de la terre sous le piétinement, sels de déverglaçage, etc.).

La pelouse est l'élément de base mais les arbres constituent l'essentiel du décor ; les arbustes apporteront la couleur ; les plantes vivaces seront utilisées partout où l'épaisseur de terre est faible. Les plantes saisonnières qui nécessitent un entretien seront de préférence placées dans des bacs.

Il faut :

— choisir les espèces en fonction de l'ensoleillement, des courants d'air, de leur résistance aux atmosphères polluées (bouleau, hêtre pourpre, peuplier d'Italie, cerisier à fleur, tilleul, pin noir d'Autriche, etc., pour les arbres, végétaux méditerranéens pour les arbustes),

— leur attribuer un volume de terre suffisant (1,5 m^3 environ par arbre),

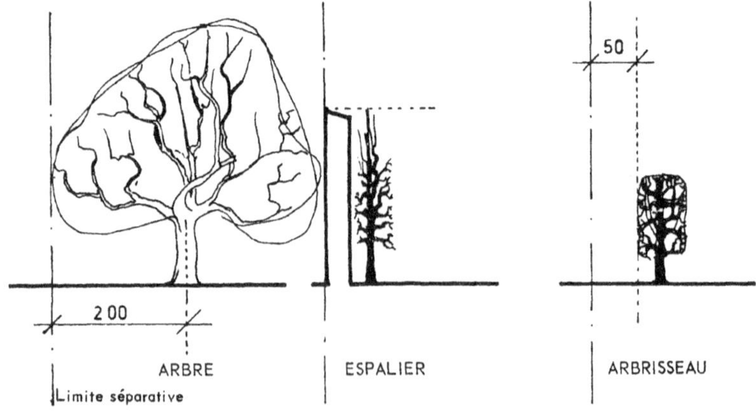

Fig. 6.4

— maintenir une humidité correcte soit par arrosage manuel (peu conseillé) ou automatique car l'évaporation est rapide,

— éviter les végétaux à racines pivotantes qui détruisent l'étanchéité.

Extraits du code civil

Les arbres, arbrisseaux ou haies ne doivent être plantés qu'à une certaine distance de la limite de propriété.

Sous réserve de règlements ou d'usages locaux, les distances à respecter sont les suivantes (article 671 du Code Civil) :

Pour les arbres (plus de 2,00 m de haut) : 2,00 m au moins entre la ligne mitoyenne et le cœur de l'arbre sauf accord du voisin.

Pour les arbrisseaux : 0,50 m.

Les arbres plantés en deçà doivent être coupés ou arrachés (art. 672).

Ces prescriptions ne sont pas applicables dans la Ville de Paris ; elles sont modifiées dans beaucoup de communes, principalement résidentielles.

Une haie doit être plantée à 50 cm de la limite de propriété si elle est d'une hauteur inférieure à 2,00 m.

Jeux pour enfants

Les enfants ont besoin d'espace pour s'ébattre. Aussi le promoteur d'un groupe d'habitations s'efforcera d'inclure dans les surfaces d'espaces verts des emplacements de jeux pour les enfants. La dépense est faible mais valorise les immeubles qui en sont dotés. De plus cela évite la dégradation des pelouses.

Il y a lieu de prévoir plusieurs types d'aires de jeux :

— une aire pour les jeunes enfants à proximité des immeubles afin qu'ils soient sous la surveillance directe des parents ; elle sera dégagée des ombres portées et au soleil ; elle comportera un bac à sable, des jeux divers et des bancs pour les mères de famille. On prévoiera 2 m^2 par logement ;

— une aire pour les adolescents éloignée de la première pour éviter les accidents (4 m^2 par logement).

Les plus grands jouent au ballon et circulent en bicyclette ou en patins à roulettes ; pour ce dernier cas, certaines allées en revêtement dur doivent leur être réservées soit entièrement, soit par tolérance.

Pour les jeux de ballon, il faut y consacrer une pelouse spéciale, mais assez loin des immeubles tant pour éviter le bruit que le bris des vitres (espace libre de 20 × 10 m).

Enfin un espace plan pour jeux de boules à l'écart et ombragé est bien utile.

La clôture de ces aires est déconseillée sauf cas particulier, mais elles peuvent être délimitées par des chemins ou des murets bas.

Dans les groupes importants, il y en aura plusieurs de chaque type afin d'éviter les accumulations d'enfants propres à la création de *bandes*.

Il ne sera pas traité des équipements sportifs sur lesquels le Ministère de l'Education Nationale a donné des normes très précises et auxquelles le lecteur voudra bien se rapporter (Publications Administratives — 13, rue du Four, Paris).

Pour les H. L. M., la circulaire 67.19 du 30 mars 1967 précise la quantité minimale d'équipement à fournir pour les petits enfants dans les groupes d'habitations. La prestation comporte au moins, par groupe de cinquante enfants de moins de 6 ans :

— deux bacs à sable de 16 m de périmètre,

— deux toboggans à une seule vague,

— deux cages à écureuil,

— deux manèges,

— deux troncs à grimper,

— deux balançoires

Aires de jeux

Les aires de jeux sont des surfaces qui doivent être résistantes, souple à la marche et non dangereuses en cas de chute des enfants.

Elles sont généralement constituées par une forme en granulats recouverte par une couche de sable ou un béton bitumineux si la fréquentation est importante (cour d'école). En périphérie une bordure la sépare des espaces verts.

Il est possible également d'utiliser une pelouse sous réserve qu'elle soit bien drainée et plantée d'un gazon résistant.

Une aire de jeux reçoit généralement un équipement dont seront cités les principaux éléments :

— des bancs pour les mères de famille,

— des toboggans à une ou deux vagues avec un bac à sable de réception en partie basse,

— des balançoires,

— des cages d'écureuil,

— des montagnes de pilotis,

Fig. 6.5

bordurette 5x20
béton bitumineux
tout venant compacté
bordurette
gravillon
(ou sable)
tout venant stabilisé
béton
20
CAGE A ECUREUIL
3,50
2,50 x 2,50
TOBOGGAN
2,00
bordurette
sable fin
BALANÇOIRE
tube 80x40
massif béton
50 x 50
2,50
30
Bordure
patin de
calage
Rigole gros béton
R = 2,50
gravillon
cailloux
sable de rivière
Drain ø=6
Puisard rempli de cailloux (1 m³)
30
15
25

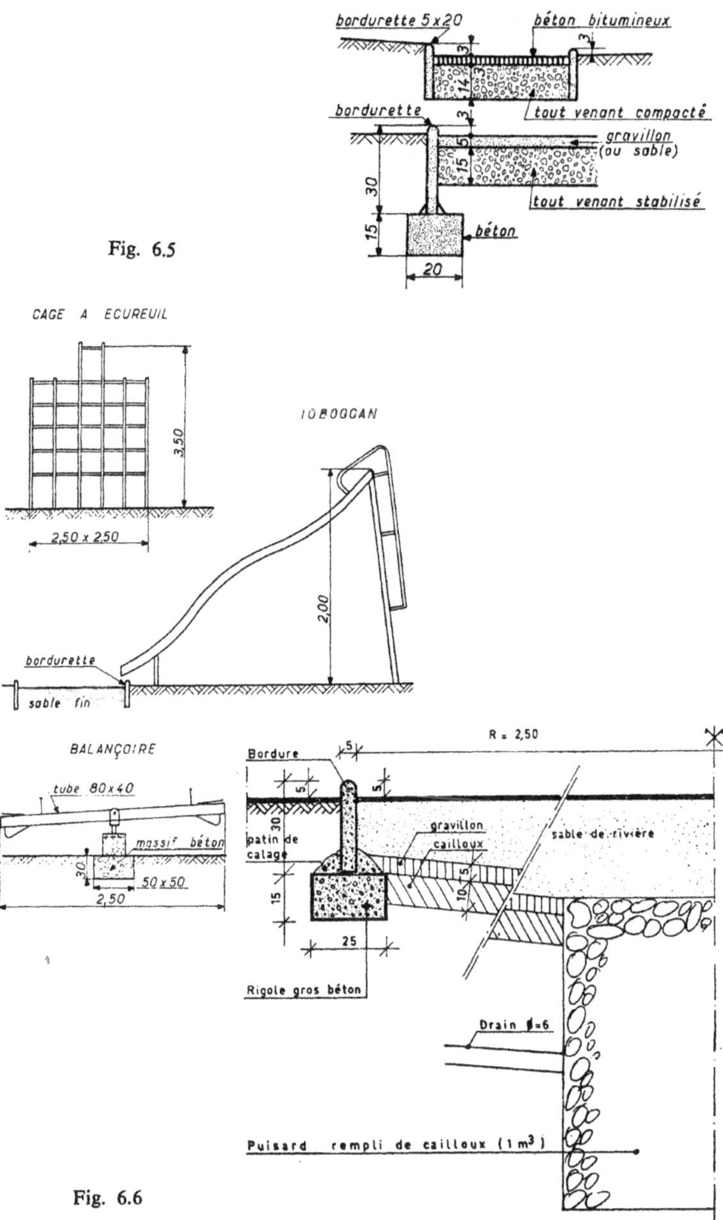

Fig. 6.6

— un bac à sable,

— des roches extraites des fouilles, des souches et des troncs d'arbres abattus sur place et qui constituent à peu de frais des éléments de jeux appréciés des enfants.

6.2. Clôtures

Il est d'usage en France de clore les propriétés privées et c'est une obligation réglementée dans les zones urbaines. Dans les zones suburbaines, la clôture fait partie du paysage et doit présenter un certain aspect esthétique. Sa longueur étant toujours importante, elle constitue une charge financière non négligeable.

Les clôtures doivent faire l'objet d'une déclaration de travaux (loi du 6 janvier 1986 - article L441) sauf dans deux cas : les clôtures à usage agricole, les clôtures incluses dans un projet immobilier faisant l'objet d'un permis de construire global. Il faut se conformer aux règlements locaux : alignement, plan d'urbanisme, plan d'occupation des sols, arrêtés préfectoraux, servitudes de visibilité aux carrefours, aspect extérieur, etc.

Dans certaines régions, il y a lieu de vérifier la stabilité de la clôture relativement aux séismes : on se reportera aux règles édictées en la matière (Règles parasismiques 1969). Enfin dans les régions dont l'esthétique doit être protégé, l'ARCHITECTE-CONSULTANT suggère des types de clôtures adaptées au site.

Souvent un problème délicat se pose : la délimitation précise du tracé de la clôture auquel cas il est fait recours à l'arbitrage d'un géomètre pour en déterminer l'emplacement exact. Lorsque les deux terrains ne sont pas au même niveau, la solution technique devient délicate : il faut édifier un muret ou prévoir un talus permettant la pose de la clôture.

La rédaction du descriptif ne présente aucune difficulté : il suffit de faire un choix parmi les divers types de clôtures dont la description est donnée ci-après, sauf si celui-ci est imposé par un Cahier des Charges (Lotissement, Zone industrielle, etc.).

Par contre il faut préciser qui paiera la clôture : le propriétaire ou celui-ci et le voisin conjointement.

D'une manière générale la clôture pose peu de problèmes techniques mais des problèmes juridiques souvent longs à résoudre. Le rédacteur du descriptif doit alerter le Maître d'Ouvrage en temps opportun et procéder aux vérifications de mitoyenneté dès que possible.

Planning des études — Clôtures

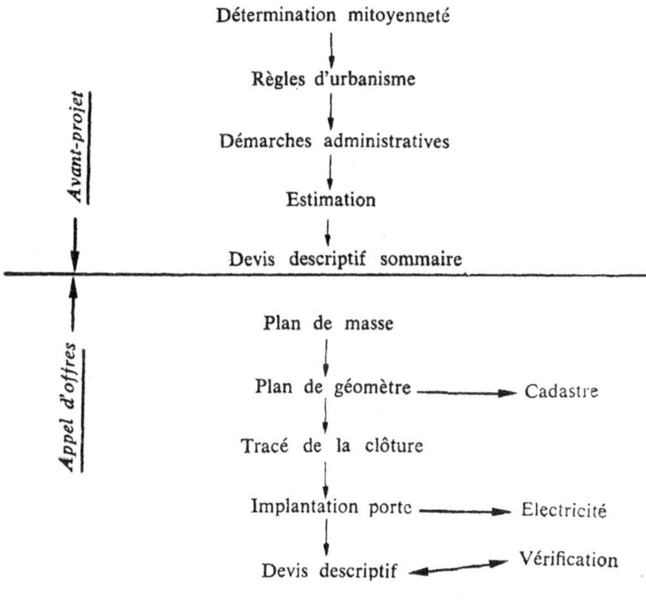

Liaisons

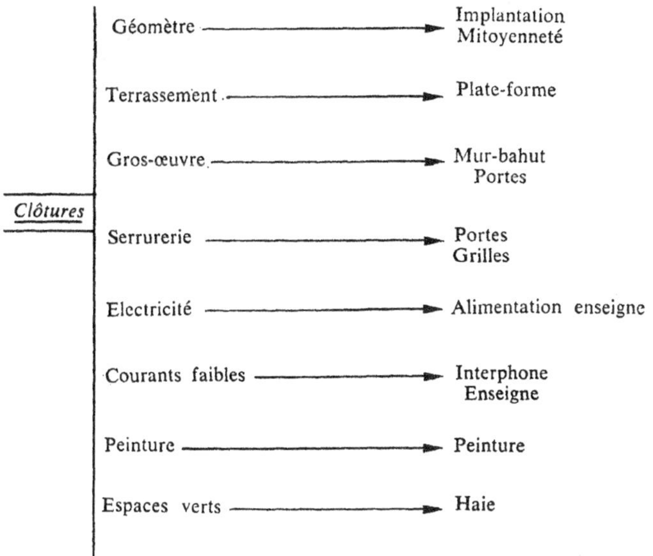

Différentes catégories de clôtures

La hauteur et la nature de la clôture sont fonction de l'usage auquel elle est destinée, de son emplacement et de considérations esthétiques. Séparant deux propriétés voisines ou une propriété privée et le domaine public, une clôture doit pouvoir résister à des efforts mécaniques (jeux d'enfants, escalade délictueuse, choc de véhicule).

Le choix d'une clôture est dicté par l'esthétique mais il faut aussi tenir compte des conditions locales : pluie, neige, vent selon règles NV65, et de la nature de l'atmosphère (rurale, urbaine, polluée, agressive.)

La plupart des clôtures sont fournies et mises en place par un entrepreneur spécialisé ; mais certaines sont exécutées par le serrurier avec l'aide du gros-œuvre pour les éléments-supports. L'éclairage ou la commande des portes nécessite l'intervention de l'électricien. Enfin, dans les bâtiments industriels, la clôture supporte également des éléments publicitaires. Nous négligerons les systèmes de défense spéciaux qui équipent certains bâtiments contre le vol et les intrusions et qui relèvent de l'électronique.

Un classement des clôtures peut être effectué de la manière suivante :

Les clôtures simples

Ce sont des ouvrages de faible hauteur ne faisant pas obstacle aux vues, de résistance mécanique négligeable et constituant surtout une barrière morale empêchant le promeneur négligent ou distrait de circuler dans la propriété privée. Elles constituent une séparation matérielle entre deux fonctions ou entre deux propriétés.

Doublées par une haie vive et dense ou équipées de fil de fer barbelé elles dissuadent les « chapardeurs » ainsi que les animaux errants. Leur hauteur varie de 15 cm à 1 m au plus : jusqu'à 30 cm leur rôle est surtout moral ; entre 50 et 60 cm elles constituent une dissuasion pour le promeneur et les enfants mais peuvent être franchies sans grand effort ; lorsque leur hauteur atteint 1 m, il faut un certain effort physique pour les escalader ; au-delà ce sont des clôtures à but défensif dont le franchissement constitue un délit caractérisé.

Ces clôtures sont métalliques ou en béton. Elles sont constituées par des poteaux en fers profilés légers ou en béton préfabriqué, enfoncés dans le sol et bloqués par un patin de mortier et qui sont ensuite reliés par des lisses ou des fils de fer tendus, le vide étant laissé libre ou rempli par un grillage.

Les grillages sont revêtus de matière plastique colorée dont les résistances aux chocs, à l'abrasion et aux produits chimiques sont excellentes.

La profondeur d'enfoncement du piquet varie entre le 1/3 et la moitié de la hauteur hors sol mais sans descendre en dessous de 60 cm. Ces clôtures ne résistent pas, bien entendu, à une poussée horizontale importante mais sont insensibles à l'action du vent.

Les clôtures métalliques comportent des tendeurs et des poteaux d'ancrages.

Différents types de grillages :

     Maille de 50 fil n° 18 (3,4 mm)
                       19 (3,9 mm)
     Maille de 60 fil n° 19
                       20 (4,4 mm)
                       23 (5,9 mm)
                       21 (4,9 mm)

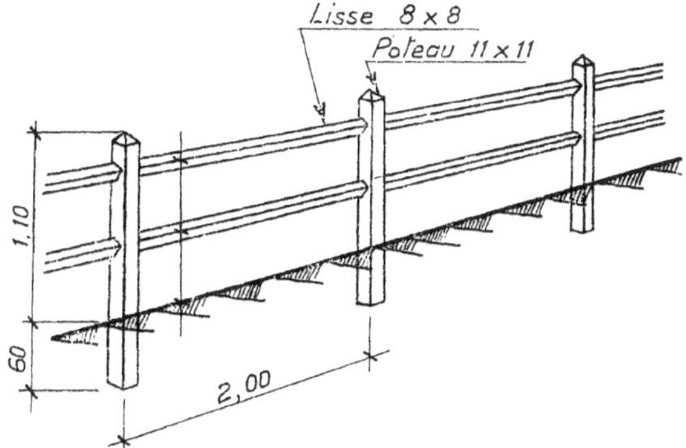

Fig. 6.7

Lorsque le grillage comporte des pointes défensives, sa hauteur minimale doit être de 1,70 m environ pour éviter des accidents ; en cas de chute accidentelle, une personne pourrait en effet s'empaler sur ces pointes si la hauteur est inférieure.

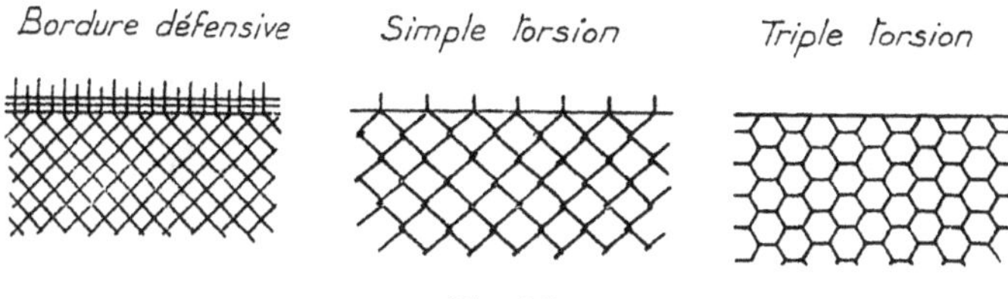

Fig. 6.8

Pour mémoire seront mentionnées les clôtures en bois et les clôtures matière plastique. Ce sont essentiellement des éléments décoratifs.

fer rond de 14
grillage galvanisé
10/10
8/8
té 30/35
1,50
1,30
1,25
planche b.a.
5
40
35
60
10
2,00
50
35 x 35
30 x 30
a)
2,50
2,00
2,00
3,00
poteau d'équilibre
b)

c)
Raidisseur
Tendeur à lanterne.

50 m
25 m
25 m
poteau courant
3m
poteau d'arrêt
tendeur
poteau d'équilibre

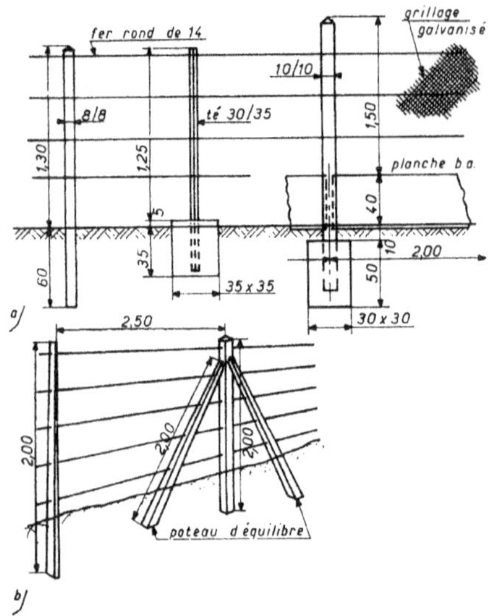

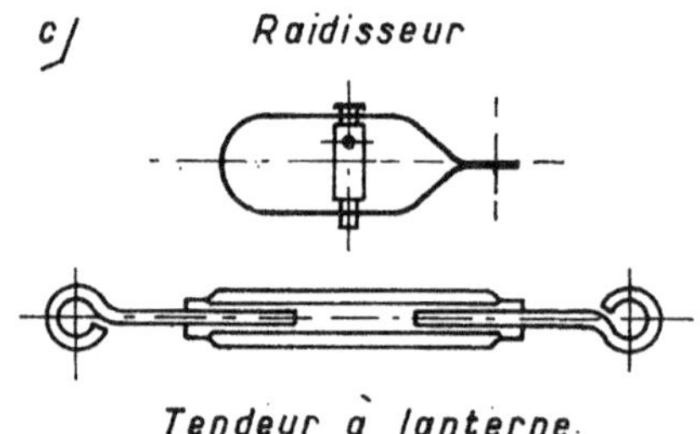

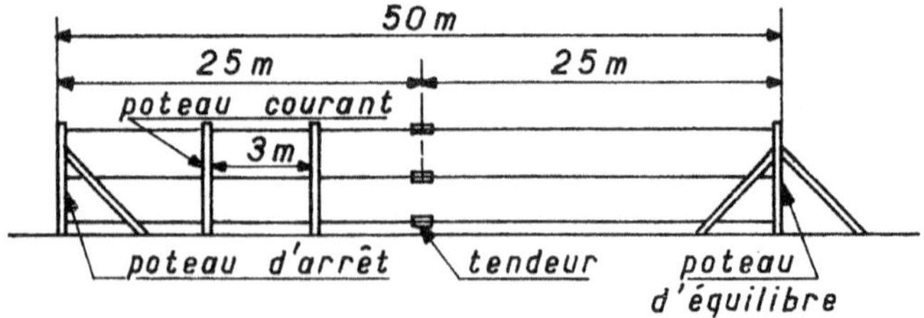

Fig. 6.9

Les clôtures métalliques

Les clôtures métalliques ont pour but, tout en étant translucides, de constituer une protection difficilement franchissable sans un effort physique important. Elles sont constituées par un grillage ou un barreaudage métallique dont la hauteur varie de 1,50 à 2,50 m avec soubassement maçonné éloignant du sol et des eaux de rejaillissement les parties métalliques tout en arrêtant les petits animaux. Elles demandent un entretien soigné par peinture d'épaisseur minimale de 130 microns (3 couches de peinture).

Réalisé par le gros-œuvre, le soubassement, ou mur-bahut, est un ouvrage maçonné de faible hauteur hors sol, fondé à 50/60 cm sous le sol naturel extérieur. Il est exécuté en maçonnerie de briques, de moellons ou en béton banché. Le dessus comporte un chaperon ou des pentes pour éloigner l'eau. Il ne faut pas négliger les joints de dilatation :

— un joint tous les 30 m environ, correspondant à ceux de la clôture métallique,

— des joints secs tous les 2 m dans le chaperon et des joints en creux dans le cas du béton banché, ceci afin d'éviter la fissuration.

Cette clôture doit être exécutée par éléments horizontaux ; si le terrain est en pente, il faut prévoir des dispositifs en escalier et une étude particulière est nécessaire.

D'une manière générale, les clôtures métalliques sont des ouvrages coûteux.

Elles sont réalisées par le serrurier. Le lecteur se reportera sur ce point à l'ouvrage du même auteur, *L'Etablissement d'un projet de bâtiment,* tome II.

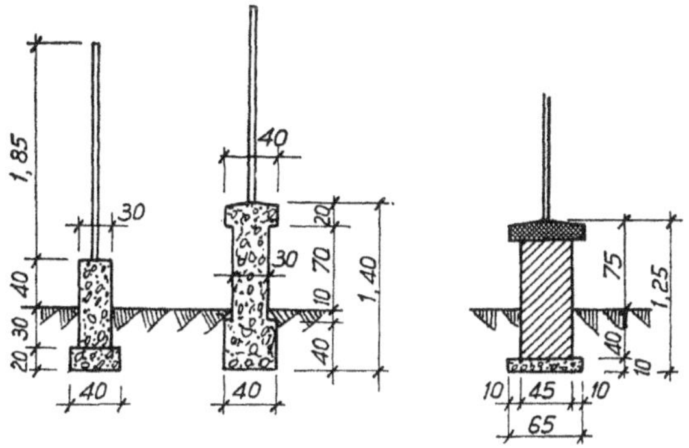

Fig. 6.10

Les clôtures maçonnées

Les clôtures maçonnées, à base d'éléments de béton préfabriqués, sont susceptibles d'assurer un rôle soit de séparation, soit de défense, la hauteur pouvant varier de 1 m à 2,50 m selon les modèles. Translucides ou opaques, elles ne nécessitent pratiquement aucun entretien. Opaques et hautes, elles sont utilisées pour dissimuler des éléments inesthétiques (poubelles, séchoirs, etc.) ou pour assurer un certain secret ou pour assurer une protection phonique contre les bruits routiers.

Les clôtures en maçonneries traditionnelles et en pan de fer sont peu employées car inesthétiques et coûteuses.

Les clôtures pleines dont la hauteur dépasse 1 m doivent être calculées pour résister à l'action du vent (voir Règles NV 66) et éventuellement des séismes (Règles PS 69).

Les murs en planches de béton comportent des poteaux placés dans un massif en assurant la stabilité et ayant une profondeur minimale de 60 cm ; il est prudent, dans le calcul du massif, de négliger la butée des terres, généralement constituées de remblais non compacté et de terre végétale.

Les clôtures en béton font l'objet d'un Cahier des Charges édité par le Syndicat National de l'Industrie de la Clôture. En particulier les poteaux pour clôtures à dalles pleines doivent être choisis en fonction de l'emplacement selon les Règles NV 65 (Région I, II ou III, site normal ou exposé). La fondation est constituée par un massif en béton de 20 × 20 × 50 cm de profondeur au moins.

Les murs en pan de fer sont traités de la même façon, avec en plus une petite semelle pour tenir le remplissage. Leur emploi est déconseillé car les poteaux métalliques dont les pieds sont enterrés périssent souvent par rupture au droit de l'encastrement dans le massif, rongés par la rouille.

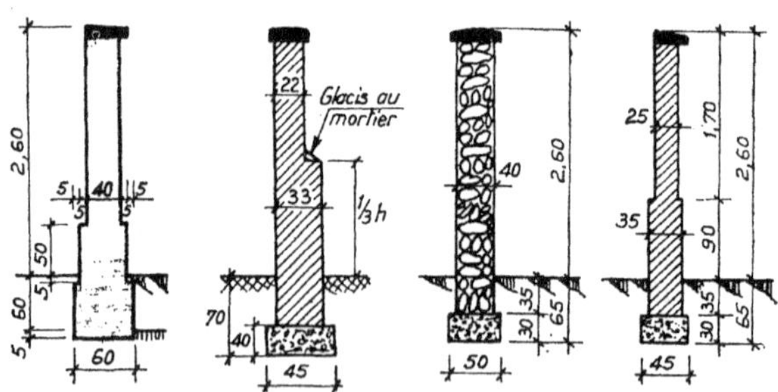

Fig. 6.11 — Clôtures en maçonnerie.

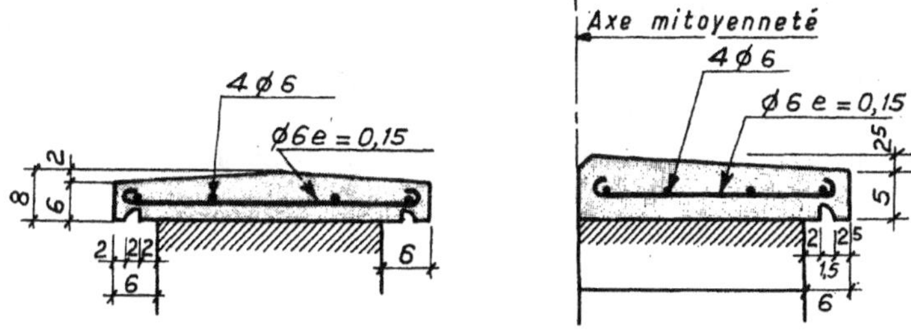

Fig. 6.12

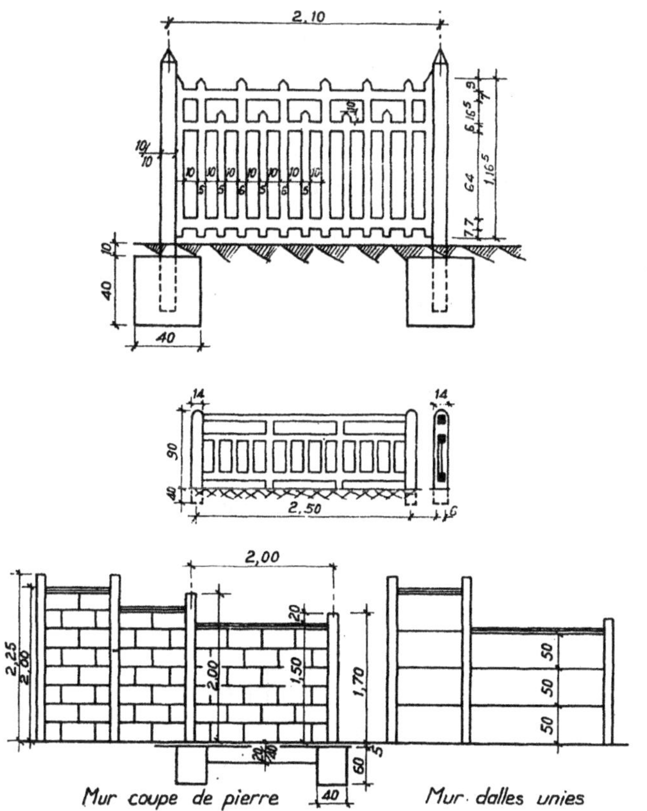

Fig. 6.13 — a) Clôture basse en B. A. — b) clôture haute.

Les murs en maçonnerie pleine résistent au vent grâce à leur masse. En pratique, l'épaisseur minimale du matériau est de 40 cm pour le moellon et 35 cm pour la brique pleine ; cela permet d'atteindre une hauteur de 3 m environ, l'épaisseur devant, selon une règle ancienne, être égale au 1/10 de la hauteur. Au-delà, il faut mettre des contreforts.

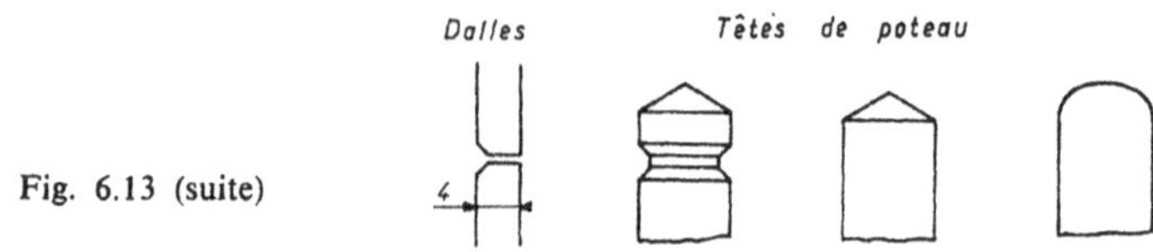

Fig. 6.13 (suite)

Les portes

La clôture doit, pour permettre le passage, être munie d'une porte. A la limite elle peut être simplement interrompue, ce qui est le cas de bien des ensembles immobiliers.

Pour les pavillons et certains groupes luxueux elle comporte un portail généralement métallique et dont les modèles sont nombreux. Les vantaux lourds demandent de solides pilastres pour leur fixation. Parfois l'entrée fait l'objet d'une étude architecturale. Par contre, dans les bâtiments industriels, une porte est nécessaire pour contrôler le mouvement des personnes et des véhicules : les camions sont arrêtés par une barrière levante manuelle ou automatique et les piétons franchissent un portillon ; l'ensemble est doublé par un portail métallique qui assure une fermeture complète pendant les périodes de non-activité.

Si la circulation des véhicules est importante, il faut protéger les pilastres contre les chocs soit par un retour du trottoir, soit par une borne métallique ou en béton.

Cas particuliers de portes

Si un poste de transformation, une cabine de détente gaz ou une sous-station de chauffage urbain sont situés à l'intérieur de la propriété, il faut mettre en place un accès spécial pour le personnel d'entretien.

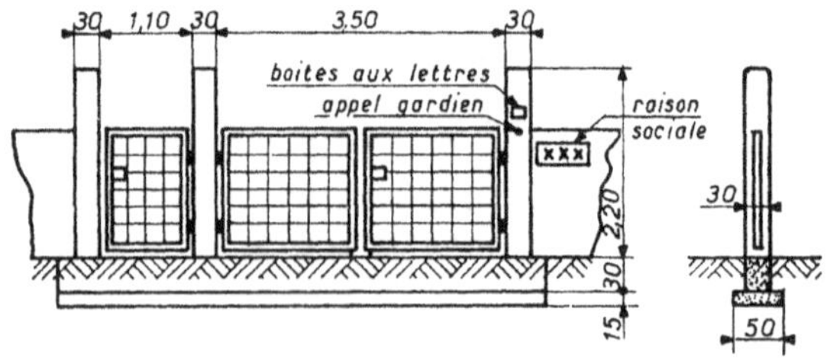

Fig. 6.14

Lorsque dans une propriété close (usine par exemple) le logement du gardien est éloigné de la porte, il faut prévoir un moyen d'appel de celui-ci (sonnerie, interphone) : cela nécessite une liaison par câble, donc des fourreaux à réserver. Si la porte comporte une commande électrique, le fourreau doit être doublé car des câbles à tensions différentes ne peuvent être placés dans le même fourreau.

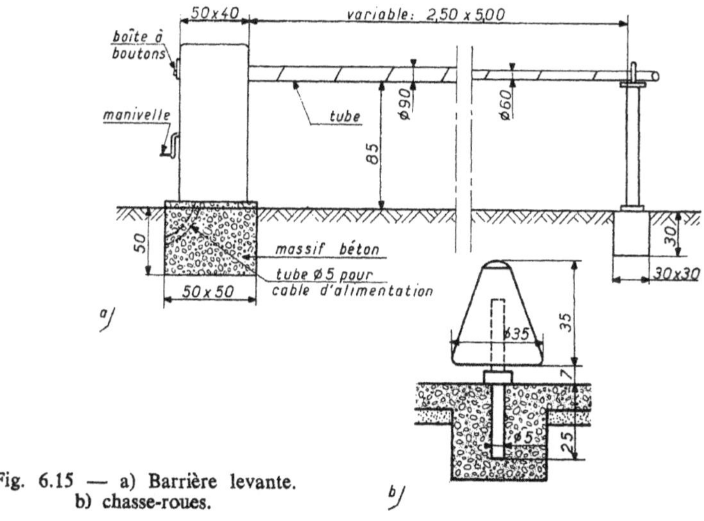

Fig. 6.15 — a) Barrière levante.
b) chasse-roues.

Clôtures électriques

Les clôtures électriques, pratiquement pas utilisées dans le cas qui nous occupe sont citées pour mémoire. On distingue :

— les clôtures constituées par un fil électrique parcouru par un courant à très basse tension, clôtures agricoles uniquement destinée à arrêter le bétail.

— les clôtures en grillage métallique parcourues par un courant électrique à basse ou à haute tension : à basse tension elles signalent toute tentative de franchissement (coupure, mise à la terre, court-circuit, etc.) à un poste de garde ; parcourues par un courant à haute tension (2 000 V), leur contact est mortel.

Leur mise en œuvre demande beaucoup de précautions afin d'éviter les risques pour les utilisateurs ; de plus elles ne peuvent être employées que lorsqu'elles sont sous la surveillance d'un personnel averti. Elles sont réservées à la protection d'installations secrètes militaires ou civiles.

Clôtures (extrait du code civil)

En l'absence de règlement d'usage ou d'accords, la hauteur, chaperon compris, doit être de 3,20 m dans les villes de 50 000 habitants et plus et de 2,60 m dans les autres.

Dans les villes et faubourgs, la clôture est obligatoire (clôture forcée) sauf cas d'espèces. Article 663.

OBSERVATION : dans les communes suburbaines et celles de peuplement récent les clôtures sont soumises à des règles particulières édictées par les maires dans un souci d'urbanisme.

Toutes les clôtures sont réputées mitoyennes (art. 666) sauf présomption de non-mitoyenneté :

Mur tout droit d'un côté et en plan incliné de l'autre : il appartient au propriétaire du côté du plan incliné (art. 654, alinéa 1).

Mur avec chaperon d'un côté ou des corbeaux en pierre d'un seul côté : il appartient au propriétaire de ce côté (art. 654, alinéa 2).

Tout copropriétaire a le droit d'exhausser un mur de clôture mitoyen (art. 658) sous réserve de l'état de celui-ci (art. 660, 662, 1382, 1754).

Il doit participer aux réparations (art. 665) et à la remise en état (art. 645, 655, 656, 660, 661, 1159).

Tout propriétaire a le droit de se clore (art. 647) sous réserve des servitudes conventionnelles ou légales.

La destruction volontaire des clôtures relève du Code Pénal (art. 456).

Une mitoyenneté peut s'acheter (art. 666, 676).

Les limites de propriété sont matérialisées par un « bornage » (art. 646), sauf en ville ; elles sont relevées sur le plan cadastral de la commune.

En cas de conflit le Juge de Paix ou le Tribunal Civil, selon la gravité du cas, sont compétents.

Calcul des clôtures

La stabilité des clôtures est rarement vérifiée pour les hauteurs courantes. Par contre, lorsque la hauteur dépasse 2 m, la résistance au vent doit être calculée, en particulier pour celles en grillage (terrain de tennis par exemple). Dans ce cas, on se reportera aux Règles NV 65 (chapitre traitant des constructions ajourées ou en treillis) sans oublier qu'aux efforts horizontaux dus au vent s'ajoute la tension des tendeurs.

BIBLIOGRAPHIE SOMMAIRE

Assainissement

GUERRÉE — *Pratique de l'assainissement des agglomérations* — Eyrolles 1972 (épuisé).

KOCH — *Les réseaux d'égouts* — Dunod 1962 (épuisé).

KARL IMHOFF — *Manuel de l'assainissement urbain* — Dunod 1964 — traduction P. Koch (épuisé).

(Concerne surtout les stations d'épuration)

Catalogues des fournisseurs (Fonderie de Pont-à-Mousson, etc.).

Le Moniteur des Travaux Publics : L'EAU.

Routes

DUBET — *Cours élémentaire de routes* — Eyrolles 1972.

ALLARD et KIENERT — *Les travaux publics* — Eyrolles 1981.

JACOBSON — *Traité pratique de travaux* — Tome II — Béranger 1963.

PELTIER — *Manuel du laboratoire routier* — Dunod 1965 (épuisé).

COQUAND — *Routes* — Tome II — Eyrolles 1980.

DURIEZ et ARRAMBIDE — *Liants hydrocarbonés* — Dunod 1959.

TESSONNEAU — *Le profilage des chaussées modernes* — Eyrolles 1963 (épuisé).

– Catalogue des structures-types de chaussée neuve (D.R.C.R — 1977).

– Manuel de conception des chaussées neuves à faible trafic (SETRA-LCPC-81).

– Guide pratique du compactage des assises de chaussées traitées aux liants hydrauliques ou non-traitées (SETRA-LCPC-1982).

– Guide pratique de la voirie à faible trafic (S.N.B.P.E.).

Eclairage public

Association Française des Eclairagistes (33, rue de Naples à Paris-8e) :
Recommandations relatives à l'éclairage extérieur.

PHILIPS (Hollande) — *Manuel pour les projets d'installation d'éclairage* — Dunod (épuisé).

MAUDUIT — *Installation électrique à haute et basse tension* — Dunod — Tome I : 1964, Tome II et III : 1969 (épuisé).

Espaces verts — Jardins

TRUFFAULT — VILMORIN, etc. — Catalogue de pépinière.

Rivières et Forêts — N° Spécial — *Espaces verts et jardins.*

LE DETRICHE — Catalogue.

Jᴀᴍɪsᴄʜ, Mɪᴇssɴᴇʀ — *Murs, escaliers, allées dallées* — Les principaux travaux de maçonnerie dans les jardins.

Nombreux traités et revues spécialisées sur la composition architecturale et la décoration des jardins.

Murs de soutènement

M. et A. Rᴇɪᴍʙᴇʀᴛ — *Murs de soutènement.* Traité théorique et pratique. Eyrolles 1969 (épuisé).

Cᴀǫᴜᴏᴛ et Kᴇ́ʀɪsᴇʟ — *Murs de soutènement et poussée des terres.* Gauthier-Villars 1966 (épuisé).

P. Dᴇʀᴀᴍᴘᴇ — *Poussée des terres et murs de soutènement* — Ed. du Moniteur des T. P. 1964 (épuisé).

Divers

— Ouvrages de soutènement. Mai 73 (Editions S. E. T. R. A.).
— *Pratique des V. R. D.* (Edition du Moniteur 1982).
— *La pratique de l'assainissement privé* (Edition du Moniteur 1976).
— *Les équipements sportifs et socio-éducatifs* (Edition du Moniteur 1982).

Documentation sur les espaces verts dans l'habitation :

Le paysage dans l'habitation collective. Cahier du C. S. T. B. n° 809 et bibliographie jointe (juin 1968).

Caniveaux de chauffage

— Arrêté du 15 janvier 1962 sur les canalisations d'usine.
— Arrêté du 6 décembre 1982 sur les canalisations de fluides non-inflammables ni nocifs.

DEUXIÈME PARTIE

LES FICHES DESCRIPTIVES

CHAPITRE VII

MODE D'EMPLOI

Pour la rédaction du devis descriptif des travaux de V. R. D. et de terrassement, le choix est restreint. Une fois le problème posé, il n'y a en général qu'une solution possible car l'aspect économique de l'opération est pratiquement le seul à prendre en compte ; aussi la concurrence entre entrepreneurs a-t-elle abouti à éliminer toute variante basée sur d'autres considérations.

Il suffit donc au rédacteur de suivre l'ordre des postes donnés en éliminant bien entendu ceux inutiles ou non adaptés au projet ; il complètera la fiche descriptive par l'emplacement de l'ouvrage. Avant de commencer son travail, le rédacteur doit vérifier qu'il dispose de tous les éléments nécessaires et qui sont les suivants :

— un jeu de plans d'architecte sur lesquels figurent :
  — la voirie détaillée avec précision en plan,
  — le schéma des réseaux,
  — le plan de terrassement,
  — etc.
— le plan de géomètre,
— le rapport des sondages effectués,
— les rapports d'enquêtes auprès des Services publics.

Les plans étant souvent sommaires, le Devis descriptif doit préciser les détails, complétés au besoin par des croquis-types insérés dans le corps du document. Aucune dimension n'est indiquée, sauf exception, étant donné qu'elles figurent sur les dessins.

Le Descriptif est établi par corps d'état sous forme d'articles dont chacun correspond à un prix unitaire ce qui permet la confection d'un bordereau de prix facilitant les comparaisons entre les propositions.

Chaque chapitre correspond à un corps d'état et comprend :

— la consistance des travaux par l'indication des prestations à réaliser d'une manière générale et d'un certain nombre de postes ne faisant pas l'objet d'une description mais qui sont à classer dans les Frais généraux,

— les prescriptions techniques particulières qui traitent du mode d'exécution des travaux,

Schéma de rédaction

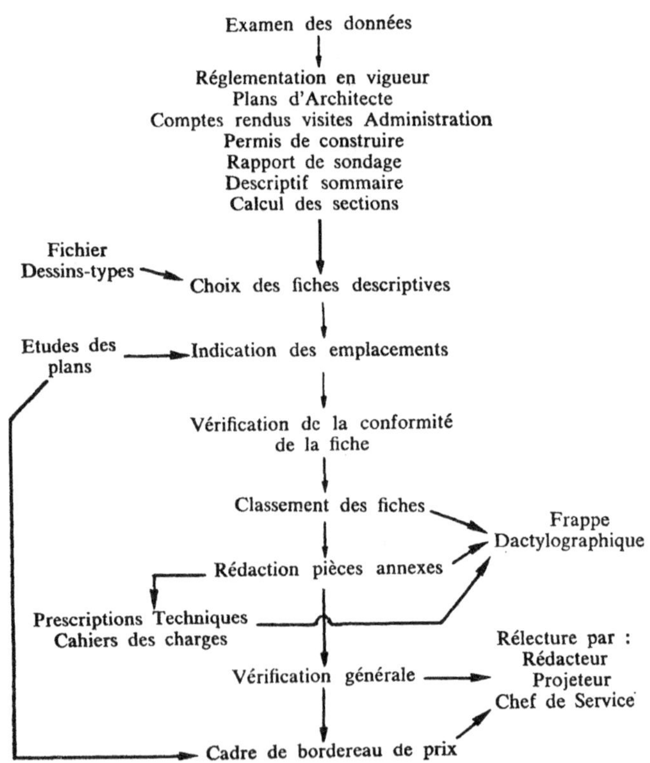

— les articles décrivant les ouvrages et pour lesquels il suffit de choisir les fiches et de les compléter par les données propres à l'affaire (emplacement, nature, etc.).

Ce système peut être mécanisé par divers moyens afin d'éviter les frappes dactylographiques coûteuses et fastidieuses pour le personnel.

Il est précisé que les fiches descriptives ne forment pas un « système » ; mais ce sont des exemples de rédaction qui doivent permettre au lecteur de monter son propre catalogue.

Pour des raisons didactiques les fiches suivent le même ordre que l'exposé de la première partie ; mais dans la pratique le nombre des entrepreneurs et des lots est plus réduit ; ainsi un seul entrepreneur exécute les travaux de terrassements, soutènements, bassin, voirie, assainissement, allées de piétons et les tranchées pour les réseaux.

Descriptif V. R. D. — Etudes préliminaires

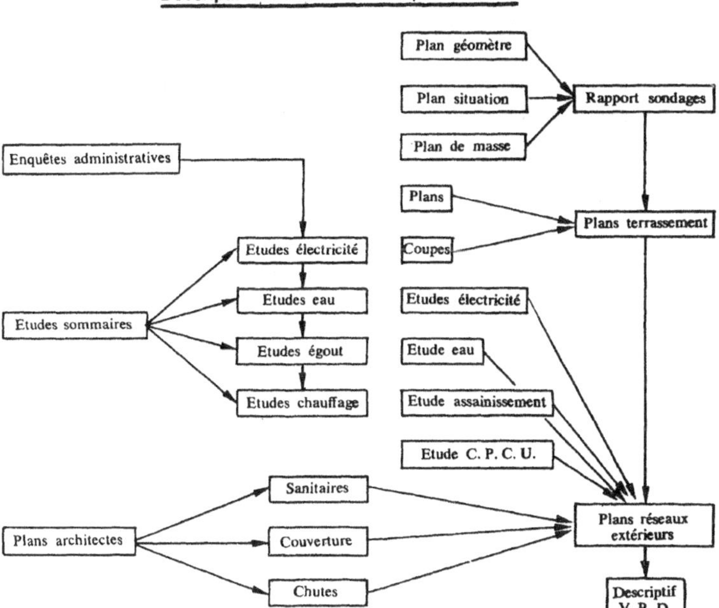

CAS DES MARCHES POUR L'ETAT

Pour les marchés de l'Etat, c'est-à-dire traités dans le cadre de la loi sur l'Ingénierie, le GUIDE A L'INTENTION DES MAITRES D'OUVRAGES ET DES MAITRES D'ŒUVRE DES MARCHES PUBLICS DE TRAVAUX (circulaire du 1er octobre 1976 - Premier Ministre) préconise un mode de rédaction particulier dont voici le principe :

Le Devis Descriptif est remplacé par le Cahier des Clauses Techniques Particulières (C. C. T. P.) ; il contient pour chaque lot trois chapitres dont le troisième est éventuel :

— La description des ouvrages avec les hypothèses de calculs et les sollicitations à prendre en compte. Cela correspond sensiblement aux fiches descriptives avec leur emplacement.

— La spécification des matériaux, produits et composants de construction. Cela correspond aux Prescriptions Techniques Particulières.

— Les prescriptions particulières relatives à ce qui n'est pas défini au Cahier des Clauses Générales ou qui y font dérogation.

Le C. C. T. P. doit ensuite être complété par un cadre de bordereau de prix précisant la définition du prix et le mode d'évaluation de chaque ouvrage : cela correspond à un résumé de la fiche descriptive accompagné d'un mode de métré.

OBSERVATION

Nous attirons l'attention du lecteur sur la mise en œuvre de la Communauté Européenne. Cela doit entraîner des modifications dans la rédaction des pièces écrites : Cahier des Charges, Normes Européennes, descriptif précisant des performances et non une technique, etc.

CHAPITRE VIII

TERRASSEMENTS GÉNÉRAUX
(fiches A)

A 1. CONSISTANCE DU FORFAIT

D'une manière générale, l'entrepreneur doit les travaux suivants :

— l'examen préalable des lieux,

— le constat des existants,

— l'implantation de ses ouvrages,

— les installations provisoires pour son lot,

— l'amenée, la mise en place, le repli de tous les matériaux et matériels nécessaires,

— les travaux de terrassement de toute nature, fouilles, remblais, compris toutes manutentions, rampes d'accès, chemins provisoires, etc.

— les mesures de sécurité réglementaires,

— la réparation des dégâts causés aux tiers ou par les intempéries,

— les épuisements, compris le matériel nécessaire,

— le nettoyage des chaussées souillées par ses engins,

— le poste de nettoyage des camions,

— les essais de contrôle des matériaux et ouvrages.

Variantes :

— les blindages et protections nécessaires,

— le rabattement de nappe pendant la durée du chantier,

— le stockage des terres à réemployer,

— l'amenée des remblais triés,

    — les remblais et leur compactage,
    — la protection des talus.
    — la clôture provisoire du chantier,
    — l'entretien des clôtures existantes.

Hors forfait :

    — la démolition des maçonneries cachées,
    — la participation de l'entrepreneur dans le compte prorata,
    — le maintien en état des fouilles après réception,
    — les travaux de consolidation souterraine,
    — les pompages de venues d'eau importantes,
    — les démolitions aux explosifs,
    — les détournements de canalisations inconnues.

A 2. PRISE DE POSSESSION DU TERRAIN

L'entrepreneur devra prendre possession du terrain dans l'état où il se trouve, étant entendu qu'il l'a examiné avant de remettre sa soumission et fait toutes les réserves qu'il juge utiles à ce moment. En principe le terrain est débarrassé de toute construction en élévation, les murs de sous-sols arasés au niveau du sol, les caves comblées, la terre végétale, les arbres et les végétaux en place.

Deux relevés seront effectués aux frais de l'entrepreneur par un géomètre agréé par le Maître d'Œuvre : le premier à la prise de possession du terrain par l'entrepreneur, le second à la livraison aux autres entreprises.

    — L'entrepreneur doit vérifier avant de commencer ses travaux, qu'il n'est pas susceptible de causer un préjudice à un tiers (abus de droit, transgression de servitude, etc...). Il devra toutes les protections nécessaires et devra réparation intégrale de tout dommage. Il devra avoir l'accord des Services municipaux pour tout travail en bordures de la voie publique.

    — Un constat des existants sera dressé par huissier aux frais et à l'initiative de l'entrepreneur. Il sera accompagné des photos nécessaires.

Variante :

D'après les renseignements obtenus il semble qu'il n'y

ait pas d'obstacles souterrains tels que conduites d'eau, câbles électriques, etc. La vérification est due par le présent entrepreneur.

Variante :

Un branchement d'égout privatif traverse le terrain. Son détournement ne fait pas partie du présent forfait.

A 3. IMPLANTATION

L'entrepreneur doit l'implantation des fouilles générales, en plan et en altitude, compte tenu de toutes les sujétions prévisibles (talus, surlargeurs, mitoyenneté, etc.) à partir des points donnés par le Maître d'Œuvre. Il doit la vérification de ces points.

Il effectuera toutes les opérations topographiques complémentaires pour l'implantation de ses ouvrages.

L'approbation de l'implantation par le Maître d'Œuvre n'engage en rien la responsabilité de celui-ci, ni celle du Maître d'Ouvrage.

L'entrepreneur restera seul responsable des erreurs qu'il aurait pu commettre et en supportera les conséquences, quelles qu'en soient l'importance et l'époque de leur découverte.

Il est tenu de conserver avec soin les bornes de propriété ou autres repères fixes existant à l'ouverture du chantier.

L'implantation et le nivellement théorique seront, si nécessaire, modifiés sur place pour obtenir un bon raccordement avec les ouvrages voisins (routes en particulier).

L'entrepreneur ne pourra modifier lui-même quoi que ce soit aux plans qui lui auront été remis. Par contre, il devra signaler au Maître d'Œuvre toutes les erreurs, omissions, imprécisions afin qu'il y soit porté remède dans les plus brefs délais.

A 4. RAPPORT DE SONDAGES

Le rapport des sondages exécutés est annexé au présent dossier et l'entrepreneur doit en tirer les conclusions nécessaires en ce qui concerne la nature des terres, leur résistance, etc.

Il précise également le niveau de la nappe phréatique. Il est formellement spécifié que l'entreprise ne pourra arguer de l'ignorance de ce rapport en aucun cas.

Variante

Les sondages n'ayant pas été effectués, les travaux seront supposés effectués dans des terrains de classe B, selon D T U n° 12.

A 5. LIAISONS AVEC LES AUTRES CORPS D'ETAT

L'entrepreneur doit se mettre en rapport avec l'entrepreneur chargé du gros-œuvre (de la paroi moulée, des pieux, etc.) afin de coordonner ses travaux avec les leurs suivant un calendrier qui sera établi en commun sous l'autorité du Maître d'Œuvre.

A 6. DEMOLITIONS EN ELEVATION

Démolitions de maçonneries, béton et béton armé, compris coupe des aciers.

Chargement et enlèvement des gravats.

Compris toutes sujétions particulières, étaiements et protections.

Emplacement :

Voir plans.

A 7. NETTOYAGE DU TERRAIN

Enlèvement de la petite végétation, herbes, broussailles, arbustes, détritus divers avec arrachage soigné des souches (diamètre maxi 10 cm).

Comblement des trous en terres saines ou sable gros.

Dépose et rangement des clôtures existantes.

Evacuation des déchets aux décharges publiques ou incinération sur place sous réserve de ne causer aucune gêne au voisinage.

Emplacement :

Sur toute la surface du terrain.

A 8. ABATTAGE D'ARBRES

Abattage d'arbres en place avec extraction soignée de la souche.

Enlèvement des gros bois du chantier.

Incinération sur place des feuillages et menus bois.

Comblement des trous de souche en sable tout venant.

Emplacement :

Arbres en place selon plan d'abattage.

A 9. ARBRES A CONSERVER

Protection des arbres à conserver, dès l'ouverture du chantier, par gaine en planches avec paillasson protecteur, hauteur 2,50 m (clouage interdit). Entretien de cette protection pendant la durée du chantier.

Remplacement des arbres reconnus détériorés à la réception des travaux.

Emplacement :

Arbres en dehors de l'emprise de la construction.

A 10. DEMOLITION DE DALLAGE

Démolition à l'engin mécanique de dallage en béton avec fragmentation pour l'évacuation. Enlèvement de la forme.

Emplacement :

Démolition des dallages en place, épaisseur forfaitaire 10 cm pour le dallage et 10 cm pour la forme. Plus-values à indiquer pour épaisseurs supérieures.

A 11. DEMOLITION DE CHAUSSEE

Démolition de chaussée existante comprenant l'enlèvement du revêtement, de la couche de base et de la fondation, le nettoyage du fond de fouille.

Dépose et rangement hors du chantier des bordures et tampons en fonte. Evacuation des déblais hors du chantier.

Emplacement :

Voir plans.

A 12. DECAPAGE

Décapage du terrain pour permettre la mise en place des

remblais ; épaisseur moyenne 10 cm ; purge soignée des poches de mauvaise terre.

Dressement.

Chargement et enlèvement des excédents aux décharges.

Emplacement :

Sur la surface du terrain.

A 13. DECAPAGE DE LA TERRE VEGETALE

Décapage de la terre végétale sur une hauteur moyenne de 30 cm. Chargement et mise en dépôt sur emplacements indiqués par le Maître d'Œuvre, dans un rayon de 300 m de la construction.

Déblais soigneusement accumulés sur l'aire minimale compatible avec un bon équilibre des talus ; toutes précautions prises pour ne pas détériorer les mitoyens ou clôtures existants.

Emplacement :

Décapage effectué sur la plate-forme des bâtiments et ouvrages annexes, les encaissements de route, parcs à voitures, allées et au droit des installations de chantier compris les débords nécessaires (2,00 m de part et d'autre au moins pour les bâtiments, 1,00 m pour les chaussées).

A 14. TERRASSEMENTS GENERAUX

Terrassements par moyens mécaniques pour la mise à niveau générale et modelage du terrain aux cotes finies indiquées sur les plans, en terrains de toutes natures, à l'exception des débris de masse supérieurs à 0,5 m³. Toutes manutentions pour évacuation.

Surlargeurs nécessaires à l'exécution des fondations.

Dressage des talus, blindages de sécurité et étaiement partout où nécessaire, réglage des fonds de fouille.

Purge des parties malsaines et des blocs erratiques, avec remplacement par de la grave tout-venant.

Talus de sécurité nécessaires en rive et protection des mitoyens.

Emplacement :

Terrassements en déblais pour obtenir les plates-formes

indiquées aux plans pour les bâtiments, arasées à 10 cm sous le sol fini futur et à 1 m du nu extérieur futur des murs de façade.

Modelage du terrain hors bâtiment, arasé à 25 cm sous le sol fini futur.

Fouilles pour les soutes à fuel, stations d'épuration, etc.

Fouilles pour encaissement des chaussées.

A 15. TERRASSEMENTS EN PLEINE MASSE

Terrassements en pleine masse effectués mécaniquement pour obtenir les profils indiqués aux plans en une ou plusieurs phases selon planning. Pente des talus déterminée par l'entrepreneur étant précisé qu'il sera responsable de tous les incidents découlant d'un manque de précautions. Protection nécessaire des talus.

Enlèvement des débris de masse inférieure à 0,5 m³ compris dans le forfait.

Confection de rampes d'accès et enlèvement en fin de travaux.

Purge soignée du fond de fouille. Comblement des trous en sable.

Fossés et drainages pour évacuation des eaux de ruissellement avec tous relevages nécessaires.

Emplacement :

Fouilles pour sous-sol ou galerie profonde avec pieds de talus à 1 m du nu extérieur de la façade, arasés à 10 cm sous le sol fini futur.

Fouille pour caniveaux de chauffage, boîtes de tirage, etc.

Variante :

Première phase de terrassement jusqu'au niveau de la nappe phréatique.

Deuxième phase après mise en place du système de rabattement de la nappe.

A 16. PLATE-FORME POUR BATTAGE

Terrassements nécessaires pour l'obtention d'une plate-forme à une cote uniforme, sans obstacles pouvant gêner le déplacement des engins de battage.

Rampe d'accès en sol compacté, supprimée en fin de travaux.

Drainages nécessaires.

Emplacement :

Surface du bâtiment avec pieds de talus à 1 m au moins de l'axe des pieux.

A 17. DEBLAIS MIS EN REMBLAIS

Terrassements pour mise à niveau du terrain comprenant les mouvements de terre nécessaires en déblais, le tri préalable, le transport et le remblai par couches de 30 cm au plus.

Compactage avec vérification de la densité sèche à raison de un par 500 m³ mis en place (95 % du Proctor modifié).

Enlèvement hors du chantier des terres de mauvaise qualité.

Emplacement :

Sur la surface du terrain.

A 18. MAÇONNERIES INCONNUES (prix de bordereau)

Démolition de maçonneries inconnues ou de débris de masse rencontrés dans les fouilles, gênant la construction et d'un volume supérieur à 0,5 m³.

Un attachement devra être relevé avant démolition et approuvé par le Maître d'Œuvre.

Les maçonneries seront arasées à 50 cm en contrebas du fond de fouille et la démolition débordera de 1,00 m au moins de chaque côté de l'élément sous lequel elle sera effectuée ; le vide sera rempli de sable.

Les poches du terrain de qualité inférieure et les blocs erratiques seront enlevés et remplacés par du sable tout venant.

Emplacement :

A la demande (maçonneries, béton et béton armé). Mise en dépôt des grosses masses selon indications du Maître d'Œuvre.

A 19. PROTECTION DE TALUS

Protection de talus par feuille en plastique armé, soi-

gneusement fixée en tête et au pied, avec fixations intermédiaires par piquets et madriers à plat.

Emplacement :

Sur demande.

A 20. BLINDAGE DE SECURITE

Blindage en planches jointives avec étais de maintien et
lisses horizontales.

Blocage au pied.

Emplacement :

A déterminer par l'entrepreneur.

A 21. EVACUATION DES EAUX

Dressement du remblai avec pentes légères et rigoles
pour assurer l'évacuation des eaux de ruissellement.

Acheminement vers puisard ou pompe de relevage.

Raccordement à un exutoire naturel ou à l'égout.

Dans le cas de raccordement à l'égout, installation du
collecteur provisoire et d'une chambre de dessablage.

Les démarches administratives nécessaires seront effectuées par l'entrepreneur.

A 22. PUISARD

Puisard pour évacuation provisoire des eaux de ruissellement, constitué par une fouille de 1,50 m au carré, profondeur 2 à 3 m.

Remplissage en moellons sans sable.

Emplacement :

Nombre et emplacements à déterminer par l'entrepreneur mais en accord avec le Maître d'Œuvre.

A 23. MODELAGE DU TERRAIN

Modelage du terrain selon plans du Maître d'Œuvre,
comportant façons de vallonnements avec utilisation des
terres des fouilles reprises au stock, mais sans apport de
terres extérieures.

Terres mises en tas, sans compactage et avec le talus naturel.

Niveau arasé à 30 cm environ sous le niveau futur fini.

Compris toutes sujétions de transport et de chargement.

Emplacement :

Sur la surface des espaces verts.

A 24. REMBLAIS GENERAUX

Remblais en terres saines non argileuses et exemptes de matières pouvant nuire à leur tenue provenant des déblais sur place avec compléments nécessaires en provenance de l'extérieur.

Nettoyage préalable du fond de la forme et purge éventuelle ; repiquage pour assurer une bonne liaison avec la terre d'apport.

Remblai étalé par couches de 25 cm au plus et compacté au rouleau à pneus ; nombre de passages nécessaires.

Réglage final pour obtenir des surfaces bien dressées.

Mise en forme pour assurer l'évacuation des eaux de ruissellement avec glaçage superficiel.

Emplacement :

Remblais pour obtenir les niveaux indiqués aux plans pour les bâtiments, les chaussées et les espaces verts.

Variantes :

Aucun compactage à prévoir, à l'exception des zones sous chaussée.

Terres provenant de l'extérieur sous réserve de l'accord du Maître d'Œuvre.

A 25. REMBLAIS EN SABLE

Remblais en sable tout venant, compacté et dressé.

Emplacement :

Remblai des canalisations sous chaussées et des fourreaux.

Remblai autour de la cuve à fuel, arasé à la génératrice supérieure, épaisseur 50 cm minimum sur les côtés.

A 26. ENLEVEMENT DES EXCEDENTS

Les terres ne pouvant être utilisées sur place, gravats divers, résidus de nettoyage, etc., seront évacués aux décharges publiques dans les plus brefs délais.

Les chaussées publiques utilisées devront être soigneusement nettoyées et éventuellement remises en état.

A 27. TRANCHEE COMMUNE

Exécution d'une tranchée commune pour le passage des réseaux eaux pluviales et usées, électricité, téléphone, eau, etc.

Tranchée de dimensions nécessaires pour respecter les écartements réglementaires entre les diverses canalisations, avec banquettes.

Remblai en sablon sur 20 cm d'épaisseur au droit des câbles électriques, exécutés en deux couches de 10 cm selon les indications d'E D F. Pose des grillages réglementaires.

Remblai en terre fine des autres canalisations.

Emplacement

Tranchée à exécuter sur toutes les longueurs où les réseaux sont communs :

A 28. STOCKAGE DES DEBLAIS

Stockage des terres provenant des terrassements pour utilisation ultérieure en remblai.

Stockage et rangement des blocs erratiques de plus de 1 m³, après accord du Maître d'Œuvre.

Emplacement :

Lieu de stockage figurant au plan.

A 29. PRIX DE BORDEREAU DIVERS

L'entrepreneur fournira les prix de bordereau pour les ouvrages suivants :

- démolition de béton, compris enlèvement,
- démolition de béton armé, compris enlèvement,
- fouilles en masses rocheuses d° (classe « c » à « e ») compris enlèvement,
- démolition de dallage, compris enlèvement,
- blindage des fouilles,
- location de bois ou étais métalliques,
- bois abandonné,
- location de pompe, compris amenée, repli, tuyaux, déplacement, etc.,
- heure de fonctionnement (tout compris),
- protection des talus par polyane,
- fouilles à la main, terrain classé « a » à « e »,
- heure de main-d'œuvre en régie,
- béton dosé à 250 kg pour massif,
- coffrage ordinaire,
etc.

L'entrepreneur ajoutera les prix de bordereau que la nature des travaux à effectuer lui suggérera.

A 30. CLOTURE PROVISOIRE

Clôture de chantier avec entrée, comprenant :

- des piquets en châtaignier, écorcés, épointés en partie haute, imprégnés de produit fongicide et anticryptogamique à cœur ; hauteur hors sol 1,20 m, enfoncés en terre de 50 cm, espacement 2 m,
- porte constituée par une barrière légère en sapin sur montants renforcés.

Fixation de treillage mécanique en lattes de châtaignier brut, épointées en tête, à jour de 2 cm, reliées par quatre cours de fil de fer galvanisé et torsadé.

Emplacement :

A la périphérie du terrain, avec une entrée pour véhicule. Implantation selon plan.

A 31. CLOTURE PLEINE

Clôture pleine constituée par :

— des poteaux en bastings, hauteur hors sol 2,70 m, espacement 1,50 m, partie enterrée goudronnée et d'une longueur suffisante pour assurer une bonne stabilité,

— un remplissage entre poteaux constitué par deux chevrons horizontaux espacés de 2 m, recevant un bardage en planches brutes jointives de 16 mm, hauteur 2,50 m,

— panneaux démontables pour accès, de même composition, reposant sur des équerres en plat plié,

— une couche de peinture sur la face extérieure, avec mention *Défense d'afficher.*

Emplacement :

Voir plan d'installation de chantier : le long de la voie publique.

Variante :

Dans la clôture, fenêtre tous les 20 m garnie par un treillis soudé à maille 10 × 15.

A 32. SUJETIONS DUES A LA PLUIE

Dans le cas où le terrain aurait été détrempé par les pluies (intempéries constatées supérieures à trois jours pleins), les travaux suivants sont dus mais sur ordre du Maître d'Œuvre :

— *sols en déblais :* décapage superficiel de 10 cm et remplacement par une couche de sable,

— *remblais :* décrottage superficiel et recompactage après séchage du terrain, y compris apport de matériaux nécessaires pour rétablissement du niveau.

Emplacement :

Sur la surface des bâtiments et chaussées.

A 33. TRANCHEES DIVERSES

Fouille en tranchée pour la pose des canalisations ; profondeur minimum 1,00 m au-dessus de la génératrice supérieure du tuyau.

Fond nivelé et réglé, compris toutes sujétions pour blindages, étaiements, épuisements, etc...

Façon de niche au droit de chaque joint et au raccord.

Enlèvement de toutes les poches de mauvais sol et remplacement par du sable tout-venant. L'entrepreneur sera responsable des ruptures de canalisations dues aux affaissements.

Lit de sable de 10 cm dressé.

Remblaiement en sable jusqu'à 10 cm au-dessus de la canalisation.

Pose de grillage plastifié aux couleurs réglementaires.

Remblai après pose de la canalisation en terre de déblais purgée des détritus et pierrailles.

Chargement des excédents et transport aux décharges publiques.

Emplacement :

A la demande des corps d'Etat réalisant les distributions de fluides.

A 34. AIRE EN GRAVE-CIMENT

Sur le remblai compacté :

— nettoyage soigné,

— une couche de grave-ciment 0/20, dosée à 3 % de ciment C. P. classe 35 par m^3, épaisseur minimale 15 cm après compactage, soigneusement dressée,

— façons de pente à la demande pour évacuation des eaux.

Emplacement :

Sur la surface des remblais du bâtiment,

Sur la surface des circulations.

Variante :

Couche de grave 0/40, épaisseur 22 cm minimum après compactage, soigneusement dressée (optimum Proctor supérieur ou égal à 100 %).

— Toutes précautions prises pour évacuation des eaux de ruissellement (pentes, pulvérisation de bitume, etc.).

A 35. POSTE DE NETTOYAGE DES CAMIONS

Ensemble de nettoyage des camions constitué par l'un des dispositifs suivants à soumettre au Maître d'Œuvre :

  — nettoyage par jet manuel avec fosse de décantation,

  — décrotteur automatique.

Ensemble complété par un bassin de décantation des eaux boueuses et dispositif de retenue pour les huiles et graisses.

Raccordement à l'égout public selon instruction des Services publics.

Emplacement :

Avant la sortie des camions sur la voie publique.

A 36. ESSAIS DES REMBLAIS

Essais des remblais en place par :

— Essais types Proctor à raison d'un par 500 m^3 de remblais mis en place, le résultat devra être au moins égal à 95 % du Proctor Modifié (densité sèche, teneur en eau).

— Essais selon un autre système en fonction de l'épaisseur ou de la composition des remblais si l'essai précédent ne peut être réalisé, mais définis par le contrôleur technique (essai à la plaque, pressiométrique, C B R, etc.).

— Essais de contrôle effectués à la demande du Maître d'Œuvre par un organisme indépendant (C E B T P ou similaire). Les frais en seront à la charge du Maître d'Ouvrage en cas de résultats satisfaisants ; dans le cas contraire ils seront, ainsi que toutes les dépenses supplémentaires en résultant, à la charge de l'entrepreneur.

D'une manière générale, tous les frais d'essais sont compris dans le forfait.

PRESCRIPTIONS TECHNIQUES PARTICULIERES

1. *Conformité aux Normes et Règlements*

D'une façon générale l'exécution des travaux et les conditions de réception seront conformes aux règlements officiels en vigueur un mois avant remise de la soumission et en particulier :

— aux Documents Techniques Unifiés n°s 12 et 13.1,

— au Code du Travail (titre IV : Travaux de terrassement à ciel ouvert),

— aux Normes Françaises,

— aux Recommandations professionnelles,

— aux Cahiers des Prescriptions Communes applicables aux marchés des travaux publics de l'Etat relatifs aux ouvrages du présent lot (fascicules n° 2 : Terrassements généraux — n°s 6.8. : Travaux de fondations d'ouvrages).

2. *Mise en œuvre*

Les terrassements seront effectués par des moyens mécaniques dont le choix est laissé à l'entrepreneur sous réserve de ne causer aucun trouble de jouissance au voisinage ou nuisance dangereuse. Le forfait est basé sur les cotes et niveaux figurés aux plans ; en cas de modification, des attachements seront pris et soumis à l'accord du Maître d'Œuvre.

L'entrepreneur doit prévoir ses mouvements de terre en fonction des plans remis et d'un examen du terrain. Il sera responsable de toutes les modifications d'équilibre imputables à ses travaux et devra prendre les mesures de sécurité nécessaires sans qu'il puisse prétendre à supplément. En particulier la pente des talus est laissée à son initiative.

En cas de fractionnement des travaux dus à des sujétions normalement prévisibles, il ne sera dû aucune plus-value.

Les poches de terrain de qualité inférieure seront purgées et remplies de sable.

L'entrepreneur prendra toutes précautions nécessaires pour éviter les éboulements à la suite du gel ou de la pluie, ainsi que les affouillements qui en seraient la conséquence.

3. *Sécurité du personnel*

Toutes précautions seront prises pour assurer la sécurité du personnel lors de l'exécution des fouilles. Les étaiements et blindages seront déterminés en fonction de la profondeur, de la nature du terrain, du pendage des couches ainsi que des variations de leur état physique sous l'action des intempéries.

Remblais. — Les remblais compactés seront exécutés en terres de bonne qualité conformément au chapitre V du D T U n° 12 et à l'article 12 du C P C relatif aux « remblais méthodiquement compactés ».

Les terres devront être acceptées par le Maître d'Œuvre et, après mise en place, répondre au moins aux caractéristiques suivantes sauf prescription contraire de la partie descriptive :

— indice du compactage au moins égal à 95 % de l'optimum Proctor modifié,

— densité sèche au moins égale à 100 % de la densité obtenue à l'essai Proctor Modifié pour 98 % des mesures,

— indice de plasticité inférieur à 30 ou non mesurable,

— teneur en eau au plus égale à celle de l'optimum Proctor.

Les essais seront effectués par l'entreprise ou par un Laboratoire agréé par le Maître d'œuvre mais aux frais de l'entreprise si celle-ci ne dispose pas du matériel et des éléments nécessaires.

Il sera fait un essai Proctor au moins par 500 m³ de terres mises en place, une mesure de la teneur en eau sur place par 250 m³ et une mesure de la densité sèche par 250 m³.

4. *Surcharges à proximité des fouilles*

Les surcharges (engins de manutention, stockage, matériel, etc.) sur le terrain à proximité des fouilles doivent être disposées à une distance au moins égale à celle de la profondeur de la fouille. A défaut la stabilité de la paroi doit être vérifiée et les mesures prises pour assurer la sécurité.

5. *Accès au chantier*

Pendant toute la durée du chantier, l'entrepreneur doit prendre toutes les mesures nécessaires pour ne pas salir ou détériorer la voirie publique. Un poste de lavage des roues de camions sera prévu avant la sortie. Il doit prendre également toutes dispositions nécessaires avec les Services de Police pour ne pas perturber la circulation.

Il est rappelé qu'il sera entièrement responsable des accidents causés par la négligence de ces prescriptions ; de plus, à défaut, le Maître d'Œuvre pourra faire procéder d'office et à ses frais aux nettoyages et réfections indispensables à la sécurité des tiers.

6. *Réception des travaux*

Les tolérances de réceptions sont celles indiquées dans le D T U n° 12. L'état de propreté du chantier sera vérifié également.

7. Évacuation de déblais

Les moyens de transports utilisés seront choisis de telle sorte que leur circulation sur le chantier ne provoque aucun dommage aux fouilles elles-mêmes et aux ouvrages en cours de construction.

Dans le cas où, pour une raison quelconque, en particulier en cas de fortes pluies, le sol en surface atteindrait la limite de liquidité, l'entrepreneur devra, avant de reprendre son travail, évacuer — à ses frais — la boue ainsi formée.

8. Dossier de récolement

L'entrepreneur fournira un dossier de récolement sur reproductible soigneusement mis à jour 15 jours au plus tard après la réception des travaux ; toutes les canalisations enterrées seront soigneusement repérées en utilisant les symboles au fascicule 70 (annexe n° 2).

9. Contrôles techniques

Avant réception des travaux les entreprises devront effectuer à leurs frais des essais et vérifications définis par le Document Technique COPREC n° 1 ; un procès-verbal établi selon le Document Technique COPREC n° 2 sera adressé au contrôleur technique.

CHAPITRE IX

MUR DE SOUTÈNEMENT
(fiches B)

B 1. DONNEES DE BASE

Nature des terres : voir rapport de sondage (1) :

        désignation : ....

        densité sèche : .... (2 t/m^3)

        angle de talus naturel : .... (20 à 40°)

        eau : .... (niveau de la nappe)

Surcharge sur le remblai : .... kg/m^2 (da. N/m^2).

        : routière ou voie ferrée.

        : talus naturel.

Bon sol à la cote : .... N G F.

Taux de travail du sol : .... bars.

Caractéristiques particulières :

        Terrain agressif (faible, moyen, fort)

        Eaux agressives,

        etc.,

        Région soumise aux séismes,

        Climat : .... (de montagne, pluvieux, etc.).

Emplacement :

. . . .

---

(1) *Observation :* la profondeur du sondage doit être égale à trois fois moins la largeur de la semelle.

Annexe :

Données à préciser par l'entrepreneur :

> Coefficients de sécurité pour la stabilité au glissement sur la base,
> au renversement,
> au poinçonnement sur le sol.

Il est bon de préciser le fruit de la face avant (2 à 5 %) ; celui-ci donne une impression de sécurité et empêche les surplombs en cas de tassement.

B 2. MUR DE SOUTÈNEMENT MASSIF

Terrassements nécessaires jusqu'au bon sol en pleine masse ou en tranchée, dans l'embarras des étais s'il y a lieu.

— Semelle en béton de cailloux, dosage 250 kg C L K 35, dessus avec stries de liaison et amorces.

— Mur en béton banché de gravillon, dosage 300 kg C P 45, épaisseur et profil à déterminer par l'entrepreneur.

— Parement vu en coffrage ordinaire et ragréé.

— Parement arrière en coffrage ordinaire avec façon de décrochements.

— Tous les 6,00 m, joint de construction de 2 cm, avec profilé d'obturation en élastomère placé à mi-épaisseur.

— En partie basse, barbacanes 8 × 15 tous les 3,00 m avec pente vers l'extérieur.

— En partie haute, couronnement en béton armé, coffrage soigné et larmier.

Réserve de trous de scellement pour garde-corps si nécessaire.

Emplacement :

Voir plans.

Le long de la route intérieure, côté Nord.

Variante :

Mur en moellons durs ordinaires, ingélifs, hourdés au mortier moyen, joints bourrés pleins en montant.

Variante :

Muret de soutènement constitué par :

Fouille en tranchée, profondeur 50 cm dressée.

Semelle en béton maigre, épaisseur 20 cm dessus dressé ; soubassement enterré en béton banché dosé à 300 kg C L K, coffrage ordinaire, arrêté à 5 cm sous le sol fini, dessus dressé.

Muret de soutènement en briques choisies, qualité Vaugirard ou similaire montées au mortier moyen de ciment ne tachant pas, joints larges, arasés au mortier gras ; calepinage selon plan d'Architecte.

Face extérieure et dessus arasé et dressé ; face intérieure brute.

Emplacement :

Murets intérieurs.

B 3. MUR DE SOUTENEMENT EN BETON ARME

Mur de soutènement en béton armé, dosage 350 kg C P 45, composé d'un voile vertical épais et d'une semelle avec bêche ; épaisseur 15 cm min., dimensions exactes à déterminer par l'entrepreneur.

Exécuté sur un béton de propreté de 10 cm d'épaisseur.

Coffrage soigné de la face vue avec ragréage éventuel.

Coffrage ordinaire de la face enterrée.

Joints de dilatation tous les 15,00 m obturés par un profilé en élastomère placé à mi-épaisseur ; arêtes bien droites et ragréées.

Barbacanes tous les 5,00 m en pieds de mur, pente vers l'extérieur.

En tête couronnement selon profil, avec trous de scellement pour garde-corps.

Emplacement :

Soutènement au droit des différences de niveau selon plans.

B 4. REMBLAI

Au pied, sur la face arrière, drain en cailloux avec façon de pente vers évacuation.

Feutre géotextile épais dans le cas de terrain argileux, sur la face arrière du mur.

Remblai en grave pilonnée par couches de 20 cm, épaisseur 25 cm.

Emplacement :

Sur la face arrière du mur.

B 5. MURET DE SOUTENEMENT. TYPE POIDS

Mur de soutènement type poids se composant de :

Une semelle en béton de cailloux, débordant de 5 cm au moins le mur de chaque côté, reposant sur le bon sol, profondeur minima 60 cm.

Mur plein, épaisseur à déterminer par l'entrepreneur, en béton banché, au dosage de 300 kg C P 45.

Parement vu vertical en coffrage soigné.

Parement arrière droit (incliné ou décroché), en coffrage ordinaire.

Façon de barbacane tous les 5,00 m au plus, section 5 × 10 cm.

Sur le dessus, façon d'arrondi en enduit lissé ; trous réservés pour garde-corps ou clôture, compris scellement et raccords en mortier gras.

Joints de dilatation tous les 15,00 m au plus obturés par joints étanches en matière plastique.

B 6. MURET DE SOUTENEMENT EN BETON ARME

Muret de soutènement, hauteur hors sol 60 cm environ comprenant :

Fouilles en rigoles jusqu'au bon sol, profondeur minimum 70 cm sous le sol naturel le plus bas, largeur 60 cm.

Mur de soutènement en équerre composé d'une semelle à placer sous le talus et d'un voile vertical, le tout en béton légèrement armé.

Epaisseur et armatures à déterminer par l'Entrepreneur.

Réserve de trous pour mise en place de clôture et scellements.

Faces vues en coffrage soigné et ragréé ; dessus arrondi.

Réserve de barbacanes 5 × 10 tous les 5,00 m ; joint de dilatation tous les 40,00 m.

Dans l'angle de l'équerre, drain en cailloux, section 5 × 20, aboutissant à un puisard perdu de 1 m³ remplis de cailloutis.

Remblai et régalage des terres en excédent.

Emplacement :

En limite de propriété : face extérieure sur la ligne mitoyenne.

Pour recevoir une clôture,

En pied de talus,

A la demande des plans et partout ou le talus naturel ne peut être exécuté.

B 7. MURET DECORATIF

Muret en moellons assisés, hourdés au mortier gras, épaisseur 60 cm ; joints larges, refoulés en creux ; sur le dessus joints arasés. Enterré de 50 cm et reposant sur un béton de propreté de 5 cm.

Emplacement :

A la demande des plans.

Entourage des jardinières.

Pieds de talus.

B 8. MUR EN PIERRES SECHES

Mur de soutènement constitué par :

— une fouille en tranchée profondeur minimale 60 cm,

— une galette de fondation, épaisseur 5 cm en béton de chaux X E H au dosage 150 kg/m³ débordant le mur de 5 cm de part et d'autre,

— un mur en moellons pleins, grossièrement équarris, épaisseur totale égale à la moitié de la hauteur, composé de grosses pierres calées à la main avec remplissage des vides par des éclats.

Emplacement :

Muret de soutènement dans jardin.

B 9. SOL RECONSTITUE

Radier constitué par un matelas de grave tout-venant propre, 0/40, compacté par couches de 20 à 30 cm au rouleau vibrant lourd puis au rouleau à pneux lourd.

Compacité de 95 % de la densité maximale obtenue à l'essai Proctor modifié.

Emplacement :

Sur la surface de la semelle du mur de soutènement, débordant celle-ci de 50 cm côté extérieur ; épaisseur 1,50 m.

B 10. TALUTAGE

Confection de talus en terre saine pour être revêtu de gazon, la couche de terre végétale ayant une épaisseur de 20 cm au moins. Pente 3/1 avec minimum de 2/1 ; surface bien dressée ; en partie basse, façon de banquette de 40 cm de large et exécution d'un drainage.

Variante :

Talus arrêté sur murette en béton.

Emplacement :

Selon plans.

B 11. STABILISATION DE TALUS

Stabilisation de talus comprenant :

— décapage de la terre végétale et de la couche superficielle sur une épaisseur de 50 cm environ ; dressement et repiquage,

— purge des poches de mauvais terrain et remplacement en terre saine,

— épandage d'une couche de tout-venant, épaisseur 20 cm, dressé, non compactée,

— sur le dessus, mise en place d'une couche de terre végétale, épaisseur 30 cm, dressée.

Emplacement :

Sur les surfaces des talus indiqués aux plans.

Variantes :

— Surfaçage par une couche de grave-ciment, épaisseur 15 cm sommairement dressée.

— Couche de béton projeté, épaisseur 5 à 7 cm, avec armature par treillis soudé maille 15 x 15, fil de 3, fixé par piquets dans la terre.

— Projection de produit plastique adapté à cet usage sous forme de pellicule mince.

B 12. MUR EN ÉLÉMENTS MODULAIRES

— Etude préalable par le fournisseur,

— fouille en rigole, profondeur 30 cm,

— semelle en béton maigre, épaisseur 35 cm,

— montage de blocs LOFFEL par couches successives avec remplissage en terre végétale et remblai en matériau tout-venant drainant.

Emplacement :

Petit mur de jardin formant soutènement.

CHAPITRE X

BASSIN
(fiches C)

C 1. BASSIN DE STOCKAGE D'EAU

Exécution d'un bassin de stockage d'eau comprenant :

— fouilles jusqu'aux niveaux nécessaires, avec talus réglés en pente 2/1,

— drains en plastique $\varnothing$ 100 mm dans tranchées en gravillon, reliés à un regard de visite accessible en béton armé, dans le fond,

— dressement et compactage du fond, des parois et de la crête,

— pose d'une feuille d'étanchéité en élastomère ou plastique armé de 1 à 2 mm d'épaisseur, joints soudés ; ancrage en tête dans une tranchée périphérique ; préalablement, mise en place d'un feutre non tissé,

— sur la crête du talus mais en arrière, tranchée de drainage remplie de gravillon entourant un tuyau en P V C $\varnothing$ 100 mm relié à une évacuation,

— couverture de la crête par des dalles en béton, épaisseur 4 cm, posées sur un lit de sable fin de 2 cm, joints larges remplis de mortier maigre.

Emplacement :

Voir plans.

Variante :

Protection de la feuille d'étanchéité par une chape en béton maigre de 8 cm exécutée sur deux feutres 27 S ; dessus taloché, joints secs tous les 5 m dans les deux sens, se retournant de 1 m en tête pour former chemin.

Variante :

Protection par une couche de béton projeté de 2 à 5 cm d'épaisseur.

C 2. ACCESSOIRES DE BASSIN DE STOCKAGE

Evacuation

Regard en béton de gravillon ; section 50 × 50 cm sur 50 cm de profondeur ; épaisseur 15 cm ; parois ragréées.

En tête, feuille d'étanchéité de renfort ; serrage des deux feuilles par plat galvanisé fixé par boulons à scellement galvanisés.

Evacuation par.trop-plein en tube cuivre, avec crépine.

Alimentation

Autour du tuyau d'alimentation, anneau en béton de 15 × 15 cm ; face vue dressée ; fixation de la feuille d'étanchéité par un fer plat galvanisé serré par boulons galvanisés scellés dans l'anneau.

Regard d'évacuation des drains

Regard en anneaux de béton préfabriqués hourdés au mortier gras, posé sur un radier de 10 cm en béton de gravillon, avec dessablage. Couverture par tampon béton, dessus taloché avec anneau de levage.

Raccordement

Raccordement entre le regard d'évacuation des drains et la canalisation principale par canalisation en tuyaux de P V C à joints collés, posés sur un lit de sable, compris tranchée et remblai.

CHAPITRE XI

ASSAINISSEMENT
(fiches D)

D 1. CONSISTANCE DU FORFAIT

L'entrepreneur doit, d'une manière générale, les travaux suivants :

— les installations provisoires pour son lot,

— l'implantation de ses ouvrages,

— l'amenée, la mise en place et le repli de tous les matériels et matériaux nécessaires.

— les démarches administratives,

— les calculs des sections de canalisations (1),

— les travaux de terrassement de toutes natures, pour la réalisation des ouvrages,

— la fourniture et la pose des canalisations adaptées à leur usage,

— les ouvrages complémentaires de visite et de collecte des eaux,

— la desserte provisoire des immeubles riverains si nécessaire,

— la réparation des dégâts causés aux tiers ou résultant d'intempéries,

— les épuisements, compris le matériel,

— le nettoyage des chaussées souillées par ses engins,

— les essais réglementaires ou demandés par le Maître d'Œuvre.

---

(1) L'entrepreneur précisera les bases de son calcul (débit, choix de l'abaque, etc.).

Hors forfait :

— la démolition des maçonneries cachées de plus de 0,5 m³,

— la participation de l'entrepreneur au compte prorata,

— les frais de pilotage,

— le maintien en état des fouilles après réception,

— les rabattements de nappe,

— les fouilles au-delà du niveau forfaitaire.

D 2. SYSTEME D'ASSAINISSEMENT

Le système d'assainissement prévu est du type **séparatif** comportant **un réseau eaux vannes** et **un réseau eaux pluviales**.

Les réseaux seront calculés sur la base de l'instruction concernant l'assainissement des agglomérations (instruction 77-284-1977) pour les diamètres et les pentes qui doivent être suffisants pour assurer l'autocurage.

Une note de calcul sera fournie obligatoirement.

D 3. LIMITES DE PRESTATION ASSAINISSEMENT

Début de la prestation assainissement à 50 cm du nu extérieur de la façade et à une profondeur moyenne de 80 cm sous le sol fini futur extérieur, sauf prescriptions contraires des plans.

Sujétions de raccordement à l'élément en attente.

Couverture minimale des collecteurs de 80 cm sous le sol fini futur, étant précisé que l'épaisseur de terre végétale dans les espaces verts est de 20 cm.

Terrain supposé de la classe ... (1).

D 4. TRANCHEE POUR CANALISATION

Fouille en tranchée ; profondeur minimale : 80 cm au-dessus de la génératrice supérieure du tuyau ; largeur minimale : diamètre du tuyau augmenté de 50 cm.

---

(1) ● Terrains consistants et sans présence d'eau.

● Terrains meubles sensibles à l'eau (sables, gravier, argiles).

● Terrains compacts.

● Sables boulants.

● Terrains rocheux (roches éruptives, calcaires, marne compact).

Fond nivelé et réglé, compris toutes sujétions pour blindage de sécurité, étaiement, épuisement des eaux d'infiltration, etc.

Terres jetées sur un seul côté en cordon.

Façon de niche au droit des raccords, joints, pièces diverses.

Blindage des tranchées de plus de 1,30 m de profondeur.

Enlèvement de toutes les poches de mauvais terrain et remplacement par du sable gros pilonné ; purge de toutes les parties dures sur 10 cm.

Lit de sable de 10 cm dressé.

Emplacement :

Tranchées du réseau eaux pluviales et usées extérieures.

Fouilles pour fourreaux (électricité, eau, gaz, P T T).

D 5. CANALISATION EN TUYAU DE CIMENT

Canalisation en tuyau de ciment normalisé, armé ou non armé selon le diamètre, série 135 A ou B, catégorie B, classe du ciment selon nature du terrain. Joints par bagues d'étanchéité en élastomère.

Pose sur la couche de sable dressé.

— Après finition, nettoyage intérieur des bavures.

Emplacement :

Evacuation des eaux pluviales : diamètre à déterminer par l'entrepreneur.

Allant de regard à regard entre bâtiment et limite de propriété.

D 6. CANALISATION EN TUYAUX DE GRES

Canalisation en tuyaux de grès normalisés avec joints par bagues en élastomère ; compris toutes pièces nécessaires pour raccords et coudes. Pièces en attente arasées au niveau du sol fini futur.

Pose sur la couche de sable.

Emplacement :

Evacuation des eaux usées avec tés de visite pour faciliter le tringlage.

Diamètre à déterminer par l'entrepreneur.

D 7. CANALISATION EN AMIANTE-CIMENT

Canalisation en tuyaux d'amiante-ciment N F P 16.302, avec vernis intérieur, joints par bagues caoutchouc.

Coudes et culottes en attente.

Emplacement :

Evacuation des eaux pluviales et eaux usées.

Diamètre à déterminer par l'entrepreneur.

D 8. CANALISATION ENTERREE EN P V C

Dans le fond de la tranchée de largeur suffisante :

— lit de sable de rivière, épaisseur 10 cm, propre et compacté, soigneusement dressé,

— pose de tubes en polychlorure de vinyle non plastifié, rigides, série III, type normalisé, diamètre à déterminer par l'entrepreneur,

— sujétions d'étanchéité à l'entrée des regards, compris toutes pièces spéciales pour raccordement,

— assemblage à joints caoutchouc (ou joints collés) après nettoyage soigné et en suivant les prescriptions du fournisseur,

— enrobage en sable jusqu'à 15 cm au-dessus du tube, tassé mais non compacté mécaniquement,

— fin du remblayage en terres propres, purgées de tout détritus, pilonnées par couches de 30 cm au plus,

— toutes précautions prises contre l'action du soleil.

Emplacement :

Evacuation des eaux usées selon plans.

Evacuation des eaux pluviales.

D 9. EGOUT OVOIDE

Egout composé d'anneaux en béton armé préfabriqués avec incorporation d'hydrofuge et joints à mi-épaisseur (N F P 16.401).

Pose jointive sur un lit de sable de 10 cm et calage soigné.

Jointoiement au mortier gras soigneusement lissé.

Emplacement :

Voir plans.

D 10. DRAINAGE DES CANALISATIONS E P

Dans le fond de la tranchée, lit de cailloux passant à l'anneau de 5 cm, épaisseur 25 cm, largeur 30 cm, dessus dressé.

Dans chaque regard, amorce de drain par bout droit $\varnothing$ 100 mm noyé dans le lit de cailloux, longueur 50 cm.

Emplacement :

Voir plan.

Variante :

Avant pose des tuyaux E P mise en place en fond de tranchée d'un drain constitué par un tuyau poreux $\varnothing$ 100 mm enrobé de 10 cm de cailloux sur la largeur de la tranchée.

Raccordement à l'évacuation.

Variante : tuyau amiante-ciment percé de trous $\varnothing$ 10 mm à la partie supérieure.

D 11. REMBLAI SPECIAL

Dans le cas de terrain agressif, remblai effectué avec la terre des fouilles additionnée de chaux en proportion convenable.

Emplacement :

A la demande.

D 12. REMBLAI DES TRANCHEES

Remblai à la main autour du tuyau et sur 15 cm au-dessus en sable 0/10 ou terre saine équivalente, avec blocage soigné des flancs.

Fin du remblai par couches de 30 cm compactées successivement avec la terre des fouilles, purgée des pierres, débris animaux et végétaux.

Compactage donnant 95 % au moins du Proctor modifié.

Remblai en sablon sur toute la hauteur sous chaussées et parkings.

Enlèvement des excédents.

Emplacement :

Remblai des tranchées de canalisations après essais de celles-ci.

D 13. BOITE DE BRANCHEMENT

Regard borgne constitué par :

— un radier en béton de gravillon, épaisseur 10 cm,

— des jouées en anneaux de béton ou blocs de ciment pleins, épaisseur 10 cm,

— dans le fond, cunette avec enduit étanche lissé au mortier gras, dirigeant les eaux ; raccords aux canalisations,

— couverture par dalle béton avec anneaux de levage.

Emplacement :

Voir plans :

Départ de réseau en attente près du bâtiment.

Raccordement de canalisation secondaire à la canalisation principale.

D 14. SIPHON DE SOL

Siphon-cloche $\varnothing$ 100 en fonte, placé dans un massif en béton de gravillon dosage 250 kg C L K, section 80 × 80, épaisseur 40 cm. Dessus chape étanche lissée en mortier gras, se retournant de 5 cm sur les jouées.

Raccord à la canalisation en attente.

Emplacement :

Evacuation des eaux pluviales des cours et des allées.

D 15. REGARD A GRILLE

Regard en béton de gravillon, dosage 300 kg C P ; épaisseur 10 cm pour les parois et le fond ; coffrage ordinaire.

Couverture par grille fonte légère avec cadre fonte scellé au mortier.

Dessablage de 10 cm et raccord sur canalisation en attente.

Emplacement :

Evacuation des eaux pluviales des allées et aires de piétons.

D 16. BOUCHE D'EGOUT A GRILLES

Bouche d'égout de 80 × 80 cm intérieur fini, avec décantation de 50 cm en béton de gravillon, dosage 300 kg C L K 45, épaisseur 15 cm pour les parois et le fond, coffrage ordinaire. Façon d'avaloir.

Sur toutes les faces et le fond, enduit au mortier gras avec gorges dans tous les angles.

Au droit du fil d'eau du caniveau, une ou deux grilles plates de 40 × 40 en fonte, modèle lourd.

Emplacement :

Regard à raison de 400 m² de surface environ et partout où nécessaire (voir plans).

D 17. BOUCHE D'EGOUT A BAVETTE

Bouche d'égout à bavette composée d'un regard en béton au dosage de 350 kg C P (ou éléments préfabriqués), section intérieure 1 × 1 m avec dessablage de 15 cm ; parois et radier épaisseur 15 cm.

Sur toutes les faces intérieures, enduit étanche lissé de 3 cm avec gorge. Avaloir en béton avec fil d'eau, largeur 70 cm.

Couverture par tampon fonte, série lourde.

Emplacement :

Aux points bas des fils d'eau des caniveaux de chaussée.

Variantes :

— Panier ramasse-boue en tôle galvanisée perforée, accroché à une barre transversale (suppression de la cuvette de décantation).

— cunette en partie basse avec voile formant siphon anti-odeurs.

D 18. REGARDS DE VISITE

— Regards en béton préfabriqués, modèle à proposer : circulaires (ou rectangulaires), diamètre intérieur 80 cm.

— Radier en béton, dosage 300 kg C L K avec cunette de hauteur égale au rayon de la canalisation, enduite au mortier de ciment gras lissé.

— Eléments préfabriqués de 1 m de hauteur.

— Jointement des éléments au mortier gras, lissé intérieurement.

— Façon de trou pour le passage des canalisations avec joints bourrés au mortier gras et anneau souple.

— Echelons d'accès en acier galvanisé de 30 mm, espacement 35 cm, avec crosse.

— En tête, anneau en béton pour supporter le tampon, avec tête de réduction.

— Couverture par tampon fonte, diamètre de passage 60 cm.

— Série chaussée ou trottoir selon les emplacements.

Emplacement :

A la demande, sur les canalisations eaux usées, eaux pluviales (se reporter aux plans).

D 19. REGARD DE CURAGE

Regard pour curage hydraulique de canalisation constitué par :

— un élément de raccord sur la canalisation en partie basse reposant sur un béton maigre, épaisseur 10 cm avec cunette enduite au mortier gras ;

— un tube-allonge en amiante-ciment, ϕ 500 avec joints par anneaux élastomères ; placé verticalement.

— une couronne en béton armé en tête, forme carrée, épaisseur 15 cm, dessus dressé ;

— dans la couronne, un regard en fonte avec son encadrement, série trottoir.

Emplacement :

Entre regards principaux pour permettre le curage hydraulique ou le passage d'une caméra.

D 20. REGARD POUR CANALISATION P V C

Regard constitué par :

— un radier en béton de gravillon, dosage 350 kg C L K, épaisseur 10 cm,

— pose et réglage d'une pièce spéciale, « traversée de regard » ou tuyau avec ouverture découpée ; faces extérieures du tuyau sablées et encollées ou procédé similaire assurant l'adhérence au béton,

— façon de cunette en même béton, dessus dressé et lissé,

— parois en même béton, coffrage ordinaire, épaisseur minimum 15 cm (ou anneaux de béton préfabriqués),

— couverture par tampon fonte, modèle pour trottoir, avec barrette de levage, trou d'aération, finition goudronnée. Dimensions normalisées.

Emplacement :

A tous les coudes et branchements.

Tous les 30 m au plus dans les parties droites.

D 21. CANIVEAU A GRILLE

Caniveau constitué par :

— Une forme en béton maigre, épaisseur 5 cm, débordant de 5 cm le profil.

— Un caniveau en béton armé ; composé d'un radier et de deux jouées, épaisseur minimale 15 cm, coffrage brut à l'intérieur, calculé pour résister au passage du camion réglementaire.

— Dans le fond, pente en béton maigre, épaisseur minimale 2 cm.

— Sur les faces intérieures et le radier, enduit étanche au mortier gras additionné d'hydrofuge, finition lisse avec gorges dans les angles.

— En feuillure dressée, fourniture et pose de grille acier avec cadre, modèle lourd.

— Au point bas, raccordement sur la canalisation avec fourniture d'une crépine.

Emplacement :

Voir plan.

A l'entrée du terrain, sur la largeur de la chaussée.

D 22. REGARD-SIPHON

— Regard en béton de gravillon, épaisseur des fonds et des parois 15 cm ; coffrage ordinaire mais ragréé ; paroi verticale intermédiaire en béton armé formant siphon.

— Dans le fond, forme de pente en béton maigre avec réserve pour un panier.

— Panier pour ramassage des déchets, en tôle galvanisée perforée avec tringle de levage.

— Couverture par dalle béton avec tampon en fonte légère encastré, de 60 de passage.

Emplacement :

Sur la canalisation eaux usées, à la sortie des bâtiments.

D 23. CHAMBRE POUR RESERVOIR DE CHASSE

Regard en béton de gravillon, dosage 300 kg C L K 45, parois et radier en 15 cm d'épaisseur.

Sur le dessus, dalle en béton armé, épaisseur 15 cm avec toutes façons pour pose des grilles et tampons.

Pose du réservoir de chasse ; enrobage de la partie inférieure en béton maigre dosé à 200 kg C L K, dessus taloché.

Fermeture par tampon en fonte, modèle chaussée ou trottoir selon l'emplacement.

Regard pour admission d'air, fermé par grille fonte légère.

Fourreau pour entrée de la distribution d'eau.

Distribution d'eau en tube 21/27, fer galvanisé avec robinet d'arrêt en cuivre, raccordé sur canalisation d'arrosage. Si nécessaire échelons d'accès en fer galvanisé de 30 mm, avec crosse.

Emplacement :

En tête des canalisations d'eaux usées.

D 24. SEPARATEUR D'HYDROCARBURES

Séparateur d'hydrocarbures de contenance réglementaire, comprenant :

— une forme en béton de propreté de 5 cm, débordant de 5 cm,

— une fosse en béton armé, dosage 350 kg C L K 45, coffrage brut, épaisseur minimale des parois 15 cm ; dalle de couverture calculée pour la surcharge de l'essieu réglementaire ; dessus taloché fin,

— à l'intérieur, voiles en béton armé, épaisseur 10 cm,

coffrage soigné, pour former double décantation avec orifices nécessaires,

— dans le fond, forme de pente et goussets en béton maigre,

— sur toutes les faces intérieures, enduit en ciment, finition lissé, au mortier gras avec gorges dans les angles,

— accès par tampons acier, catégorie pour chaussée ; échelons en fer galvanisés et crosse.

Emplacement :

En limite de propriété, à l'extrémité des canalisations d'évacuation des parcs à voitures.

Débit : 1 l/sec. ; surverse pour pluies d'orage.

D 25. BOITE A GRAISSE

Séparateur à graisse en fonte ou en acier (variante : polyester armé) revêtu de deux couches de peinture bitumineuse sur toutes les faces ; pente dans le fond et cloisons intérieures formant chicanes pour empêcher les remontées d'odeurs ; tubulure d'entrée et de sortie en attente.

Fermeture par trappe fonte ou acier strié, fixée par vis inoxydables, avec cordon d'étanchéité soigneusement ajusté.

Au départ, bac de décantation avec panier en tôle galvanisée pour ramassage des gros déchets.

Pose sur dallette en béton maigre, épaisseur 10 cm ; calage et enrobage en béton de gravillon, épaisseur minimale 10 cm, couvercle soigneusement arasé avec le sol environnant.

Volume calculé par le fournisseur pour un débit de 2 l/s par usager avec rétention de deux minutes au moins.

Emplacement :

Bac placé sur la canalisation d'évacuation des eaux usées de la cuisine après le siphon de sol et les caniveaux.

Variante : Appareil extérieur

Jeu de rehausses en fonte donnant la profondeur nécessaire pour que l'appareil soit à l'abri du gel (profondeur du plan d'eau 80 cm). Couvercle en acier strié résistant au passage d'une roue de 5 tonnes.

D 26. BRANCHEMENT SUR EGOUT PUBLIC

— Branchement sur canalisation extérieure comprenant :

— Démarches administratives (Service des Egouts et Voirie).

— Démolition de la chaussée et protections nécessaires.

— Tranchée en recherche jusqu'à l'égout avec blindage soigné.

— Pose de la canalisation en tuyaux de grès ou ciment.

— Percement de l'égout existant et raccords.

— Remblaiement de la tranchée en sablon.

— Pavage provisoire.

— Paiement des droits de réfection de chaussée aux Services municipaux.

Emplacement :

Raccordement entre la limite de la propriété et l'égout eaux usées et l'égout eaux pluviales.

Variante :

Confection à la jonction d'une boîte de branchement.

D 27. CURAGE DES CANALISATIONS - PROTECTION

L'entrepreneur doit un curage soigné des canalisations E U et E P afin qu'il ne reste aucun déchet ou détritus :

— à la prise de possession du chantier par l'entrepreneur de gros-œuvre,

— à la réception des travaux de génie civil.

Avant la mise en place des tampons fonte définitifs, l'entrepreneur doit prévoir des tampons bois scellés au plâtre.

D 28. ENTRETIEN DE LA VOIRIE ET DES RESEAUX

Au démarrage des travaux du bâtiment, il sera établi un constat contradictoire de l'état des voiries et des canalisations.

L'entretien de la voirie et des canalisations incombera à partir de cette date à l'entrepreneur du gros-œuvre. En cas de défaillance de ce dernier, l'entrepreneur de V R D devra procéder à cet entretien aux frais de l'entrepreneur défaillant mais sur injonction du Maître d'Œuvre. Il devra fournir un catalogue de prix de bordereau pour ce cas particulier.

D 29. PRIX DE BORDEREAUX

L'entrepreneur complètera son bordereau quantitatif et estimatif par les prix unitaires suivants :

Fouilles en terrain rocheux,

Epuisements : location journalière d'appareil, prix de l'heure de marche,

Tranchée profondeur 1,50 m, et plus-value par 10 cm, compris blindage,

Evacuation des terres aux décharges, distance 10 km,

Sable pour remplacement des terres malsaines,

Sable sous canalisation,

Remblai supplémentaire,

Terrassements dans l'eau,

Fouilles en terrain argileux,

Blindage jointif de fouille,

Bois abandonné,

Tranchée à la main,

Etaiement de fouille.

Etc.

D 30. SEMELLE (PRIX DE BORDEREAU)

— Semelle en béton de gravillons, dosage 300 kg C L K, dessus talochée, épaisseur 5/7 cm ; joints secs tous les 2,00 m.

— Débordant le tuyau de 10 cm de part et d'autre.

Emplacement :

Semelle à placer sous les tuyaux d'évacuation dans le cas de terrain instable, sur ordre du Maître d'Œuvre.

Prix au mètre linéaire.

PRESCRIPTIONS TECHNIQUES PARTICULIERES

Fouilles pour canalisations

Les fouilles en tranchée seront exécutées en terrain de toute nature ; l'entrepreneur sera responsable de tous les éboulements et de leurs conséquences et fera son affaire de toutes les sujétions normalement prévisibles.

Les eaux pluviales ou de ruissellement devront être évacuées pour que les tranchées restent sèches. Il est dû tous les passages nécessaires ; les vieilles maçonneries ou débris de roches seront démolis de façon à laisser un remblai de 50 cm au moins.

Mesures de sécurité

L'entrepreneur prendra toutes mesures de sécurité nécessaires pour la protection des tiers, celle des terrains riverains et éventuellement des murs de clôture.

Il devra, conformément aux règlements de police, assurer l'éclairage des points dangereux en cours de travaux et mettre en place des garde-corps de protection au droit des tranchées ouvertes.

Il sera responsable civilement et pénalement de tous les dommages résultant d'une insuffisance de mesures de sécurité.

Les blindages des tranchées seront effectués conformément aux lois et décrets en vigueur et suivant la profondeur et le terrain rencontré.

Mise en œuvre des canalisations

Le tracé des canalisations E P et E V sera effectué conformément aux plans. L'entrepreneur est libre de proposer un autre tracé qu'il estimera plus judicieux ou plus économique, sous réserve de l'accord du Maître de l'Œuvre.

L'ouverture des tranchées, la pose des canalisations et la construction des regards devront être effectuées simultanément afin de permettre les essais de canalisations et, immédiatement après, le remblai.

Les tranchées ne devront pas rester ouvertes plus de 15 jours. Passé ce délai, l'entreprise supportera toutes les conséquences de son retard, quelle qu'en soit la nature.

Les travaux devront commencer au point bas afin d'éviter les venues d'eau et les épuisements qui seraient alors à la charge de l'entrepreneur.

Les regards seront placés de telle sorte que la canalisation puisse être visitée ou tringlée sur tout son parcours. Chaque section de canalisation sera vérifiée à la pression d'eau avant remblai.

Au cours des remblais, tous les accessoires des réseaux tels que : vannes, bouches à clé, regards, tabernacles, etc., devront être aménagés de façon à permettre aux entreprises les équipements complémentaires de ces accessoires après les remblais.

Les terrassements en recherche et frais annexes seront à la charge de l'entreprise en cas de manquement à cette prescription.

Les remblais mal exécutés ou en matériaux de mauvaise qualité seront repris entièrement à la charge de l'entrepreneur.

La catégorie des tuyaux en béton armé et non armé sera déterminée par l'entrepreneur en fonction des charges normalement prévisibles.

Il déterminera également la nature des joints en fonction de l'effluent transporté.

L'entrepreneur doit vérifier les sections des canalisations à réaliser et apporter toutes modifications s'il y a lieu. Il prendra contact avec les services techniques municipaux pour le raccordement aux égoûts et se conformera à leurs directives.

Sur place, il sera vérifié, après mise en place, le bon état des abouts et leur propreté avant confection du joint.

Essais des canalisations

Chaque section de canalisation sera vérifiée avant remblai par essai, à une hauteur d'eau correspondant au remplissage complet du regard pendant une heure ; le niveau devra se maintenir constant.

Les joints non étanches seront dégagés et refaits.

Toutes les canalisations du réseau eaux usées seront soumises à cet essai et 20 % du réseau eaux pluviales. Dans le cas de fuite dans ce dernier, il pourra être exigé l'essai de la totalité du linéaire. Un essai de passage à la boule sera également réalisé sur 10 % de la longueur du réseau.

Réception

La réception des travaux d'assainissement sera prononcée à l'achèvement complet des travaux.

Epuisements

Les épuisements des venues d'eau sont à la charge de l'entreprise et inclus dans son forfait jusqu'à concurrence d'un débit de 25 m^3/h.

L'entrepreneur devra avoir en permanence sur le chantier le matériel pour réaliser cet épuisement.

Dossier de récolement

L'entrepreneur fournira un dossier de récolement sur reproductible soigneusement mis à jour 15 jours au plus tard après la réception des travaux ; toutes les canalisations enterrées seront soigneusement repérées en utilisant les symboles indiqués au fascicule 70 (annexe n° 2).

— CONTRÔLES TECHNIQUES

Avant réception des travaux, les entreprises devront effectuer à leurs frais les essais et vérifications définis par le Document Technique COPREC n° 1 ; un procès-verbal établi selon le Document Technique COPREC n° 2 sera adressé au contrôleur technique.

ANNEXE - *Exemple de calcul*

Le bassin versant est constitué par un bâtiment et sa chaussée d'accès.

La surface totale est de 0,084 ha. Les bases du calcul sont les suivantes :
- région de pluviométrie : I
- coefficient d'imperméabilisation : 0,9
- temps de concentration : 5 minutes
- période de retour : 5 ans
- débit : 112 mm/h.

L'application de la formule rationnelle donne :

$Q = 0,9 \times 112 \times 0,084 \times 1/0,36 = 25,53 \, l/sec$, inférieur à 25.

On utilisera un $\varnothing$ 200 mm avec une pente de 5 mm/m.

CHAPITRE XII

RELEVAGE
(fiches E)

E 1. STATION DE RELEVAGE PREFABRIQUEE

Station de relevage des eaux d'égout, débit à déterminer par l'entrepreneur, comprenant :

Fouilles en pleine masse, profondeur selon nivellement des canalisations.

Béton de propreté, dessus dressé, épaisseur minimale 10 cm.

Mise en place d'un ensemble préfabriqué constitué par :

— une cuve en polyester ou anneaux de béton armé à joints étanches, avec anneaux de manutention,

— couverture en dalle de béton armé avec tampon fonte légère,

— deux pompes de relevage, modèle adapté aux eaux usées, type immergé avec guides, chacune capable d'évacuer les 2/3 du volume total à relever. Equipement avec flotteur de commande et d'alarme ainsi que chaîne de relevage,

— panier de dégrillage en tôle galvanisée à l'arrivée, avec poignée,

— tuyauteries d'évacuation en acier galvanisé avec vanne d'isolement et clapet antiretour ; sortie unique,

— un évent en tuyau d'amiante-ciment avec chapeau,

— une armoire éléctrique de commande avec ses supports et un dispositif d'alarme sonore et visuelle ; toute l'installation étanche,

— liaison sous câble blindé entre l'armoire et la fosse,

— échelle d'accès en fer galvanisé,

— éventuellement isolation thermique de la partie supérieure,

— après réglage, raccordement aux canalisations en attente,

— essais,

— remblayage soigné des vides.

Emplacement :

Voir plans.

Emplacement de l'armoire électrique selon plans.

E 2. STATION DE RELEVAGE POUR EAUX USEES

1. — *Généralités.*

1.-1. *Caractéristiques techniques.* Fosse de relevage des eaux usées (W C et toilettes), type enterré, à deux compartiments, en béton armé.

Niveau d'arrivée des eaux	:	60,34 N G F
Niveau de départ	:	61,44
Niveau du dessus de la couverture	:	62,20
Nombre d'usagers	:	12 W C
		12 lavabos

1.-2. *Consistance du forfait.* L'entrepreneur doit tous les travaux de génie civil et d'équipement nécessaires au fonctionnement parfait de l'installation, et en particulier :

— l'amenée et le repli du matériel nécessaire,

— les démarches administratives éventuelles,

— les dessins d'exécution,

— l'exécution du Génie civil,

— les essais et remises en état éventuels,

— les ententes nécessaires avec les entrepreneurs exécutant les canalisations, la voirie et la distribution électrique,

— la fourniture d'instructions pour le manœuvre et l'entretien de tout le matériel.

1.-3. *Prescriptions techniques particulières.* Les travaux seront exécutés conformément aux DTU en vigueur et Normes Françaises.

Il ne sera fait usage que de ciments compatibles avec la nature des eaux collectées.

L'étanchéité de la fosse de réception devra être parfaite et l'entrepreneur en sera entièrement responsable en cas de défauts ; il lui appartiendra de prendre toutes précautions nécessaires. Aucune odeur nauséabonde ne devra être perçue à proximité. La surcharge sur la couverture sera prévue égale à 400 kg/m^2.

Toute l'installation électrique sera étanche et antidéflagrante conformément à la Norme C 15.100 (locaux mouillés).

Les armatures du béton armé seront placées à 3 cm au moins du parement.

Il sera vérifié par l'entrepreneur que la fosse vide ne risque pas d'être soulevée par la pression hydrostatique.

2. — Génie civil.

2.-1. Terrassements. — Fouilles en pleine masse aux cotes indiquées, compris toutes sujétions et surlargeurs nécessaires dans terrains de toutes natures,

— Blindages nécessaires soigneusement entretoisés,

— Enlèvement des excédents aux décharges publiques,

— Remblais en terres saines, soigneusement compactées,

— Il sera fourni des prix de bordereau pour :

— démolition de masses rocheuses,

— heure de pompage compris matériel, ingrédients et surveillance.

2.-2. Béton armé et non armé. — Sur toute la surface de la fosse et débordant de 5 cm, béton de propreté, épaisseur 5 cm.

— Fosse en béton armé au dosage de 400 kg C L K ; épaisseur minimale des parois, fond et couverture 15 cm ; paroi intermédiaire en béton avec trous réservés pour passage des tuyauteries ; coffrage ordinaire (D T U 14.1).

— Réserve de trous pour fixation des divers accessoires.

— Sur le radier, façon de pente et puisard de relevage en béton armé.

— Dans la couverture, réserve de trou pour tampons fonte.

— Dans la fosse de réception, massif formant gousset en béton de gravillon dosage 300 kg C L K.

— Dans la salle des moteurs, massifs en béton de gravillon avec trous réservés pour pose des pompes, exécutés après la chape étanche.

— A l'extérieur, petit regard en béton armé pour recevoir une grille de ventilation.

— Armatures en acier mi-dur ou doux, calculés pour résister aux diverses surcharges dans les cas les plus défavorables.

2.-3. *Enduits et chapes.* — Sur toutes les parois verticales (compris cloison intermédiaire) enduit étanche en mortier gras avec addition d'hydrofuge, avec gorges dans tous les angles, finition talochée (D T U 14.1).

— Sur le fond, et les parois inclinées, chape étanche dosée à 600 kg C P avec addition d'hydrofuge ; dressée et surfacée lisse ; pentes nécessaires.

— Sur le dessus de la dalle de couverture, enduit ciment au mortier gras avec incorporation de durcisseur à raison de 2 kg/m^2 au moins.

2.-4. *Divers.* — Sur la dalle de couverture deux tampons fonte à fermeture hydraulique, pour trottoir, de 60 cm.

— Dans chaque compartiment échelons d'accès en fer rond de 30 mm galvanisés, avec crosse.

— Grille fonte plate sur les puisards, de 40 × 40.

— Scellements des pompes et accessoires divers compris raccords.

— Scellements étanches des canalisations au mortier gras, addition d'hydrofuge avec raccord soigné d'enduit.

— Grille de protection à l'arrivée d'eaux usées, avec panier relevable.

— Fourreau en tube 33/42 pour entrée du câble électrique.

— Prise de terre constituée par un câble cuivre enterré.

3. — *Equipement.*

3.-1. *Pompe de relevage électrique.* Equipement constitué par deux pompes spéciales pour relèvement d'eaux d'égout, modèle à soumettre, puissance selon débit et hauteur de relèvement.

Moteur électrique, modèle étanche ; mise en route et arrêt par interrupteur à flotteur.

Canalisation de raccordement entre la fosse de réception, la pompe et la tuyauterie d'évacuation en tuyau fonte ou acier de diamètre nécessaire, compris toutes pièces de raccord et fixation, clapet de retenue et pièces d'aspiration. Arrêt du forfait à 50 cm du nu extérieur de la fosse.

3.-2. *Installation électrique.* Installation électrique placée dans un coffret métallique étanche, soigneusement protégé contre la corrosion et comprenant :

— disjoncteur de coupure et de protection,

— relais thermiques,

— inverseur mettant en route la 2e pompe en cas de panne de la 1re, et déclenchant une alarme optique, située à proximité,

— prise de courant 24 volts,

— prise de terre,

— fusible de protection pour l'éclairage.

Eclairage du local par hublot étanche en fonte avec protection grillagée ; allumage par interrupteur étanche.

Toute la filerie sous tube acier ou plastique ; boîtes de raccordement à presse-étoupe en fonte.

3.-3. *Pompe de relevage à main.* Au-dessus du puisard de récupération des eaux, pompe à main type murale, à diaphragme avec clapets à boulets ; tuyauteries d'aspiration et de refoulement en tube fer galvanisé et raccord sur évacuation.

Fixation au mur par ferrures galvanisées.

CHAPITRE XIII

DRAINAGE
(fiches F)

F 1. CONSISTANCE DU FORFAIT

— Les travaux comprennent d'une manière générale :

— les études préliminaires,

— l'amenée et le repli du matériel nécessaire,

— les installations de chantier,

— les travaux pour abaisser le niveau de l'eau aux cotes prévues, compris toutes fournitures et divers,

— le raccordement à l'exutoire,

— toutes sujétions pour travail dans l'eau y compris évacuation de celle-ci hors des tranchées,

— les essais et remises en état pendant l'année de garantie.

Hors forfait :

Démolition de débris de masse ou rocher rencontrés dans les fouilles.

F 2. DRAIN EN PLASTIQUE

— Fouilles en tranchée en terrain de toutes natures, profondeur nécessaire avec pentes réglées,

— couche de 5 cm de sable de rivière propre,

— mise en place de tuyaux de P V C, spécial pour cet usage, striés et perforés, assemblés par collage ; pente minimale 2 mm/m ; départ fermé par opercule ; diamètre à déterminer par l'entrepreneur,

— découpes et façons pour raccord sur le collecteur secondaire,

— au-dessus et sur les côtés, lit de gravillon de rivière 6/20, épaisseur 40 cm dessus et 25 cm sur les côtés,

— remblais en terre végétale, épaisseur 30 cm,

— évacuation des terres excédentaires aux décharges.

Emplacement :

Voir plans (plans à établir par l'entrepreneur).

F 3. DRAIN - VARIANTE

Drain constitué par :

Une tranchée, profondeur minimale 1 m, largeur 40 à 50 cm.

Garnissage sur le fond et les deux jouées par un feutre non tissé, imputrescible, inerte aux agents chimiques de toutes natures, perméable à l'eau mais imperméable aux particules fines inférieures à 5 microns.

Drain en PVC Ø 100 m/m.

Remplissage de la tranchée en cailloux propres et sans fines sur 40 cm.

Rabat des deux bords latéraux de la nappe sur la partie supérieure du lit de cailloux avec un recouvrement de 15 cm au moins.

Fin du remplissage de la tranchée en terre végétale.

Emplacement :

Espacement et implantation à déterminer par l'entrepreneur.

F 4. REGARD DE VISITE

Regard constitué par :

— un radier en béton, dosage 300 kg C L K 35, formant cuvette de dessablage de 15 cm ; enduit intérieur au mortier gras avec gorges,

— regard en éléments préfabriqués carrés (ou circulaires), jointoiement au mortier gras,

—· façon de trou pour passage des canalisations avec joints étanchés au mortier gras ou système similaire,

— réduction en tête,

Couverture par tampon en béton armé, dessus taloché, avec anneau de levage encastré.

Emplacement :

Regard de visite sur le réseau de drainage.

Raccord entre canalisations générales et collecteurs.

F 5. COLLECTEUR D'EVACUATION

Fouilles en tranchées en tous terrains compris blindage et épuisement, fond et parois dressées avec pentes réglées.

Couche de sable fin de 10 cm.

Collecteur en tuyau d'amiante-ciment normalisé, type assainissement, vernissé intérieurement à emboîtement à joint caoutchouc.

Remblai en terre saine après pose du tuyau.

Emplacement :

Raccordement entre l'extrémité du drain et la canalisation d'évacuation.

F 6. PUITS PERDU

Puisard pour évacuation des eaux de pluie, constitué par :

— fouilles en puits de profondeur nécessaire, prolongées de 1,50 m au moins dans la couche perméable,

— puits en anneaux de béton préfabriqués, diamètre 1,00 m jusqu'à la couche perméable ; jointoyés au mortier gras,

— dans la couche perméable, anneaux perforés, remplis en cailloux 20/60,

— couverture par dalle en béton armé, épaisseur 12 cm, dessus taloché, avec tampon 60 × 60 × 5 cm d'épaisseur en béton, muni d'anneaux de levage.

Emplacement :

Dans la zone de verdure à 10,00 m au moins des bâtiments.

Evacuation des eaux des siphons-paniers des rampes d'accès au sous-sol.

F 7. DRAINAGE DE PELOUSE

Terrassements pour enlèvement de la terre végétale et mise en place de la couche drainante.

Dressement et cylindrage de cette plate-forme.

Fouilles en tranchée, section 30 × 20 cm de hauteur moyenne ; terres déposées latéralement pour former pentes entre les files de drains.

Dans le fond de la tranchée, couche de gravillon roulé 6/20, épaisseur 5 cm.

— Pose d'un drain en P V C, strié et perforé, diamètre 50 mm, éléments assemblés par collage ; pente 2 mm/m.

Sur les côtés et au-dessus, mise en place soignée d'un massif filtrant en gravillon roulé 6/20.

— Façons nécessaires pour raccordement aux collecteurs secondaires.

Emplacement :

Drainage d'aire de jeux, placé sous la couche drainante.

Drainage de plate-forme.

Drainage des aires de jeux sablées.

Drainage des surfaces en terrain stabilisé.

F 8. COUCHE DRAINANTE

Enlèvement de la terre végétale et du terrain naturel sur une épaisseur de 35 cm minimum sous le sol futur fini ; mise en dépôt sur le terrain de la terre végétale et évacuation aux décharges des terres stériles. Dressement du terrain entre les files de drain en forme de toit, pente 2 à 4 cm/m.

Mise en place d'un feutre non tissé, imputrescible (masse supérieure à 350 gr/m²).

Couche drainante de 12 à 15 cm d'épaisseur en cailloux et gravier tout-venant sans sable ; granulométrie 0,01/0,04. Dessus soigneusement dressé.

Couche de terre végétale de 20 cm dressée, reprise au dépôt et triée.

Emplacement :

Pelouses de jeux, terrains de sports.

F 9.   BOITE DE BRANCHEMENT

Regard borgne constitué par :

— terrassements nécessaires (élargissement de la tranchée de canalisation),

— radier en béton de gravillon, épaisseur 10 cm,

— jouées en anneaux de béton préfabriqués ou blocs de ciments pleins de 10 cm, section minimum intérieure 40 × 40, hauteur 50 cm,

— dans le fond, façon de cunette en béton maigre dirigeant les eaux avec enduit au mortier gras lissé ; raccord sur la canalisation pour assurer la continuité du fil d'eau,

— couverture par dallette en béton armé, épaisseur 5 cm, avec anneau de levage,

— remblai en terres saines.

Emplacement :

A chaque changement de direction du drain.

CHAPITRE XIV

ÉPURATION
(fiches G)

G 1. FOSSE SEPTIQUE

Ensemble pour pavillon comprenant :

— une fosse toutes eaux en béton armé préfabriqué avec deux tampons de visite ; équipement par cloisons intermédiaires et deux tubes plongeant,

— un bac décolloideur en béton préfabriqué avec tampon et remplissage en cailloux,

— les canalisations de liaison en tuyaux de PVC Ø 150 mm,

— un regard répartiteur constitué par un tuyau de PVC vertical Ø 250 sur une cunette en béton ; en tête un encadrement avec tampon en béton ; orifice de ventilation et poignée de levage,

    – un réseau de drains en PVC rigides à larges fentes, $\varnothing$ 100 mm, posés horizontalement dans une tranchée drainante et constituant un réseau maillé,

    – tranchée drainante de 70 cm de profondeur et 60 cm de largeur comportant un lit de gravillons 15/40 de 20 cm sous le tuyau ; un enrobage du tuyau en gravillon jusqu'à 10 cm du sol fini recouvert par un feutre géotextile ; fin du remblai en terre végétale,

    – à l'extrémité un regard de contrôle identique au regard répartiteur.

Emplacement :

    Dans la pelouse ; fosse à 3 m de la maison.
    Dimensionnement fonction du terrain.

G 2. STATION A « OXYDATION TOTALE »

Consistance du forfait

    Les travaux comprennent d'une manière générale :

— l'implantation,

— les démarches administratives,

— les terrassements nécessaires, avec enlèvements des excédents aux décharges publiques,

— les plans d'exécution et notices techniques,

— les ouvrages en béton armé, maçonnerie, serrurerie, etc.,

— les aménagements intérieurs de toute nature,

— les équipements mécaniques et électriques,

— les tampons d'accès,

— le raccordement aux collecteurs,

— le premier remplissage en eau,

— les essais et l'entretien pendant l'année de garantie,

— l'amenée de l'énergie électrique depuis le transformateur,

— l'amenée d'eau depuis le bâtiment le plus proche,

— les essais et tests réglementaires.

Hors forfait

Participation de l'entrepreneur au compte prorata,

Bâtiments en élevation s'il y a lieu,

Collecteurs d'amenée et de restitution des eaux,

Frais d'énergie pour les essais,

Fourniture d'eau de Javel ou produits chimiques pour les essais,

Remblai final en terre végétale,

Lignes électriques de raccordement,

Clôtures et plantations.

Principe de fonctionnement

Station d'épuration fonctionnant selon le système dit par « oxydation totale » et recevant toutes les eaux usées (eaux vannes et eaux ménagères) à l'exclusion des eaux pluviales.

Composition : un poste de dégrillage,
              un poste d'oxydation,
              un poste de minéralisation,
              un décanteur secondaire,
              un dispositif d'oxygénation.

Ensemble contenu dans une fosse enterrée en béton armé.

Le choix du système de traitement est laissé à l'initiative de l'entrepreneur qui devra justifier son choix et fournir toutes les études nécessaires.

Données de base (exemple)

Population maximale : 700 personnes.

Occupation : logements.

Nature du réseau : séparatif.

Cote d'arrivée de l'effluent : — 1,0 m par rapport au niveau (0,00 = 53,20 N G F).

Cote de l'égout : — 2,0 m.

Nature du terrain : classe B du D T U n° 12.

Niveau de la nappe : — 3 m.

Surcharge sur la couverture : 500 daN/m^2.

Surcharge de terre : 50 cm minimale.

Courant force et lumière à proximité, en attente sur disjoncteur.

Eau en attente avec robinet d'arrêt.

L'entrepreneur déterminera et soumettra à l'approbation du Maître d'Œuvre les éléments suivants :
- volume moyen journalier : ....
- débit horaire correspondant : ....
- débit de pointe : ....
- nombre de vidanges annuelles : ....
- volume estimé des vidanges : ....
- puissance électrique nécessaire : ....
- débit d'eau nécessaire : .... ; pression minimale : ..
- consommation journalière d'énergie.

A prévoir au lot électricité :

Alimentation par câble enterré jusqu'à l'entrée de la station.

Pose d'un compteur dans un local commun du bâtiment le plus proche.

A prévoir au lot plomberie :

Amenée d'eau avec robinet de barrage à proximité immédiate du local.

Dossier technique :

Le dossier technique doit comprendre le plan d'ensemble des canalisations, leurs niveaux et sections, la coupe du terrain, les plans de sous-sol avec les chutes E U. Il doit indiquer l'emplacement disponible.

GENIE CIVIL

1. *Terrassement.* — Terrassement en pleine masse dans terrain ordinaire, compris blindages et évacuation des eaux d'infiltration.

2. *Evacuation des déblais.* — Les déblais en excédent après remblaiement seront évacués aux décharges publiques.

3. *Remblais.* — Après exécution de la fosse, remblai en terres saines soigneusement damées et dressées autour de la fosse, arasé à 30 cm sous le sol fini futur.

4. *Béton de propreté.* — Sur toute la surface de la fosse, compris les parties inclinées, béton de propreté de 5 cm d'épaisseur au dosage de 200 kg C L K, débordant de 5 cm les ouvrages en béton armé. Renforts d'épaisseur nécessaires pour former lest contre les sous-pressions d'eau.

5. *Béton armé.* — Exécution d'une cuve en béton armé, au dosage de 400 kg C P, coffrage ordinaire, comprenant un fond de 15 cm d'épaisseur, des parois tronconiques et une paroi verticale extérieure épaisseur 10 cm, une cuve cylindrique intérieure épaisseur 10 cm minimum et une dalle de couverture épaisseur 12 cm minimum avec poutres de raidissement. Regards de visite et d'aération arasés au niveau du sol fini futur.

Façon de trous rectangulaires dans la cuve intérieure ; ragréage soigné des parties intérieures.

Caniveau périphérique en béton armé avec forme de pente en béton maigre.

Passerelle de service en voile mince, épaisseur minimum 8 cm, avec dispositif d'accrochage des appareils et poteaux supports, coffrage ordinaire.

Armatures en acier doux et mi-dur soigneusement enrobées pour éviter l'oxydation.

6. *Enduits et chapes.* — Sur toutes les parois verticales extérieures vues, enduit au mortier de ciment dressé, arrêté à 10 cm sous le sol fini futur.

Sur la face intérieure de la fosse extérieure et dans le caniveau périphérique, enduit étanche avec gorges, dosage 600 kg avec addition d'hydrofuge.

7. *Tampons de visite et divers.* — Couverture de la passerelle de service par tôles striées soigneusement protégées contre l'oxydation (peinture bitumineuse en face inférieure, 2 couches ; peinture antirouille 3 couches sur le dessus). A une extrémité caillebotis galvanisé pour entrée d'air. Devant le tuyau d'arrivée, grille en fer rond de 16 mm, amovible, formant dégrillage.

Couverture du regard d'accès par tampon en fonte légère.

Façon de raccordement sur les tuyaux d'arrivée et de départ.

Echelle d'accès avec crosse en fer galvanisé.

8. *Chambre des machines.* — Couverture de la salle des machines par tampon fonte étanche.

Orifices de ventilation garnis d'une grille en métal inoxydable, placés dans un petit édicule en béton armé, coffrage soigné. Massifs divers pour les appareils en béton lissé.

9. *Peinture.* — Toute la fourniture métallique sera peinte à une couche de minium de plomb et deux couches de peinture antirouille, sur préparation soignée, épaisseur totale 120 microns minimum.

Toutes les pièces galvanisées recevront une couche de wash-primaire après dégraissage soigné et deux couches de peinture glycérophtalique insensible à l'eau.

EQUIPEMENT MECANIQUE ET ELECTRIQUE

Poste de dégrillage :

1 grille à barreaux fers plats du commerce, espacés de 2,5 cm,

2 vannes en tôle goudronnée de 20/10,

1 râteau.

Poste de surpression :

un compresseur rotatif type ...., de puissance nécessaire,

moteur électrique blindé,

un socle antivibratile,

un clapet antiretour,

un filtre antipoussière,

un silencieux,

les canalisations électriques de liaison sous tube acier,

une armoire électrique placée dans un local commun dans le plus proche des bâtiments avec :

un sectionneur général,

les coupe-circuits fusibles et protections magnéto-thermiques,

1 voltmètre et son commutateur,

1 ampèremètre,

2 lampes témoins de marche,

2 commutateurs à 3 positions : marche, arrêt, automatique,

1 borne de mise à la terre.

L'ensemble placé sur un tableau avec étiquettes de repérage ; armoires de protection en tôle laquée avec serrure 2 clés.

Equipement de traitement. — Une nourrice de distribution $\varnothing$ 150 en tôle galvanisée épaisse.

Piquage tous les 2,00 m d'une descente 33/42 comprenant :

les coudes de renvoi,
les raccords trois pièces de démontage,
une vanne réglage de débit,
une rampe de répartition des aérateurs,
un aérateur spécial.

Colliers à la demande.

Deux éjecteurs à air 50/60, avec alimentation air 33/42 et robinet de réglage.

Une vanne de vidange $\varnothing$ 80.

G 3. STATION A FILTRE BACTERIEN

1. *Principe*

L'installation se compose de :

— un traitement primaire par décantation dans le compartiment supérieur d'une fosse à deux étages,

— un traitement biologique par filtre bactérien à haut rendement et recirculation,

— un traitement des boues dans le compartiment inférieur de la fosse à deux étages.

L'ensemble est réparti dans les ouvrages suivants :

— une station de relevage et de recirculation avec dégrillage,

— une fosse à deux étages,

— un filtre bactérien,

— un décanteur secondaire,

— des lits de séchage des boues,

— une installation de chloration.

2. *Station de relevage*

Les eaux usées venant du collecteur sont admises dans

la station après avoir traversé une grille fixe à barreaux inclinés ; les détritus ainsi retenus sont évacués de la grille à l'aide d'un râteau à main et évacués aux décharges publiques.

Sous-sol en béton armé avec addition d'hydrofuge.

Superstructure en blocs creux de ciment.

Planchers en dalle pleine de béton armé.

Chape bouchardée sur les sols, chape étanche sur la toiture.

Enduit lissé étanche sur les parois de la bâche d'aspiration.

Echelles d'accès, garde-corps, porte métallique, chassis vitré avec ouvrant et quincaillerie selon plan.

Reprise par une pompe des eaux dégrillées ; plan d'eau maintenu constant par soupape à flotteur.

Equipement :

1 grille fixe à barreaux ronds, espacement 2,5 cm entre nus,

1 râteau de dégrillage,
1 vanne murale série légère $\varnothing$ 200 avec tringlerie,
1 clé à béquille,
1 soupape à flotteur $\varnothing$ 80 mm,

2 groupes électropompes capables de relever 20 m³/h à 7,00 m :

1 corps de pompe en fonte,
1 turbine à canaux, spéciale pour eaux chargées,
1 moteur électrique blindé, puissance 2 C V,
1 accouplement semi-élastique,
1 socle commun en fonte,
1 contacteur à flotteur assurant le démarrage automatique de la pompe en réserve en cas de défaillance de la pompe en service.

Canalisations d'aspiration et de refoulement des eaux en acier $\varnothing$ 80 mm.

2 vannes méplates fonte et bronze $\varnothing$ 80 mm,
1 piquage pour épuisement des eaux de lavage avec vannette et crépine à clapet,
3 contacteurs-disjoncteurs,
2 boîtes à bouton de commande,

Câblage électrique nécessaire entre les coffrets et les moteurs sous tube acier.

3. *Fosse à deux étages*

Les eaux provenant de la station de relevage sont envoyées à une extrémité de la fosse devant des déflecteurs qui assurent une amenée uniforme du liquide.

Les matières en suspension descendent lentement dans le fond en produisant des boues et des gaz qui sont évacués par une cheminée. Les eaux décantées se déversent dans un exutoire à l'opposé de l'alimentation.

Cuve en béton armé, revêtue d'un enduit au mortier gras additionné d'hydrofuge sur toutes les parois intérieures.

Forme de pente lissée dans le canal supérieur.

Enduit ordinaire sur toutes les faces vues non baignées.

Echelle et garde-corps en tube qualité chauffage 33/42.

Canalisation d'alimentation en acier $\varnothing$ 80 mm.

Déversoirs réglables avec système de fixation.

Glissières et vannette en tôle forte.

Canalisation de soutirage des boues digérées en acier $\varnothing$ 150 mm.

1 vanne méplate fonte et bronze $\varnothing$ 150 mm.

1 colonne de manœuvre avec tringlerie et volant.

1 brise-écume.

Canalisation de trop-plein et alimentation du filtre en acier $\varnothing$ 80.

4. *Filtre bactérien*

Distribution des eaux décantées sur le filtre à l'aide d'un tourniquet hydraulique.

Mur circulaire en blocs de ciment plein sur un radier en béton armé.

Calotte sphérique en béton armé, recouvert par une chape étanche en mortier ; lanterneau de ventilation au sommet.

Murettes rayonnantes en béton armé, posées sur le radier.

Entre ces murettes, forme de pente lissée vers canal périphérique.

Reposant sur ces murettes, à 20 cm au-dessus de la forme de pente, mais horizontales, dallettes perforées en béton armé.

Remplissage du filtre en laitier de haut-fourneau, calibre 60/80, placé à la fourche, les gros éléments à la partie inférieure.

Lavage soigné au jet avant mise en route de l'installation.

Equipement

1 distributeur rotatif complet débitant 20 m³/h comprenant :

1 tête d'alimentation,

2 bras d'alimentation,

2 bras de trop-plein et d'équilibrage,

Tendeurs, haubans, etc.,

1 piquage pour vidange du distributeur avec vannette $\varnothing$ 60,

1 électro-ventilateur hélicoïdal,

1 capot de protection du ventilateur,

Suspentes, alimentation électrique sous tube, etc.

5. *Décanteur secondaire*

Décanteur où se déposent les boues et d'où sort le liquide épuré, après avoir subi une chloration.

Cuve à fond pyramidal entièrement en béton armé, revêtue d'un enduit étanche lissé sur les faces intérieures.

Formes de pente nécessaires sur le canal d'évacuation.

Enduit au mortier bâtard sur les faces vues extérieures.

Couverture du puisard en dallettes amovibles de béton armé.

Canalisation plongeante pour recirculation.

Canalisation d'alimentation en acier $\varnothing$ 100.

1 cylindre de diffusion en tôle.

Poutrelles supports du cylindre en U P N.

Canalisation de recirculation acier $\varnothing$ 80 mm.

1 vanne méplate fonte et bronze $\varnothing$ 80 mm.

Déversoir réglable.

Installation de chloration composée de :

1 tourie en grès de 100 litres,

1 pompe doseuse de 8 litres/heure.

Canalisation en chlorure de polyvinyle pour injection de la solution chlorée.

Les liaisons électriques nécessaires sous tube.

6. *Lit de séchage*

Lits de séchage des boues constitués par des murettes en béton armé en té renversé ; enduit lissé au mortier gras avec gorges de raccordement, espacement 1,00 m.

Drain axial $\varnothing$ 10 posé dans l'axe entre les murettes dans une tranchée remplie de cailloux.

Tous ces drains raccordés à un collecteur $\varnothing$ 15 cm ramené dans la station de relevage.

Remplissage constitué par une couche de gravier et de mâchefer.

Canalisation des lits en tube acier $\varnothing$ 150 (alimentation).

Vannettes en bois et glissières tôle à une extrémité.

G 4. PUITS FILTRANT

Puits filtrant réglementaire constitué par :

— la fouille en puits de la profondeur nécessaire, compris toutes mesures de sécurité et évacuation des terres,

— un puits en anneaux de béton préfabriqués composé de buses pleines en partie haute et de buses perforées en partie basse ; joints au mortier gras soigneusement arasés,

— couverture par dalle en béton armé avec feuillure et tampon de visite en béton muni d'une poignée de levage encastrée,

— sous le tuyau d'arrivée, couche de sable propre de 15 cm d'épaisseur,

— en dessous, remplissage en gros cailloux de 6 à 11 cm, dans la hauteur des buses perforées.

Emplacement :

Voir plans.

PRESCRIPTIONS TECHNIQUES PARTICULIERES

1. *Conformité aux Normes et Règlements*

Les travaux, mises en œuvre et essais seront effectués conformément aux règlements, arrêtés et lois en vigueur un mois au moins avant dépôt de la soumission et en particulier :

— aux Documents Techniques Unifiés de terrassements, fondations, maçonnerie et béton armé, électricité, plomberie, etc.,

— aux lois, décrets et arrêtés du Ministère de la Santé Publique,

— au Règlement sanitaire local, départemental ou général selon le cas.

2. *Matériaux et matériels*

Les agrégats et constituants des mortiers et bétons seront conformes à leurs normes respectives.

Les liants utilisés devront être choisis dans une catégorie résistante aux eaux polluées et aux eaux-vannes.

Tout le matériel électrique sera antidéflagrant.

Toutes les pièces métalliques recevront une protection soignée contre la corrosion et les attaques des eaux-vannes.

3. *Démarches administratives*

L'entrepreneur effectuera toutes les démarches administratives nécessaires auprès des divers services et fournira les dossiers demandés. Il apportera son assistance technique au Maître d'Ouvrage.

Il effectuera également **tous les essais et analyses** et exécutera toutes les modifications demandées par les Services de l'Hygiène.

4. *Mise en œuvre*

Les éléments en béton armé seront mis en œuvre conformément à leurs réglementations respectives. Les équipements divers seront mis en place sous la responsabilité de l'entrepreneur.

S'il existe une nappe d'eau, il sera vérifié que la cuve ne peut dans le cas le plus défavorable se soulever, sous l'effet des sous-pressions sinon elle sera lestée en conséquence.

L'étanchéité devra être parfaite afin de ne pas polluer le milieu environnant.

L'entrepreneur fournira toutes les notes de calcul justificatives, détails de béton armé, puissance électrique et débit d'eau nécessaires, etc.

5. *Réception*

La réception des travaux ne sera accordée que si la station est en parfait état de marche.

Il ne devra être perçu ni odeurs, ni bruits aux alentours de la fosse.

Les analyses de l'effluent seront effectuées aux frais de l'entrepreneur.

6. *Dossier de récolement*

L'entrepreneur devra remettre au Maître d'Œuvre, un mois au plus après la réception des travaux, un dossier complet en deux exemplaires, comprenant :

— le schéma des installations,

— les plans complets de béton armé et des installations mécaniques,

— les schémas électriques,

— les notices des caractéristiques des appareils,

— les consignes d'entretien,

— les adresses des fournisseurs de pièces de rechange.

7. *Mise en route - Entretien*

La station sera mise en route par les techniciens spécialistes de l'entrepreneur ; ils instruiront le personnel d'entretien et lui donneront les consignes écrites nécessaires.

Des visites périodiques seront effectuées ensuite pendant l'année de garantie, avec essais de fonctionnement et remises en état nécessaires.

L'entrepreneur joindra à sa proposition un projet de contrat d'entretien et un bilan d'exploitation annuel.

Observation :

Les systèmes d'épuration sont nombreux à l'heure actuelle. Il est donc préférable de recourir au concours en précisant seulement les données de base : nombre d'usagers, qualité de l'affluent, niveaux d'arrivée et de sortie.

CHAPITRE XV

VOIRIE
(fiches H)

H 1. CONSISTANCE DU FORFAIT

Les travaux dus par l'entrepreneur comprennent d'une manière générale :

— les démarches administratives,

— les installations provisoires pour son chantier,

— l'amenée et le repli du matériel,

— le piquetage et l'établissement des profils,

— la desserte provisoire des immeubles riverains si nécessaire,

— le nettoyage du terrain sur la largeur d'emprise,

— les terrassements nécessaires en remblai ou déblai,

— la pose des fourreaux divers,

— l'exécution des voies, d'épaisseur nécessaire, le drainage de ces voies,

— le raccordement à la voie publique,

— les réfections des chaussées endommagées,

— les essais demandés par le Maître d'Œuvre,

— la réparation des dégâts causés aux tiers ou par les intempéries,

— les plans de récolement.

Hors forfait

— les ouvrages d'évacuation d'eau,

— la part de l'entrepreneur dans le compte prorata,

— les démolitions de maçonneries inconnues,

— l'entretien pendant l'exécution des travaux du bâtiment.

H 2. PHASES DES TRAVAUX

Les travaux seront exécutés en deux phases séparées, ce que l'entrepreneur s'engage à accepter :

1re phase (avant intervention de l'entreprise de gros-œuvre)

— l'ensemble des travaux de terrassement et mise à niveau,

— les travaux d'assainissement, canalisations et ouvrages enterrés,

— les formes des chaussées, avec calage nécessaire.

2e phase (après intervention de l'entreprise de gros-œuvre)

— le reprofilage des chaussées et les bordures,

— le revêtement définitif des chaussées,

— la finition des travaux d'assainissement.

Les chaussées établies en première phase seront utilisées par les autres entreprises pendant la construction du bâtiment. L'entretien en incombera à l'entreprise de gros-œuvre. En cas de défaillance, le Maître d'Œuvre fera appel à l'entreprise titulaire du présent lot.

Un procès-verbal sanctionnera la prise en charge des voiries dans chacune des phases.

Les chaussées étant exécutées en deux phases, il sera prévu les ouvrages confortatifs nécessaires : calage des bords de chaussée, enduit superficiel provisoire, bouches d'engouffrement, bouchement et repérage des pièces en attente, etc.

H 3. LIVRAISON DU TERRAIN - NATURE DU TERRAIN

L'entrepreneur prendra possession du terrain dans l'état où il se trouve. Il devra faire toutes les réserves qu'il juge utiles à ce moment et les soumettre au Maître d'Œuvre pour arbitrage. Après cette prise de possession, aucune réclamation ne sera admise.

L'entrepreneur devra examiner le terrain avant remise de sa soumission et tenir compte de toutes les sujétions visibles ou prévisibles.

Le rapport des sondages exécutés est annexé au présent

dossier et l'entrepreneur doit en tirer les conclusions nécessaires.

Le niveau de la nappe phréatique figure sur ce rapport.

L'entrepreneur doit examiner les plans qui lui seront remis, calculer ses mouvements de terre et prévoir éventuellement les apports de terre extérieurs. Aucune plus-value ne sera accordée en cas d'erreur, oubli ou négligence.

H 4. SURCHARGES - SOL

Les chaussées sont destinées uniquement au garage et à la circulation lente des voitures de tourisme avec exceptionnellement passage d'un véhicule lourd de 13 t (trafic classe C).

L'indice de qualité du support est supposé égal à 2 sous réserve de conditions favorables (temps sec et chaud).

H 5. EPAISSEUR DES CHAUSSEES

Il est préconisé dans la suite une composition et une épaisseur fonction de la nature présumée du terrain et des surcharges.

L'entrepreneur doit répondre à cette composition dans sa proposition de base, mais peut soumettre en variante toute composition qu'il estimerait répondre mieux au problème posé, compte tenu des matériaux et du matériel dont il dispose, ainsi que du terrain défini par les sondages.

Base du dimensionnement (Exemple)

Sol : sable limoneux, épaisseur 40 à 120 cm, marnes et caillasses avec moins de 35 % de fines.

Période d'exécution : début automne.

Indice de qualité du sol : 2 (réglable, compactable mais déformable).

Nature des chaussées : route de desserte, indice « C ».

H 6. IMPLANTATION DES CHAUSSEES

L'implantation des axes des chaussées sera effectuée sous le contrôle du Maître d'Œuvre et en présence de l'entrepreneur, qui sera chargé d'achever les opérations de piquetage et de placer les piquets.

Un procès-verbal sera établi et signé par l'entrepreneur qui devra vérifier les implantations et les cotes de nivellement indiquées sur les plans. Toute erreur d'implantation sera rectifiée par l'entrepreneur à ses frais, même si les travaux sont déjà exécutés ou en cours.

L'entrepreneur devra avoir sur le chantier les instruments nécessaires à l'implantation ; il sera responsable de la conservation des repères.

H 7. TRAVAUX PREPARATOIRES POUR CHAUSSEES

Implantation selon plans par un géomètre agréé, avec vérification par le Maître d'Œuvre.

Terrassements pour mise au profil en déblais ; dressement et réglage.

Remblai en matériaux graveleux par couche de 20 cm au plus, avec façon de talus latéraux.

Enlèvement des excédents aux décharges publiques.

Compactage à refus au rouleau de 10 t avec vérification de l'indice Proctor modifié qui doit être au moins égal à 90 % de l'indice optimum sur 1,00 m dans le cas de remblais et 20 cm dans le cas de déblais.

Reprise des flaches en déchets de carrière.

Façon de pente.

Réglage des fonds de fouille.

H 7 bis. RENFORCEMENT DE LA PORTANCE

Dans le cas de terrain détrempé et après essais de laboratoire renforcement de la portance sur ordre du Maître d'Œuvre par :

Solution A :
* Terrassement sur 35 cm supplémentaires environ de profondeur, terrres enlevées aux décharges.
* Une couche de sable 0/10, épaisseur 20 à 40 cm dressée.

Solution B :
* Stabilisation à la chaux, au ciment ou avec mélange des deux, épaisseur 30 cm.

Essais à la charge de l'entrepreneur.

H 8. FOURREAUX SOUS CHAUSSEE

— Terrassements nécessaires, terres enlevées aux décharges publiques.

— Lit de sable de 10 cm d'épaisseur.

— Mise en place de fourreaux en tuyaux d'amiante-ciment, série bâtiment, débordant de 50 cm l'emprise de la chaussée ; jointoiement par anneaux en élastomère ; soigneusement alignés.

— Profondeur minimum : 80 cm entre le dessus des fourreaux et le dessus de la chaussée.

— Remblai en sablon.

— A 40 cm au-dessus des tuyaux ; grillage de signalisation en métal galvanisé ; simple torsion maille de 4 cm.

— Repérage des fourreaux en attente par un piquet scellé dans un massif en plâtre avec repère reporté sur un plan de récolement.

— Obturation des fourreaux en attente par bouchon en plâtre et mise en place d'une aiguille en fil de fer galvanisé.

— Enrobage des fourreaux en béton maigre dosé à 200 kg C L K ; épaisseur 20 cm autour des tuyaux lorsque la génératrice supérieure sera à moins de 80 cm du dessus de la chaussée.

Emplacement :

Voir diamètres et emplacement sur plans.

Distribution eau, électricité et gaz entre les divers bâtiments.

Observations

Dans le cas où les fourreaux seraient mis en place avant la fondation de la chaussée, ils seront enrobés de béton comme ci-dessus pour ne pas être détériorés par le passage des engins ; mais, dans ce cas, cette prestation est incluse dans le prix forfaitaire de la chaussée.

H 9. CHAUSSEE PRINCIPALE

Chaussée exécutée en deux phases :

1re phase :

Compactage du sol et nivellement.

Couche de sable propre, dressée et compactée, épaisseur 15 cm (ou feutre géotextile épais 350 g/m²).

Couche de grave tout-venant 0/20, dressée et compactée en une seule couche, épaisseur 20 cm (densité sèche supérieure ou égale à 95 % optimum Proctor).

Couche de grave stabilisée 0/20, dosage 120 kg C L K/m³, compactée et dressée, épaisseur 15 cm (densité sèche supérieure ou égale à 100 % de l'optimum Proctor).

Couche d'émulsion de bitume à raison de 1,2 kg/m², suivie d'un sablage de 3,5 l/m² de sable 0/2,5.

Blocage des rives selon système à soumettre au Maître d'Œuvre.

2ᵉ phase :

Nettoyage, reprofilage et réfection des flaches.

Couche d'émulsion de bitume gravillonné (3 litres d'émulsion acide et 20 litres de petits gravillons au m²).

Revêtement bitumineux monocouche, épaisseur 4 cm (gravillon de porphyre, sable de concassage, chaux et bitume 180/220 selon formulation à soumettre) ; compactage au rouleau lisse (compacité au moins égale à celle trouvée lors de l'essai L C P C).

Emplacement :

Chaussées principales.

Parc pour véhicules de tous tonnages.

H 10. CHAUSSEE PRINCIPALE (variante)

Chaussée exécutée en deux phases :

1ʳᵉ phase :

— Compactage du sol et dressement :

— couche de sable de carrière 0/0,5, propre, exempt de terre ou d'argile, équivalent de sable supérieur à 25, indice de plasticité inférieur à 6. Epaisseur 10 cm. Compacté à 95 % de l'indice Proctor ;

— couche de grave alluvionnaire siliceuse ou silico-calcaire 0/60, non gélive, compactée en deux couches de 15 cm,

— couche d'accrochage à l'émulsion de bitume 80/100,

— couche de grave-bitume, épaisseur 7 cm.

2ᵉ phase :

— Nettoyage, reprofilage et réfection.

— Couche d'accrochage à l'émulsion de bitume.

— béton bitumineux monocouche, épaisseur 3 cm, type 0/10, semi-grenu ou similaire, compacté au rouleau à pneus.

Emplacement :

Variante au poste précédent.

CHAUSSEE PRINCIPALE (variante)

Chaussée constituée par :

– une couche de sable de 10 cm (cas des terrains argileux), ou un feutre géotextile

– une couche de grave-ciment 0/20, avec 3,8 % de CPJ 45 ; épaisseur 28 cm ; compactée au cylindre vibrant lourd ; couche de cure en fin de journée par 0,9 kg/m² d'émulsion cationique gravillonnée,

– un cloutage à raison de 10 litres/m² de gravillons 10/14,

– un enduit bicouche avec en première couche 10 l/m² de gravillon 6/10, en deuxième couche 5 litres/m² de gravillon 2/4 avec émulsion de bitume.

Ensemble compacté au cylindre à pneu.

H 11. CHAUSSEE SOUPLE POUR FAIBLE CIRCULATION

Chaussée exécutée en une seule phase comprenant :

– une couche de grave non-traitée 0/20, épaisseur 35 cm compactée en deux couches au cylindre vibrant lourd.

– un cloutage cylindré en gravillon 10/14 (7 litres/m²),

– un enduit superficiel bi-couche, couleur grise (2 couches de bitume fluidifié et 2 couches de gravillon : 2,5 kg de 6/10 et 2 kg de 2/4 au m²), compacté au cylindre à pneu.

Emplacement :

Parking pour voitures de tourisme.

Voie pompiers.

H 12. PARC DE STATIONNEMENT POUR VOITURES DE TOURISME

Chaussée constituée par :

– un feutre géotextile 350 gr/m² (cas des terrains argileux),

– une couche de grave non-traitée 0/20, épaisseur 25 cm en deux couches compactées à 95 % de l'O.P.M.,

– une émulsion de bitume à raison de 300 gr/m²,

– une couche de béton bitumineux 0/10 réalisée en deux passes et compactée au rouleau à pneu ; compacité LCPC supérieure à 91 %, épaisseur 4 cm.

variante : — 15 cm de grave-ciment,

— · 4 cm de béton bitumineux.

Emplacement :

Parc à voitures légères, selon plan.

H 13. PARC GAZONNE POUR VOITURES

Aire constituée par :

Enlèvement de la terre végétale sur 10 cm et dressement.

Couche de sable tout-venant de 2 cm, dressée.

Pose à sec de dalles alvéolaires, modèles à proposer, en béton préfabriqué, épaisseur 8 cm ; réglage soigné de niveau.

Remplissage des alvéoles en terre végétale émottée et non tassée.

Arrosage à refus pour tasser la terre.

Semis de gazon effectué par le lot Espaces Verts.

Emplacement :

Parc pour voitures de tourisme.

Variante - Cas des véhicules lourds

Décapage soigné du terrain sur 35 cm moyen et compactage.

Forme en sable argileux compacté ou grave, épaisseur 15/20 cm.

Couche de sable de 2 cm.

Pose des dalles.

Observation :

Un sable argileux ou limoneux est acceptable.

H 14. AIRE EN SOL-CIMENT

Analyse en laboratoire pour indiquer la nature et le dosage du liant, la teneur en eau optimale et le degré de compactage.

Nettoyage soigné de la plate-forme et élimination des cailloux :
— pulvérisation du sol au rouleau pieds de mouton,
— épandage de liant hydraulique, chaux ou ciment,
— malaxage mécanique,
— compactage léger,
— répandage d'eau en fine pulvérisation pour obtenir la teneur optimale,

— malaxage final,

— mise en forme à la niveleuse,

— finition au compacteur à pneus,

— répandage d'une émulsion acide de bitume, suivi d'un gravillonnage.

Emplacement :

Aire de stockage.

Aire de stationnement.

Sous-couche pour chaussée lourde.

Voie de desserte intérieure.

H 15. CHAUSSEE RIGIDE LEGERE

Chaussée légère constituée par :

— une couche de laitier granulé, épaisseur 10 cm,

— une dalle en béton de gravillon, dosage 350 kg C L K, consistance plastique épaisseur 12 cm ; dessus brossé pour faire apparaître l'aggrégat,

— joints tous les 5 m à mi-épaisseur, remplis de bitume **tiré au fer.**

Emplacement :

Voie « Pompiers ».

Accès aux parcs à voitures.

H 16. CHAUSSEE EN BETON

Chaussée constituée par :

— compactage du sol et dressement,

— un feutre géotextile,

— grave tout-venant 0,08/40, silico-calcaire, non gélive, épaisseur 15 cm, compactée au rouleau à pneus ; largement débordante de la dalle,

— une dalle en béton de gravillon, épaisseur 18 cm minimum, dosage 350 kg C P 45, avec entraîneur d'air ; surface traitée pour être antidérapante,

— joints transversaux, exécutés par sciage, tous les 5 m, remplis de produit souple,

— joints de dilatation, avec goujons de renforts tous les 30 m ; largeur 2 cm, remplis de produit agréé.

Emplacement :

Voir plans.

H 17. AIRE POUR SEMI-REMORQUES

Remplacement de la couche de grave-ciment et du revêtement superficiel par une dalle en béton de gravillon, dosage 350 kg C P classe 45, dessus taloché et dressé anti-dérapant.

Joints sciés tous les 5 m dans les deux sens remplis en mastic élastomère insensible aux hydrocarbures.

Emplacement :

Aires encastrées dans les chaussées au droit des emplacements de stationnement des semi-remorques.

H 18. CHAUSSEE EN PAVES DE BETON

Chaussée pour toute circulation constituée par :

— décapage du terrain sur 50 cm environ, dressement et compactage,

— couche de sable anticontaminante, épaisseur 10 cm, compactée et dressée avec pentes transversales,

— couche de fondation en tout-venant, épaisseur 30 cm, compactée en deux couches,

— couche de 3 cm de sable fin, réglée et dressée avec pentes nécessaires,

— pose de pavés en béton, épaisseur 8 cm, modèle à proposer, joints de 3 à 5 mm laissés vides ; compactage avec engins selon indications du fournisseur ; façon de dessins avec deux couleurs,

— garnissage des joints au sable fin lavé, balayage et compactage,

— banquettes rechargées en tout-venant pour bloquer le revêtement fini dans le cas où il n'y a pas de bordures.

Emplacement :

Cour d'usine.

Parc pour véhicules lourds et semi-remorques.

H 19. PARC A VOITURES EN PAVES AUTOBLOQUANTS

— Fondation par couche de 15 cm de tout-venant compacté.

— Couche de sable de rivière de 4 cm, soigneusement nivelée.

— Chaussée en pavés autobloquants en béton vibré, épaisseur 6 cm, catégorie pour circulation voitures de tourisme.

— Type à soumettre mais conforme au Cahier des Charges Syndical.

— Coloris au choix du Maître d'Œuvre dans la gamme du fournisseur.

— Rives par pavés spéciaux ou découpes.

— Pose à sec, type normale, des pavés ; garnissage des joints au sable fin et sec.

— Compactage léger à la dame vibrante.

— Limitation sur la chaussée par longrine en béton, dosage 400 kg C P, dessus taloché ;

Emplacement :
— Parcs à voitures de tourisme.

H 20. DRAINAGE SOUS CHAUSSEE

Drainage de chaussée constitué par :

— fouille en tranchée soigneusement dressée,

— lit de sable fin de 5 cm dressé et compacté,

— pose d'un drain en tuyau de P V C strié et perforé, joints collés, entouré d'un voile de verre,

— enrobage sur les côtés et sur 15 cm au-dessus en gravillons 5/15,

— enlèvement des excédents aux décharges publiques,

— diamètres à déterminer par l'entrepreneur.

Emplacement :

— Dans l'axe de la chaussée.

— Sur une rive de la chaussée (ou les deux).

H 21. BORDURE DE TROTTOIR AVEC CANIVEAU A CABLES ELECTRIQUES

Bordure de trottoir en éléments préfabriqués de béton comportant :

— une face vue formant bordure en béton d'usure,

— un corps avec deux alvéoles pour logement des câbles,

— une dallette de couverture en béton armé.

Pose à bain de mortier sur la fondation de la chaussée par éléments de 1,00 m au plus ; liaison par goujons en acier de 20 mm ; joints entre éléments remplis de mortier gras tiré au fer.

Après mise en place des câbles électriques, remplissage des alvéoles en sable fin.

Pièces spéciales pour les arrondis, les branchements, les bouches d'égout et les entrées charretières.

Trous réservés pour sortie des câbles.

Emplacement :

Bordures des chaussées principales pour les câbles E D F, P T T.

H 22. BORDURES DE CHAUSSEE COURANTE

Sur la fondation de la chaussée :

— semelle en béton de gravillon au dosage de 250 kg C L K 35, épaisseur 10 cm, dessus taloché.

— pose de bordures Ponts et Chaussées, type T 2, classe 1, au mortier moyen avec solin de calage ; le ragréage est interdit,

— rejointement au fer au mortier gras, soigneusement arasé ; joints tous les 10 m environ, garnis de produits bitumineux,

Emplacement :

Bordure de la chaussée principale sauf au droit de parkings.

H 23. CANIVEAU

Chaussée bordée en partie basse par un caniveau de collecte des eaux.

Caniveau constitué par :

— une semelle en béton de gravillon reposant sur la fondation de la chaussée, épaisseur 10 cm avec patin arrière de soutien de la bordure,

— une bordure préfabriquée en béton moulé, modèle normalisé, par éléments de 1 m ; jointoiement au mortier gras tiré au fer,

— un élément de caniveau coulé en place en béton de gravillon dosé à 400 kg C P 35, dessus lissé, avec façon de pente, épaisseur moyenne 20 cm, formant fil d'eau ; joints tous les 10 m au plus remplis de bitume tiré au fer.

Variante :

Elément en béton moulé pour la bordure et le caniveau posé à bain de mortier sur semelle d° ci-dessus.

H 24. BORDURE FRANCHISSABLE

Bordure de même conception que poste précédent mais profil type A 2.

Emplacement :

Bordures entre chaussée principale et parkings.

H 25. FIL D'EAU

— Fil d'eau en éléments préfabriqués type C 2, normalisés, posés à bain de mortier moyen, joints entre éléments en mortier gras tiré au fer.

— Façon de pente longitudinale vers les entrées d'eau.

— Découpe au droit des grilles d'entrée d'eau.

Emplacement :

— Entre la chaussée principale et les surfaces de parking.

H 26. BORDURE SECONDAIRE

Fondation en béton de gravillon, dosage 250 kg C L K 35, épaisseur 10 cm.

Bordurette en béton moulé, type P 2, classe 1, pose au mortier moyen, rejointoyée au mortier gras avec patin de calage.

Blocage en terre pilonnée.

Emplacement :

Des deux côtés de l'allée gravillonnée « passage pompiers ».

H 27. ENTOURAGE D'ARBRE DANS LES PARKINGS

Buses préfabriquées en béton, posées verticalement sur forme en sable de carrière et réglées de façon que la partie supérieure règne au même nu que celle des bordures de parkings.

Après plantation des arbres dans les parkings, le trou sera remblayé en terre végétale jusqu'à 5 cm sous le sol fini ; finition du remblai en gravillon de rivière ton blanc, soigneusement dressé, arasé à 1 cm sous le sol fini.

H 28. GRILLES D'ARBRES EN BETON

Grille d'arbre en béton moulé, forme circulaire avec perforations, diamètre extérieur 1,50 m ; diamètre du trou intérieur 60 cm ; pose dans anneau béton avec feuillure scellée dans le revêtement en accord avec l'entrepreneur de voirie.

Emplacement :

Grilles posées autour des arbres dans les trottoirs, aires de jeux, parkings.

H 29. CONDAMNATION DE CHAUSSEE

Condamnation par barrage amovible constitué par :

— une barrière en tube ; une traverse horizontale et deux montants en tube 40 × 49 avec arrondis ; une traverse intermédiaire d°,

— montants pénétrant dans des manchons en tube galvanisé, de 30 cm scellés dans un massif en béton de gravillon 30 × 30 cm sur 40 cm de hauteur ; dessus arasé au nu de la chaussée,

— sur la barrière, plaque en tôle émaillée jaune avec inscription rouge « Interdit aux véhicules »,

— peinture de l'ensemble à deux couches de peinture antirouille rouge.

Emplacement :

Entrée des voies *Pompiers*.

H 30. BORNES

Bornes en béton constituées par :

— un massif de fondation en béton, dosage 350 kg, encastré dans la chaussée,

— une borne circulaire en béton moulé, diamètre 50 cm, hauteur 40 cm sur pied $\emptyset$ 40, hauteur 10 cm, finition soignée, arêtes abattues.

Emplacement :

Voir plans. Protection des entrées.

Variante :

Borne constituée par :

● un pivot en acier scellé dans massif béton,

● une borne de forme conique en fonte, peinte à une couche de peinture bitumineuse.

H 31. BANDES BLANCHES

— Fourniture et pose de bandes routières blanches réglementaires à coller ; compris implantation et tracé ; brossage et nettoyage de la surface ; collage avec un adhésif insensible à la chaleur et à l'humidité.

Emplacement :

— délimitation des emplacements de voitures, latéralement et longitudinalement,

— passages de piétons (bandes transversales),

— flèches directionnelles à raison de une à tous les changements de direction.

Variante - Peinture :

— brossage, nettoyage,

— une couche de peinture routière, couleur blanche, agréée Ponts et Chaussées, passée sous forme de bande continue de 10 cm de largeur.

H 32. BATEAU D'ENTREE

Exécution, selon les indications des Services de Voirie, de bateau d'entrée comprenant :

— dépose des bordures en place et démolition de la fondation,

— rigole de fondation en béton de gravillon et repose des bordures au nouveau niveau avec jointoiement au mortier gras,

— démolition du trottoir et évacuation des gravats,

— forme en béton de gravillon, dosage 350 kg C L K 35, épaisseur 15 cm, dessus dressé et réglé,

— couche d'asphalte porphyré, épaisseur 40 mm, coulé sur un papier kraft, finition en quadrillage.

Réfection du caniveau.

Emplacement :

Au débouché de la propriété sur la voie publique, entre la limite de propriété et le fil d'eau de la rue.

H 33. BATEAU PAVE

Exécution, selon directives des Services municipaux, d'un bateau pavé comprenant :
— démontage et abaissement des bordures,
— forme en béton de 10 cm,
— couche de sable de 2 cm,
— pose de pavés de petit échantillon avec façon de pente,
— remplissage des joints au mortier,
— réfection du caniveau de la rue en asphalte,
— compris paiement des droits de voirie.

Emplacement :

D° ci-dessus.

H 34. BATEAU D'ENTREE (variante)

L'exécution du bateau d'entrée ne fait pas partie du présent forfait. L'entrepreneur devra s'entendre avec le service concessionnaire pour le raccordement.

H 35. PLAQUE INDICATRICE

— Massif en béton de gravillon de dimensions nécessaires ; dessus lissé en pointe de diamant.

— Scellement d'un tube de fer noir de 60 mm de diamètre extérieur, hauteur 2,20 m hors sol ; partie supérieure obturée par pastille soudée.

— Plaque indicatrice en tôle émaillée, fixée sur le poteau au moyen de fers plats et boulons.

Emplacement :

— Un poteau avec quatre plaques indicatrices placé au carrefour de la nouvelle chaussée et de l'ancienne.

H 36. ENTRETIEN DE LA VOIRIE ET DES RESEAUX

Au démarrage des travaux du bâtiment, il sera établi un constat contradictoire de l'état des voiries et des canalisations.

L'entretien de la voirie et des canalisations incombera, à partir de cette date, à l'entrepreneur de gros-œuvre. En cas de défaillance de ce dernier, l'entrepreneur de V R D devra procéder à cet entretien, aux frais de l'entrepreneur défaillant, mais sur injonction du Maître d'Œuvre. Il devra fournir un catalogue de prix de bordereau pour ce cas particulier.

H 37. NETTOYAGE

Nettoyage du chantier avant départ des lieux, comprenant :

— décrottage des chaussées,

— nettoyage et curage des canalisations (compris essais),

— mise en place de tampons provisoires sur les regards,

— bouchement des canalisations en attente par tampon plâtre ou similaire,

— balayage et enlèvement des gravats,

— enlèvement de tous les appareils, matériaux ou matériels inutilisés ou inutilisables,

— d'une manière générale, livraison d'un chantier propre aux entrepreneurs suivants,

— en cas de manque, le nettoyage sera effectué par l'entrepreneur prenant possession des lieux, aux frais du présent entrepreneur.

PRESCRIPTIONS TECHNIQUES PARTICULIERES

1. Conformité aux normes et règlements

D'une façon générale, l'exécution des travaux et conditions de réception seront conformes à tous les règlements officiels parus un mois au moins avant la remise de la soumission :

— prescriptions des Cahiers des Charges du C S T B et en particulier D T U n°ˢ 12 et 13 : (Travaux de terrassement et Cahier des Clauses Spéciales),

— dispositions des Normes Françaises,

— Cahiers des Prescriptions Communes applicables aux marchés des travaux publics de l'Etat relatifs aux ouvrages du présent lot (fascicule n° 2 : Terrassements généraux — n° 70 : Assainissement, etc.), directives du SETRA.

2. Matériaux pour chaussées

Les matériaux pour chaussée (grave, ciment, laitier, matériaux bitumeux) sont définis dans les directives du S E T R A (C T mai 1971). Il y aura un contrôle sur les matériaux par 500 m³ utilisés.

Exécution des chaussées. — Les travaux comprennent la confection des encaissements et le compactage du fond de forme. On se reportera pour les modalités d'exécution aux directives du S E T R A (mars 1969, février 1972) et au Cahier des Charges C. C. T. G. et C. P. C. T.

Les essais de contrôle seront réalisés suivant les modes définis par le L C P C.

Tolérances d'exécution des chaussées. — Tolérances par rapport aux niveaux théoriques :

— couches de fondation : 2 cm en plus ou en moins,

— couches de base : 1 cm,

— couches de roulement : 1 cm,

— flache sous règle de 3,00 m :

      1 cm pour les couches de base,

      5 mm pour la couche de roulement.

Au-delà, la zone concernée sera refaite.

Il ne sera compté aucune plus-value pour surépaisseur ou surlargeur éventuelle dues à l'imprécision des fouilles ou aux erreurs de dimensionnement.

— *Liaisons avec les autres corps d'état.* — L'entrepreneur doit se mettre en rapport avec l'entrepreneur chargé des travaux de gros œuvre, afin de coordonner ses travaux avec les siens, suivant un planning qui sera déterminé en commun avec le Maître d'Œuvre.

Il doit également prendre contact avec les entrepreneurs chargés de la distribution des fluides, éclairage extérieur, arrosage, distribution d'eau, chauffage urbain, etc.

Accès au chantier. — Pendant la durée du chantier, l'entrepreneur doit prendre toutes les mesures nécessaires pour éviter de salir la voirie publique. Il sera entièrement responsable en cas d'accident causé de ce fait à des tiers par sa négligence.

Il devra obligatoirement prévoir un poste de lavage des roues des camions.

De toute façon, il devra faire le nettoyage des voiries qu'il utilise à proximité du chantier.

Il devra également les travaux de réfection de voirie qui pourraient lui être imputés.

Il doit prendre toutes dispositions nécessaires en accord avec les Services de Police, pour ne pas perturber la circulation.

Maintien des servitudes. — Les communications et les écoulements d'eau existant antérieurement à l'ouverture du chantier doivent être assurées sans interruption. L'entrepreneur doit tous les ouvrages provisoires nécessaires. Les canalisations existantes, gênantes, seront protégées ou détournées.

Rencontre d'excavation. — Dans le cas où il serait rencontré des excavations sur le passage des canalisations ou des chaussées, il sera pris toutes dispositions pour créer un appui solide : remblai sans tassement, massif en maçonnerie, etc.

Dossier de récolement. — L'entrepreneur fournira un dossier de récolement sur reproductible soigneusement mis à jour un mois au plus tard après la réception des travaux ; toutes les canalisations enterrées seront soigneusement repérées en utilisant les symboles indiqués au fascicule 70 (annexe n° 2).

Utilisation provisoire des chaussées. — Les chaussées établies en première phase seront utilisées par les entreprises de construction des bâtiments pour leurs transports.

L'entretien sera à la charge de l'entreprise de gros œuvre ; en cas de défaillance, le Maître d'Œuvre fera appel à l'entreprise du lot Voirie. Un procès-verbal sanctionnera la prise en charge des chaussées provisoires par le gros œuvre ; un autre sera établi lors de la remise des chaussées à l'entreprise de Voirie pour terminaison des travaux. Le Maître d'Œuvre arbitrera les conflits, sans appel.

Plans et notes de calcul. — L'entrepreneur déterminera, sous sa responsabilité, les sections de canalisations d'évacuation, les épaisseurs de chaussées, les dimensions des ouvrages de soutènement, etc.

Il est bien précisé que les dimensions figurant sur les plans et descriptifs d'avant-projet, ne sont données qu'à titre indicatif ; l'entrepreneur devra y apporter toutes les modifications qu'il jugera nécessaires et les soumettre à l'accord du Maître d'Œuvre.

Solution variante. — L'entrepreneur pourra proposer au Maître d'Œuvre toute solution variante de son choix, sous réserve qu'elle apporte, soit une amélioration technique pour un prix égal à la solution de base, soit une réduction de prix pour une qualité égale.

Si la solution proposée est susceptible d'avoir une incidence sur les travaux des autres lots, l'entrepreneur devra s'engager à prendre à sa charge tous les frais supplémentaires pouvant en résulter.

CHAPITRE XVI

ALLÉES DE PIÉTONS ET AIRES PIÉTONNIÈRES
(fiches I)

Consistance du forfait

Les travaux comprennent d'une manière générale :

Piquetage et établissement des profils.

Nettoyage du terrain sur la largeur d'emprise.

Terrassements nécessaires.

Fourniture de tous matériaux et matériels nécessaires, compris transport et manutentions diverses,

Exécution des chemins de piétons compris escaliers de raccordement, rampes, bordures, fil d'eau, etc.

Remise en état à la réception des travaux.

Non compris au forfait

Ouvrage d'évacuation des eaux.

Part de l'entrepreneur dans le compte prorata.

Frais de contrôle technique.

I 1. ALLEES LEGERES

Après décapage de la terre végétale, remblais nécessaires en bonne terre pilonnée et compactée.

Une couche de sable gros (mélange sable et gravier), épaisseur 5 cm, cylindrée au rouleau à main.

Variante :

Allée constituée par un mélange de terre en place, de sablon et de mâchefer fin, épaisseur 10 cm.

Ensemble compacté et dressé.

Emplacement :

Dans les jardins, selon plans.

I 2. ALLEES DE PIETONS EN SOL SOUPLE

— allée constituée par :

— terrassement pour encaissement avec régalage à proximité,

— remblai en terres saines pour obtenir les niveaux nécessaires, compacté et dressé,

— une couche de fondation en grave stabilisée au ciment, épaisseur 15 cm,

— une couche d'accrochage en bitume 1,5 à 2 kg/m² avec sablage léger,

— un revêtement en enrobé bitumineux 0/8 à base de bitume 80/120, de granulats de rivière et de sable de rivière, couleur naturelle, joints soudés naturellement ; pulvérisation de bitume et lissage final au rouleau, épaisseur 2 cm, couleur rouge.

Emplacement :

Allées de jardin selon plan.

Trottoir le long des chaussées principales.

Variante sol humide

— une sous-couche de sable, épaisseur 10 cm.
— un feutre géotextile 350 gr/m².

I 3. ALLEE ASPHALTEE

Compactage soigné du sol avec apport de terre si nécessaire.

Remblai en bonne terre ou grave tout-venant, compactée et dressée.

Couche de sable de réglage.

Forme en béton maigre, dosage 250 kg C L K, épaisseur 8 cm, dessus dressé avec pentes nécessaires (3 cm/m avec un minimum de 1,5 cm) ; flaches de 5 mm au plus sous règle de 2 m ; défoncé au droit des entrées d'eau.

Un papier kraft ou couche de sable fin de 5 mm.

Une couche d'asphalte porphyré, épaisseur 20 mm ; qualité pour trottoir, couleur naturelle.

Emplacement :

Allées d'accès aux bâtiments, avec bordurettes.

Trottoir le long de la chaussée, bloqué côté espace vert par bordurette type P 2, calée au mortier.

Variantes :

Forme en grave-ciment 0/40 mm, dosage 3 % C L K, épaisseur 15 cm.

Revêtement par asphalte porphyré rouge.

I 4. ALLEE DE PIETONS EN BETON

Allée pour circulation modérée de piétons comprenant :

— dressement et réglage du sol avec apport de terres saines si nécessaire ; compactage au rouleau léger,

— une feuille de polyéthylène mince à larges recouvrements.

— forme en béton de gravillon au dosage de 300 kg C P 45, épaisseur 8 cm ; joints de 2 cm tous les 2 m, remplis de mortier moyen tirés au fer,

— dessus taloché antidérapant avec pentes sur l'extérieur.

— finition bouchardée ou "au balai".

Emplacement :

Allées de piétons selon plans, desserte des espaces verts.

I 5. ALLEE FREQUENTEE EN BETON

Allée constituée par :

— décapage de la terre végétale et régalage à proximité,

    — remblai en terres saines, dressées et compactées pour obtenir les niveaux nécessaires,

    — fondation en grave 0/40, épaisseur 15 cm, compactée,

    — couche de sable fin de 2 cm, dressée,

    — dalle en béton de gravillon, dosage 350 kg C P, épaisseur 8 cm, armature par treillis soudé, maille 20 $\times$ 20, fil de 2 ; dessus brossé avec pentes légères sur l'extérieur,

    — joints de 1 cm tous les 5 m, remplis de mortier moyen, tirés au fer,

    — remblai latéral en terre végétale.

Emplacement :

    Desserte des entrées de bâtiment.

I 6. AIRE EN ASPHALTE POUR PIETONS

Dressement et compactage du fond de fouille.

Remblai en grave tout-venant.

Forme en béton de gravillon, dosage 300 kg C P, épaisseur minimale 8 cm, dessus taloché et dressé avec pentes vers les évacuations (2 cm/m au moins) flaches maximales de 5 mm sous règle de 2 m.

Joints tous les 30 m dans les deux sens, remplis de sable fin.

Une couche d'asphalte en teinte naturelle, épaisseur 15 mm, joints soigneusement soudés.

Ensemble arrêté sur les ronds d'arbres.

Emplacement :

    Cour d'école.

    Placette.

Variante :

    Forme en grave 0/40, épaisseur 15 cm compactée.

    Un papier kraft ou une couche de sable fin.

    Une couche d'asphalte teinté rouge, épaisseur 20 mm, joints soigneusement soudés.

I 7. AIRE PIETONNIERE

Nettoyage et enlèvement de la terre végétale.

Remblais nécessaires en grave tout-venant.

Compactage et dressement du sol avec pentes vers les entrées d'eau.

Couche de sable lavé, non argileux, épaisseur 5 cm.

Pose de carreaux de ciment 50 × 50, épaisseur 5 cm, composition à base de gravillon de quartzite et de ciment blanc, parement lavé ; couleur au choix dans la palette du fournisseur avec arrangement décoratif selon maquette.

Joints de 2 mm remplis en sable fin étalé au balai.

Nettoyage soigné.

Blocage en rive et au droit des entrées d'eau par patin mortier.

Emplacement :

Placette entre les immeubles.

Variante : sol médiocre

Couche de sable épaisseur 10 cm.

Forme en béton, dosée à 300 kg C P, épaisseur 8 cm, joints tous les 5 m dans les deux sens, remplis en mortier maigre (ou grave-ciment épaisseur 15 cm).

Pose de carreaux comme ci-dessus sur couche de sable de 2 cm.

I 8. CANIVEAUX INCORPORES

— Dans le dallage, incorporation de caniveaux en béton de polyester, largeur utile 10 cm.

— Enrobage par un massif en béton de gravillon, épaisseur 15 cm sur le fond et les jouées, séparé du dallage par un joint en isorel mou bitumineux de 10 mm, terminé sur 5 mm par un joint souple.

— Couverture par tôle perforée de 20 mm, par éléments de 1 m, avec un trou de manipulation.

— Compris pièces de raccord et d'évacuation.

Emplacement :

Voir plans.

I 9. EVACUATION DES EAUX

Pour mémoire.

Voir chapitre *Assainissement*.

I 10. ALLEE DALLEE POUR PIETONS

Allée pour piétons constituée par :

— enlèvement de la terre végétale et remblai en terre saine compactée avec forme de pente et décrochements nécessaires,

— couche de sable de rivière de 5 cm dressée,

— pose à sec de dalles d'ardoises de 3 cm d'épaisseur soigneusement dressées, joints sciés, façon « opus incertum », joints larges et irréguliers de 1,5 à 4 cm,

— bourrage des joints au mortier gras, arasé légèrement en creux,

— blocage des rives par bande de béton formant solin, de 5 cm de large.

Emplacement :

Allées de piétons selon plans.

Variante :

Dalles en béton, modèle décoratif, dimensions 40 × 40, épaisseur 4 cm avec remplissage des joints au mortier gras et tirés au fer ; carreau de demi-module en rive et blocage par patin d'arrêt en béton.

Type de dalles :

Dalles 50 × 50, épaisseur 4 ou 5 cm, classe C.

En agrégats de rivière, agrégats concassés, gravillons lavés.

Finition lisse, (striée, lavée).

Couleur naturelle, (colorée, avec dessins).

I 11. AIRE STABILISEE

Dressement soigné du terrain avec pentes vers les entrées d'eau et apport de terres saines (ou grave), compactage pour obtenir un O.P.M. de 95 %.

Sous-couche en grave tout-venant compactée, épaisseur 15 cm.

Aire stabilisée de 8 cm d'épaisseur composée de 70/80 % de silice (sable), 10, 20 % de limon argileux, 5/10 % de calcaire 10/20 % d'aggrégats 0/30 ; mélange à la bétonnière selon prescriptions du fascicule 35.

Emplacement :

Mail planté.

I 12. BORDURETTE

— Fondation en béton de gravillon, dosage 250 kg C L K, épaisseur 10 cm.

— Bordurette en béton moulé, type P 1, classe 1, pose au mortier moyen, saillie hors sol 5 cm, rejointoyée au mortier gras ; blocage en terre pilonnée.

Emplacement :

Limitation entre espaces verts et trottoirs.
Bordures d'allées.

I 13. RANGEMENT DES BICYCLETTES

— Dans le dallage exécution de rainures semi-circulaires à espacement régulier pour la mise en place des roues de bicyclettes.

Variante :

Mise en place de pavés spéciaux pour cet usage.

Emplacement :

Voir plans.

I 14. ESCALIER EN BETON

Escalier en béton constitué par :
— réglage du talus, dressement et compactage,
— une feuille de polyéthylène épaisse (450 microns),
— une paillasse de 8 cm en béton maigre, dosé à 200 kg C L K,
— des marches en béton de gravillon, dosage 350 kg C L K, dessus dressé et brossé, nez arrondi, coffrage soigné de la face verticale,

— bordures latérales par bordurettes posées selon la pente et bloquées par patin de mortier.

Emplacement :

Au droit des différences de niveau des allées.

I 15. ESCALIER PAS D'ANE EN BETON

Escalier, forme pas d'âne, composé de :

— réglage du talus, pilonnage et dressement,

— forme en béton de gravillon, dosage 300 kg C L K, épaisseur 10 cm, avec bêche d'arrêt ; massifs pour marches en même béton, dessus rugueux,

— revêtement par chape en mortier gras, épaisseur 2 cm, dessus taloché rugueux, nez arrondi, contremarche lissée.

Emplacement :

Escalier selon plan.

Variante :

Pose de marches préfabriquées en dalles de béton épaisses de 5 cm, dessus finition gravillon lavé, joints au mortier gras tirés au fer.

Pose à bain de mortier moyen.

Variante :

Dessus des marches brossé, nez arrondi.

I 16. ESCALIER PAS D'ANE LEGER

Escalier en pas d'âne constitué par :

— réglage du talus, dressement et compactage,

— pose de bordurettes 5 × 20 formant nez de marche,

— remplissage des marches par blocage en sable gros et cailloux, épaisseur 8 cm, recouvert d'une couche de sable fin de 2 cm avec pente légère,

— sur les bords latéraux, bordurette 8/30 posée selon la pente,

— jointoiement des bordurettes au mortier gras lissé.

Emplacement :

Voir plans.

I 17. ESCALIERS DE JARDINS

Escaliers dont les marches auront la même constitution que les allées. Contremarches constituées par un rondin de chataignier refendu, calé par deux fiches en châtaignier.

Traitement des bois, fongicide et insecticide.

Emplacement : selon plan.

Dimensions des marches 33 × 12 cm de hauteur.

I 18. SOL EN TERRE

— Décapage et enlèvement aux décharges de la couche superficielle, épaisseur minimale 15 cm.

— Epandage d'une couche de sable de 10 cm.

— Mise en place d'une chape de 8/9 cm d'épaisseur en terre prise sur place additionnée de sable à la bétonnière.

— Compactage au rouleau manuel et dressement.

PRESCRIPTIONS TECHNIQUES PARTICULIERES

Le sol sera remis à l'entrepreneur dans son état. L'implantation, exécutée d'après les plans, sera rectifiée sur place pour tenir compte des nécessités esthétiques. Une tolérance de 5 % de longueur en plus ou en moins sera incluse dans le prix forfaitaire.

Les déblais reconnus de bonne qualité pourront être utilisés en remblais ; ceux de mauvaise qualité ou excédentaires seront évacués hors du chantier.

Le fond de forme sera compacté au rouleau automoteur ; le taux de compactage sera déterminé sur place. Il sera utilisé pour les couches de finition du sable tout-venant et du gravillon de rivière soigneusement lavé ; le sable et le gravillon de carrière sont interdits, de même que les silex et rognons pointus.

Les allées gravillonnées seront râtissées avant la réception provisoire ; elles devront avoir un aspect agréable, sans flaches ni bosses ; les allées bétonnées seront balayées et lavées au jet. Tolérances pour les allées bétonnées et dallages : 1 cm sous règle de 2 m mais sans possibilité d'accumulation d'eau.

CHAPITRE XVII

DISTRIBUTION ÉLECTRIQUE
(fiches J)

J 1. CONSISTANCE DU FORFAIT

L'entrepreneur doit d'une manière générale les travaux suivants :

— les démarches auprès d'E D F et la constitution du dossier de demande de branchement,

— l'installation du réseau de distribution comprenant les travaux de terrassement, la pose des câbles et organes de dérivation,

– les ouvrages depuis le poste de transformation jusqu'aux pieds de colonne et en particulier :

– le cablage et les fourreaux, le grillage,

– les chemins de cables en sous-sol et vide sanitaire,

– les cables et leur raccordement aux barrettes du poste de transformation d'une part et aux coffrets pieds de colonne d'autre part,

– les coffrets pieds de colonne et leur équipement,

– le raccordement des colonnes sur ces coffrets,

– le raccordement au réseau de terre.

— les essais divers et mesures de terre,

— les plans de récolement du réseau (tracé des câbles, section, position des boîtes de dérivation et de raccordement, bornes-repères, etc.).

Non compris au forfait :

La participation de l'entrepreneur au compte prorata.

Le débroussaillage du terrain.

Le positionnement des points de repères.

Les démolitions de roches et de vieilles maçonneries, les épuisements.

Les tranchées, le remblai.

La fourniture et la pose des coffrets S 300 et S 200.

— les fourreaux sous chaussées.

J 2. LIMITES DE PRESTATIONS

Distribution de l'énergie électrique à partir du poste de transformation équipé par E D F.

Origine de l'installation sur les appareils de protection Basse Tension posés par E D F, ceux-ci non raccordés ; une longueur de câble de 4 m sera réservée à cet usage.

Extrémité de l'installation aux bornes des boîtes coupe-circuit de pied de colonne (exemple).

Vérification de la nature du raccordement avec E D F.

Nature du courant : alternatif triphasé 220/380 V, 50 herz.

Principe de la distribution : en bouclage.

J 3. PRINCIPE DE L'INSTALLATION

Deux réseaux enterrés sont prévus :

— un réseau alimentant les bâtiments et formant réseau bouclé sur le transformateur,

— un réseau d'alimentation des points d'éclairage extérieurs, départ dans le local Basse Tension, à côté du poste transformateur.

J 4. TRANCHEE POUR CABLES ELECTRIQUES

Fouilles en tranchée, profondeur minimale 80 cm sous le sol fini, largeur 50 cm ; fond dressé, compris tous blindages, passages et assainissements nécessaires.

Approfondissement à 1 m sous le passage des voies, dépassant de 50 cm de part et d'autre, avec gousset de raccordement. Sur le fond couche de sable de 15 cm dressée. Après pose du câble, couche de sable fin de 15 cm. Mise en place dans le sable d'un grillage avertisseur à 10 cm au-dessus du câble, métal plastifié, maille de 41 mm, largeur 45 cm, couleur réglementaire.

Remblayage sur 40 cm en terre propre et meuble, sans cailloux.

Finition du remblai en terres ordinaires, compactées par couches de 20 cm.

Au droit des chaussées, remblayage sur toute hauteur en sablon.

Enlèvement des déblais en excédent.

Emplacement :

Parcours des tranchées indiqué aux plans :

— entre la limite de propriété et la façade du bâtiment,

— pour l'alimentation des candélabres et bornes extérieures,

— pour l'alimentation des annexes, la signalisation lumineuse,

— etc.

J 5. CHAMBRE DE TIRAGE POUR CABLE ELECTRIQUE

Regard sans fond constitué par quatre jouées en béton banché (ou blocs de ciment pleins hourdés au mortier moyen, joints pleins), dosage 350 kg C L K 35, épaisseur 15 cm, coffrage ordinaire.

En tête, façon de feuillure dressée et dessus lissé.

Fermeture par dallette en béton armé, coffrage soigné, dessus bouchardé, avec anneaux de levage encastrés.

Dans le fond, lit de 5 cm de gravillon.

Emplacement :

A la demande, pour permettre la mise en place des câbles.

J 6. CABLES DE DISTRIBUTION

Pose en tranchée de câbles armés type U 1 000 R 12 N ou similaire, section à déterminer par l'entrepreneur, choisi dans une série conforme à la norme N F C 15.100 et agréé pour cet usage par E D F (1).

Mise sous fourreau au croisement d'autres canalisations.

Relevé topographique soigné du câble, avec repérage par rapport à des points fixes.

---

(1) Types de câbles :
Câbles isolés au caoutchouc vulcanisé : série U 1000 C G P F V.
      »   polychlorure de vinyle : série U 500 V G P F V.
      »   polyéthylène réticulé : série U 1000 R 12 N.
      »   papier imprégné sous tube plomb (N F C 33...).

Emplacement :

Selon plans :

— circuit de bouclage entre les bornes Basse Tension du poste de transformation et retour,

— dérivation pour chaque bâtiment entre le coffret de branchement et le nu intérieur de la façade, avec un mou suffisant,

— dérivations pour les locaux techniques : station d'épuration, poste surpresseur, local sprinkler, etc.

Fin de la prestation aux coupe-circuit de pied de colonne, fournis et posés par l'entrepreneur dans les sous-sols en accord avec l'électricien du lot Intérieur.

J 7. SIGNALISATION DES CABLES

Repérage des câbles par bornes en béton vibré lisse, hauteur 30 cm, dimensions 10 × 10 cm en tête, 20 × 20 cm au pied ; saillie de 5 cm hors sol.

Etiquette gravée en métal inoxydable, scellée, indiquant le nombre et la section des câbles.

Emplacement :

Entrée de câble sous pelouse, à chaque changement de direction.

A l'aplomb des boîtes de jonction et de dérivation,

Tous les 50 m en alignement droit.

J 8. BOITES DE RACCORDEMENT

Boîte en fonte ou en Araldite moulée, modèle agréé E D F, comprenant presse-étoupe et coupe-circuit incorporés ; diamètre des colliers et pinces de dérivation correspondant à celui des câbles.

Coulage de matière isolante.

Emplacement :

Coffret de passage en boucle.

Coffret de dérivation alimentant les bâtiments.

J 9. TRAVERSEE DE MUR DE FAÇADE

Fourniture au lot gros œuvre de fourreaux en amiante-ciment ⌀ 100 mm ; longueur nécessaire, avec toutes indications pour la mise en place. Après pose du câble, bourrage du vide en mastic bitumineux arrêté à 3 cm des parements.

Calfeutrement final par le gros œuvre sur demande du présent entrepreneur.

Emplacement :

Voir plans : entrée des câbles d'alimentation des bâtiments, sorties de câbles pour l'éclairage extérieur.

J 10. CABLE EN APPARENT

Câble armé à conducteurs cuivre, isolé au papier imprégné et caoutchouc vulcanisé (ou câble P F E G) ; section à déterminer par l'entrepreneur.

Pose sur colliers en fer galvanisé, tamponnés aux distances réglementaires pour éviter les flèches.

Protection par tube acier émaillé dans le cas de passage dans des locaux accessibles.

Emplacement :

Câble alimentant les colonnes montantes et placé dans les sous-sols entre le mur de sous-sol et le coffret de pied de colonne, compris branchement sur celui-ci.

J 11. FOURREAUX MOYENNE TENSION

Fourreau pour pose de câble moyenne tension en tuyau d'acier ⌀ 150 mm ; joints au mortier gras ou anneaux caoutchouc. Protection avant pose par une couche de peinture bitumineuse et raccord après pose.

Pose sur un lit de sable fin de 10 cm dressé.
Remblai en terre fine et grillage avertisseur.
Mise en place selon indications d'E D F.

Emplacement :

Selon plans : Entre la voie publique et le poste de transformation, à l'intérieur de la propriété, pose en alignement droit.

Nombre : trois, parallèles, profondeur 80 cm sous le sol fini.

Variante :

Fourreaux en amiante-ciment de 150 mm ; enrobés en béton de gravillon, dosage 300 kg C L K, épaisseur 7 cm pour le radier et les jouées, 15 cm sur le dessus, avec incorporation d'une tôle de 5 mm en partie supérieure.

J 12. CHAMBRES DE TIRAGE MOYENNE TENSION

Chambres en béton armé, radier et voiles latéraux, épaisseur minimale 15 cm, coffrage ordinaire, reposant sur un béton de propreté de 5 cm ou une feuille de plastique épais armé.

En tête feuillure dressée.

Dalles de couverture mobiles en béton armé dont une avec poignée encastrée ; épaisseur et armature en fonction des surcharges. Plaque de signalisation en fonte sur une dalle.

Raccordement soigné au droit des entrées de fourreaux.

Dimensions selon indications de E D F.

Emplacement :

Voir plans :

Tous les 20 m environ sur le cheminement, entre la voie publique et le poste de transformation.

A tous les changements de direction.

Tous les 40 m dans les alignements droits de grande longueur.

Variante :

Couverture par tampon et cadre acier, modèle pour circulation tout tonnage, agréé par E D F.

J 13. LIAISON ENTRE RESEAUX EXTERIEUR ET INTERIEUR

L'entrepreneur reconnaît par la remise de sa soumission avoir pris connaissance des travaux du lot Electricité B T intérieure au bâtiment. En conséquence il est bien précisé que son offre comprend la totalité des travaux nécessaires pour assurer l'alimentation des ouvrages extérieurs.

De ce fait aucun supplément ne sera admis en cas d'existence d'une solution de continuité entre les différents lots.

CHAPITRE XVIII

ÉCLAIRAGE EXTÉRIEUR
(fiches K)

K 1. CONSISTANCE DU FORFAIT

Les travaux comprennent d'une manière générale :

Démarches administratives.

Plans d'exécution, calcul des câbles et luminaires.

Piquetage et implantation des points lumineux.

Réseau de distribution, compris travaux de terrassements, fourreaux, boîtes de tirage, etc.

Réseau d'éclairage, alimentation, commande.

Fourniture des plans-guides aux autres corps d'état,

Dossier de récolement.

Essais et frais de contrôle.

Hors forfait :

Démolition des maçonneries inconnues.

Participation de l'entrepreneur au compte prorata.

Variante :

Fourniture au lot V R D du détail des prestations à fournir :

        — tranchées pour câbles,

        — massifs pour lampadaires,

        — boîtes de tirage,

        — emplacement des fourreaux sous chaussée.

K 2. NIVEAUX D'ECLAIREMENT

Les niveaux d'éclairement seront les suivants, uniformément répartis à la surface du sol :
— sur les chaussées : 10 lux,
— sur les voies de piétons : 5 lux.

K 3. DEPART DE L'INSTALLATION

Le départ de l'installation d'éclairage extérieur se situe sur le tableau général Basse Tension, placé dans le poste de transformation, local comptage.

L'entrepreneur doit le raccordement aux bornes en attente sur le tableau après le coupe-circuit général.

(Détail à préciser avec E D F)

K 4. TRANCHEES POUR CABLES ELECTRIQUES

Se reporter au poste identique, chapitre Distribution Electrique.

K 5. FOURREAUX SOUS CHAUSSEE

Se reporter au poste identique, chapitre Distribution Electrique.

K 6. CABLE ENTERRE

Pose en tranchée de câble armé spécial pour cet usage, choisi dans une série agréée par E D F et adapté à la nature du terrain. Boucle protégée par tuyau de ciment au droit des appareils. Ligne de terre.

Section à déterminer par l'entrepreneur en accord avec E D F.

Relevé topographique soigné du cheminement du câble à fournir au Maître d'Œuvre sur reproductible, avec repérage par rapport à des points fixes.

Emplacement :

Alimentation des appareils d'éclairage extérieurs.

Alimentation de l'armoire d'éclairage public depuis le départ général.

K 7. BOITE DE TIRAGE POUR CABLE ELECTRIQUE

Regard sans fond en béton de gravillon, épaisseur des jouées 15 cm, coffrage brut ; profondeur minimale 1,40 m. En tête, feuillure dressée au mortier gras. Trous réservés pour entrée des fourreaux. Dans le fond, lit de cailloux, épaisseur 10 cm, sur fond dressé mais non compacté.

Couverture par trappe acier, comprenant cadre et dalles avec poignées ; dessus antidérapant. Résistance en fonction des surcharges. Scellement au mortier gras et nivellement soigné.

Calfeutrement des fourreaux après pose de ceux-ci.

Emplacement :

Selon plans.

A tous les coudes des canalisations.

A déterminer par l'entrepreneur.

K 8. SIGNALISATION DES CABLES

Se reporter au poste identique, chapitre Distribution Electrique.

K 9. BOITES DE RACCORDEMENT

Boîtes en fonte, modèle agréé E D F, comprenant presse-étoupe, coulage de matière isolante, coupe-circuit de protection incorporés, fournis équipés par l'entrepreneur, si nécessaire.

Diamètre des colliers et pinces de dérivation correspondant à celui des câbles.

Emplacement :

Raccordement des candélabres et des bornes sur le câble général, non alimentés en boucle.

K 10. ALIMENTATION DES PORCHES D'ENTREE

Au droit de chaque entrée ou porche d'immeuble ou passage couvert, installation d'une boîte à borne sur le réseau d'éclairage public. L'entrepreneur d'électricité raccordera sur cette boîte les points lumineux des porches et des descentes au sous-sols.

K 11. TRAVERSEE DE MUR DE FAÇADE

Se reporter au poste identique, chapitre Distribution Electrique.

K 12. CABLE EN APPARENT

Se reporter au poste identique, chapitre Distribution électrique.

Emplacement :

Cheminement dans le bâtiment jusqu'à l'armoire de commande.

K 13. MISE A LA TERRE

Pose d'une ligne de terre dans la fouille, en câble cuivre 29 mm², parallèlement au réseau Eclairage ; résistance maximum 5 ohms.

Raccordement :

— candélabres,

— sortie de terre des transformateurs,

— tôlerie des cellules du poste transformateur.

K 14. ARMOIRE D'ECLAIRAGE EXTERIEUR

Dans une armoire en tôle laquée, avec porte étanche et fermeture par serrure de sûreté, équipement constitué par :

— un tableau support d'équipement,

— les coupe-circuit de branchement,

— un tableau de comptage avec compteur en location,

— un disjoncteur général,

— un contacteur,

— un commutateur trois positions,

— une horloge à remontage électrique avec réserve de marche de 24 h, deux possibilités d'allumage et d'extinction par 24 h,

— câblage nécessaire et raccord,

— transformateur pour commande à distance sous basse tension,

— renvoi des commandes sur le tableau général dans la loge du gardien par câble enterré sous basse tension,

— alimentation par câble depuis la boîte de distribution E D F placée dans le poste de transformation,

— scellement et mise en place de la cellule photo-électrique de contrôle.

Emplacement :

Dans la façade extérieure du poste de transformation.

K 15. MASSIFS POUR CANDELABRES (variante)

— Les massifs pour candélabres seront exécutés par l'entrepreneur du lot *Terrassement* selon les indications du présent lot.

K 16. MASSIF POUR CANDELABRE

Détermination des dimensions en fonction de la nature du terrain. Fouilles en trou de profondeur nécessaire, avec évacuation des déblais, dimensions calculées pour assurer la stabilité dans les cas les plus défavorables et mettre le sol d'assise à l'abri du gel ; blindage éventuel. Section en accord avec le fournisseur du candélabre. Mise en place des cadres métalliques pour scellement des appareils ou trous réservés pour boulons.

Remplissage de la fouille en béton de gravillon, dosage 350 kg C L K 45 ; arase supérieure à 10 cm sous le sol fini futur, finition lissée. Mise en place de fourreau plastique pour entrée du câble d'alimentation. Après pose et réglage de l'appareil, calfeutrement de l'assise et enduit sur les faces vues en mortier gras lissé.

Emplacement :

Voir plan.

K 17. CANDELABRE

Candélabre métallique composé de :

— une lanterne, armature en métal laqué, remplissage en verre coulé, avec éléments démontables pour accès à la lampe ; équipement avec douille et lampe fluorescente ou au sodium, câblage intérieur,

— un fût tubulaire, protégé par une couche de peinture bitumineuse intérieure, deux couches de minium et deux couches glycéro sur sablage à l'extérieur (ou fût aluminium),

— au pied, coffret porte-fusible équipé avec portillon condamné par clé ; ensemble relié à la terre,

— plaque d'appui en tôle épaisse avec boulons à scellement. Modèle à soumettre.

Emplacement :

Voir plan.

K 18. CANDELABRE (variante)

Candélabre métallique constitué par :

— un fût en tôle d'acier, section ronde ou polygonale, protection intérieure et extérieure par peinture après sablage,

— au pied du fût, coffret porte-fusible avec portillon condamné par clé ; plaque d'appui en tôle épaisse avec boulons à scellement équipés d'écrou, contre-écrou et rondelles,

— fourniture à l'entrepreneur de maçonnerie des dimensions du massif du plan des scellements et du tube guide-câble à l'intérieur,

— mise en place du fût, scellement au mortier gras des boulons et goudronnage de la partie enterrée,

— en tête, potence avec appareil d'éclairage composé d'un corps en aluminium traité, un réflecteur et une ampoule à vapeur de mercure ou similaire ; équipement nécessaire,

— câblage et fusibles de protection ; mise à la terre ; plaque de zinc avec chiffres perforés pour le repérage.

Emplacement :

A préciser par l'entrepreneur en fonction du modèle choisi.

K 19. POINT LUMINEUX EN FAÇADE

— Canalisation d'alimentation en apparent sur les façades en câble de section nécessaire, soigneusement isolé pour usage extérieur ; fixation par gâches en tôle plombée sur tampons chêne.

— Protection en partie basse sur 2 m de hauteur par tube fer galvanisé, fixé par trois colliers à scellement galvanisés, scellés.

— Fourniture et pose de lanternes fermées avec rotule d'orientation, type étanche avec bras d'avancée en matériau inoxydable ; fixation par scellement.

— Equipement par lampe à vapeur de mercure à lumière corrigée ; puissance à déterminer par l'entrepreneur.

— Protection de chaque point lumineux par coupe-circuit placé sur le tableau de commande.

K 20. BORNE D'ECLAIRAGE

Borne d'éclairage fixe composée de :

— un pied tubulaire en tôle laquée, surmonté d'une verrerie prismatique antichoc, modèle à soumettre ; éclairage unidirectionnel,

— équipement par lampe à incandescence avec coupe-circuit de protection ; tout l'appareillage électrique montage étanche,

— fixation sur un massif en béton par boulons à scellement,

— massif en béton de gravillon, dessus lissé, dimensions nécessaires pour la stabilité, avec tubage incorporé pour le câble d'alimentation jusqu'à 60 cm sous le sol fini.

Emplacement :

Eclairage des allées de piétons.

K 21. BORNE LUMINEUSE MOBILE

Borne lumineuse mobile, saillie de 60 cm hors sol composée de :

— une verrerie cylindrique ou prismatique renfermant l'ampoule,

— un chapeau en tôle galvanisée, peinte à deux couches,

— un pied en tube acier d° avec conduit plastique incorporé, de longueur suffisante pour assurer la stabilité,

— équipement par lampe à vapeur de mercure avec accessoires.

Emplacement :

Eclairage des massifs floraux.

K 22. HUBLOTS

Hublot en fonte avec verrine grillagée, équipé d'une ampoule 100 W.

Alimentation sous tube encastré et raccordement sur le réseau principal.

Commande sur le tableau principal en liaison avec le balisage.

Emplacement :

Sur les murs au droit des entrées.

K 23. PROJECTEUR

Projecteur pour illumination d'espaces verts, constitué par :

— un piquet creux en fonte ou en métal inoxydable, avec embase de réglage ; finition en peinture,

— un réflecteur en aluminium avec glace de fermeture en verre sécurisé, ensemble étanche ; monté sur rotule orientable avec système de blocage,

— équipement par douille Edison pour lampe à incandescence, avec borne de mise à la terre, presse-étoupe, câblage, etc.,

— raccordement sur le réseau d'éclairage public.

Emplacement :

Se reporter aux plans.

PRESCRIPTIONS TECHNIQUES PARTICULIERES (1)

1. *Conformité aux Normes et Règlements*

D'une manière générale, les matériaux, les mises en

---

(1) Valable pour les lots Distribution Electrique et Eclairage public.

œuvre et les essais seront conformes à tous les règlements officiels en vigueur un mois avant le dépôt de la soumission et en particulier aux :

— Normes Françaises de la classe C,

— décrets relatifs à la protection des travailleurs et la circulaire n° 74.140 (Intérieur),

— règles professionnelles U T E,

— D T U applicables aux travaux d'électricité,

— règlements particuliers des services techniques de E D F.

2. *Matériaux*

Tous les matériels et appareillages devront être conformes aux Normes, agréés par les Services locaux d'E D F et répondre aux prescriptions de la circulaire 74.140, en particulier en ce qui concerne les candélabres et leur équipement.

3. *Démarches administratives*

L'entrepreneur doit prendre contact avec la section locale d'E D F et s'informer des sujétions particulières qu'elle est susceptible d'imposer. Il doit effectuer les démarches nécessaires pour les branchements et assister le Maître d'Œuvre pour la rédaction des documents administratifs. Il produira les dossiers en autant d'exemplaires qu'il est nécessaire.

4. *Etudes et plans*

L'entrepreneur doit effectuer l'étude détaillée du réseau et fournir les notes de calculs ainsi que les plans avec les indications complètes des câbles, des appareils, les plans pour les autres corps d'état, etc. Il fournira le dossier pour agrément à l'E D F et apportera toutes les modifications demandées par celle-ci, sans supplément de prix. En fin de travaux, il fournira un jeu de plans soigneusement mis à jour établis sur reproductible et comportant la nomenclature détaillée de tout le matériel.

5. *Mise en œuvre*

Les travaux seront effectués en se conformant aux documents précités et en accord avec les services locaux d'E D F

Les trous et scellements dans les maçonneries existantes seront effectuées par le présent entrepreneur.

Les câbles sur tourets seront déroulés à une température supérieure à 5 °C et en prenant toutes précautions pour ne pas détériorer l'isolation et en respectant les rayons de courbure. Les canalisations rencontrées devront être soigneusement protégées et les câbles seront, le cas échéant, déplacés pour respecter les écartements réglementaires.

Les travaux de terrassement et de maçonnerie seront effectués conformément aux D T U n°ˢ 12 et 20 ; l'entrepreneur sera responsable des dégâts consécutifs à l'exécution de ses travaux.

Il implantera les massifs de fondation des candélabres et déterminera leurs dimensions ; il ne sera pas tenu compte de la butée des terres sauf accord préalable du Maître d'Œuvre.

6. *Essais - Réception*

Les essais seront effectués en conformité avec les directives d'E D F et du Bureau de contrôle. Il est dû tous les démontages et remontages d'appareils nécessaires, ainsi que la fourniture du courant et la main-d'œuvre.

Il sera également vérifié la finition, l'implantation, le montage, l'isolation et le niveau d'éclairement. Tout défaut entraînera le refus de la prestation incriminée.

7. *Contrôles techniques*

Avant réception des travaux les entreprises devront effectuer à leurs frais des essais et vérifications définis par le Document Technique COPREC n° 1 ; un procès-verbal établi selon le Document Technique COPREC n° 2 sera adressé au contrôleur technique.

CHAPITRE XIX

DISTRIBUTION D'EAU
(fiches L)

L 1. CONSISTANCE DU FORFAIT

Les travaux comprennent d'une manière générale :

— les installations de chantier et de magasinage nécessaires,

— les études (calculs des sections, dessins, schémas, etc.),

— les contacts avec les autres entrepreneurs : plombier, voirie, terrassement en particulier,

— les démarches auprès de la Compagnie des Eaux,

— l'assistance au Maître d'Ouvrage pour les contrats,

— le piquetage,

— le compteur d'eau provisoire pour le chantier,

— les réseaux de distribution selon la partie descriptive, depuis le compteur général jusqu'au bâtiment (eau sanitaire, incendie, arrosage, etc.),

— la protection antirouille des canalisations non apparentes,

— la fourniture des fourreaux et plans nécessaires,

— la vidange en cas de gel pendant les travaux,

— la main-d'œuvre et les appareils nécessaires aux essais,

— l'indication des points de livraison à chaque corps d'état,

— la fourniture des plans de conformité,

— les notices d'entretien et de fonctionnement,

    — le nettoyage du chantier,

    — la délivrance des certificats réglementaires,

    — les essais et réglages,

    — les nettoyages avant mise en service, rinçage et désinfection,

    — la participation de l'entrepreneur au compte prorata.

Non compris au forfait :

    — le débroussaillage du terrain,

    — les mouvements de terrain,

    — les travaux de maçonnerie (sauf les butées),

    — le positionnement des points de repère,

    — les démolitions de roches et vieilles maçonneries,

    — les redevances à la Compagnie des Eaux pour frais de branchement.

L 2. PRESTATIONS DE LA COMPAGNIE DES EAUX

La prestation du présent entrepreneur débutera à la bride de sortie du compteur général posé par la Compagnie des Eaux.

L'entrepreneur devra se faire confirmer la pression par la Compagnie des Eaux et prendra toutes dispositions nécessaires en conséquence (détendeur éventuel) (1).

Il devra faire effectuer une analyse de l'eau par un laboratoire agréé et déterminera la protection la mieux adaptée.

Un compteur spécial est prévu dans le même regard pour l'alimentation du réseau incendie et un autre pour l'installation sprinklers.

Les compteurs seront fournis et posés par la Compagnie des Eaux.

Par hypothèse, la pression d'eau minimum à l'arrivée au compteur sera prise égale à 3 bars maximum.

L 3. BASES DES CALCULS (exemple)

Les réseaux seront calculés pour assurer les débits suivants sous une pression minimale de 2,5 bars :

    — eau sanitaire : 3 m^3/j.,

    — eau d'arrosage : 5 litres/jour/m^2,

---

(1) Interdit sur les réseaux d'incendie.

— eau pour réseau d'incendie : alimentation réglementaire de 5 bouches fonctionnant simultanément,

— eau pour réseau sprinkler : 190 m³/h.

L 4. PRINCIPE DE LA DISTRIBUTION

Le réseau de distribution alimentera les bornes d'incendie et les bâtiments.

Chaque bâtiment sera alimenté par un branchement particulier avec comptage individuel dans chaque lot placé dans un regard extérieur, chaque branchement comportant une antenne eau sanitaire et une antenne incendie.

La prestation du présent entrepreneur débute au raccordement sur la canalisation publique rue.

Elle se termine dans les regards par un robinet en attente. Elle comportera les robinets d'arrêts nécessaires.

Aucun compteur n'est dû, sauf pour le réseau d'arrosage et la sous-station. Le réseau d'arrosage sera indépendant.

L 5. IMPLANTATION

L'entrepreneur doit l'implantation des canalisations en plan et en altitude compte tenu de toutes les sujétions prévisibles, à partir des points donnés par le Maître d'Œuvre ; il doit la vérification de ces points.

Il est précisé que l'entrepreneur restera seul responsable des erreurs qu'il aurait pu commettre et en supportera les conséquences quelles que soient leur importance et l'époque de leur découverte.

Un relevé du nivellement et de l'implantation sera fourni au Maître d'Œuvre, soigneusement repéré par rapport à des points fixes.

L 6. LIVRAISON DES LIEUX

Le terrain sera livré dans l'état suivant (en principe) :
— terrassements généraux effectués (ou en cours),
— axes principaux des bâtiments piquetés.

L 7. LOCAL POUR COMPTEURS

L'entrepreneur fournira en temps opportun au Maître

d'Œuvre les dimensions exactes du local pour les compteurs, avec toutes les sujétions imposées par la Compagnie des Eaux.

L 8. NOMENCLATURE DES COMPTEURS

La Compagnie des Eaux déterminera le diamètre des compteurs et en assurera la fourniture et la pose.

Il y a lieu de prévoir les branchements de :
— un compteur d'eau potable,
— un compteur pour service incendie.

L'entrepreneur effectuera les démarches nécessaires, sous le contrôle du Maître d'Œuvre.

Le réseau d'arrosage sera branché sur le compteur d'eau potable et comportera un compteur individuel à fournir et à poser par le présent entrepreneur.

L 9. REGARD EXTERIEUR POUR COMPTEUR D'EAU (type 20 mm)

Regard pour compteur d'eau, établi selon les directives du service concessionnaire de la Compagnie des Eaux locale.

Dimensions minimales : 1×1 m sur 1 m de profondeur.

Radier en béton de gravillon, dosage 250 kg C L K 45, ép^r 15 cm, taloché.

Parois en même béton, ép^r 10 cm, coffrage ordinaire ragréé, avec fourreaux métalliques pour entrée et sortie des canalisations.

Massif pour support de compteur en béton d°, dressé.

Fermeture par trappe en tôle striée 5/7, placée dans un cadre en cornière, avec pivots et moraillon pour cadenas.

Scellement et réglage de la trappe.

Emplacement :
Selon plan, à la limite de propriété.

Observation :
L'entrepreneur doit se faire préciser par la Compagnie des Eaux le type de fermeture à adopter.

Variantes :
Parois en blocs de ciment pleins de 10 cm, hourdés au mortier moyen, joints refoulés en montant.

Cas des pays froids : (2° trappe)

Tasseaux sapin scellés pour support d'une trappe mobile en planches de 27 mm, sapin, imprégné de solution fongicide C T B.

Trappe constituée par une plaque de polystyrène de 50 mm, collée sur un contre-plaqué marine de 10 mm.

L 10. LOCAL ENTERRE POUR COMPTEURS D'EAU

Chambre en béton armé au dosage de 350 kg C L K 45, comprenant un radier dessus taloché et dressé, des parois verticales en coffrage ordinaire, une dalle de couverture dessus dressé, avec cheminée d'accès.

Exécution sur un béton de propreté de 10 cm.

Fermeture par trappe en tôle striée 5/7, avec cornières d'encadrement, pivot et moraillon pour cadenas.

Echelons d'accès en fer galvanisé avec crosse.

A l'intérieur, massif en béton maigre sur isolant anti-vibratile pour recevoir les compteurs ; dans les parois, fourreaux réservés pour entrée des canalisations ; puisard.

Remblai final en terre franche.

Emplacement :

A l'entrée de la propriété.

Variante :

Fouilles en pleine masse, compris blindages et épuisements.

Radier en béton de gravillon, dosage 300 kg C L K, épaisseur 10 cm, dessus taloché.

Murs périphériques en blocs de ciment pleins de 15 cm, hourdés au mortier moyen et rejointoyés en montant.

Couverture par dalles préfabriquées en béton armé, dessus taloché, posées et jointoyées au mortier gras.

Façon de regard d'accès avec encadrement en béton armé, coffrage brut. Fermeture par trappe métallique : cadre en cornière, remplissage en tôle striée, ferrage par deux pivots, moraillon et cadenas.

A l'intérieur, massifs en béton maigre pour recevoir les compteurs ; dans les parois, fourreaux réservés pour entrée des canalisations.

Echelons d'accès en fer galvanisé avec crosse mobile.

Remblai final et enlèvement des excédents du chantier.

Dimensions selon les indications de la Compagnie des Eaux.

Emplacement :

Voir plans, le long de la clôture, près de l'entrée de la propriété.

L 11. BRANCHEMENT PARTICULIER SUR RESEAU PUBLIC

Branchement sur la conduite principale placée sous la voie publique comprenant :

— démolition de la chaussée et fouille nécessaire, y compris toutes les sujétions de passage et de sécurité conformément aux règlements,

— mise en place sur la conduite d'un collier de prise en acier forgé goudronné, compris bague d'étanchéité en caoutchouc, boulons, écrous et percement,

— après le collier, robinet d'arrêt sous bouche à clé, en fonte ou en bronze, compris chapeau d'ordonnance et rondelle d'étanchéité en caoutchouc, traversée du mur sous fourreau mis en place par le gros œuvre,

— robinet d'arrêt avant compteur.

Emplacement :

Prise sur la conduite principale, selon plan.

Diamètre de la conduite existante : . . . .

Diamètre de la conduite raccordée : . . . .

Observation :

Cette prestation est généralement assurée par la Compagnie des Eaux.

Variante :

Prise sur la conduite principale, avec collier à lunette et bouche à clé.

Canalisation en tuyau de plomb de 20 × 8 mm.

Fourreau fourni au maçon pour passage au travers du mur de façade et calfeutrement après pose au bitume.

Compris terrassements nécessaires et remblai.

Emplacement :

Entre la conduite principale et le bâtiment, dépassant à l'intérieur de celui-ci de 50 cm.

L 12. DEPART EAU FROIDE

— Compteur général installé par la Compagnie des Eaux.
Après le compteur :
— une manchette démontable,
— un robinet à soupape,
— un clapet anti-retour (ou un disconnecteur),
— un robinet de purge et d'introduction de solution désinfectante, avec entonnoir pour vidange,
— un by-pass avec robinet à soupape.

Sur le mur, à proximité, plaque indicatrice en métal gravé avec schéma de l'installation.

Emplacement :

Dans le local compteurs (voir plans).

L 13. TRANCHEE POUR CANALISATION

Fouille en tranchée, profondeur minimale 1 m au-dessus de la génératrice supérieure du tuyau ; largeur minimale : diamètre du tuyau augmenté de 50 cm. Fond nivelé et réglé, compris toutes sujétions pour blindage de sécurité, étaiement, épuisement des eaux d'infiltration, etc.

Terres jetées sur un seul côté, en cordon.

Façon de niche au droit des raccords, joints, pièces diverses.

Enlèvement de toutes les poches de mauvais terrain et remplacement par du sable gros pilonné.

Remblai en terre purgée de tout gros élément, par couche de 20 cm avec pilonnage et arrosage éventuel ; première couche en terre fine ou sablon.

Remblai sous chaussées et parcs à voitures en sablon sur toute la hauteur.

Enlèvement des déblais en excédent.

Emplacement :

Voir plans.

L 14. TRANCHEES POUR CANALISATIONS (variante)

Les tranchées pour canalisations enterrées (fouilles et remblai) seront exécutées par le lot Terrassement, sur les indications du présent entrepreneur, données en temps opportun.

L 15. CANALISATION EN FONTE

Lit de sable de 10 cm dressé.

Canalisation en tuyau de fonte ductile à collet, pour distribution d'eau potable sous pression, avec revêtement intérieur à base de ciment (ou goudronné) et revêtement extérieur en goudron : diamètre à déterminer par l'entrepreneur.

Assemblage par joints caoutchouc (ou par joints Express et rondelles caoutchouc).

Pose sur une couche de sable de 5 cm dressée.

Pentes nécessaires pour purge et vidange.

Compris toutes coupes et pièces spéciales de raccordement.

Tamponnage des conduites à chaque arrêt prolongé du travail.

Epreuves d'essais avant remblayage.

Protection par gaine en polyéthylène dans les terrains agressifs.

Au droit des traversées de chaussée, protection par fourreau ciment.

Emplacement :

Ceinture de distribution principale depuis le compteur général. Branchements d'immeubles arrêtés à 1 m du nu extérieur des façades. Réseau incendie, alimentation des bornes et R I A.

L 16. CANALISATIONS EN AMIANTE-CIMENT

Lit de sable de 10 cm dressé.

Pose de tuyaux en amiante-ciment spécial pour cet usage, compris toutes pièces de raccordement, coudes, tés, etc.

Assemblage par joints Gibault en fonte avec anneaux caoutchouc ou par joints à bague.

Essais à la pression avant remblai.

Emplacement :

. . . .

L 17. CANALISATIONS EN PLASTIQUE

Lit de sable propre dressé et compacté, épaisseur 10 cm.

Pose de canalisations en tuyaux de polychlorure de vinyle agréé pour cet usage ; joints collés en respectant les prescriptions du fournisseur.

Toutes précautions prises contre l'action du soleil.

Compris toutes pièces de raccords, coudes, tés, manchons mixtes, etc.

Remblai en sable fin jusqu'à 20 cm au-dessus de la canalisation.

Emplacement :

. . . .

L 18. REMBLAI SPECIAL

Si le terrain est reconnu agressif, le remblai sera effectué avec la terre des fouilles, additionnée de chaux.

Emplacement :

. . . .

L 19. POSE EN TERRAIN HUMIDE

Dans la zone susceptible d'être atteinte par la remontée de la nappe phréatique, pose de la canalisation sur un lit de gravillon de rivières propre de 20 cm d'épaisseur et de la largeur de la tranchée.

Emplacement :

A la demande (prix de bordereau au mètre linéaire).

L 20. EPUISEMENTS

L'entrepreneur fournira des prix de bordereau pour le cas de pose dans l'eau :

— prix de l'heure de pompage (suivant puissance),

— prix de location de l'installation,

— prix de mise en place et de repli de l'installation,

— etc.

L 21. ENROBAGE BETON

Enrobage de la canalisation en **béton de gravillon**, dosage 350 kg CLK, coffrage brut ; épaisseur minimale 20 cm sur la périphérie du tuyau.

Emplacement :

Traversée sous chaussée

L 22. CANALISATION EN ELEVATION

Canalisation d° celle enterrée.

Pose sur dés en béton de gravillon, coffrage brut des jouées ; partie supérieure arrondie pour épouser le tuyau ; dés placés à chaque emboîtement.

Après pose et réglage du tuyau, calfeutrement au mortier moyen.

Fixation du tuyau par brides en fer plat galvanisées.

Emplacement :

. . . .

L 23. VANNE D'ARRET

Robinet enterré commandé par bouche à clé.

Bouche à clé composée par :

— une tête en fonte, avec couvercle de forme réglementaire et chaînette de sécurité, type sous chaussée ou trottoir, placé dans un massif en béton de hauteur égale à la tête et de 40 cm de côté,

— un tube allonge en matière plastique ou en fonte,

— un tabernacle en fonte pour protection du robinet.

Robinet-vanne du modèle nécessaire fixé sur massif de béton.

Compris fouille et remblais nécessaires.

Emplacement :

Sur le réseau incendie, disposition à soumettre à l'accord

des Sapeurs-Pompiers pour permettre l'isolation et la vidange.

Sur le réseau d'alimentation des bâtiments pour leur isolement, disposition à préciser par l'entrepreneur.

L 24. VIDANGE

Installation d'une vidange de diamètre 100 mm comprenant :

— le raccordement sur la conduite par un té ou un cône à tubulure de sortie de diamètre égal à celui de la vidange,

— un coude au 1/8,

— un robinet-vanne d'arrêt $\varnothing$ 100 mm sous bouche à clé avec cloche, tube coulissant en fonte, tige de manœuvre et tous accessoires,

— un tabernacle en fonte,

— une conduite en fonte $\varnothing$ 100 mm jusqu'au regard de la canalisation d'évacuation,

— le percement du regard et le calfeutrement après pose.

Emplacement :

A tous les points bas du réseau.

L 25. PURGE

Purge constituée par un coffre à bride d'admission $\varnothing$ 40 mm, type Banlieue de Paris, encastré dans la bordure de trottoir, avec collier de prise, robinet d'arrêt, conduite en polyéthylène noir de basse densité reliant le coffre à la canalisation principale, le dispositif de protection contre la contamination.

Emplacement :

Aux points hauts de la canalisation.

Variante

Purge constituée par une bouche à clé avec coffre, tube allonge, tabernacle et vanne de vidange, té et robinet de prise.

Liaison avec canalisation eaux usées par canalisation P V C de 60 mm.

L 26. REGARD POUR ACCESSOIRES

Regard constitué par :

— un radier en béton de gravillon, épaisseur 10 cm,

— jouées en blocs de ciment pleins (ou briques pleines), épaisseur 10 cm, hourdés au mortier moyen, joints bourrés en montant ; chaînage en mortier en partie haute,

— couverture par trappe fonte légère circulaire, dans cadre scellé au mortier,

— raccordement par tuyau en P V C sur l'égout le plus proche,

— massif en béton maigre pour pose de l'appareil.

Emplacement :

. . . .

L 27. MASSIFS DE BUTEE ET ANCRAGES

Massifs en béton de gravillon, dosage 350 kg C L K 35, coffrage ordinaire, pour buter les canalisations.

Poids calculés pour résister aux efforts en négligeant la butée des terres.

Emplacement :

Massifs au droit de chaque changement de direction, à chaque dérivation, à chaque extrémité de conduite.

L 28. BRANCHEMENT INDIVIDUEL

Branchement sur la conduite principale, constitué par :

— un collier de prise en charge ;

— une bouche à clé commandant un robinet enterré, composé de :

— une tête en fonte, avec couvercle de forme réglementaire et chaînette de sécurité, arasée au niveau du sol fini,

— un tube allonge en matière plastique ou en fonte,

— un tabernacle en fonte pour la protection du robinet de branchement ;

— la pose de canalisations en tuyaux de polychlorure de vinyle agréé pour cet usage ; joints collés en respectant les prescriptions du fournisseur (normes de la série T 54) ou raccord par bague à joint ; diamètre à déterminer par l'entrepreneur.

Toutes précautions prises contre l'action du soleil.

Compris toutes pièces de raccords, coudes, tés. manchons mixtes, etc...

Remblai en sable fin jusqu'à 20 cm au-dessus de la canalisation.

— à l'intérieur du bâtiment, un robinet d'arrêt ;

— passage dans les fondations sous fourreaux fournis et posés par le gros œuvre sur indications du présent lot ;

— calfeutrement au mastic d'asphalte après pose, ou système similaire étanche.

Emplacement :

Entre la canalisation principale extérieure et l'intérieur de chaque lot.

L 29. DESINFECTION DU RESEAU

Après essai des canalisations, désinfection des canalisations extérieures d'eau froide suivant règlement du Service des Eaux (arrêté du 15 mars 1962), comprenant remplissage de l'installation avec une solution de permanganate, rinçage, purge et contrôle, compris démontage et remontage des raccords nécessaires (art. 84 du fascicule du C. P. C.).

Vérification par la Compagnie des Eaux à la demande de l'entrepreneur.

Lavages répétés des canalisations d'eau potable pour que celle-ci ne présente ni goût, ni odeur prononcée.

Essais de laboratoire à la charge du présent entrepreneur.

L 30. PLAQUE INDICATRICE

Plaque indicatrice en tôle émaillée fixée par vis tamponnées (ou similaire), comportant un schéma général de la distribution d'eau froide avec indication et repérage des vannes.

Emplacement :

Dans le local compteur, pour chaque réseau.

L 31. BORNES DE REPERAGE

Bornes en béton vibré lissé, hauteur 30 cm, dimensions 10 × 10 cm en tête ; 20 × 20 cm au pied ; saillie de 5 cm hors sol.

Emplacement :

Tous les 20 m environ et à tous les branchements, coudes, etc.

Réseau incendie

L 32. ALIMENTATION ENTERREE

Canalisation en fonte centrifugée ∅ 100 mm, à joints express et rondelles caoutchouc, goudronnée extérieurement et intérieurement, compris tés en attente pour branchement des bornes, coudes, etc.

Pose sur lit de sable de 5 cm dans tranchée, profondeur minimale 1 m, largeur minimale 60 cm, terres rejetées sur un côté.

Compris massifs de butée en béton de gravillon, dosage 350 kg C L K 35, coffrage ordinaire, à tous les coudes et dérivations.

Remblai en terre fine, compactée à la main, jusqu'à 30 cm au-dessous du tuyau, en terre ordinaire au-dessus.

Au droit du passage de route, circulations et parkings, remblai en sablon sur toute la hauteur.

Enlèvement des terres aux décharges.

Emplacement :

A partir du local compteur, ceinturant la propriété.

L 33. ACCESSOIRES DE CANALISATIONS

Equipement de la canalisation par les accessoires de sécurité nécessaires :

— robinet de vanne de vidange en point bas,
— ventouse de purge aux points hauts.

Appareils placés dans un regard en béton de gravillon, coffrage ordinaire ; couverture par tampon fonte légère.

Emplacement :

A déterminer par l'entrepreneur.

L 34. BOUCHE D'INCENDIE

Bouche d'incendie, modèle incongelable, $\varnothing$ 100 mm, normalisée (NF S 61.211 ou 213) ; signalisation par symbole conventionnel (NF S 61.221).

Pose sur un massif en béton de cailloux, épaisseur 45 cm, débordant de 30 cm le socle de l'appareil ; enduit ciment lissé sur les dessus et les côtés, arrêté à 5 cm sous le sol fini.

Au droit de l'orifice de purge, drain en cailloux et gravillon.

Commande par robinet-vanne de 100, sous bouche à clé, tête au niveau du sol.

Compris réception par les Services des Sapeurs Pompiers.

Emplacement :

Voir plans.

L 35. POTEAUX D'INCENDIE

Ensemble constitué par :
— un regard en blocs de ciment pleins, épaisseur 10 cm, hourdés au mortier moyen, joints bourrés en montant ; radier en béton de gravillons, épaisseur 10 cm avec puisard en cailloux,
— dalle de couverture en béton armé, dessus taloché,
— couverture par trappe fonte lourde, passage de 0,85 m, modèle agréé par les Sapeurs-Pompiers,
— massif en béton maigre pour pose de l'appareil,
— un poteau d'incendie de 100 mm, conforme aux dispositions de la norme NF-S 61.213, socle en fonte, capot en matière plastique ou métal, rouge,
— équipement par une prise de 100 mm et deux prises latérales de 65 mm,
— tube allonge et coude de raccordement orientable en fonte, muni d'un patin,
— dispositif d'incongélabilité,
— raccordement sur robinet-vanne d'isolement en attente,

— commande de robinet-vanne par bouche à clé avec tête en fonte, tube allonge et tabernacle,
— orifice de vidange,
— toute la fourniture métallique peinte à une couche de minium et deux couches de peinture anti-rouille rouge.

Emplacement :

Voir plans.

L 36. VARIANTES

En variante, l'entrepreneur proposera l'emploi de canalisations en :
— amiante-ciment, qualité sous pression,
— polyéthylène dense, qualité agréée pour cet usage par le C S T B.

Ces canalisations pourront être utilisées sous réserve de l'agrément des Services de Sécurité.

Réseau arrosage

L 37. BRANCHEMENT SUR LA CANALISATION GENERALE

Branchement sur té en attente placé sur la canalisation générale mise en place par le lot Plomberie.

Branchement avec système antipollution comprenant une vanne d'arrêt, un robinet d'essai, un clapet antiretour et un robinet de purge, compteur divisionnaire.

Disconnecteur sur demande des Services d'Hygiène.

Emplacement :

A déterminer par l'entrepreneur en accord avec le plombier.

L 38. ALIMENTATION EN ELEVATION

Canalisation en fer galvanisé, diamètre à déterminer par l'entrepreneur, posée sur colliers galvanisés à double boulon, fixés par tamponnage. Compris percements, fourreaux en plastique et rebouchages dans les murs traversés.

Pente pour vidange avec robinets-purgeurs nécessaires.

Emplacement :

Depuis la vanne de branchement sur la canalisation générale jusqu'à la face extérieure du mur de façade.

Variante :

Canalisation en chlorure de polyvinyle rigide pour pression de service de 10 bars, assemblage par collage.

L 39. ALIMENTATION EN TRANCHEE

Exécution d'une tranchée profondeur 70 cm, largeur 50 cm, fond dressé, couche de sable fin de 5 cm.

— Tranchée séparée de la distribution eau froide.

Pose de tuyau en matière plastique agréée pour cet usage par le C S T B (polychlorure de vinyle, polyéthylène, etc.) ; diamètre à déterminer par l'entrepreneur ; joints par collage selon procédé indiqué par l'Avis Technique. Mise en place en prenant toutes les précautions nécessaires : nettoyage, aération, mise à l'abri du soleil, etc.

Raccords nécessaires pour dérivations en pièces moulées ou en laiton.

Remblai en sable jusqu'à 10 cm au-dessus du tuyau tassé mais non compacté ; fin du remblai en terres propres, pilonnées par couches de 30 cm.

Antibélier en extrémité du réseau.

Emplacement :

Desserte des bouches d'arrosage selon plans.

L 40. BOUCHE D'ARROSAGE

Bouche d'arrosage 20/27, avec raccord symétrique, se composant d'une boîte en fonte avec couvercle, robinet d'alimentation en cuivre à clé potence (ou à carré) ; placée dans un massif en béton de gravillon débordant de 10 cm de chaque côté et en dessous, dessus taloché.

Modèle sans dispositif d'incongelabilité.

Emplacement :

Selon plans.

L 41. BOUCHE DE LAVAGE

Bouche de lavage, scellée sur la bordure du trottoir avec dégorgeoir en caniveau ; modèle non incongelable.

Coffre du type à bride d'admission de 40 mm.

Alimentation sur le réseau d'arrosage en tuyau de polyéthylène, avec clapet anti-retour.

Emplacement :

Voir plans.

PRESCRIPTIONS TECHNIQUES PARTICULIERES

1.-1. — *Conformité aux normes et règlements*

Les travaux seront effectués conformément aux normes et règlements en vigueur, ainsi qu'à tous les règlements officiels parus un mois au moins avant la date de la soumission, notamment :

— Le D T U n° 60.1 (plomberie sanitaire).

— Le fascicule 71 du C P C (Fourniture et pose des canalisations d'eau, accessoires et branchements).

— Les Guides du Syndicat National de fabricants de tubes et raccords de polychlorure de vinyle rigide.

— Les Normes Françaises concernant les tuyaux en acier, fonte, amiante-ciment et plastique sous pression.

— Les normes des classes P et S concernant le matériel d'incendie.

— Les indications du Conseil Supérieur de l'Hygiène de France.

— Les recommandations de la Compagnie des Eaux locale.

— Le Règlement sanitaire départemental.

— Les arrêtés préfectoraux en vigueur sur le lieu de la construction.

1.-2. — *Démarches administratives*

Les entrepreneurs soumissionnaires doivent contacter les divers Services de Sécurité (Eau, Hygiène, etc.), ainsi, s'il y a lieu, que le Bureau de contrôle désigné par le Maître d'Ouvrage, avant la remise de leur proposition, pour tenir compte de leurs recommandations ou exigences.

Toutes les modifications demandées par ces derniers en cours d'exécution sont incluses au forfait.

Aucune modification du prix du marché ne pourra intervenir ultérieurement, si l'entrepreneur les a négligées.

Il doit effectuer toutes les démarches nécessaires, fournir tous les documents utiles et apporter son assistance technique au Maître d'Ouvrage pour la passation des contrats d'abonnement.

1.-3. — *Base des calculs*

La pression de l'eau à l'arrivée sera celle indiquée par les Services Publics et vérifiée par les soins de l'entrepreneur. Celui-ci devra s'assurer qu'aucune modification de débit ou de pression n'est envisagée avant la mise en service de l'immeuble et le confirmer par écrit. A cet effet, l'entreprise se renseignera auprès des services compétents sur la pression d'eau locale, pour prévoir toutes sujétions pouvant provenir du fait de variation de celle-ci.

Les sections seront calculées pour qu'aux heures de pointe aucun point ne soit susceptible de manquer d'eau par insuffisance de pression, et qu'aucun dommage n'intervienne lors des fortes pressions enregistrées la nuit.

Les débits de base des appareils de puisage seront ceux indiqués par la N F P 41.204.

Les coefficients de simultanéité devront tenir compte de la nature de l'immeuble.

Les vitesses maximales admises en plein débit sont les suivantes :

— canalisations principales : 1,50 m/ s,
— distribution : 0,60 m/s.

Il y aura lieu de vérifier les pertes de charges qui devront être inférieures à celles admises par la norme.

1.-4. — *Projet technique*

Le projet technique définitif sera établi par l'entrepreneur et soumis pour approbation au Maître d'Œuvre.

Il comportera trois phases :

a) le tracé des canalisations générales et les trous à réserver dans le gros œuvre, *b)* les plans d'exécution définitifs comprenant le repérage de toutes les canalisations, les diamètres, etc.,

c) la mise à jour des plans après exécution avec la numérotation de toutes les vannes, colonnes, etc., correspondant aux étiquettes de repérage en place.

Les plans seront accompagnés des notes de calcul justificatives précisant le débit de pointe et le débit journalier, les sections, l'indication des barèmes choisis.

L'entrepreneur doit prévoir tous les plans de trous à réserver lors de la construction du bâtiment. A défaut de la remise de ces plans en temps utile, l'entrepreneur aura à sa charge tous ces percements qui seront effectués par l'entreprise de gros œuvre.

1.-5. — *Tracé des canalisations*

Le tracé des canalisations devra être étudié en accord avec les entrepreneurs de Chauffage, d'Electricité et de Gros Œuvre, afin d'obtenir des tracés homogènes.

Il sera soumis ensuite pour approbation au Maître d'Œuvre qui peut apporter toutes modifications qu'il jugera utile pour tenir compte du voisinage des autres canalisations ou des particularités de la construction.

La purge de tous les circuits devra être possible à proximité d'un collecteur principal.

Le projet fera l'objet de plans précis, avec emplacement des appareils, vues axonométriques, etc.

Les fourreaux sous chaussée en autres éléments devront être précisés dès l'ouverture du chantier.

1.-6. — *Matériaux*

1.-6. 1. *Canalisations.* — Les tuyaux d'acier, fonte et amiante-ciment seront pris dans les séries normalisées et devront provenir d'un fournisseur bénéficiant de la marque N F ou à défaut, agréés par le Maître d'Œuvre.

Les matériaux plastiques devront être conformes à leurs marques de qualité respectives.

1.-6. 2. *Robinetterie.* (N F. E 29.139 et D 18.201). — Le type de chaque vanne devra être soumis au Maître d'Œuvre pour agrément. La pression d'essai et la pression de service seront marquées d'une manière indélébile sur les appareils.

Les manœuvres d'ouverture et de fermeture devront être progressives et ne produire ni bruit ni vibration.

Les diamètres seront toujours au moins égaux à ceux des canalisations commandées.

L'étanchéité devra être parfaite et se conserver pendant la période de garantie.

1.-6. 3. *Matériaux divers.* — Les liants et granulats devront être conformes à leurs normes respectives. Les dosages des mortiers et bétons sont ceux définis dans le D T U n° 20.

1.-7. — *Mises en œuvre générales*

1.-7. 1. *Tranchées.* — Sauf prescriptions contraires de la partie descriptive, l'entrepreneur exécutera les tranchées ; les terres de mauvaise qualité et en excédent seront évacuées aux décharges.

1.-7. 2. *Pose des canalisations.* — Les canalisations seront posées selon les indications du fascicule 71 et de la partie descriptive ; le fond sera soigneusement nivelé. Les éléments durs seront purgés.

Après pose, le tuyau sera soigneusement nettoyé ; les extrémités seront bouchées à chaque arrêt de travail.

— Un lavage à l'eau sous pression sera effectué avant mise en service et protection.

— Des cavaliers en terre bloqueront la canalisation avant essais.

— L'entrepreneur fournira une note de calcul justificative pour les butées et ancrages. Il déterminera les points de vidange, de purge et les accessoires nécessaires à une exploitation facile.

Le remblai devra être effectué avec soin et donner un indice Proctor modifié de 95 % au moins.

Les remblais sous chaussée seront toujours effectués en sablon.

1.-7. 3. *Protection des ouvrages.* — Les ouvrages annexes : robinets, vannes, purges, etc., seront soigneusement protégés par le moyen du choix de l'entrepreneur pendant la durée des travaux de construction des bâtiments.

Les éléments apparents : bouche à clé, trappe de regard,

etc., ne seront mis en place que lors de la finition des travaux de voirie.

1.-8. — *Essais et contrôles*

Pour les essais des matériaux, on se reportera au fascicule 71.

Les essais avant réception des travaux sont dus obligatoirement par l'entrepreneur ; ils seront effectués par un organisme agréé et comprendront :

— essais de mise en charge sous la pression double de la pression maximale de service : aucun suintement ou désordre ne devra être constaté,

— vérification du débit des appareils les plus éloignés de la source.

En cours d'exécution, il sera vérifié que les appareils sont bien ceux choisis. Il sera demandé les preuves nécessaires (étiquettes, factures, etc.).

Les robinets et vannes seront soumis à des essais de résistance et d'étanchéité, selon les Normes E 29.002, E 29.408 et E 29.409, aux frais de l'entreprise.

Les modifications en cours d'exécution demandées par les compagnies concessionnaires sont implicitement prévues dans le marché.

1.-9. — *Garantie et entretien*

L'entrepreneur remédiera gratuitement à tous les défauts qui pourraient se produire dans un délai d'un an à partir de la réception des travaux, sauf cas d'utilisation anormale. Il procédera à tous les réglages nécessaires.

De plus, il restera responsable de tous les accidents matériels ou corporels résultant d'une carence de son installation.

Dès qu'un incident lui sera signalé, il devra le réparer dans les plus brefs délais. En cas de négligence, la réparation sera effectuée d'office à ses frais.

1.-10. — *Mise au courant du personnel d'exploitation*

L'entrepreneur devra assurer la mise au courant du personnel d'exploitation.

Il doit fournir des notices de fonctionnement de toute

l'installation, ainsi que la nomenclature des pièces de rechange.

1.-11. — *Dossier de récolement*

Il sera fourni :

Un dossier de récolement comprenant : quatre séries de plan d'exécution mis à jour, sur lesquels seront portés clairement tous les organes de manœuvre (vannes et robinets d'arrêt, robinets de vidange, purges, etc.),

une notice détaillée spécifiant :

— la marque, le type et les caractéristiques des différents appareils et matériels installés, l'adresse complète des fournisseurs,

— le fonctionnement sommaire des installations,

— l'entretien,

— les consignes en cas d'incident.

Un exemplaire de ces documents sera fourni sur reproductible.

Ce cahier sera accompagné de notices d'entretien et de fonctionnement, avec tous schémas et croquis explicatifs permettant à un personnel d'entretien non spécialisé d'effectuer les réparations courantes.

Arrosage automatique

L 42. CONSISTANCE DU FORFAIT

Les travaux comprennent d'une manière générale :

— Les démarches auprès des Compagnies Concessionnaires (eau, électricité).

— Les études techniques, plans et notes de calcul de dimensionnement, la nomenclature du matériel.

— La liaison avec le lot Espaces verts.

— Les liaisons avec les autres entrepreneurs : gros-œuvre, électricien, plombier, etc. (percements, points de livraison des fluides, etc.).

— La fourniture et le transport à pieds d'œuvre de tout le matériel.

— Le réseau d'arrosage automatique complet des espaces verts avec tout son équipement comprenant la conduite maîtresse, les antennes avec les arroseurs adaptés, le programmateur, les vannes de commande, les purges, l'alimentation électrique, compris tous travaux de terrassement.

— Les essais et réglages.

— La réfection des ouvrages défectueux constatés à la réception des travaux.

— Le nettoyage hebdomadaire et final de son chantier.

— La protection des appareils jusqu'à réception.

— Le dossier de conduite de l'installation et les plans de récolement.

— Un stock de pièces de rechange pour les petits dépannages.

— Les réglages pendant la période de garantie.

Hors forfait : :

Le compteur d'eau et sa liaison au réseau général.

La participation de l'entrepreneur au compte prorata.

Tous les travaux de maçonnerie, regards, station de surpression, etc.

L 43. PRESTATIONS DES AUTRES LOTS

Compagnie des Eaux :

Compteur et raccordement sur réseau public.

Lot V.R.D. :

Regard pour compteur.

Raccordement des vidanges.

Electricien :

Alimentation dans regard compteur avec prise de terre.

Plombier :

Compteur spécial et raccordement sur réseau général.

Espaces verts :

Débits d'arrosage.

L 44. CONTRAT D'ENTRETIEN

Les entreprises soumissionnaires remettront obligatoirement avec leur offre un projet de contrat d'entretien portant sur deux ans : l'année de garantie et un an après, reconductible.

Le contrat précisera en particulier :
— la fréquence des visites d'entretien et les opérations effectuées à chaque visite,
— les délais d'intervention lors d'une demande de dépannage,
— le tarif horaire de main-d'œuvre,
— le coefficient applicable sur le prix d'achat hors taxe des pièces de rechange.

L 45. COMPTAGE

La prestation de l'entrepreneur débute après la bride de sortie du compteur spécial placé par la Compagnie des Eaux (bride en attente).
Après le compteur :
— une manchette démontable,
— un robinet à soupape,
— un disconnecteur,
— un robinet de purge,
— un by-pass avec robinet à soupape.
Emplacement :
Dans le regard spécial exécuté par lot V. R. D. en limite de propriété. Diamètre du compteur 20 mm.

L 46. TRANCHEE

Fouille en tranchée, profondeur 60 cm minimum, fond nivelé et réglé.
Compris blindage et épuisements éventuels.
Sur le fond une couche de sable fin de 10 cm dressée.
Après pose du tuyau, remblai en terre fine, émottée sur 20 cm et sur les côtés, exécution manuelle.
Remblais en terre de déblais au-dessus.
Terres en excédent enlevées aux décharges.
Emplacement :
A partir du regard compteur selon plans.

L 47. CANALISATION ET ARROSEURS

Distribution enterrée en tubes de chlorure de polyvinyle ou similaire, type pour pression de service de 10 bars, marque NF, joints collés ; diamètre à déterminer par l'entrepreneur.

Compris toutes pièces de raccord : tés, coudes, soupapes de raccordement sur les appareils arroseurs, vannes d'arrêt.

Vidanges automatiques par vannes bronze.

Electro-vannes des diverses sections placées dans regards fonte avec couvercle équipé de serrure ; type en bronze fonctionnement sur 24 v.

Arroseurs en alliage léger ou inoxydable, avec buse permettant le réglage du jet, placé au ras du sol, se soulevant sous la pression d'eau et s'escamotant en fin d'arrosage. Equipement avec filtre et tous accessoires.

Enrobage en gravier.

Emplacement :

Tracé à déterminer par l'entrepreneur en fonction du plan d'espaces verts et de la nature des essences.

L 48. CLAPETS-VANNES

Clapets-vannes pour adaptation de tuyaux flexibles pour arrosage manuel monobloc en bronze avec couvercle verrouillable.

Compris clef de branchement, coude pivotant, raccords.

Fouille et calage en béton.

Emplacement :

Voir plans allées de piétons.

L 49. PROGRAMMATION

Commandes des circuits d'arrosage par électro-vannes sous très basse tension pilotées par un programmateur, placé sous coffret tôle laquée, étanche avec serrure de sûreté.

Equipement :
— horloge horaire 24 h,
— horloge journalière de deux semaines, avec programme d'arrosage,
— interrupteur principal,
— disjoncteur général,
— protection de chaque circuit par fusibles,
— commutateur permettant le fonctionnement automatique ou l'arrêt par temps pluvieux,
— transformateur 220/24 v et borne de terre,

— raccordement sur câble d'alimentation générale et terre.

Emplacement :

Dans le regard, placé à côté du compteur.

Programmation à préciser par l'entrepreneur.

L 50. ALIMENTATION ELECTRIQUE

Alimentation électrique sous très basse tension (24 v) en câble étanche U. 1000.R.O.2.V, placé sous fourreau P V C (3 × 2,5 mm^2).

Grillage avertisseur au-dessus.

Boîtes de dérivation, modèle étanche, à remplissage résine.

Raccordement sur le réseau de terre.

Emplacement :

Dans la tranchée des canalisations, alimentation des électro-vannes à partir du programmateur.

L 51. SURPRESSEUR

Groupe motopompe électrique de 10 C V débitant 30 m^3/h, portant l'eau de ville à la pression nécessaire pour obtenir un minimum de 4 kg/cm^2 à l'entrée de la vanne électrique du réseau d'arrosage.

Ce groupe permettra en outre le puisage de l'eau dans l'étang y compris canalisations et crépine.

Compris tous raccordements électriques et liaisons avec l'armoire de commande située chez le gardien.

Emplacement :

Dans regard spécial.

Prescriptions techniques particulières — Arrosage automatique

1. *Conformité aux normes et règlements*

Les matériaux et les mises en œuvre seront conformes aux normes et règlements en vigueur parus un mois au moins avant la date de la soumission et en particulier :

— le D. T. U. n° 60 (Plomberie sanitaire) et ses additifs,

— le fascicule 71 du C P C : Fourniture et pose des canalisations d'eau, accessoires et branchements,

— le Guide du Syndicat National des fabricants des tubes et raccords de polychlorure de vinyl rigide,

— les Normes Françaises, tuyaux, robinetterie, etc.,

— les indications du Conseil Supérieur de l'Hygiène de France,

— le Règlement sanitaire Départemental,

— les Recommandations de la Compagnie des Eaux locale,

— les lois, décrets et arrêtés sur la protection des travailleurs.

2. *Matériaux*

Le type de chaque vanne devra être soumis au Maître d'Œuvre pour agrément. Elles devront être conformes à leurs normes.

Les canalisations en matériau de synthèse devront porter la marque de garantie.

Le matériel électrique devra être conforme aux normes ou agréé U T E.

3. *Base des calculs*

La pression de l'eau à l'arrivée sera celle indiquée par la Compagnie des Eaux. L'entrepreneur devra s'assurer qu'aucune modification de débit ou de pression n'est envisagée dans un court délai.

Il s'entendra avec l'entrepreneur d'espaces verts pour les débits d'arrosage et étudiera avec lui la programmation.

4. *Pose des canalisations*

Les canalisations seront posées en se référant aux indications du fascicule 71 ; après pose le tuyau sera soigneusement nettoyé à l'air comprimé, les extrémités seront bouchées à chaque arrêt de travail.

La canalisation sera essayée avant remblai des tranchées avec blocage par des cavaliers en terre.

L'entrepreneur fournira une note de calculs justificative de tous les éléments.

Toutes les purges seront situées à proximité d'une canalisation d'évacuation. Le réseau sera désinfecté avant mise en service.

Tous les éléments seront soigneusement protégés jusqu'à réception. Les ouvrages apparents ne seront mis en place que lors de la finition. Toutes les masses métalliques seront mises à la terre et raccordées au réseau général de l'électricien.

5. *Réception*

Il sera procédé à des essais de l'ensemble du réseau pour vérifier le fonctionnement des arroseurs, leur réglage, le fonctionnement du programmateur, l'isolation électrique, etc.

Les frais d'essais sont inclus dans le forfait.

6. *Maintenance et entretien*

• *Outillage*

L'installateur du présent lot devra mettre à la disposition des services chargés de l'exploitation, un jeu complet d'outillage de maintenance et d'entretien, et notamment : outil pour démontage des circlips, outil d'extraction de vanne, outil de montage vanne, pince étau pour démontage du porte-buse, outil pour réglage des programmateurs, etc...

• *Pièces de rechange*

Afin de faciliter la maintenance et le dépannage, un jeu de pièces de rechange sera fourni (à définir avec le fournisseur retenu) avec au minimum :

— un arroseur complet pour 20 installés,
— un arroseur de chaque type,
— une vanne électrique dans chacun des diamètres utilisés,
— pièces courantes à remplacer (joints, buses...).

7. *Plans du réseau*

Un plan de récolement exact indiquant tous les passages de tuyauteries cotées par rapport aux bâtiments existants ou futurs avec emplacement et types d'arroseurs sera fourni en fin de chantier.

CHAPITRE XX

DISTRIBUTION DE GAZ
(fiches M)

M 1. CONSISTANCE DU FORFAIT

Les travaux comprennent d'une manière générale :

Démarches auprès de Gaz de France.
Implantation.
Raccordement sur le réseau principal G D F.
Réseau de distribution général.
Branchements individuels.
Accessoires de branchement.
Tranchées et leur remblai.
Démarches pour la mise en service. Etat descriptif.
Essais, compris tous frais annexes.

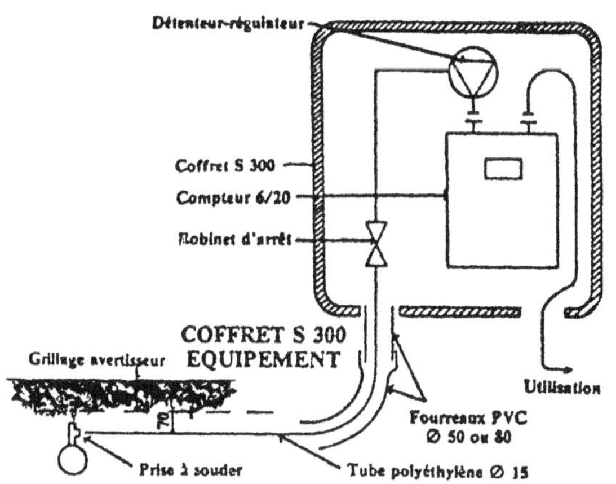

Non compris au forfait :

Fourniture et pose des compteurs.

Participation de l'entrepreneur au compte prorata.

Travaux de terrassement et de maçonnerie (sauf spécifications contraires).

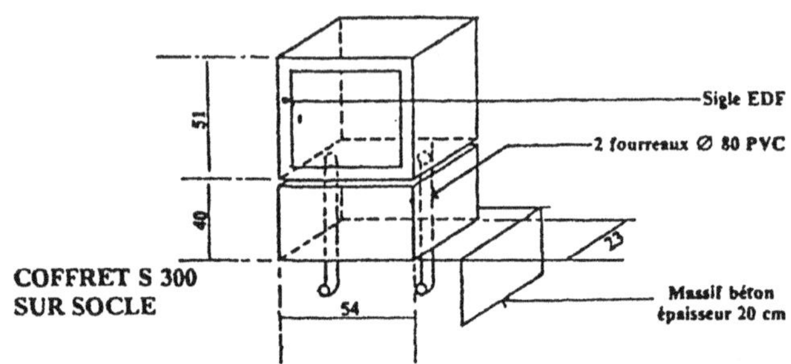

M 2. NATURE DU GAZ

Alimentation publique en gaz type Lacq, sec, basse pression.

M 3. PRISE SUR CANALISATION PUBLIQUE

Démolition de chaussée et fouille jusqu'à la canalisation principale, déblais rangés sur les bords, toutes précautions de sécurité prises. Mise en place d'un collier à lunette sur la canalisation principale.

Robinet d'arrêt sous chaussée avec regard et tabernacle.

Raccordement en tuyau de fonte.

Remblai et réfection de chaussée.

Toute l'installation réalisée selon les indications de G D F.

Emplacement :

Voir plans : entre la canalisation principale et la limite de propriété.

M 4. TRANCHEE POUR CANALISATION

Fouilles en tranchée pour recevoir les canalisations ; profondeur minima 70 cm sous le sol fini, largeur 50 cm mini ; fond dressé compris tous blindages et passages ; épuisements et assainissements nécessaires. Démolitions de débris de masse sur attachement.

Pose de tuyau sur un lit de sable de 10 cm avec façon de niche aux emboîtements et raccords.

Signalisation par grillage galvanisé de 30 cm, maille de 40 mm, placé à 30 cm au-dessus du tuyau, couleur jaune.

Remblayage en terre propre et meuble par couches de 20 cm pilonnées.

Remblayage en sablon au droit des chaussées

Enlèvement des excédents aux décharges publiques.

Vérification par G D F avant remblayage.

Emplacement :

Selon plans : sous trottoir, dans l'axe des allées de jardins.

Observation : cette prestation est souvent réalisée par le lot Terrassements Généraux.

M 5. CANALISATIONS ENTERREES PRINCIPALES

Canalisations en tuyau d'acier conformes au Recueil des Spécifications G D F ; assemblage par soudure autogène ; pièces de raccord mixtes en bronze ou laiton moulé ; protection anticorrosion par ruban de jute trempé au bitume à chaud et enroulé autour du tuyau.

Fourreau amiante-ciment au droit des croisements avec les autres canalisations.

Joints isolants partout où nécessaire.

Emplacement :

Réseau principal depuis la conduite publique.

Variante :

Canalisation en tuyaux de fonte centrifugée, conformes à la norme N F A 601 à 608, série Express, avec joints en caoutchouc synthétique.

M 6. BRANCHEMENT D'IMMEUBLE

Branchement constitué par un té en attente sur la canalisation principale, un cône de réduction, une vanne d'arrêt sous bouche à clé, une alimentation en tuyau en fonte centrifugée à joint express.

Fourreau fourni au maçon pour passage au travers du mur de façade et calfeutrement après pose au bitume.

Compris terrassements nécessaires et remblai.

Emplacement :

Entre la canalisation principale et la vanne d'arrêt située à l'intérieur du bâtiment, début de la prestation « plomberie gaz intérieure » (coffret S 300 ou S 200).

Variante :

Canalisation de branchement en tuyau de polyéthylène, système agréé par G D F.

Placée dans un fourreau en $\varnothing$ 150 mm en amiante-ciment ou dans un caniveau en bois créosoté (drain flamand).

PRESCRIPTIONS TECHNIQUES PARTICULIERES

1. Conformité aux Normes et Règlements

Les travaux seront exécutés en se conformant aux documents suivants : Document Technique Unifié n° 61-1 (Installations de gaz) :

les prescriptions de la section locale de G D F,

le code des conditions minimales des installations de gaz de ville,

les Spécifications Techniques pour l'établissement des canalisations de gaz, édictées par G D F,

les Règles de calcul des installations de gaz,

le recueil des spécifications pour le matériel et appareils,

les règles techniques de sécurité (arrêté du 15 octobre 1962),

les Normes françaises ou européennes.

2. *Mises en œuvre*

L'entrepreneur devra se mettre en rapport avec G D F avant toute exécution, remplir les formulaires demandés et présenter ses plans pour approbation. Il est spécifié que tous les frais et modifications demandées par G D F sont inclus dans le forfait.

Le diamètre des canalisations sera déterminé par l'entrepreneur en accord et sous la direction de G D F. Il en sera de même du tracé. Toutes les conduites seront essayées avant le remblaiement des tranchées et un essai général est dû avant la mise en service.

La réception des travaux ne sera prononcée qu'après réception par G D F. L'entrepreneur devra vérifier que la nature du terrain en contact avec la canalisation n'est pas susceptible d'attaquer celle-ci ou de provoquer des ruptures par affaissement. Il devra prendre toutes précautions nécessaires et les soumettre au Maître d'Œuvre pour approbation.

VARIANTE - COFFRETS

Les coffrets S 300 (ou S 200) seront fournis au lot gros-œuvre qui les mettra en place avec les fourreaux de raccordement nécessaires.

CHAPITRE XXI

CANIVEAU DE CHAUFFAGE
(fiches N)

N 1. CONSISTANCE DU FORFAIT

Les travaux comprennent d'une manière générale :

Transport et amenée à pied d'œuvre de tous les matériaux et matériels nécessaires.

Demande de renseignements au chauffagiste, plombier et gros œuvre.

Détermination des sections.

Implantation et nivellement.

Exécution des travaux nécessaires compris toutes sujétions en deux phases séparées par la pose des tuyauteries par le chauffagiste.

Non compris au forfait :

Participation au compte prorata.

Démolition de roche ou maçonnerie enterrée et inconnue.

Drainage, sauf spécifications particulières.

N 2. FOUILLES EN TRANCHEE ET REMBLAIS

Fouilles en tous terrains sauf rocher, compris étaiement et blindage ; fond soigneusement dressé ; assainissement de la tranchée et évacuation des eaux d'infiltration. Profondeur nécessaire pour que le caniveau soit recouvert de 50 cm de terre au moins ; largeur minima : celle du caniveau plus 30 cm.

Fouilles complémentaires au droit des chambres de vannes ou lyres, massifs de points fixes, coudes, etc.

Après exécution du caniveau, remblai en terres saines soigneusement compactées, sur les côtés et au-dessus, donnant 95 % au moins de la compacité optimum Proctor ; arasé sous la terre végétale (20 cm environ).

Chaussées, remblai en sablon sur toute la hauteur.

Excédents enlevés aux décharges publiques.

Emplacement :

Selon plans.

Entre les nus extérieurs des façades des bâtiments.

Entre la façade de la chaufferie et celle du bâtiment.

N 3. CANIVEAU EN BETON ARME

Couche de 5 cm, béton maigre dressé.

Caniveau en forme d'U en béton armé, coffrage ordinaire ; jouées et radier.

Epaisseur minimum 15 cm ; manques ragréés.

Réserve de trous pour scellement des supports de tuyauteries.

Fond en pente vers siphon-panier.

Dalles de couvertures amovibles, dessus en pente et débordant extérieurement ; épaisseur minima 6 cm ; feuillure d'étanchéité aux extrémités ; un anneau de levage tous les mètres, pose sur un feutre bitumé collé à l'enduit d'application à froid ; jointoiement entre dalles au bitume à chaud.

Au point bas, siphon-panier en fonte, diamètre 15 cm.

Renforcement des armatures au droit des chaussées.

Emplacement :

Voir plans : à partir de la chambre de vanne en limite de propriété jusqu'au nu extérieur du mur de façade du bâtiment.

N 4. ENTREE DE CANIVEAU DANS BATIMENT

Sur indications du présent lot, le gros œuvre réservera dans le mur de sous-sol une trémie avec feuillure.

Après mise en place du caniveau, bourrage étanche sur les quatre côtés en mastic bitumineux.

Au-dessus, auvent constitué par un feutre 36 S autoprotégé cuivre, engravé dans le mur et débordant de 30 cm de part et d'autre.

Emplacement :

Voir plan. Entrée dans sous-station.

N 5. CANIVEAU SOUS CHAUSSEE

Béton de propreté de 5 cm d'épaisseur.

Caniveau en béton armé : radier, deux piédroits, une couverture, calculé en cadre fermé pour résister aux surcharges réglementaires ; coffrage brut mais ragréé.

Sur le dessus, chape étanche au mortier gras lissée avec pentes latérales et rabat de 25 cm de chaque côté.

Trous réservés pour pose des supports de canalisations.

Emplacement :

Au droit des chaussées et parkings, débordant l'emprise de 1 m au moins.

N 6. CANIVEAU PREFABRIQUE

Couche de béton maigre, épaisseur 10 cm, dressée.

Mise en place d'éléments de caniveau en béton armé préfabriqués, d'un modèle agréé par le Maître d'Œuvre ; éléments bien alignés ; jointoyés au mortier gras ; légère pente vers évacuation.

Découpes nécessaires aux extrémités.

Ensemble capable d'une surcharge de 400 kg/m^2.

Dalles jointoyées au mastic bitumineux.

Au point bas, siphon de sol et raccordement sur canalisation.

Emplacement :

. . . .

N 7. DRAINAGE SOUS CANIVEAU

Drainage constitué par :

— approfondissement de la fouille dans la zone intéressée,

— dans le fond, façon de tranchée, section 40 cm sur 30 cm de hauteur,

— dans la tranchée :

lit de gravillon de 10 cm,

drain en amiante-ciment perforé de 100 mm (ou plastique,

enrobage en gravillon de l'ensemble.

— couche de sable gros sans fin, épaisseur 15 cm,

— mise en place du caniveau (voir poste spécial),

— comblement de la tranchée jusqu'au niveau de la couverture du caniveau en sable et gravier,

— fin du remblai en terre ordinaire.

Emplacement :

. . . .

Observation :

Si le caniveau est exécuté sur place, pose avant coulage du radier d'une feuille de polyéthylène sur le sable, ou similaire, pour empêcher la pénétration de la laitance du béton.

N 8. EVACUATION DES EAUX

Au point bas, mise en place de siphon-panier à grille fonte, diamètre 15 cm minimum.

Raccordement par tuyau amiante-ciment à joint caoutchouc à la canalisation E P la plus proche par l'intermédiaire d'une boîte de branchement. Diamètre minimum 100 mm.

Emplacement :

Voir plan.

Variante : (eaux de fuite seulement).

Trous percés dans le radier $\varnothing$ 5 cm.

En dessous, puisards perdus, diamètre 30 cm, profondeur 50 cm, remplis de cailloux.

N 9. PUITS PERDU

Puits perdu constitué par une fouille de 1 m³ environ sous le niveau d'arrivée du tuyau d'écoulement.

Remplissage en cailloux non tassés.

Sur le dessus mais sous l'arrivée du tuyau, lit de gravillon de 5 cm.

Sur la hauteur du tuyau remplissage en cailloux.

Remblai final en bonne terre perméable et terre végétale au-dessus.

Emplacement :

. . . .

N 10. CHAMBRE POUR LYRES DE DILATATION

Béton de propreté de 5 cm.

Chambre en béton armé composée d'un radier et de parois, coffrage ordinaire ; dessus du radier taloché, épaisseur : 15 cm.

Pan coupé à 45° pour l'entrée des tuyauteries ; massifs d'appui.

Couverture par dalles béton armé, dessus taloché, avec poignée de levage encastrée.

Emplacement :

Dimensions et emplacement à la demande du chauffagiste.

N 11. CHAMBRE DE VANNES

Béton de propreté de 5 cm, dosage 200 kg C L K.

Regard en béton armé composé d'un radier et de parois, coffrage brut, épaisseur 15 cm.

Sur le radier, chape en mortier gras lissé, avec façon de pente vers siphon-panier, se relevant de 10 cm sur les bords avec gorges.

Siphon-panier en grès raccordé à la canalisation d'évacuation.

Massifs de repos des canalisations.

Echelons d'accès en acier galvanisé de 30 mm, et crosse.

Couverture par tampons en acier, reposant sur des fers I P N, revêtus de deux couches de peinture antirouille.

Emplacement :

Selon plans.

Dimensions et emplacements exacts indiqués par le chauffagiste.

Variante :

Couverture par trappe en tôle striée 5/7 avec ossature de renfort en cornières ; cadre en cornière, poignée de levage et pivots ; fermeture par cadenas de sûreté ; fer I P E de renfort en partie centrale.

CHAPITRE XXII

TÉLÉPHONE
(fiches O)

Consistance du forfait :

Les travaux comprennent d'une manière générale :

— les démarches nécessaires auprès des services des P T T,

— les plans d'exécution et leur approbation par les P T T,

— l'implantation du réseau,

— les tranchées et leur remblai,

— les fourreaux courants,

— les fourreaux sous chaussée et pour entrée dans le **bâtiment,**

— les boîtes de tirage,

— les plans de récolement.

O 1. TRANCHEE POUR CABLES TELEPHONIQUES

Exécution de tranchée de 65 cm de profondeur minimum et 50 cm de largeur en tous terrains, sauf rocheux, compris blindages de sécurité et épuisements éventuels nécessaires. Elargissement au droit des boîtes de tirage.

Remblai en sablon au droit des chaussées et parcs à voitures.

Remblai au-dessus des fourreaux sur 10 cm en sable fin et terre de remblais purgée au-dessus.

Emplacement :

Selon plans, entre l'alignement sur rue et le bâtiment, en accord avec les services des P T T.

O 2. FOURREAU P T T

Fourreau en tube de polychlorure de vinyle rigide, agréé pour cet usage. Assemblage par collage ; diamètre réglementaire.

Pose sur une couche de sable fin de 5 cm. Grillage vert à 20 cm au-dessus. Aiguillage en place à la livraison aux P T T (fil de nylon $\varnothing$ 1,85 mm).

Emplacement :

Selon plans entre les boîtes de tirage, sous les espaces verts, aires de jeux et chemins de piétons. Isolés ou groupés selon nombre de lignes. Diamètre 25/28 ou 42/45 selon demande P T T.

O 3. CABLAGE (Lot Installateur téléphonique)

Canalisations téléphoniques en câble non armé sept paire (7 × 2), conducteur en cuivre 5/10 sous gaine chlorure de vinyle, avec écran antiinductif et fil de terre.

Mise en place dans fourreaux prévus par le lot V R D, mais aiguillé par celui-ci ; avec longueurs en attente à chaque extrêmité.

Emplacement :

Entre le répartiteur P T T (ou le sous-répartiteur général) en limite de propriété et les coffrets de raccordement situés dans chaque bâtiment.

O 4. BOITE DE TIRAGE P T T

Boîte de tirage modèle réglementaire sous trottoir comprenant :

— terrassements nécessaires,

— béton de propreté de 5 cm,

— regard avec radier et parois en béton armé, épaisseur 10 cm, coffrage brut (ou chambre préfabriquée),

— chape en mortier gras sur le fond et les parois,

épaisseur 1 cm, avec gorges dans tous les angles, finition lisse,

— tampon de couverture en béton armé avec encadrement et feuillures en cornières, épaisseur 4 cm ; armature soudée ; dessus taloché ; plaque d'identification.

Emplacement :

Tous les 50 m au plus en alignement droit.

A tous les changements de direction.

Selon les indications des Services Techniques des P T T.

O 5. ENTREE DANS BATIMENT

Fourniture en temps opportun au gros œuvre de fourreau en amiante-ciment $\varnothing$ 100 mm avec toutes indications pour la pose.

Après mise en place du câble, calfeutrement en mortier gras soigneusement arasé.

Emplacement :

Pénétration au droit du local commun destiné au répartiteur.

O 6. PASSAGE SOUS CHAUSSEE

Enrobage des fourreaux dans un massif en béton de gravillon, dosage 350 kg C L K, coffrage ordinaire ; épaisseur 10 cm autour des fourreaux dans chaque sens.

Exécution sur un lit de sable de 5 cm.

Emplacement :

Au droit des chaussées, parcs à voitures, voie pompiers, débordant de 50 cm de part et d'autre l'emprise de celle-ci.

PRESCRIPTIONS TECHNIQUES PARTICULIERES

On se reportera aux Prescriptions Techniques Particulières des lots Terrassement et Assainissement en ce qui concerne l'exécution des tranchées.

Les tracés ainsi que les diamètres des fourreaux, les dimensions et l'emplacement des chambres de tirage, l'emplacement des entrées dans les bâtiments seront déterminés en accord avec le Service local des P T T. Les tranchées ne seront remblayées qu'après accord de ce Service.

CHAPITRE XXIII

ESPACES VERTS
(fiches P)

P 1. CONSISTANCE DU FORFAIT

Les travaux comprennent d'une manière générale :

Fournitures de dessins ou maquettes.

Réception des travaux préparatoires.

Fourniture et transport à pied d'œuvre de tous les matériaux et matériels nécessaires.

Implantation et établissement des profils.

Nettoyages préliminaires.

Apport de la terre végétale, matériaux drainants et divers, compris toutes manipulations et montage.

Fourniture des plantes diverses et de leurs tuteurs.

Exécution des chemins et bacs.

Nettoyage du chantier après exécution des travaux et enlèvement des déchets.

Entretien pendant l'année de garantie.

Remplacement des végétaux défectueux à la fin de l'année de garantie.

Hors forfait :

Participation de l'entrepreneur au compte prorata.

Eau pour arrosage.

Ouvrages pour évacuation des eaux.

Frais de contrôle technique.

P 2. LIVRAISON DU TERRAIN

Terrain entièrement débarrassé de tous gravois et obstacles (chemins provisoires, voies de grue, emplacement de bétonnières, etc.). Tous les nettoyages de débris de masse feront l'objet d'attachements. Un jeu de plans complet (niveau, repérage) de tous les réseaux sera donné à l'entreprise sur sa demande ; elle sera responsable de tous les dégâts occasionnés à ces réseaux. Les canalisations d'eau seront en charge. Les nivellements de fond de forme seront exécutés sommairement. Le niveau sera arasé à 30 cm sous le sol fini futur avec une tolérance de 5 cm en plus ou en moins.

La terre végétale sera stockée sur le terrain en un ou plusieurs tas.

P 3. BOUCHES D'ARROSAGE

Les bouches d'arrosage ne font pas partie du forfait. L'entrepreneur du présent lot devra s'entendre avec le plombier pour l'emplacement exact de ces bouches et le débit à prévoir. Il devra donner toutes les indications en temps utile sous peine de subir les conséquences de sa négligence.

P 4. REMBLAI EN TERRE VEGETALE

Remblai en terre végétale propre et saine, compris comblement des fouilles de plantations, nettoyages des déchets de toute nature, enlèvement des mauvaises herbes.

Avant emploi, la terre sera criblée et purgée de tous détritus. La terre végétale provenant de l'extérieur devra être acceptée par le Maître d'Œuvre.

Si le stockage sur place a été insuffisant, l'entrepreneur ne pourra réclamer aucun supplément.

Il devra fournir la terre nécessaire en plus de celle qui aurait pu être stockée en début de travaux.

Décompactage et dislocation du sol sur une profondeur de 20 cm environ, à la charrue sous-soleuse ou analogue.

Prise de terre végétale au dépôt, transport, tri avec élimination des mauvaises herbes, et émottage.

Mise en remblai, façon de modelage jardinier, épaisseur 30 cm environ. Incorporation d'engrais et d'amendements selon la terre avec analyse de celle-ci par laboratoire si nécessaire.

Roulage, réglage à la griffe et au râteau.

Façon de talus de raccordement ; réglage des pentes de façon que le niveau après tassement soit de 15 cm environ au-dessus des routes ou allées, le tout sans jarets ou irrégularités.

Nivelage et ratissage de façon que l'aspect soit agréable à l'œil.

Emplacement :

Sur toutes les surfaces figurées aux plans.
Comblement des fouilles de plantation.

P 5. LIVRAISON DE LA TERRASSE

La terrasse sera livrée au présent entrepreneur :
— étanchéité et sa protection exécutée,
— entrées d'eau en place,
— eau en charge dans les canalisations,
— terrasse entièrement débarrassée de tous gravois, étant entendu que tous les nettoyages complémentaires feront l'objet d'attachements.

P 6. REMPLISSAGE DES TERRASSES-JARDINS (lot étanchéité)

Drainage, placé sur la protection d'étanchéité et sous la terre végétale, constitué par :
— un lit de gravillons 8/25 épaisseur 10 cm, soigneusement dressé,
— une nappe en feutre de fibres de verre ou de polyester non tissé, imprégnées, résistant et perméable, épaisseur 25 mm posé à larges recouvrements.

Emplacement :

Sur toute la surface de la terrasse-jardin.

P 7. TERRE VEGETALE SUR TERRASSE

Remblai en terre végétale propre et saine, provenant de l'extérieur. Compris toutes manipulations et montage pour la mise en place. Epaisseur nécessaire pour obtenir les niveaux définitifs compte tenu des tassements ; modelage et dressement ; réglage des pentes et façon de talus de raccordement.

Incorporation d'engrais et d'amendements nécessaires pour assurer une bonne pousse des végétaux.

Nivellement de façon que l'aspect soit agréable à l'œil.

Emplacement :

Sur les surfaces figurées au plan.

Epaisseur minimum 30 cm.

P 8. GAZONNAGE

Surface de la terre végétale nettoyée, réglée, ratissée et roulée.

Semis de gazon rustique, graines de premier choix, marque à soumettre et appropriées à la nature de la terre et à l'emplacement (300 kg/hectare).

Hersage et roulage.

Protection des semis par couche de terreau.

Première coupe à la tondeuse et arrachage des mauvaises herbes.

Arrosages nécessaires (eau fournie par le client).

Reprise des parties mal venues.

Emplacement :

Sur toute la surface en terre végétale à l'exception des massifs floraux et au droit des arbres, arbustes et haies.

Remplissage des joints larges des chemins dallés.

P 9. GAZON SYNTHETIQUE

Gazon synthétique constitué par des brins de polyéthylène ou de nylon fixés sur une semelle en élastomère souple, hauteur 20 à 30 mm, fournis en lés.

Pose par collage sur support béton nettoyé et balayé avec assemblage par bandes thermosoudées.

Compris toutes découpes.

Emplacement :

Balcons, terrasses accessibles.

P 10. MASSIFS D'ARBUSTES

Sur la surface du massif, fouille de 50 cm de profondeur sous le niveau du sol définitif.

Remplissage par une couche de terre végétale émottée avec amendements nécessaires.

Fourniture et mise en place d'arbustes.

Dressement du sol.

Emplacement :

Voir emplacement et nature sur les plans.

P 11. MASSIFS FLORAUX

Sur la surface des parterres et selon plan du paysagiste, fouille de 40 cm de profondeur sous le sol définitif.

Remplissage par une couche de terre végétale de 20 cm, une couche de fumure, une couche de terre végétale tamisée ou de terre de bruyère. Plantation d'espèces florales, une seule variété par massif, à raison d'un plant au moins tous les 60 cm dans les deux sens.

Emplacement :

Nature et emplacement des fleurs selon plan à soumettre au Maître d'Œuvre.

Nature :

Rosiers ; plantes grimpantes, plantes vivaces ; plantes de rocaille, mixed-borders, plantes à bulbes, etc.

P 12. REMPLISSAGE DES JARDINIERES

— Sur le fond, couche drainante en gravillon de rivière 25/40 non tassé ; épaisseur 5 cm ; gros cailloux disposés autour des sorties d'eau.

— Sur le dessus, feutre non tissé en fibres de verre, remonté en périphérie sur toute la hauteur de la terre végétale.

— Remplissage en terre végétale propre et saine, tamisée, additionnée de terre de bruyère, compris toutes manipulations et montage pour la mise en place, avec incorporation d'engrais nécessaire.

Dressement final.

Semis de plantes vertes, type à soumettre au Maître d'Œuvre dans les qualités appropriées à l'usage.

Emplacement :

Dans les jardinières, sur les loggias et terrasses supérieures.

Terre prise au stock sur place.

Variante :

Remplissage des jardinières en galets de mer sur toute la hauteur.

P 13. PLANTATIONS DIVERSES

Plantations d'arbustes de rocailles à racines longues, pour tenir un talus. Espèces vivaces à proposer par l'entrepreneur.

Emplacement :

Sur toute la surface du talus, 6 à 10 unités/m².

P 14. PLANTATION D'ARBRES

Plantation d'arbres de 12 à 15 cm de circonférence, dans le terre-plein, compris exécution des fosses profondeur minima 60 cm ; transport et déchargement auprès de chaque trou ; éloignement de 1,50 à 2 m de toute canalisation.

Remblai des fosses en terre végétale triée avec amendements.

Maintien de chaque arbre par tuteur en châtaignier traité avec deux colliers plastique, tuteur placé du côté opposé aux vents et enfoncé de 70 cm au moins.

Plantation des arbres effectuée avant les semis de gazon. Entretien pendant un an, avec remplacement des sujets défectueux.

Emplacement :

Voir emplacement et nature sur les plans.

P 15. CORSET DE PROTECTION

Corset de protection en feuillard galvanisé, composé d'éléments verticaux reliés par des cerces soudées avec pointes défensives, enfoncés dans le sol de 30 cm et calés.

Revêtu d'une couche de peinture antirouille et de deux couches de peinture glycérophtalique, finition mate.

Emplacement :

Corsets placés autour de tous les jeunes arbres.

P 16. HAIE

Fouille en tranchée de 60 cm de largeur et 70 cm de profondeur, terres enlevées aux décharges.

Remplissage en terre végétale avec addition d'engrais.

Plantation de troènes à raison de 2 par mètre.

Réglage, arrosage et taille.

Emplacement :

Clôture des jardins privatifs.

Le long des clôtures sur les quatre côtés du terrain.

P 17. TRAVAUX D'ENTRETIEN PENDANT L'ANNEE DE GARAN-TIE

Les travaux comprennent :

Deux béchages du pied des arbres, l'un au printemps, l'autre à l'automne, suivant un diamètre de 1 m environ et 15 cm de profondeur, en évitant de blesser le collet et les racines de l'arbre. Le sol sera ensuite dressé.

Binages aussi fréquents que nécessaires autour des arbustes, plants et conifères pour maintenir la terre ameublie.

Taille des haies en avril et août pour obtenir la forme désirée.

Taille des arbres à la fin de l'automne ; enlèvement du bois mort et des branches viciées ; échenillage pendant la période du 1er décembre au 1er mars et pendant la pousse des feuilles.

Pulvérisations nécessaires pour garantir les plantations des attaques des insectes et des maladies ; ébourgeonnement des arbres en mai et août ; redressement des arbres déviés par le tassement des terres ou le vent ; entretien et remplacement éventuel des tuteurs ; après la floraison, taille des arbustes à feuilles caduques.

Fauchage à la faux à main ou à la tondeuse mécanique des pelouses afin que le gazon ne dépasse pas 10 cm et présente un tapis uniforme sans ondulations (4 tontes minimum).

Epandages d'engrais en mars et octobre avec roulage au rouleau de 100 kg ; réfection des pelouses défectueuses ou détériorées. Arrosages nécessaires, eau fournie par le client.

Enlèvement de tous les déchets de coupe dans la journée en prenant toutes précautions nécessaires et envoi aux décharges publiques.

Cette liste n'est pas limitative, l'entrepreneur devant tous les travaux nécessaires à une parfaite réception.

Les végétaux défectueux à la fin de l'année de garantie seront remplacés et il sera donné pour ceux-ci une nouvelle année de garantie.

P 18. DALLAGE RUSTIQUE

Mise à niveau du terre-plein et compactage léger, pose de dalles en pierre dure, qualité non gélive, bords sciés bruts, surface antidérapante ; découpées en trapèzes ou quadrilatères de formes diverses, épaisseur 2 à 4 cm.

Mise en place à joints larges de 4 à 6 cm sur couche de sable de 2 cm. Remplissage des joints en terreau et semis de gazon.

Emplacement :

Voir plans. Chemin de piétons dans jardin.

P 19. CORBEILLE A PAPIERS

Mise en place de corbeille à papiers comprenant :

— un massif de scellement en béton de gravillon, dosage 250 kg C L K 35, face supérieure arasée à 5 cm sous le sol fini,

— poteau en tube, extrémité obturée par platine soudée,

— corbeille en tôle perforée, démontable pour la vidange, modèle à soumettre au Maître d'Œuvre,

— peinture à une couche de minium de plomb après préparation sur toutes les faces et deux couches de peinture à l'huile, tonalité à la demande, finition lisse, mate ; épaisseur minimum 120 microns.

Emplacement :

Voir plans. Près des entrées d'immeubles.

P 20. BANC EN BOIS

Banc de 2 m de longueur constitué par deux éléments en béton moulé, scellés dans un massif en béton de cailloux, profondeur 50 cm.

Sur ces éléments, cornières galvanisées boulonnées supportant siège et dossier en planches de niangon de 40 mm rabotées sur les quatre faces, avec angles arrondis.

Impression hydrofuge agréée C T B et trois couches de vernis marin sur impression.

Emplacement :

Aires de repos.

P 21. BANC EN BETON

Banc constitué par un massif en béton maigre, dosage 250 kg C P, coffrage brut, enterré de 25 cm dans le sol.

Dessus et jouées recouverts d'un enduit au mortier moyen, finition talochée grain fin, arêtes arrondies.

Emplacement :

Voir plans.

Variantes :

Revêtement en briques de parement, épaisseur 6 cm, hourdées au mortier moyen de C P A sans additif, jointoiement en même mortier, soigneusement arasé.

Banc de 2 m de longueur, composé de deux éléments de soutien en béton moulé, scellé dans un massif en béton de cailloux 40 × 40 par 50 cm de profondeur, au dosage de 150 kg C L K.

Cornières boulonnées sur ces éléments, supportant sièges et dossier en planches niangon de 40 mm rabotées sur les quatre faces et les champs avec arrondis.

Vernissage à deux couches en vernis pour extérieur.

P 22. MURET DECORATIF

Muret en moellons assisés, hourdés au mortier gras, joints larges refoulés en creux. Calepin à soumettre.

Sur le dessus, tablette en pierre dure, non gélive, taille brute, épaisseur 5 cm, posée en pente légère et débordant de 5 cm de part et d'autre. Jointoiement au ciment blanc, arasé.

Fondation par massif en béton maigre.

Trous réservés pour scellement du garde-corps et remplissage du trou en mortier assorti à la pierre.

Emplacement :

Muret reposant sur le dallage de protection de l'étanchéité.

P 23. TOBOGGAN

Toboggan à une vague composé d'une glissière avec bordure en lames de frêne, épaisseur 12 mm ; ossature de soutien en tubes acier.

Echelle d'accès en tube métallique avec plate-forme de départ en tôle striée et main courante en tube.

P 24. BASSIN POUR ARRIVEE DE TOBOGGAN

Bac à sable constitué par une bordurette 8 × 25 cm en saillie de 5 cm reposant sur une semelle en béton de cailloux de 40 × 20.

Remplissage de l'aire en sable fin de rivière non tassé.

P 25. CAGE A ECUREUIL

Ensemble de tubes ronds verticaux et horizontaux soudés pour constituer des cages de hauteurs différentes. Poteaux en 45 mm, barreaux en 21 mm.

Platines au pied pour fixation.

P 26. MANEGE A BANQUETTE

Manège constitué par une plate-forme en chêne avec barres de maintien en tube.

Rotation par double roulement à billes dans cage acier.

Pose sur un massif en béton.

P 27. MONTAGNE DE PILOTIS

Troncs d'arbres de grosseurs différentes, placés verticalement côte à côte et scellés dans le sol.

P 28. BALANÇOIRE HORIZONTALE

Balançoire horizontale à 4 places, composée de deux flèches en chêne de 2,50 m de longueur avec tôle de renfort ; poignées tubulaires ; oscillation sur coussinet en acier ; tube porteur à sceller.

P 29. BAC A SABLE

Bac à sable constitué par :

— fouilles nécessaires avec enlèvement des terres hors du chantier,

— semelle de fondation en béton maigre, reposant sur le sol à 60 cm de profondeur, épaisseur 20 cm, largeur 40 cm.

— murette en béton de gravillon, dosage 300 kg C P, coffrage brut, dépassant de 20 cm hors sol,

— sur toutes les faces vues, enduit en ciment lissé, dessus arrondi, arrêté à 5 cm sous le sol fini,

— remplissage en sable de rivière fin et lavé, épaisseur 40 cm, sur un lit de gravillons de 10 cm.

Emplacement : voir plans.

Forme circulaire ; dans l'aire de jeux.

P 30. DRAINAGE DE BACS A SABLE

Exécution de tranchée de 40 $\times$ 40 cm de section.

Pose de drain en tuyaux d'amiante-ciment $\varnothing$ 100 mm.

Raccordement au réseau d'eaux pluviales.

Remplissage en gravillon non tassé.

Emplacement :

Sous le bac à sable à raison d'un tuyau de 1 m par m² de surface.

Variante :

Sous le bac à sable, puisard de 1 m³ rempli de cailloux.

P 31. MASSIFS DE FONDATIONS

Exécution de massifs pour chaque appareil comprenant :

— implantation,

— fouilles en trou, terres régalées à l'entour,

— remplissage en béton de gravillon au dosage de 200 kg C L K, avec réserve de trous pour pose des appareils,

— après pose et réglage des appareils, scellement au mortier gras.

Emplacement :

Voir plans.

Dimensions moyennes : 1,30 × 1,30 × 0,60 de profondeur.

P 32. JEUX DE BOULE

Décapage du terrain et exécution d'une chape parfaitement horizontale de 3 cm d'épaisseur constituée par un mélange de mâchefer tamisé et de calcaire broyé.

Cylindrage au rouleau à main de 300 kg.

Marquage de ligne au plâtre.

Emplacement :

Voir plans.

P 33. BASSIN

Bassin constitué par :

— fouille et régalage des déblais à l'entour,

— une couche de sable de 10 cm dressée,

— un bassin en béton armé, radier et jouées, épaisseur minimale 15 cm, coffrage ordinaire, forme selon plan,

— sur toutes les parois vues et le fond, enduit étanche au mortier gras additionné d'hydrofuge, finition lissée et angles arrondis,

— pose et scellement des appareils de vidange et de remplissage fournis par le plombier ; calfeutrement au mortier étanche,

— finition par une couche de peinture bleue spéciale pour piscine,

— remblai soigné.

Emplacement :

Voir plans. Dans l'aire de jeux.

P 34. AIRES DE JEUX

Aires de jeux constituées par :

Terrassement pour préparation du fond de fouille ; tassage à la dame avec apport de terre si nécessaire.

Blocage en tout-venant de ballastière passant à l'anneau de 5 cm, tassé à la dame, épaisseur 10 cm fini.

Revêtement en sable fin mouillé, roulé et pilonné de 10 cm d'épaisseur après tassement, compris amenée, épandage et ratissage.

Bordure en éléments de béton vibré, dosage 300 kg C P ; 25 cm de hauteur totale, 6 cm de large ; 2 angles arrondis au sommet, posée sur une fondation 30 × 10 cm de hauteur en béton de gravillon au dosage de 250 kg C L K.

Calage et rejointoiement au mortier dosé à 600 kg C P.

Saillie hors sol : 15 cm. Dans le fond, puisard constitué par une buse en ciment ∅ 50 cm, longueur 1 m, remplie en cailloux 20/40.

Emplacement :

Cour de récréation.

P 35. NETTOYAGE

Enlèvement de tous les déchets de coupe.
Nettoyage des chaussées et allées.
Transport de tous les déchets aux décharges publiques.

P 36. EVACUATION DES EXCEDENTS

Evacuation aux décharges des terres extraites des fouilles de plantation, toutes manipulations et transport compris.

P 37. ANALYSE DES SOLS (EVENTUELLE)

Analyse des sols par laboratoire agréé avant début des travaux, aux frais du présent entrepreneur.

Contrôle et analyse des sols en cours d'exécution, à raison de un contrôle de mise en œuvre par type de sol.

Le prix de ces contrôles est inclu dans les prix unitaires.

PRESCRIPTIONS TECHNIQUES PARTICULIERES

1.-1. — Conformité aux normes et règlements

Les travaux de plantation seront effectués conformément aux normes et règlements en vigueur, et en particulier :

— D T U n° 12, article 6-3.

— au cahier des Clauses Techniques Générales, fascicule n° 35, en ce qui concerne les travaux d'espaces verts (décret n° 77.1112),

— aux normes de la série NF.V.12 pour les végétaux,

— aux normes de la série NF.U.44 pour les amendements, et d'une manière générale à tous les arrêtés, décrets et lois parus un mois au moins avant dépôt de la soumission.

1.-2. — Mise en œuvre

Les plantations seront effectuées en se conformant aux directives du C. C. T. G. ; fossés de plantation, réglage, préparation des végétaux, plantations, correction de la terre végétale avec fertilisants et produits phytosanitaires.

1.-3. — Pièces métalliques

Les parties métalliques recevront une couche de minium de plomb avant pose ; après pose, raccords de minium et deux couches de peinture anti-rouille, épaisseur minimum 100 microns.

1.-4. — Garantie

Les végétaux seront entretenus pendant l'année de garantie par les soins du présent entrepreneur. Il doit, à la fin de l'année, le remplacement des végétaux défectueux avec tous travaux nécessaires et une nouvelle année de garantie pour les végétaux remplacés. Les travaux d'entretien sont indiqués dans la partie descriptive.

1.-5. — Réception des travaux

La réception sera prononcée au cours du premier mois

de juin qui suit l'achèvement des travaux pour les arbres, arbustes et plantes vivaces.

Pour les gazons, elle sera prononcée après la deuxième tonte.

Cette réception, qu'elle soit avec ou sans réserve, fixe le départ de l'année de garantie.

VARIANTE

L'entrepreneur pourra proposer en variante les espèces qu'il estimerait mieux adaptées au climat et à la terre végétale utilisée mais en respectant le type (arbre, arbuste, massifs floraux).

CHAPITRE XXIV

CLOTURES
(fiches Q)

Q 1. CONSISTANCE DU FORFAIT

L'entreprise doit d'une manière générale :
— les installations provisoires nécessaires à son chantier,
— l'implantation,
— les démarches administratives ou auprès des voisins,
— le transport et le déchargement à pied d'œuvre de la clôture,
— les terrassements et nettoyages pour la mise en place,
— le régalage des terres en excédent,
— la mise en place de la clôture et de ses accessoires,
— le nettoyage du chantier.

Hors forfait :
— la part de l'entrepreneur dans le compte prorata,
— la peinture définitive des parties métalliques,
— les maçonneries pour pilastres, portes, mur-bahut, etc.,
— l'enlèvement des anciennes clôtures, souches, végétations diverses.

Q 2. IMPLANTATION

L'implantation de la clôture sera effectuée par l'entrepreneur avec l'aide, si nécessaire, d'un géomètre agréé, selon les plans remis par le Maître d'Œuvre.

Il devra vérifier les limites de propriété figurées sur les plans, prendre contact avec les voisins, effectuer toutes démarches nécessaires auprès des Administrations compétentes pour se faire préciser les alignements et limites de bornage.

Les portes seront implantées en accord avec le Maître d'Œuvre et les Services publics.

La longueur de la clôture sera relevée sur le plan cadastral pour le mesurage ; une tolérance de 5 % en plus ou en moins sera prévue pour l'exécution sur place.

Q 3. CLOTURE EN BOIS

Clôture en bois constituée par :

— des piquets en châtaignier, écorcés, épointés en partie haute, imprégnés à cœur de produit fongicide et anti-cryptogamique ; hauteur 1,20 m, enfoncés en terre de 50 cm, espacement 2 m,

— fixation de treillage mécanique en lattes de châtaignier brutes, épointées en tête, à jour de 2 cm, reliées par quatre cours de fil de fer galvanisé et torsadé,

— une couche de vernis spécial incolore pour l'extérieur.

Emplacement :

Clôtures entre jardins privés.

Q 4. CLOTURE EN RONCES GALVANISEES

Clôture légère constituée par :

— des piquets en fers T 40 × 40 × 4, hauteur 0,80 m au-dessus du sol, espacement 2,50 m environ, fichés en terre de 50 cm et calés par un patin de mortier gras au pied ; œillets soudés pour le passage des fils,

— jambes de force en cornière de 40, aux angles et au droit des arrêts,

— 4 cours de ronce galvanisée, type 4 picots à 11 cm, galvanisation classe C, en fil 22/10, avec lanternes de tension en métal galvanisé,

— une couche de peinture antirouille verte sur les poteaux.

Emplacement :

Périphérie du terrain.

Variante :

Piquets en béton armé, section 8 × 8 cm, faces lisses, tête à pointe de diamant avec cavaliers en acier galvanisé sur une face.

Piquets d'about en 11 × 11 cm avec contrefiche.

Piquets pour porte en 15 × 15 cm.

Variante :

Clôture à réaliser en accord avec l'entrepreneur d'espaces verts qui plantera des arbustes pour constituer une haie ; fils de fer disposés dans l'axe de la haie.

Q 5. CLOTURE « BORDURE PARISIENNE »

Bordure type *parisienne,* hauteur 80 cm, constituée par :

— des poteaux en fer T de 40, enfoncés en terre de 50 cm, arrondis à la partie supérieure, trous pour passage des lisses,

— grillage en fils d'acier rond, galvanisation classe C, maille de 50 avec arrondis en partie haute,

— tendeurs en fers ronds de 14 avec lanternes de serrage.

Emplacement :

Limitation des pelouses.

Q 6. CLOTURE LEGERE HAUTE

Clôture constituée par :

— des fers T de 40, tous les 2,50 m ; hauteur 1,50 m hors sol, fichés en terre avec calage et patin en mortier de ciment gras,

— aux extrémités et aux angles, contrefort en cornière de 40,

— trois cours de fil de fer n° 14 avec tendeurs galvanisés,

— remplissage par grillage simple torsion galvanisé, maille de 40, fil de 25/10,

— une couche de minium de plomb sur les parties non galvanisées.

Emplacement :

Voir plans.

Variantes :

— Poteaux en béton armé, section 10 × 10, pointe de diamant en tête. Trois cours de cavaliers galvanisés.

— Poteaux en béton armé avec bavolet incliné à 45° à la partie supérieure. Grillage simple torsion revêtu de plastique coloré, maille de 45 mm.

— Remplissage en grillage galvanisé triple torsion avec pointes défensives, maille de 50 sur tendeurs en fer rond de 14 avec lanternes de serrage.

Q 7. CLOTURE MIXTE EN GRILLAGE

Clôture constituée par :

— des poteaux en béton armé préfabriqués de 12 × 12 cm de section, tête en pointe de diamant ; hauteur 2,50 m hors sol ; espacement 2 m avec jambes de forces aux angles et entrées,

— fondation par massif en béton de cailloux au dosage de 200 kg C L K, de 40 × 40 cm sur 50 cm, enterré de 5 cm,

— en partie inférieure, planche en béton armé préfabriquée de 50 cm de hauteur et 4 cm d'épaisseur, encastrée dans feuillure réservée dans le poteau jointoyées au mortier gras tiré au fer,

— au-dessus et devant, grillage mécanique à simple torsion en fil d'acier rond galvanisé avec picots défensifs, hauteur 1,20 m, maille de 40, fil n° 15 ; posé sur des fils tendeurs en acier galvanisé avec tendeurs et placé dans des cavaliers situés sur la face avant des poteaux.

Emplacement :

Périphérie du terrain.

Q 8. LISSES

Clôture constituée par des poteaux préfabriqués en béton, section 11 × 11 cm, hauteur 1,10 m au-dessus du sol, enfoncés de 60 cm en terre et soigneusement calés ; espacement 2 m.

Sur les poteaux deux cours de lisses en béton armé, 8 × 8 cm, espacés de 45 cm.

Emplacement :

Clôture entre deux pavillons.

Q 9. CLOTURE BASSE PREFABRIQUEE EN BETON

Clôture constituée par :

— des potelets en béton préfabriqués, feuillurés, hauteur 1,10 m au-dessus du sol, section 10 × 10 cm, espacement 2 m,

— scellement dans massif en béton de cailloux, dosage 200 kg C P, dimensions 40 × 40 × 60 cm profondeur,

— remplissage en panneaux de béton ajourés, modèle à choisir dans le catalogue du fournisseur, épaisseur 4 cm, hauteur hors sol 1 m ; jointoiement au mortier gras tiré au fer.

Emplacement :

Limite séparative de propriétés.

Q 10. CLOTURE HAUTE PREFABRIQUEE EN BETON

Clôture constituée par :

— des poteaux préfabriqués en béton armé, section 12 × 12 cm, espacement 2 m, tête avec pointe de diamant ; hauteur hors sol 2 m, feuillurés,

— scellement dans massif en béton de gravillon dosé à 250 kg C P ; dimensions 40 × 40 × 65 cm de profondeur,

— entre les massifs, rigole en béton de 40 × 40 cm, enterrée de 5 cm,

— remplissage entre les poteaux par dalles en béton de 4 cm d'épaisseur, par éléments de 50 cm de hauteur, posées en feuillure, joints calfeutrés au mortier gras et lissé,

— chaperon en béton moulé.

Emplacement :

Périphérie du terrain.

Q 11. CLOTURE EN MAÇONNERIE

Mur en maçonnerie de briques pleines ordinaires, épaisseur selon hauteur, hourdées au mortier moyen, joints tirés au fer en montant.

Fondation par rigole en béton de cailloux, section 45 × 40, profondeur 70 cm.

Chaperon en tuiles mécaniques, moule 13 au m², débordant le mur ; posées à bain de mortier dosé à 350 kg/C L K.

Faîtière en terre cuite, modèle assorti à la tuile, recouvrements dans le sens opposé aux vents de pluie ; joints bien lissés et droits.

Emplacement :

Murs de clôture ; pente du chaperon fonction de la mitoyenneté.

Variante :

Mur en moellons ordinaires, épaisseur 40 cm, hourdés au mortier moyen ; joints creux pour être enduits.

Chaperon en béton de gravillon moulé avec pentes et larmier.

Q 12. MUR-BAHUT

Mur-bahut comprenant :

— fouilles en tranchées, profondeur minimale 60 cm sous le sol fini futur, façon d'escalier au droit des terrains en pente,

— semelle en béton de cailloux, section 40 × 20 cm hauteur, coulé à pleine fouille,

— un mur en béton de gravillon, dosage 350 kg C P, coffrage brut ; joints tous les 20 m environ, rempli par feuille d'isorel mou de 10 mm,

— enduit au mortier gras sur toutes les faces, finition lissée, arêtes droites, dessus en pente, arrêt à 10 cm sous le sol,

— réserves de trous de scellement pour poteaux et raccords après pose,

— remblai après exécution et évacuation des excédents aux décharges.

Emplacement :

Périphérie du terrain, arrêté sur les pilastres.

Variante :

Muret, hauteur hors sol 40 cm, largeur 40 cm, en moellons durs assisés, hourdés au mortier moyen, rejointoyés en creux.

Sur le dessus, chaperon en dalles de pierres dures non gélives, épaisseur 6 cm ; pose à bain de mortier ; joints arasés au mortier gras de ciment ordinaire.

Q 13. CLOTURE MONUMENTALE

Clôture monumentale composée de bornes en béton lissé, tronconiques, dessus hémisphérique, hauteur hors sol 50 cm, fondées sur massif en béton de cailloux profondeur 50 cm.

Entre les bornes, chaîne à grosses mailles fixée sur les bornes par anneaux en bronze.

Emplacement :

Devant l'entrée principale.

Q 14. BARRIERE AUTOMATIQUE

Barrière levante automatique constituée par :

— un bâti support en tôle d'acier galvanisée sur ossature en cornières, fixation par boulons à scellement dans massif ; renfermant le mécanisme et supportant la barrière,

— mécanisme comprenant un moteur de levage avec tous ses accessoires de sécurité : frein incorporé, contacteur-disjoncteur de protection, contacts de fin de course, réducteur, butées de fin de course, dispositif de manœuvre à main en cas de coupure de courant, ensemble ventilé, mais abrité de la poussière et de la pluie,

— barrière en tube aluminium ou acier étiré à froid $\varnothing$ 90 mm au moins ; extrémités obturées et contrepoids ou ressort d'équilibrage. Pivotement sur arbre en acier dur, monté sur paliers à billes ; appui extrême sur tube avec fourche.

Signalisation par cataphotes aux deux faces.

— boîte de commande avec trois boutons-poussoirs placée à la demande,

— ensemble revêtu de deux couches de peinture laquée, après préparation soignée,

—· indications nécessaires à l'électricien et au lot V R D pour l'alimentation (puissance nécessaire, emplacement du fourreau).

Emplacement :

Entrée principale.

Variante :

— bras constitué par deux tubes acier assemblés par des entretoises en fer plat,

— bras constitué par deux lames de bois minces avec entretoises en contreplaqué.

Observation :

Prévoir au lot gros œuvre l'exécution d'un massif 50 × 50 × 80 cm de profondeur environ, avec trous de scellement et fourreau ainsi que l'exécution d'une tranchée pour la pose du câble de commande, les percements et scellements pour entrée dans le local du gardien.

PRESCRIPTIONS TECHNIQUES PARTICULIERES

1. — *Conformité aux Normes et Règlements*

D'une manière générale, les matériaux et les mises en œuvre seront conformes aux règlements et lois parus un mois avant le dépôt de la soumission et en particulier :

— l'arrêté d'alignement,

— les règlements locaux d'urbanisme concernant les clôtures,

— les D T U n°ˢ 2, 13-1, 20, 26-1, 32-1, 59, 70-2, etc.,

— les normes françaises dans leur édition la plus récente,

— les lois, décrets, arrêtés, concernant la protection des travailleurs,

— les règles de construction N V 65/67, B A E.L., C M 66.

2. — *Matériaux*

Les matériaux seront définis par la Norme Française les concernant dans son édition la plus récente.

Les éléments galvanisés seront de la classe C au minimum.

Toute la quincaillerie sera du modèle le plus robuste. Le Maître d'Œuvre se réserve le droit de refuser un modèle qui lui semblerait insuffisant et d'ordonner le remplacement par un modèle agréé.

3. *Mise en œuvre*

L'entrepreneur effectuera l'implantation compte tenu de ce qui est dit ci-dessus.

Il prévoiera les fondations nécessaires pour assurer une stabilité parfaite (1/4 de la partie hors sol pour les poteaux).

Des joints de dilatation seront prévus dans les maçonneries et les parties métalliques tous les 20,00 au plus.

Les différences de niveau seront rattrapées par des dispositifs en escaliers et non rampants.

Les équipements électriques éventuels seront à la charge de l'entrepreneur à partir des dérivations laissées en attente par l'électricien à proximité.

4. — *Réception des travaux*

Il sera vérifié :

● l'alignement et le nivellement des clôtures qui devront être parfaits à l'œil,

● le bon fonctionnement des portes.

5. — *Démarches administratives*

— l'entrepreneur doit se faire confirmer l'alignement par le service compétent, ainsi que le nivellement des portes ou bâteaux,

— il doit vérifier les limites de propriété et contrôler le bornage avec l'aide d'un géomètre agréé si nécessaire, à partir des plans remis par le Maître d'Œuvre,

— il devra prendre contact avec les voisins pour les détails de mise en place de la clôture.

ANNEXE

En annexe figurent des aides-mémoires permettant une planification des divers éléments d'une étude et donnant :

— la liste des points à vérifier, énumération exhaustive des principales contraintes et des renseignements nécessaires tant pour l'étude que pour la rédaction du Devis descriptif ; la plupart de ces points seront réglés dans le courant du travail mais certains demandent des recherches préliminaires qu'il faut entreprendre à temps pour éviter des retards ;

— la liste des plans pour la composition des dossiers d'appel d'offres, établie par lot, plusieurs lots pouvant être attribués au même entrepreneur ;

— la liste des documents administratifs les plus couramment employés, à partir de laquelle le projeteur vérifiera si de nouveaux textes ne sont pas parus.

I. Les points à vérifier

Terrassements
Nature des terrains d'après rapport de sondages, pente générale,
Nécessité de la clôture,
Fixation du niveau (0,00),
Possibilités de remplois des déblais en remblais,
Niveau de la nappe, eaux souterraines en mouvement,
Possibilité d'évacuation des eaux de ruissellement,
Nature des mitoyens, voisins, voie publique,
Routes d'accès,
Sujétions dues à la profondeur (stabilité des parois),
Phases d'exécution,
Liaison avec autres corps d'état (parois moulées, pieux, gros-œuvre),
Stockage de la terre végétale,
Stockage des déblais,

Emplacement du dépôt des excédents,
Distance de la décharge publique,
Possibilité de matériaux pour remblais,
Sujétions particulières (blindage, eau, talus, petites surfaces, etc),
Enquêtes auprès des services concessionnaires (réseaux sur le terrain ou à proximité).
Nécessité du traitement du sol,
Arbres à protéger ou à abattre,
Sujétion de tranchée blindée, de paroi berlinoise,
Soutènements provisoires du voisinage,
Canalisations à détourner, souterraines ou aériennes,
Démolitions à effectuer,
Compactage des sols (coefficient K de WESTERGAARD),
Recherche des matériaux de remblais,
Praticabilité en cas de pluie ou neige,
Inondation possible,
Liaison avec le terrain voisin : hauteur, talus, écoulement des eaux,
Epaisseur à réserver pour les dallages, routes, etc.,
Talus de sécurité sur les voisins.
Essais exigés par le Contrôleur Technique.

Assainissement

— Type de réseau d'égout,
— Nature du branchement,
— Cote de raccordement,
— Débit des effluents,
— Nature du terrain,
— Nature des effluents,
— Nature des surcharges,
— Choix de la série de tuyaux,
— Existence de la nappe phréatique,
— Présence d'autres canalisations,
— Présence de carrières (ou vides),
— Proximité d'immeubles,
— Evacuation provisoire des eaux,
— Calorifugeage des conduites en élévation,
— Démolitions préalables (chaussées, etc.),
— Espacement et type des regards,
— Nécessité de rabattement de nappe, ou procédé similaire,
— Passage sur des terrains appartenant à des tiers.
— Liaisons avec les réseaux intérieurs.
— Boîtes à graisse, dessablage, disconnecteur.

Epuration

    Nombre d'usagers,
    Niveau de l'exutoire, emplacement, catégorie
    Emplacement disponible,
    Distances réglementaires,
    Ventilation (fosses septiques)
    Alimentation en énergie,
    Alimentation en eau,
    Etablissement du dossier administratif,
    Possibilité d'évacuation des boues.
    Nature et perméabilité du sol.

Voirie

    Catégorie de voirie (trafic, classement),
    Nature du terrain (classification des sols),
    Phases d'exécution des travaux de voirie,
    Période d'exécution des chaussées,
    Passage des canalisations diverses sous chaussée,
    Dimensionnement (largeur, courbes),
    Niveau du bateau d'entrée,
    Raccordement sur voirie publique,
    Servitudes légales de classement,
    Choix des bordures,
    Evacuation des eaux,
    Allée de piétons : taux de fréquentation,
    Canalisations existantes,
    Niveaux des bâtiments futurs,
    Implantation des fourreaux,
    Places de stationnement pour handicapés.

Distribution électricité

    Démarches auprès d'E. D. F.,
    Puissance nécessaire,
    Point de livraison du courant,
    Nature du courant,
    Type de distribution (coffrets),
    Alimentation des postes de transformation dans le domaine privé,
    Cheminement dans les bâtiments.
    Alimentation chantier.

Eclairage public

    Niveau d'éclairement,
    Point de départ de l'installation,
    Système de mise à la terre.

Puissance électrique nécessaire — système d'alimentation.
Choix de la nature de la source,
Possibilité de fixation sur les façades,
Emplacement de la commande.
Plantations,
Liaison avec le réseau intérieur,
Choix des modèles d'appareils,
Règlement de la zone ou du lotissement.

Distribution d'eau

— Débit de la conduite principale,
— Analyse et nature de l'eau,
— Emplacement du compteur - nature,
— Dimensions du local compteur,
— Emplacement des branchements,
— Entrée dans les bâtiments,
— Nature des terrains traversés,
— Nature des surcharges,
— Existence de la nappe phréatique,
— Croisement avec d'autres canalisations,
— Présence de carrières (ou vides),
— Démolitions préalables,
— Emplacement des points de vidange,
— Espacement et débit des bornes d'incendie (sapeurs-pompiers),
— Passage dans galerie technique,
— Calcul des débits des réseaux (eau potable, incendie),
— Nécessité de ballons anti-bélier,
— Prestations exactes de la Compagnie des Eaux,
— Etude du nivellement du terrain,
— Alimentation chantier,
— Système de comptage,
— Espacement des bouches d'arrosage,
— Fourreaux pour câbles d'alarme,
— Liaison avec réseau intérieur,
— Liaison avec réseau arrosage,
— Montant des frais de raccordement.

Arrosage automatique

— Pression d'eau au départ,
— Point de branchement,
— Tracé des canalisations,
— Forme de la surface à arroser (allées),
— Nature des végétaux,
— Composition du sol,

— Utilisation (privatif, fréquenté par public),
— Emplacement des commandes,
— Alimentation électrique,
— Possibilité de vidange,
— Direction des vents dominants.
— Nécessité du compteur spécial,
— Emplacement de la végétation.

Distribution de gaz

Nature du gaz,
Pression du gaz, qualité du gaz (humide, sec),

Emplacement du robinet chef,

Limites de prestation avec G. D. F. (coffret),

Limites de prestation plomberie intérieure,

Gaz liquéfiés : possibilités de gel,

Emplacement colonnes montantes, chaufferie, etc.

Caniveau de chauffage

Tracé du caniveau (obstacles),
Contact avec le chauffagiste,
Surcharges,
Nivellement,
Section intérieure (chauffage-plomberie),
Niveau de la nappe phréatique,
Obstacles sur le passage,
Température et nature du fluide transporté,
Nature des terres pour le terrassement,
Contact avec les assurances dans le cas de procédé non traditionnel,
Entrée dans bâtiment,
Evacuation des eaux.
Position-section des chambres comptage et lyres.

Téléphone

— Point de branchement (P. T. T.),
— Emplacement et type boîte de tirage sous trottoir,
— Nombre de fourreaux (accord P. T. T.), nature, diamètre,
— Boîte de tirage intérieure (accord P. T. T.),
— Plan de distribution à soumettre aux P. T. T.,
— Emplacement du distributeur dans le bâtiment,
— Démarches administratives,
— Croisement avec les autres canalisations,
— Possibilité de Télédistribution,
— Système d'entrée dans bâtiment.

Espaces verts

Permis de construire (nombre d'arbres, espèces),
Réseau d'arrosage,
Provenance de la terre végétale,
Distance des canalisations aux arbres à haute tige,
Distance des immeubles (fondations),
Dénomination exacte des végétaux.

Clôtures

— Fonction de la clôture,
— Site,
— Qualité du sol,
— Pente du terrain,
— Finitions,
— Nivellement de la propriété voisine.
— Portails,
— Type de clôture.
— Plans du cadastre (ou du géomètre),
— Arrêtés d'alignement,
— Droit des voisins (mitoyenneté - vues - cour commune),
— Nivellement des chaussées existantes,
— Législation locale (hauteur, nature de la clôture),
— Vérification des mitoyennetés,
— Emplacement d'enseigne,
— Règlement de la zone industrielle ou du lotissement,
— Accès camions (marge de reculement, signalisation publique),
— Etude de raccordement sur la voie publique,
— Liaison avec les ouvrages enterrés (chambre de compteur),
— Liaison avec les ouvrages publics (poste de transformation).

Ordures ménagères

Système de ramassage,
Voies spéciales,
Emplacement des poubelles..

II. Listes des plans

Terrassements

— Plan de masse et situation,
— Plan d'implantation,
— Plan de Géomètre (avec indication des arbres),

— Plan des héberges,
— Plan et coupes des sondages,
— Plan des démolitions,
— Plan de terrassement (vue en plan, courbes de niveau),
— Profils en long et en travers,
— Plan des clôtures provisoires,
— Plan d'aménagement du chantier,
— Plan des canalisations enterrées existantes,
— Plan du système d'évacuation provisoire des eaux,
— Coupes sur tranchées communes.

Assainissement

— Plan de situation,
— Plan de masse,
— Plan des réseaux,
— Profils en long,
— Plans de détails des ouvrages annexes,
— Plans station de relevage,
— Note de calculs des débits.

Station d'épuration

Plan de situation,
Plan de masse,
Plans de génie civil,
Plans d'équipement (à fournir par l'installateur),
Plan d'alimentation en fluide :
— Electricité.
— Eau.
Plan de raccordement à l'égout.

Voirie

Plan de masse,
Plan de situation,
Plan des voiries, et circulations pompiers,
Profil en long de la voirie,
Profil en travers (coupes) de la voirie,
Implantation des fourreaux (P. T. T., E. D. F., G. D. F., chauffage, cou-
rants faibles, etc.),
Raccordement à la voirie publique,
Profil des allées de piétons,
Détails emmarchements,
Détails accessoires de jardin,
Plan des aires piétonnières,
Plan des bassins et schéma alimentation.

Distribution électricité

Plan de masse,

Implantation des postes de livraison et de transformation, des coffrets,
Plan des canalisations avec boîtes de tirage,
Implantation des entrées dans les bâtiments.
Notes de calcul.
Section des câbles.
Puissances nécessaires.

Jeux de plans à fournir à E. D. F.
A se faire préciser par section locale :
— plan de masse,
— plan de situation,
— cheminement des câbles.

Eclairage public

Plan de masse,
Implantation des candélabres,
Cheminement des câbles,
Schéma de l'armoire de commande,
Plans des fourreaux à réserver (sous chaussée, pour entrée dans bâti-
    ment),
Coupe en travers (largeur de chaussée, hauteur d'immeuble, arbres),
Note de calculs des éclairements.

Distribution d'eau

Plan d'implantation,
Plan de masse,
Plan local compteurs,
Plan de distribution générale de l'eau potable, avec nivellement,
Plan du réseau incendie avec emplacement des bornes,
Plan du réseau arrosage,
Détail des regards,
Note de calculs des débits,
Détail raccordement sur réseaux existants.

Arrosage automatique

Plan de situation,
Plan de masse,
Plan de répartition des arroseurs,
Plan du local surpresseur (éventuel),
Implantation de l'armoire de commmande.

Distribution de gaz

   Plan de masse,

   Plan de distribution, coffrets,

   Détails regards,

   Détails pénétration dans bâtiment.

Caniveau de chauffage

   Plan de masse,

   Plan de situation,

   Plan d'ensemble des caniveaux,

   Détails :
   - Coupe sur caniveau courant (sous espaces verts),
   - Coupe sur caniveau courant (sous chaussée),
   - Chambre de vannes,
   - Chambre de lyre,
   - Entrée de caniveau dans bâtiment,
   - Drainage.

Distribution téléphone

   - Plans de situation,
   - Plan de masse,
   - Plan d'implantation, fourreaux et boîtes,
   - Plan fourreaux sous chaussée,
   - Coupes-types sur tranchée et fourreaux,
   - Coupes-types sur boîtes de tirage,
   - Coupes-types sur entrée dans bâtiment.

Espaces verts

   - Plan de masse,
   - Plan des espaces verts (liste des espèces),
   - Coupes de détails (talus, bordurettes, etc.),
   - Plan des chemins.

Clôture

   - Plan de situation,
   - Plan de masse,
   - Plan de géomètre,
   - Détails des héberges,
   - Détails des portes d'entrée,
   - Plan d'alignement (D. D. E.),
   - Plan de détail de la clôture,
   - Coupe (cas des talus mitoyens ou soutènement).

TEXTES OFFICIELS

1. **Terrassements**

Règlements

— Code du Travail — Titre IV.

— Fascicule n° 2 du C. C. T. G. Terrassements généraux.

D. T. U.

12 — *Travaux de terrassement pour le bâtiment et Mémento.*
13.1 — *Travaux de fondations superficielles.*
11.1 — *Travaux de sondage de sol de fondation.*

Divers

— C. P. S. type du S. E. T. R. A. — *Terrassements généraux.*
— *S. E. T. R. A. - Recommandations pour l'utilisation des sols en remblais et en couche de forme.* — *Guide* pour le compactage *des remblais et des couches de forme au moyen de rouleaux à pneus, de rouleaux vibrants et de rouleuux à pieds dameurs.*
— Circulaire n° 78.47 du 13 mars 1978. — *Travaux à proximité de canalisations de gaz sur le domaine public.*
— Note technique du C. S. T. B. sur l'établissement des réseaux.

2. **Bassins**

— Cahier des charges applicable à la construction des réservoirs et cuve en béton armé (I. T. P. T. B.).
— Cahier des charges D. T. U. n° 14.1.
— Cahier des charges applicable à la construction des piscines de techniques nouvelles.

3. **Assainissement**

Règlements

— Circulaire interministérielle n° 77.284 du 22 juin 1977.
— Fascicule n° 70 du C. P. C. - *Canalisations d'assainissement et ouvrages annexes* (Fascicule 79.11 bis).
— Traitement des eaux urbaines résiduaires — 21 mai 1991. Communauté Européenne.

— Règlement Sanitaire Départemental - Type.
— *Guide du S. N. des fabricants de tubes en P. V. C. rigide.*

D. T. U. — N° 60.33 — *Evacuations d'eaux usées en chlorure de polyvinyle non plastifié.*
N° 60.4 — *Evacuations d'eaux usées en polychlorure de vinyle surchloré.*

NORMES CANALISATIONS

— NF P 16.304 — *Tuyaux d'évacuation en amiante-ciment pour réseaux d'assainissement enterré.*
— NF P 16.321 — *Canalisations en grès. Spécifications techniques.*
— NF P 16.421.422 — *Dimensions.*
— NF P 16.341 — *Tuyaux circulaires en béton armé et non armé pour canalisations d'assainissement.*
— NF P 16.343 — *Bagues d'étanchéité en élastomère compact.*
— NF P 16.352 — *Eléments de canalisation en polychlorure de vinyle non plastifié pour l'assainissement.*
— NF P 98.322 — *Dimensions des grilles et tampons.*
— NF T 54....... — *Matières plastiques.*

DIMENSIONS NORMALISEES

Tuyaux amiante-ciment (NF P 16.304) — Diamètre intérieur : ϕ 125 - 150 - 200 - 250 - 300, etc.
    Série A1 - A2.
Tuyaux grès (P 16.421) — Diamètre intérieur : ϕ 100 - 125 - 150 - 200 - 250 - 300, etc.
Tuyaux béton armé (P 16.341) — Diamètre intérieur : ϕ 250 - 300 - 400 - 500 - 600 - 800, etc.
    Série 60 A - 90 A - 135 A — Lg : 2,00 m.
Tuyaux en béton non armé (P 16.341) — Diamètre intérieur : ϕ 150 - 200 - 250 - 300 - 400, etc.
    Série 30 B - 60 B - 90 B - 135 B — Lg : 1 à 2,50 (ϕ 400) - 2 à 2,50 ($>$ 400).
Tuyaux en P. V. C. pour assainissement (P 16.352) — Diamètre intérieur : ϕ 110 - 125 - 160 - 200 - 250 - 315 - 400 - 500.
    Série II - Branchements. III - Collecteurs.
Tampons à cadre carré (NF P 98.322) — Côté : 70 - 80 - 60. Passage libre : 50 - 60 - 41 cm ϕ.
Tampons à cadre carré — Côté : 32 - 42 - 52 cm. Passage libre : ☐ 25 - 35 - 45.
Grille à cadre carré — Côté : 22 - 27 - 32 - 42 - 52 cm. Surface d'écoulement : 125 - 200 - 300 - 500 - 700 cm².
Grille rectangulaire sans cadre — Côtés : 50 $\times$ 20 - $\times$ 25 - $\times$ 30 cm. Surface d'écoulement : 300 - 400 - 500 cm².

4. Epuration

Règlements

— Règlement sanitaire départemental.

— Circulaire du 7 juillet 1970. *Assainissement des agglomérations et protection des milieux récepteurs.*

— Circulaire du 18 septembre 1974 n" 74.50.65. *Conditions techniques de réalisation des stations d'épuration destinées à l'assainissement des communes rurales.*

— Arrêté du 13 mai 1975. *Déversement dans le réseau hydrographique.*

— Arrêté du 3 mars 1982. *Règles de construction et d'installation des fosses septiques et appareils utilisés en matière d'assainissement autonome des bâtiments d'habitation* (arrêté, *J.O.* du 9 avril 1982).

— Assainissement autonome des maisons d'habitation. Circulaire interministérielle du 20 août 1984.

D. T. U. — Néant.

Normes. — Néant.

5. Voirie

D. T. U. — Néant.

Fascicules du C. P. C. Interministériel

— 23. *Fourniture de granulats employés à la construction et à l'entretien des chaussées.*
— 24. *Fourniture de liants hydrocarbonés employés à la construction et à l'entretien des chaussées.*
— 26. *Exécution des enduits superficiels.*
— 29. *Construction et entretien des chaussées pavées.*
— 31. *Bordures et caniveaux en pierre ou en béton.*
— 32. *Construction des trottoirs.*

Fascicules du Ministère de l'Equipement

— 25. *Exécution des corps de chaussée.*
— 27. *Fabrication et mise en œuvre des enrobés.*
— 28. *Exécution des chaussées en béton de ciment* (fascicule spécial n" 78 - 51 ter du J.O.).

Divers

S. E. T. R. A. — *Catalogue des structures-types des chaussées neuves.*
S. E. T. R. A. — *Guide pour la conception des structures des voiries des zones d'habitation, région Ile-de-France.*
S. E. T. R. A. — *Directives pour la réalisation des chaussées en béton de ciment. Mai 1978.*
S.E.T.R.A. – *Manuel de conception des chaussées neuves à faible trafic. (1981).*

Cahiers des Charges-Types du S. E. T. R. A.

— *Terrassements généraux et fascicules additionnels.*
— *Traitement à la chaux.*
— *Fabrication et mise en œuvre des bétons bitumineux.*

— *Enduits superficiels.*
— *Directives pour la réalisation des assises de chaussée :*
    — en graves et sables-laitier,
    — en grave-ciment,
    — en grave non traitée,
    — en grave-bitume et sable-bitume,
    — en grave émulsion.
— *Directives pour la réalisation des couches de surface en béton bitumineux.*
— *Recommandations pour le traitement en place des sols fins à la chaux.*
— *Directives pour la réalisation des enduits superficiels.*
— *Directives pour le traitement des sols à la chaux.*
— *Guide des lotissements* (D. A. F. U.).
— *Circulaire 77-127 du 25 août 1977. Ordures ménagères.*

Autres documents

— *Guides à l'intention des Maîtres d'ouvrage et des Maîtres d'œuvre* (brochure 2.009, J.O.).
— *Guide pratique des V. R. D. dans les zones d'habitation à faible et moyenne densité* (Ministère de l'Equipement, 1976).

Arrêtés et circulaires

— 11 mars 1963. Circulaire interministérielle sur la classification des voies.
— 21 juillet 1969. Note interministérielle : Aménagements routiers nécessités par l'implantation d'établissements privés engendrant une circulation importante.
— 20 octobre 1972. Caravanes et constructions sans fondations (circulaire 72.186. Equipement).
— 23 novembre 1977. Circulaire n° 77.168. Choix des matériels de compactage à utiliser sur les chantiers de chaussée dépendant de la circulation routière.
— **Arrêté du 14 mars 1964 et Circulaire du 13 septembre 1966 concernant les voies classées dans le domaine public communal.**
— **Recommandations pour la pose des pavés en béton (S. N. P. B.).**
— **NF P 98.302 : Bordures et caniveaux préfabriqués en béton.**
— Décret 78-109 du 14 février 1978 — Handicapés.

6. Distribution d'eau

Réglementation

Règlement Sanitaire Départemental.
— Fascicule 71 du C. P. C. : *Fourniture et pose des canalisations d'eau, accessoires et branchements.*
— Circulaire du 15 mars 1962 (Désinfection).
D. T. U. — N° 60.1 — *Plomberie sanitaire pour bâtiment à usage d'habitation et annexes.*
— N° 60.31 — *Canalisations en chlorure de vinyle non plastifié.*
Règles professionnelles — Guide du Syndicat National des fabrications de tubes et raccords de polychlorure de vinyle rigide.
Normes — Série NF P 41 — *Canalisations en amiante-ciment.*
Série NF T 54 — *Canalisations en matière plastique.*
Série NF S .... — *Matériel d'incendie.*
Recommandations pour l'exécution des tranchées.

7. Eclairage public

Règlements
— Cahier des Clauses Techniques Générales relatif à la conception et à la réalisation d'un réseau d'éclairage public (JO 8 mai 88).
— *Recommandations relatives à l'éclairage des voies publiques*, novembre 1978 (Association française de l'éclairage).
— *Recommandations relatives à l'éclairage des parcs et jardins* (Association française de l'éclairage).

Normes — Série C 71 et 72. Lampes.
Série P 97... Candélabres.
Norme C. 15.100. Electricité.
Normes U. T. E. (câbles, boîtes, etc.).

D. T. U. — Néant.

Divers — *L'équipement électrique de la construction neuve* (Publication E. D. F., hors commerce).

Norme NF C 11.000 — Conditions techniques auxquelles doivent satisfaire les distributions d'énergie électriques.

Norme NF C 14.100 — Installations de branchement de 1re catégorie comprises entre le réseau de distribution et l'origine des installations intérieures.

Arrêté technique du 10 février 1970.

Circulaire du 28 mars 1979 — Pose des canalisations électriques dans les bordures de caniveaux.

Norme NF-C 17-200 — Installations d'E.P. Règles.

8. Distribution de gaz

Règlements
— *Guide pratique des installations de gaz* (G. D. F.).
— Brochure 70-81 (J.O.). *Transport de gaz combustible par canalisations.*
— Circulaire n° 78-47 du 13 mai 1978. *Travaux à proximité des canalisations de gaz sur le domaine public.*
— Gaz de France. *Instructions techniques.*
— *Spécifications techniques pour l'établissement de canalisations en tubes d'acier revêtus, assemblés par soudage utilisés dans la distribution publique du gaz* (G. D. F.).
— *Règles pour le soudage sur le chantier d'éléments de canalisations en tubes d'acier utilisés dans la distribution publique du gaz* (G. D. F.).
— Arrêté du 2 août 1977.
D. T. U. : N° 61.1 — *Installation de gaz.*
           N° 65.4 —   »   »

9. Caniveau de chauffage

Règlements
— Arrêté du 13 octobre 1961. *Réglementation des canalisations de transport des fluides non inflammables ni nocifs.*
— Arrêté du 15 janvier 1962. *Canalisations d'usine*, modifié par l'arrêté du 19 février 1979.

D. T. U. — Néant.

Normes — Néant.

Divers — *Règles professionnelles U. C. H. 26/78 de procédés d'installation et de protection extérieure des canalisations enterrées de transport de chaleur ou de froid à distance* (Edition, sept. 1978).

10. Téléphone

— *Equipement téléphonique des immeubles neufs* (Brochure P. T. T.).

— *Installation du téléphone dans les habitations individuelles* (Notice A pour les pavillons isolés, B pour les zones pavillonnaires).

— D. T. U. — Néant.

11. Espaces verts

— D. T. U. n° 12 — Chapitre VI.

— Fascicule n° 35 du C. P. C. : « *Travaux d'espaces verts* ».

— *Code forestier.*

— *Code de l'Urbanisme* (articles 130.1, 2, 4a, 14).

— Circulaire 67.19 du Ministère de la Construction : « *Aménagements d'espaces verts et d'aires de jeux dans les groupes d'H. L. M.* ».

— Recommandations du Ministère de l'Education Nationale (voir ouvrage du Moniteur des T. P. : « *Les équipements sportifs et sociaux éducatifs* »).

— Normes NF, série V. 1 2.

— *Guide documentaire pour la création d'aires de jeux et d'espaces récréatifs et de loisirs* — Circulaire n° G 3-80 du G.P.E.M./A.B. (*) (B.O.S.P. du 15 mai 1980).

12. Clôtures

Règlements

— Code Civil.

— Règles NV 66 et compléments.

— Cahier des Charges et recommandations pour le montage des clôtures (Syndicat National de l'industrie de la clôture).

— Loi n° 76. 1 285 du 31 décembre 1976 et décret 77.759 du 7 juillet 1977.

— Arrêté du 28 décembre 1977 (Equipement) : « Demande d'autorisation ».

— Circulaire n° 78.112 (Equipement) relative à l'autorisation des clôtures.

— Lois du 6 janvier 1986.

D. T. U. et Normes — Néant.

13. Assurances

Documents COPREC n° 1 et n° 2.

14. Divers

— Prescriptions techniques applicables aux marchés publics de travaux de Génie Civil (circulaire du 28 septembre 1981).

— *Guide V. R. D. (J.0.* - Texte n° 391 - fascicule 81.13 bis).

— *Loi du 6/12/76 et décret du 19/8/77.* Plans d'Hygiène et de Sécurité (P.H.S.).

— Se reporter à la liste des fascicules interministériels mis à jour chaque année et publiée au Moniteur des Travaux Publics.

Imprimé en Allemagne par BoD
Dépôt légal : février 2016
N° d'éditeur : 9475

www.ingramcontent.com/pod-product-compliance
Lightning Source LLC
LaVergne TN
LVHW051216060726
842526LV00013B/2791